普通高等教育系列教材

UG NX 8.0 基础与实例教程

高玉新　方志刚　张光亮　等编著

机 械 工 业 出 版 社

本书定位于UG初学者，是UG NX 8.0软件的入门指南，主要内容包括UG NX 8.0基本操作、二维草图、实体建模、曲线、曲面设计、装配设计、工程图设计及UG同步建模设计。

本书在内容编排上做到简而精，书中每个章节的重要命令均配以实例进行讲解，而且对较抽象和较烦琐的命令均有具体的操作步骤，使读者能够较快地掌握软件基本的操作技巧，提高建模效率。

本书附带学习光盘，包含书中实例的源文件及结果文件，方便读者系统、全面地学习。

本书可作为大中专院校相关课程的教材，也可作为广大UG爱好者及培训机构的教材。

图书在版编目（CIP）数据

UG NX 8.0基础与实例教程/高玉新等编著．—北京：机械工业出版社，2014.10（2024.7重印）
普通高等教育系列教材
ISBN 978-7-111-47745-7

Ⅰ.①U…　Ⅱ.①高…　Ⅲ.①计算机辅助设计-应用软件-高等学校-教材　Ⅳ.①TP391.72

中国版本图书馆CIP数据核字（2014）第192688号

机械工业出版社（北京市百万庄大街22号　邮政编码100037）
责任编辑：和庆娣　　责任校对：张艳霞
责任印制：常天培
北京机工印刷厂有限公司印刷
2024年7月第1版·第8次印刷
184mm×260mm·17印张·421千字
标准书号：ISBN 978-7-111-47745-7
　　　　　ISBN 978-7-89405-561-3（光盘）
定价：59.00元（含1CD）

电话服务
客服电话：010-88361066
　　　　　010-88379833
　　　　　010-68326294

网络服务
机　工　官　网：www.cmpbook.com
机　工　官　博：weibo.com/cmp1952
金　书　网：www.golden-book.com
机工教育服务网：www.cmpedu.com

前　　言

UG（Unigraphics）NX 是西门子 UGS PLM 软件推出的一款功能强大的 CAD/CAM/CAE 集成软件，由于其具有强大的功能，现已广泛应用于通用机械、模具、家电、汽车及航天领域。UG NX 8.0 与以前版本相比，在诸多方面进行了改进，其功能更加强大，设计也更加方便快捷。

本书共分为 8 章，循序渐进地介绍了 UG NX 8.0 软件的基本操作和建模过程，主要内容如下。

第 1 章介绍 UG NX 8.0 软件的工作界面、常用功能模块、基本操作、图层及坐标系；在章末以一个入门引例引导读者掌握 UG 的基本操作。

第 2 章介绍 UG 二维草图功能，包括草图基本环境的设置、草图曲线的绘制、草图的尺寸约束和几何约束及草图的编辑。

第 3 章介绍 UG 的实体建模功能，包括基准特征、基本体素特征（长方体、圆柱体、球体、圆锥体）、扫描特征（拉深、回转、扫掠）、成型特征（凸台、垫块、凸起、孔、腔体、键槽）的创建，特征的操作（拔模、边倒圆、倒斜角、镜像特征、阵列、抽壳）和特征的编辑等。

第 4 章介绍 UG 三维曲线功能，包括曲线的绘制、曲线的编辑及曲线的操作。

第 5 章介绍 UG 的曲面设计功能，包括由点构面的方法、常用网格曲面（直纹面、通过曲线组、通过曲线网格）的创建、扫掠曲面、有界平面、N 边曲面，以及通过偏置、延伸、桥接、缝合等方法由现有曲面来生成新的曲面。

第 6 章介绍 UG 的装配功能，包括 UG 的装配方法、装配约束条件、UG 的一般装配过程、装配爆炸图等内容。

第 7 章介绍 UG 工程图的创建，包括工程图环境下制图参数的预设置，基本视图、局部放大图、剖视图（全剖视图、半剖、局部剖视图、阶梯剖视图）等工程图的创建，视图的编辑，UG 工程图转 AutoCAD 的 DWG 格式图纸文件。

第 8 章介绍 UG 同步建模功能，包括移动面、拉出面、偏置区域、调整面的大小、替换面等模型修改命令，复制面、剪切面、粘贴面、镜像面等重用命令，以及尺寸与约束面命令。

本书编者均长期从事 CAD/CAE/CAM 专业设计和教学，积累了丰富的实战经验。本书主要由高玉新（台州学院）、方志刚、张光亮编写，参与编写的还有管殿柱、李文秋、宋一兵、王献红、谈世哲、付本国、赵景波、赵景伟、褚忠、段辉。在本书编写过程中，部分模型参考了相关参考文献及相关资料，对相关文献作者在此一并表示感谢！

由于作者水平有限，在编写过程中难免有疏漏之处，欢迎广大读者批评指正。

编　者

目　录

前言

第1章　UG NX 8.0 基础知识 …… 1

1.1　了解 UG NX 8.0 …… 1

1.1.1　UG NX 的主要技术特点 …… 1

1.1.2　UG NX 的功能模块 …… 2

1.1.3　UG NX 8.0 的新增功能 …… 2

1.2　UG NX 8.0 操作界面 …… 3

1.3　UG NX 8.0 基本操作 …… 6

1.3.1　打开、保存文件 …… 6

1.3.2　鼠标的使用 …… 7

1.3.3　模型的视图显示方位和显示样式 …… 7

1.3.4　模型的显示和隐藏 …… 9

1.3.5　对象的选取 …… 10

1.3.6　信息查询与分析 …… 11

1.4　图层设置 …… 13

1.5　坐标系的操作 …… 17

1.6　入门实例 …… 20

1.7　习题 …… 25

第2章　草图设计 …… 26

2.1　草图基础 …… 26

2.1.1　草图环境 …… 26

2.1.2　草图环境设置 …… 27

2.1.3　草绘平面 …… 28

2.1.4　激活和切换草图 …… 31

2.2　草图的绘制 …… 32

2.3　草图的编辑 …… 34

2.4　草图的约束 …… 35

2.4.1　添加约束 …… 35

2.4.2　修改草图约束 …… 36

2.5　草图的操作 …… 38

2.6　综合实例 …… 40

2.6.1　绘制风盘草图 …… 40

2.6.2　绘制吊钩草图 …… 43

2.7 习题 …… 45
第3章 实体建模 …… 46
3.1 实体建模概述 …… 46
3.2 基准特征 …… 47
3.3 基本体素特征 …… 49
3.4 扫描特征 …… 50
3.4.1 拉伸 …… 50
3.4.2 回转 …… 52
3.4.3 扫掠 …… 57
3.5 布尔运算 …… 58
3.6 成型特征 …… 59
3.7 特征操作 …… 65
3.7.1 拔模 …… 65
3.7.2 抽壳 …… 67
3.7.3 边倒圆 …… 68
3.7.4 倒斜角 …… 68
3.7.5 修剪体和拆分体 …… 69
3.7.6 阵列特征 …… 70
3.8 特征编辑 …… 71
3.8.1 编辑特征参数 …… 71
3.8.2 移除参数 …… 72
3.8.3 移动对象 …… 72
3.9 综合实例 …… 73
3.9.1 仪表盖造型设计 …… 73
3.9.2 连接头实体建模 …… 77
3.9.3 钳座零件实体建模 …… 82
3.10 习题 …… 90
第4章 曲线 …… 91
4.1 曲线概述 …… 91
4.2 曲线的绘制 …… 91
4.3 曲线的编辑 …… 96
4.4 曲线的操作 …… 99
4.5 综合实例 …… 101
4.5.1 构建咖啡壶曲线网格 …… 101
4.5.2 构建阴阳鱼曲线网格 …… 103
4.6 习题 …… 106
第5章 曲面设计 …… 107

5.1 曲面概述 …… 107
5.2 基本曲面 …… 108
5.2.1 由点构造曲面 …… 108
5.2.2 由曲线构造曲面 …… 109
5.2.3 扫掠曲面 …… 113
5.2.4 N边曲面 …… 117
5.2.5 有界平面 …… 119
5.2.6 创建拉伸和回转曲面 …… 119
5.3 由曲面构造曲面 …… 121
5.3.1 偏置曲面 …… 121
5.3.2 延伸曲面 …… 122
5.3.3 桥接曲面 …… 122
5.3.4 曲面缝合 …… 123
5.3.5 曲面的抽取复制 …… 125
5.3.6 扩大曲面 …… 126
5.3.7 片体的修剪 …… 127
5.4 曲面的编辑与分析 …… 130
5.4.1 曲面的编辑 …… 131
5.4.2 曲线和曲面分析 …… 135
5.5 曲面建模综合实例 …… 140
5.5.1 咖啡壶造型 …… 140
5.5.2 电吹风曲面造型 …… 143
5.5.3 外壳零件手动分模 …… 152
5.5.4 风扇叶片建模 …… 156
5.6 习题 …… 165
第6章 装配设计 …… 167
6.1 UG装配概述 …… 167
6.1.1 进入装配环境 …… 167
6.1.2 装配术语及装配方法 …… 169
6.2 装配导航器 …… 170
6.3 装配过程 …… 171
6.3.1 组件的添加与配对 …… 171
6.3.2 组件阵列 …… 176
6.3.3 移动组件 …… 178
6.4 装配爆炸图 …… 179
6.5 综合实例 …… 180
6.5.1 台虎钳装配 …… 180

6.5.2 滑轮架装配 …… 189
6.6 习题 …… 196
第7章 工程图设计 …… 197
7.1 UG NX 8.0 工程图概述 …… 197
7.1.1 进入 UG NX 8.0 工程图环境 …… 198
7.1.2 部件导航器 …… 200
7.1.3 图样管理 …… 201
7.2 工程图参数预设置 …… 202
7.2.1 制图首选项 …… 202
7.2.2 视图首选项 …… 203
7.2.3 注释首选项 …… 204
7.2.4 截面线首选项 …… 205
7.3 视图的创建与编辑 …… 205
7.3.1 基本视图 …… 205
7.3.2 局部放大图 …… 207
7.3.3 剖视图 …… 209
7.3.4 视图的编辑 …… 215
7.4 标注与注释 …… 218
7.4.1 尺寸标注 …… 218
7.4.2 注释 …… 219
7.5 UG NX 8.0 工程图与 AutoCAD 数据转换 …… 222
7.6 综合实例 …… 225
7.6.1 创建台虎钳工程图 …… 225
7.6.2 创建组合体工程图 …… 229
7.7 习题 …… 239
第8章 同步建模 …… 241
8.1 同步建模概述 …… 241
8.2 修改命令 …… 242
8.2.1 移动面 …… 242
8.2.2 拉出面 …… 244
8.2.3 偏置区域 …… 245
8.2.4 替换面 …… 246
8.2.5 删除面 …… 246
8.2.6 调整面大小 …… 247
8.2.7 调整圆角/倒斜角大小 …… 248
8.3 重用面 …… 248
8.3.1 复制面 …… 248

8.3.2 剪切面 …… 249
8.3.3 粘贴面 …… 251
8.3.4 镜像面 …… 252
8.3.5 阵列面 …… 252
8.4 约束面 …… 253
8.4.1 设为对称 …… 253
8.4.2 设为共面 …… 254
8.4.3 设为相切 …… 255
8.4.4 设为平行 …… 255
8.5 尺寸 …… 255
8.5.1 线性尺寸 …… 256
8.5.2 角度尺寸 …… 256
8.5.3 径向尺寸 …… 257
8.6 综合实例——局部修改充电器上盖 …… 257
8.7 习题 …… 261
参考文献 …… 263

第1章　UG NX 8.0 基础知识

UN NX 8.0 是由 Siemens PLM Software 发布的 CAD/CAM/CAE 一体化解决方案软件。该软件采用同步建模技术，在 PLM 行业内是首个支持基于特征的无参数建模技术，可以大幅提高设计速度。本章主要介绍 UG NX 8.0 的功能模块、工作环境和常用工具，并通过实例介绍 UG NX 8.0 软件的一些基本操作。

本章重点

- UG NX 8.0 的工作环境
- UG NX 8.0 的基本操作方法
- UG NX 8.0 建模的一般步骤

1.1　了解 UG NX 8.0

UN NX 是 Siemens 公司推出的一套 CAD/CAM/CAE 一体化软件系统。它是当前工业领域最先进的计算机辅助设计、分析和制造软件之一，它的功能覆盖了从概念设计到产品生产的整个过程，并且广泛地应用在汽车、航天、模具加工及设计和医疗器械等行业。它提供了强大的实体建模技术和高效的曲面建构能力，能够完成复杂的造型设计。与装配功能、2D 出图功能、模具加工功能及 PDM 之间的紧密结合，使 UG 在工业界成为一套无可匹敌的高级 CAD/CAM 软件系统。

1.1.1　UG NX 的主要技术特点

1. 建模的灵活性

UG NX 采用基于特征的建模方法作为实体造型的基础，形象直观，类似于工程中传统的设计方法，并能采用参数控制。另外，UG 的混合建模技术，将实体建模、曲面建模、线框建模、显示几何建模与参数化建模等建模技术融于一体，具有很强的灵活性。

2. 强大的二维图形设计功能

UG NX 的二维图功能强大，可以方便地从三维实体模型直接生成二维工程图，可以按照 ISO 标准生成各种剖视图、标注尺寸、形位公差和汉字说明等。

3. 良好的用户界面

UN NX 具有良好的用户界面，绝大多数功能都可以通过图形化的界面进行操作。操作对象时，具有自动推理功能；在每个操作步骤中，都有相应的提示信息，便于用户做出正确的选择。

4. 强大的模具设计功能

UN NX 具有强大的注塑模具设计功能。应用 UG 专业的注塑模具向导模块（MoldWizard)，可方便地进行模具设计。MoldWizard 配有常用的模架库与标准件库，方便用户在模具设计过程中选用，大大地提高了模具设计的速度和模具标准化的程度。

1.1.2 UG NX 的功能模块

UG 由许多功能模块组成，每一个模块都有自己独立的功能，用户可以根据需要调用其中的一个或几个模块进行设计。用户还可以调用系统的附加模块，或者使用软件进行二次开发。下面简要介绍 UG 集成环境中的 4 个主要应用模块。

1. 基础环境

入口模块（Gateway）是 UG 启动后自动运行的第一个模块，是其他应用模块运行的公共平台。在该模块下，用户可以打开已经存在的部件文件，创建新的部件文件，改变显示部件，分析部件，还可以启动在线帮助、输出图纸、执行外部程序等。

2. 建模模块

建模模块用于创建三维模型，是 UG 中的核心模块。UG 软件所擅长的曲线功能和曲面功能在该模块中得到了充分体现，可以自由地表达设计思想和进行创造性的改进设计，从而获得良好的造型效果和造型速度。

3. 装配模块

使用 UG 的装配模块可以很轻松地完成所有零件的装配工作。在组装过程中，可以采用“自顶向下”和“自底向上”的装配方法，快速跨越装配层来直接访问任何组件或子装配图的设计模型。支持装配过程中的“上下文设计”方法，从而可以在装配过程中改变组件的设计模型。

4. 制图模块

使用 UG 三维模型生成工程图简单方便，用户只需对系统自动生成的视图进行简单的修改或标注就可以完成工程图的绘制。同时，如果在实体模型或工程图中进行了修改，其改动结果都会立即反映到另一个中，使得工程图的创建更加轻松快捷。当然也可以用曲线功能直接生成工程图，但是这样就失去了使用 UG 开发产品的优势和意义。

1.1.3 UG NX 8.0 的新增功能

UG NX 8.0 推出了用于 CAD 建模、验证、制图、仿真/CAE、工装设计和加工流程的增强功能，可以提高整个产品开发过程中的生产效率，帮助各个公司以较低的成本更快地提供高质量的产品。

1. 基于特征的建模

新的特征浏览器为特征及其关系提供了丰富直观的图形视图，帮助用户更快速而直观地理解设计意图和设计变更的影响。当鼠标在浏览器中悬停在某个特征之上时，对象将在图形窗口和零部件导航器中突出显示，并将显示与其他特征和对象的关系。

NX 8.0 增加了一项功能，即从零部件导航器中选择对象作为活动建模命令的输入。用户可以更为快速而方便地从零部件导航器中频繁地选择项目，而不用从图形窗口中选择，这对于复杂的零部件尤其有用。

2. 同步建模

NX 8.0 是采用同步建模技术的第 4 个 NX 版本，包含经过改进的同步建模功能，能提高建模灵活性，在更短的时间内实现更多设计备选方案的评估。无论是否有特征历史记录，用户都可以更改位置相对的凸面的相交倒圆的顺序。在删除模型的面时，可以有选择地修复或不修复邻接面。通过同步建模中的面修改功能，能够得到质量更高且曲率连续的扩展曲面，可以对受曲线限制的面进行部分拖动或偏置。面的移动操作变得更加实用，可直接在图形窗口中（而非对话框中）中控制方向和位置参数。很多命令中的零部件间选择得到了增强，以简化具有指向其他零部件的引用和链接的建模。

3. 自由曲面建模

NX 8.0 增强了自由曲面设计功能，采用了经简化的工作流程，并提供了对一系列广泛的曲线和曲面操作的增强控制，包括边缘匹配、扫掠、桥面和延伸曲面、变偏置、曲线配合和对齐、弯曲及样条曲线编辑。面和边缘弯曲限制支持锥线弯曲，这是一种更为高级的类型，具有柔和的表面，有助于提高铸造和钣金零部件的外观质量和可成形性。用户可以为面和小平面体创建草图分析对象，并使用彩色图例来指示草图上下的区域以及草图边界。

4. 改进模具设计

NX 8.0 减少了设计和验证模具所需的时间。用于注塑零部件验证的 HD3D 可视化工具得到了增强，能帮助零部件和刀具设计师查找和纠正更为广泛的制造性问题，包括壁厚度、分型、型腔、重叠表面、主体边界和电极。另外，增强的冷却管路设计工具能够显示流体方向，并自动对接头进行连接，以更快地完成水路设计。

5. 改进冲模设计

NX 8.0 提供了可提高冲模开发效率的新功能。新的标准零部件和冲模模架重用库提供更快的查找方法和冲模组件的拖放式设计插入。另外库中还添加了一组新的冲裁部件。

冲模面设计模块已得到增强，可以提高设计工作效率。通过自动化可视检查确保修剪角符合制造规范。重用库中的标准补充了断面并控制断面参数。使用筋板和键槽等专用特征加速冲模设计。

6. 提高制造效率

通过针对机械零部件进行了优化的全系列 NC 编程功能，NX CAM 将制造生产效率提高到了新的水平，为铣削、钻孔、车削和火花线切割应用的机械零部件提供了所必要的高级编程功能。对于 NX 8.0，新的处理器提供了对孔、槽和腔等呈规则形状的特征最高效的编程方法。增强了铣削、钻孔和车削加工中对型材敏感工件的跟踪功能，让机械零部件编程变得快速而简单。

1.2 UG NX 8.0 操作界面

要使用 UG NX 8.0 软件进行工程设计，必须进入该软件的操作环境。用户可通过新建文件的方法进入软件的操作环境，或者通过打开文件的方式进入操作环境。

选择“标准”工具栏中的“开始”→“所有程序”→“Siemens NX 8.0”→“NX 8.0”命令，即可进入 UG NX 8.0 单机版的主界面，如图 1-1 所示（但此时还不能进行实际操作）。建立一个新文件或打开一个已存文件（如打开一个 gaizi. prt 文件）后，进入如图 1-2 所示的基础环境模块，该环境是其他应用模块的基础平台。

图 1-1 UG NX 8.0 中文版主界面

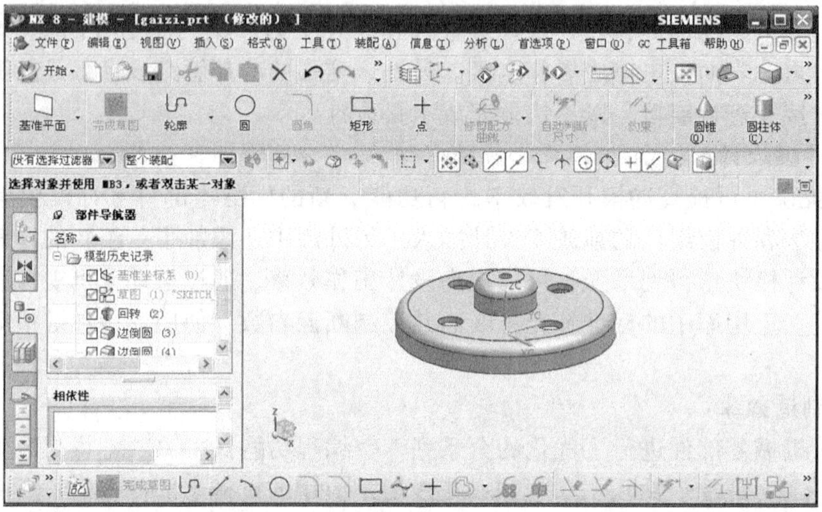

图 1-2 UG NX 8.0 基础操作环境

单击“标准”工具栏中的按钮，可以进入相关应用模块。下面通过建模模块的工作界面具体介绍 UG 8.0 主工作界面的组成。

选择“标准”工具栏中的“开始”→“所有应用模块”→“建模”命令（快捷键〈Ctrl + M〉），进入建模模块，其工作界面如图 1-3 所示。该工作界面主要包括标题栏、菜单栏、工具栏、提示栏、工作区、资源条等区域。

1. 标题栏

标题栏显示了软件名称和版本号，以及当前正在操作的部件文件名称。如果对部件已经作了修改，但还没有进行保存，其后还显示有“（修改的）”字样。

2. 菜单栏

菜单栏包含了该软件的主要功能，系统所有的命令和设置选项都归属到不同的菜单下。

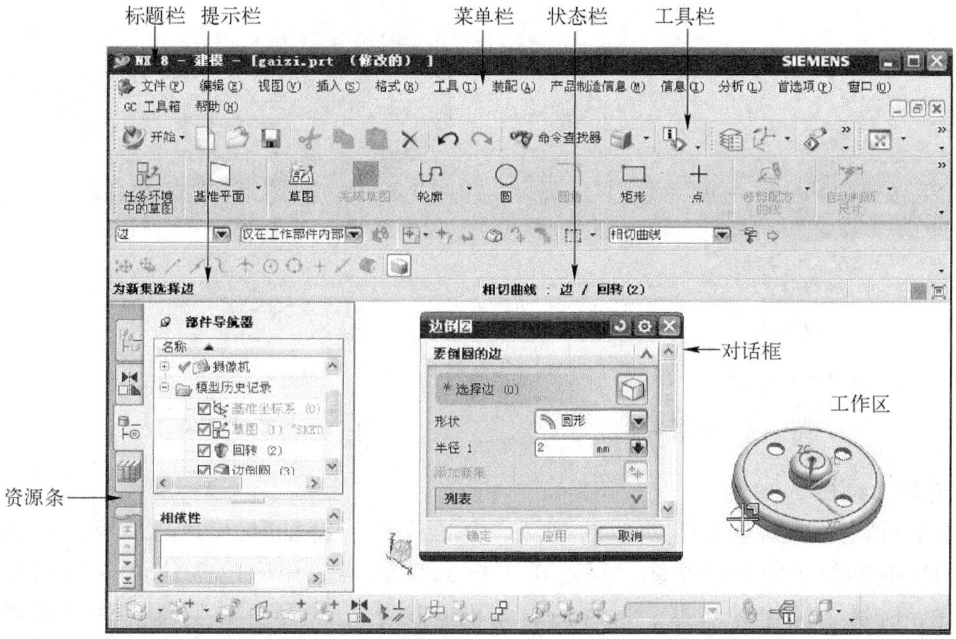

图 1-3 UG NX 8.0 工作界面

单击其中任何一个菜单时，都会展开一个下拉菜单，显示所有与该功能有关的命令选项。

3. 工具栏

工具栏中的按钮对应着不同的命令，而且工具栏中的命令都以图形的方式形象地表示出命令的功能，这样可以避免在菜单中查找命令的烦琐，更方便用户的使用。

4. 提示栏

提示栏固定在主界面的左上方，主要用来提示如何操作。执行每个命令时，系统都会在提示栏中显示必须执行的下一步操作。对于不熟悉的命令，根据提示栏的提示，一般都可以顺利完成操作。

5. 状态栏

状态栏固定在提示栏的右方，主要用来显示系统或图元的状态，例如显示命令结束的信息等。

6. 快捷菜单

在工作区中的空白处右击即可打开快捷菜单，如图 1-4 所示。在该菜单中包含一些常用命令及视图控制命令等，方便操作。在模型上右击可出现推断式菜单，如图 1-5 所示，通过该菜单可快速实现对模型的编辑操作。

7. 工作区

工作区就是绘图工作的主区域。在绘图模式中，工作区内会显示选择球（鼠标指针的一种表现形式，用来选择图素或对象）和辅助工具栏，用以进行建模工作。

8. 对话框

选择菜单中的功能命令或单击功能命令按钮就会弹出对话框，提示进行当前操作，并获取设置的参数。和 UG 以往的版本相比，NX 8.0 的对话框分成了很多可折叠的组，单击每个分组右侧的按钮 ∧，可折叠该分组；单击每个分组右侧的按钮 ∨，可展开该分组。

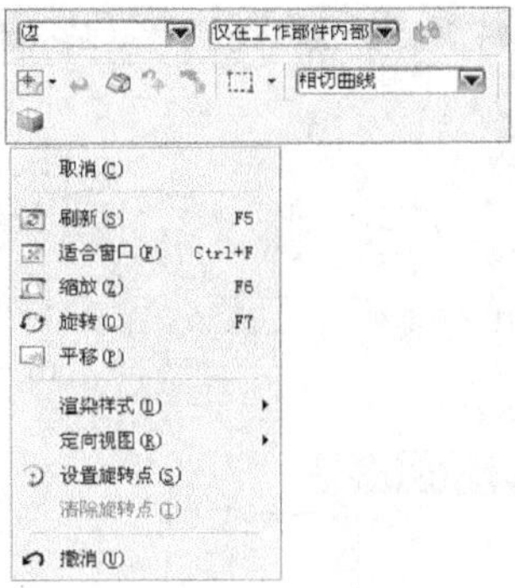

图 1-4　快捷菜单

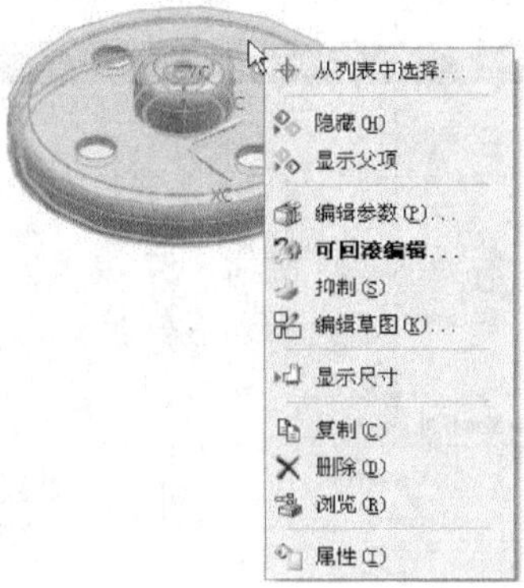

图 1-5　推断式菜单

9. 资源工具栏

资源工具栏用于浏览编辑创建的草图、基准平面、特征和历史记录等。在默认情况下，资源导航器位于窗口的左侧。通过单击资源导航器上相应的按钮可以调用装配导航器、部件导航器、操作导航器、Internet、帮助和历史记录等。对于每一种导航器，都可以直接在其项目上右击，快速进行各种操作，在模具设计过程中，资源导航器更是得到频繁应用。

提示：在执行各种功能操作时，应注意提示栏和状态栏的相关信息。根据这些信息可以清楚下一步要做的工作以及相关操作的结果，以便及时做出调整。

1.3　UG NX 8.0 基本操作

UG NX 8.0 的基本操作包括打开和保存文件，鼠标的使用，模型的显示和隐藏，对象的选择等内容。

1.3.1　打开、保存文件

在设计过程中，经常需要对文件打开或保存，下面将介绍打开、保存文件的方法。

1. 打开文件

打开文件就是将保存在系统中的文件打开，包括已完成或尚未完成的档案文件。UG 软件常用的打开文件方式有 3 种。

- 在“标准”工具栏中单击“打开”按钮。
- 在菜单栏中选择“文件”→“打开”命令。
- 按〈Ctrl + O〉组合键。

2. 保存文件

保存文件就是将已完成或尚未完成的文件保存在系统的某个位置中。在进行产品设计或编程加工操作的过程中，必须养成经常保存文件的习惯，以防突发事情的发生，造成文件的丢失。

UG 软件常用的保存文件方式有 3 种。

- 在菜单栏中选择“文件”→“保存”命令，或选择“文件”→“另存为”命令。

- 在“标准”工具栏中单击“保存”按钮。
- 按〈Ctrl + S〉组合键。

1.3.2　鼠标的使用

鼠标在 UG NX 软件中的使用率非常高，在设计过程中起着非常重要的作用，可以实现平移、缩放、旋转以及快捷菜单等操作。建议使用应用最广的三键滚轮鼠标，鼠标按键中的左、中（滚轮）、右键在 UG 软件中的作用如表 1–1 所示。

表 1–1　三键滚轮鼠标的操作功能

鼠标按键	作　用	操作说明
左键（MB1）	用于选择菜单命令、快捷菜单命令或工具按钮以及实体对象	直接单击 MB1
中键（MB2）	放大或缩小	按 Ctrl + MB2 键或者按 MB1 + MB2 并移动鼠标，可放大或缩小视图
	平移	按 Shift + MB2 键或者按 MB2 + MB3 并移动鼠标，可将模型按鼠标移动的方向平移
	旋转	按住 MB2 不放并移动光标，即可旋转模型
右键（MB3）	弹出快捷菜单	在绘图区空白处直接单击 MB3
	弹出推断式菜单	选择任意一个特征后按住 MB3 不放
	弹出悬浮式菜单	在绘图区空白处按住 MB3 不放

1.3.3　模型的视图显示方位和显示样式

在设计过程中，需要经常改变视角来观察模型，调整模型以线框图或着色图来显示。模型视图的操作主要通过“视图”工具栏中提供的工具按钮进行操作，如图 1–6 所示。

1. 模型的视图显示方位

通过视图方位的切换和调整，可方便、快捷地观察模型各个方向的视图。

在“视图”工具栏中单击“正二测视图”按钮右边的下三角按钮，弹出视图显示下拉菜单，如图 1–7 所示。模型视图的观察视角如表 1–2 所示。

图 1–6　“视图”工具栏

图 1–7　模型的观察视角

2. 模型的显示样式

对模型或模具装配进行观察时，为了达到不同的观察效果，需要经常改变模型对象视图的位置和角度，以便进行操作。在“视图”工具栏中单击“着色”按钮右边的下三角符号，弹出“视图着色”下拉菜单，如图 1–8 所示。表 1–3 列出了常用的模型视图显示样式。

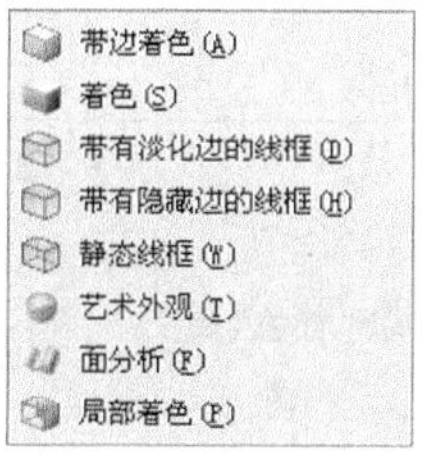

图 1–8　“视图着色”下拉菜单

表 1–2　模型视图显示方位

视 图 方 位	图　　解	视 图 方 位	图　　解
正二测视图	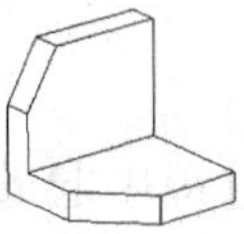	前视图	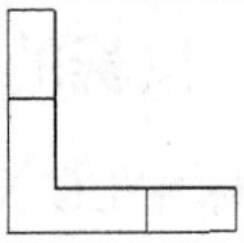
俯视图	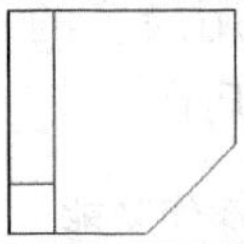	右视图	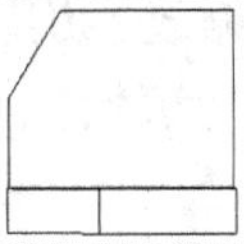
正等测视图	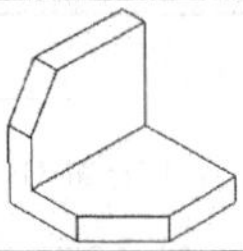	后视图	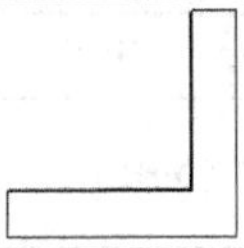
左视图		仰视图	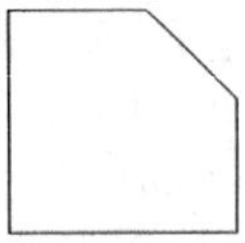

表 1–3　模型视图显示样式

命　　令	说　　明	图　　解
带边着色	用光顺着色和显示实体边缘	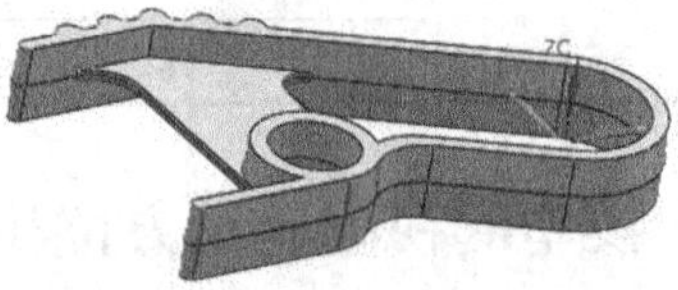
着色	将对模型零件进行着色	
静态线框	模型零件的隐藏线可见，而且旋转视图后必须“更新”显示来校正隐藏的边或线	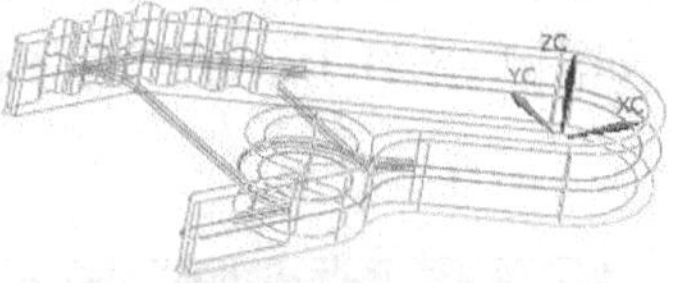
带有隐藏边的线框	模型零件的隐藏线不可见	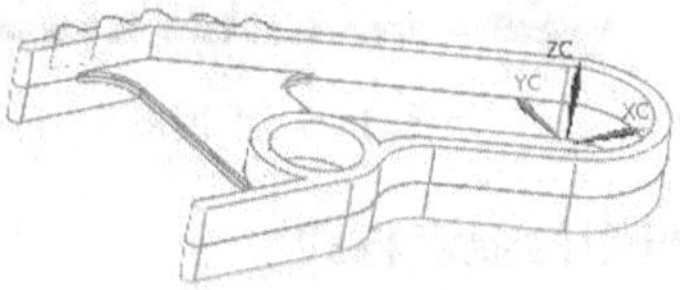
局部着色	对模型重要的面或组件进行局部突出显示	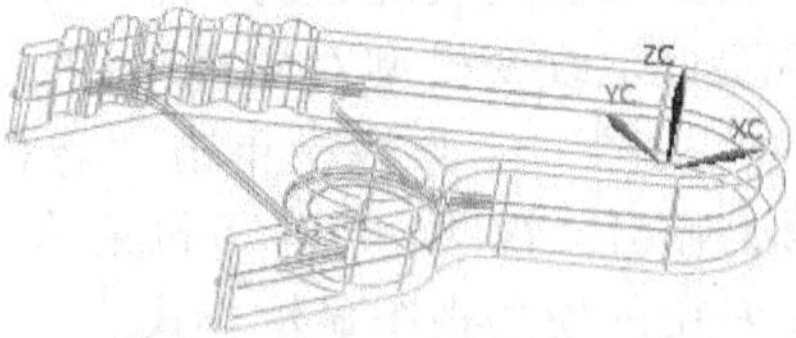

另外，在“视图”工具栏中还提供了观察视图常用的操作，如放大、缩小、旋转和平移等。单击“适合窗口”按钮，模型将以合适大小全部显示在绘图区内。

1.3.4 模型的显示和隐藏

在创建复杂模型时，常需要将当前不需要操作的对象进行隐藏，UG 提供了多种隐藏对象的方法。

1）选择“编辑”→“显示和隐藏”命令，弹出如图 1-9 所示的“显示和隐藏”对话框。单击对象右边的“+”或“-”将显示或隐藏该对象。例如，单击“显示和隐藏”对话框中“草图”右侧的“-”号，将草图对象隐藏，如图 1-10 所示。

2）在绘图窗口中可选择部件或对象，然后右击，在弹出的快捷菜单中将对象隐藏。

3）如需要将隐藏的对象显示出来，可选择“编辑”→“显示和隐藏”→“全部显示”命令，或按快捷键〈Ctrl + Shift + U〉，可将隐藏的部件显示在绘图窗口中。

4）选择“编辑”→“对象显示”命令，可对对象的图层、颜色、着色、透明度等进行编辑。

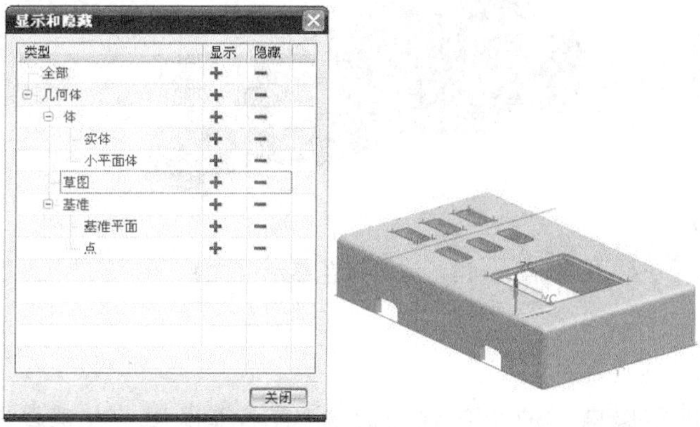

图 1-9　对象的显示和隐藏

图 1-10　隐藏草图对象

【例 1-1】 编辑对象显示。

1）选择“文件”→“打开”命令，打开随书光盘的 ch01 \ eg \ eg_01 \ jietou. prt 文件，如图 1-11 所示。

图 1-11　接头模型

2）选择“编辑”→“对象显示”命令（快捷键〈Ctrl + J〉），弹出“类选择”对话框，其操作步骤如图 1-12所示。选择大圆柱后单击“类选择”对话框的“确定”按钮，弹出“编辑对象显示”对话框，单击“颜色”单选框，弹出如图 1-13 所示的“颜色”对话框。选择一种颜色（本例选择绿色）后，单击“颜色”对话框的“确定”按钮，返回到“编辑对象显示”对话框，单击该对话框的“确定”按钮，完成对象的颜色修改。

3）按照上述操作步骤，将图 1-11 中小圆柱的颜色修改为黄色，如图 1-14 所示。

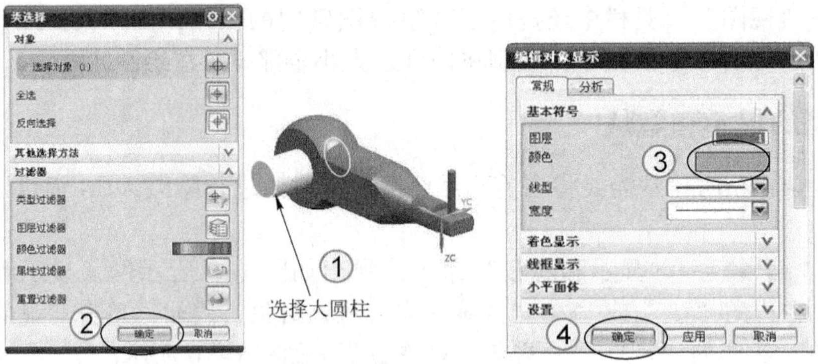

图 1-12　编辑颜色显示（一）

图 1-13　“颜色”对话框

图 1-14　编辑颜色显示（二）

1.3.5　对象的选取

在设计过程中，需要经常选择图素进行隐藏、改变形状或放大/缩小等操作。在选择图素的同时还要考虑到选择的准确性及时效性，因此 UG 软件基于不同的设计需要对图素的选择功能提供了人性化的设置。本节的操作模型见随书光盘的 ch01\ch01_01\gaizi. prt 文件。

选择图素的常用方法有 3 种。

1）直接用鼠标选择可以看到的对象。

当鼠标靠近所选的对象时，对象将高亮显示，单击可将其选中，如图 1-15 所示。

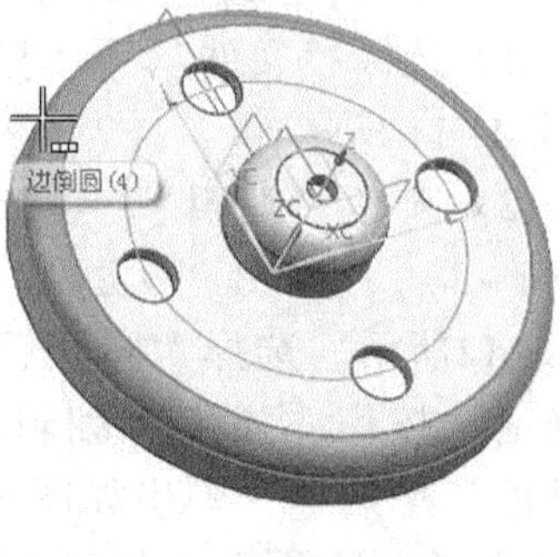

图 1-15　选择对象

2）利用“类选择”对话框对对象进行分类选择。

选择“编辑”→“对象显示”命令，弹出如图 1-16 所示的“类选择”对话框，在该对话框的“过滤器”分组中单击“类型过滤器”按钮，系统弹出“根据类型选择”对话框，如图 1-17 所示。选择“面”类型，此时可用鼠标选取模型上所需的面。

3）利用 UG 的“快速拾取”功能选择对象。

当模型比较复杂，有较多对象或特征重叠时，可用“快速拾取”功能来选取所需的对象。其方法是鼠标在所选取的对象特征上停留，当指针变成“十字”型时单击，系统弹出

“快速拾取”列表框，如图 1-18 所示。在对话框中移动鼠标，对象会高亮显示，用户可根据需要选取特征。

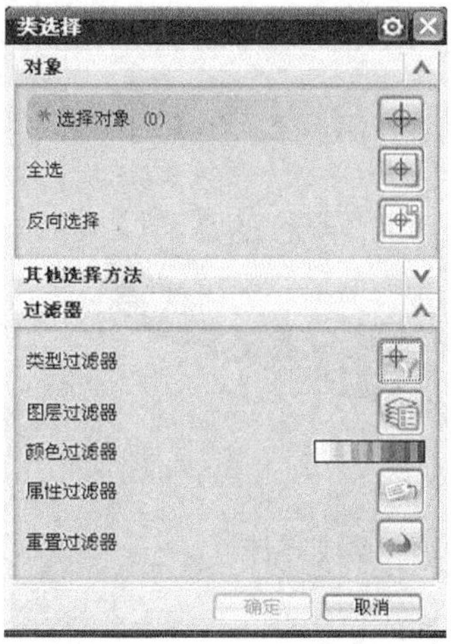

图 1-16 “类选择”对话框

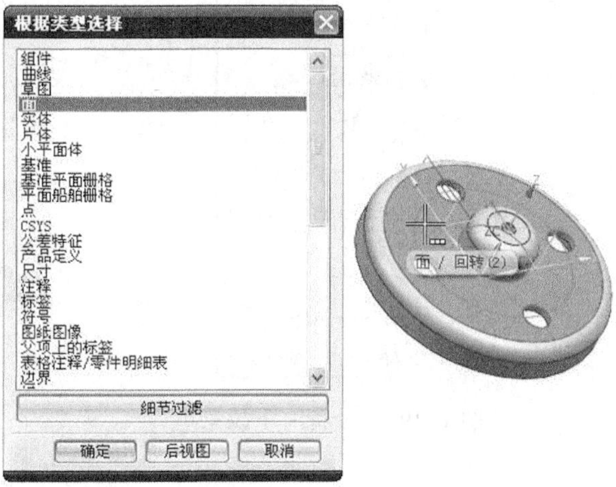

图 1-17 根据“面”类型进行选择

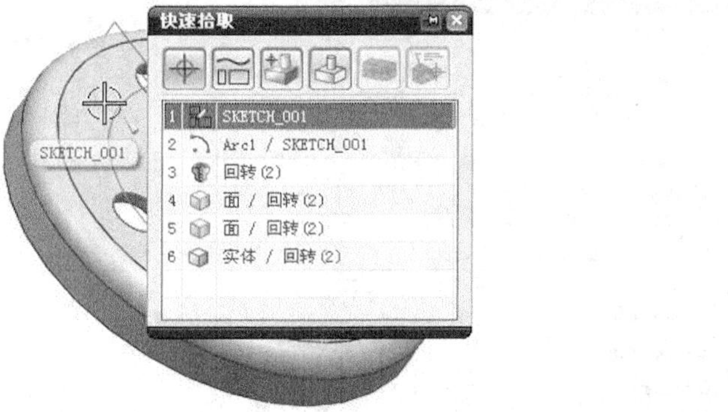

图 1-18 “快速拾取”列表框

1.3.6 信息查询与分析

在建模过程中，可利用 UG 的对象与模型分析功能，及时对三维模型进行几何计算和物理特性分析。在模具设计过程中也需要经常查询部件的长度、角度及模型信息，以方便设置标准件参数。选择菜单栏中的“分析”命令，弹出如图 1-19 所示的下拉菜单，利用该下拉菜单提供的功能可方便地查询对象信息。

【例 1-2】 对象的信息查询。

1）打开随书光盘的 ch01\eg\eg_02\block. prt 文件，如图 1-20 所示。

2）选择“分析”→“测量距离”命令，系统弹出如图 1-21 所示的“测量距离”对话框。将视图方位切换到“俯视图”，选取模型长度方向上的两点，测量模型的长度为75 mm，如图 1-22 所示。

3）在“测量距离”对话框的“类型”下拉列表中选择“半径”选项，选择模型上孔的边，测量孔的半径尺寸为 2. 5 mm，如图 1-23 所示。

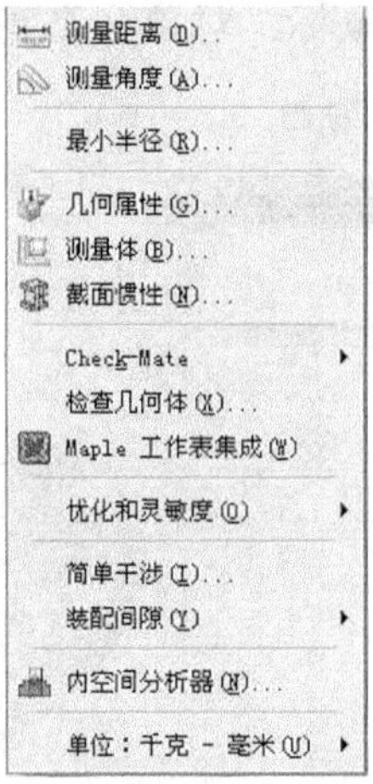

图 1-19 “分析”下拉菜单

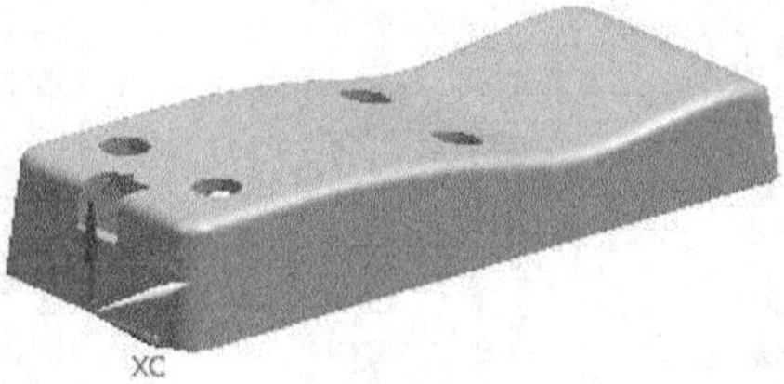

图 1-20 面壳零件

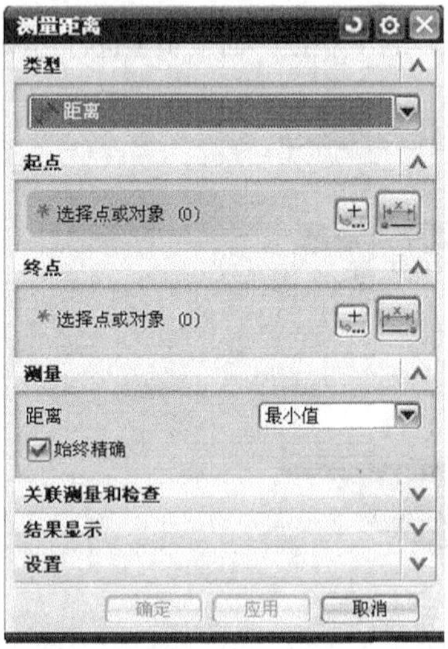

图 1-21 “测量距离”对话框

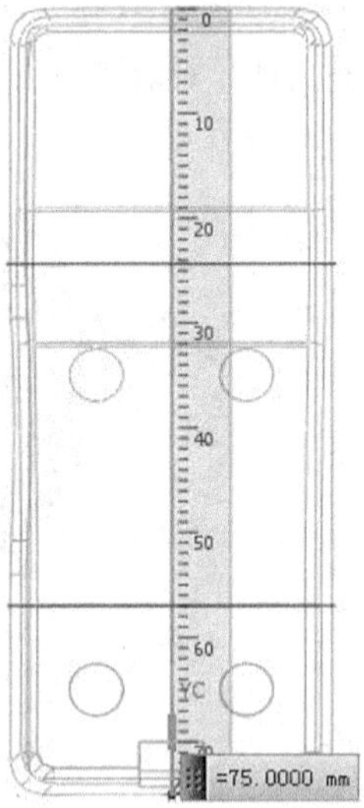

图 1-22 测量模型的长度值

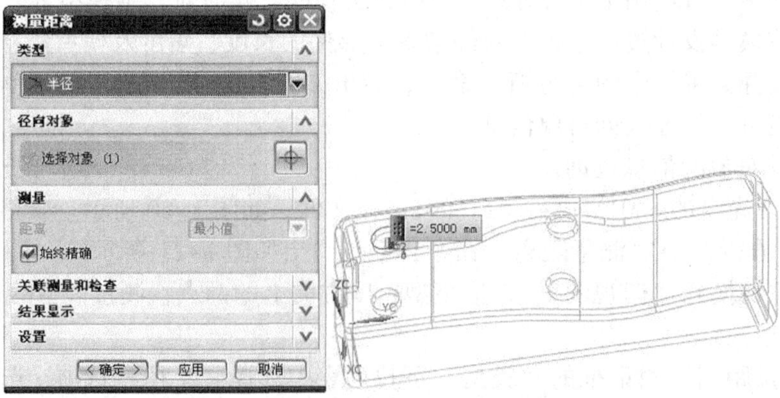

图 1-23 测量孔的半径

4）测量模型的体积。选择“分析”→“测量体”命令，选取模型，测量模型的体积为 5632 mm^3，如图 1-24 所示。在模具设计中常需要知道模型的体积，以确定注射量，UG 的测量体积功能可快速得到模型的体积，方便模具设计。

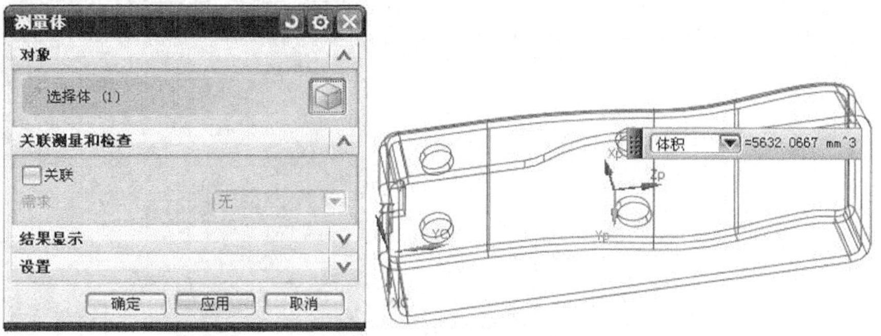

图 1-24　测量模型的体积

1.4　图层设置

图层的主要功能是在复杂建模时可以控制对象的显示、编辑和状态，不同的层可放置不同的对象。UG 最多可以设置 256 个层，每层上可含有任意数量的对象。因此一个层上可以包含部件中的所有对象，而部件中的对象也可以任意分布在一个或多个层中。在一个部件的所有图层中，只有一个图层是当前工作图层，所有的建模工作都只能在工作层进行。但可对其他层的可见性、可选择性等进行设置来辅助建模工作。

UG 中图层的一般设置如下。

- 1～20 层：实体（Solid Geometry）。
- 21～40 层：草图（Sketch Geometry）。
- 41～60 层：曲线（Curve Geometry）。
- 61～80 层：参考对象（Reference Geometries）。
- 81～100 层：片体（Sheet Bodies）。
- 101～120 层：工程制图对象（Drafting Objects）

选择菜单栏的“格式”命令，弹出如图 1-25 所示的“格式”菜单，其中的前 5 个命令均为图层的相关应用功能命令，下面将逐一介绍各功能的用法。

1. 层的设置

层的设置是指将不同的内容（包括特征和图素）设置在不同的层中，从而可以通过层来实现对同一类对象进行相同的操作。

选择“格式”→“图层设置”命令或在“实用”工具栏中单击“图层设置”按钮，弹出“图层设置”对话框，如图 1-26 所示。利用该对话框可以对部件中所有层或任一层进行工作层、可选取性和可见性等设置，并可查询层的信息，同时也可对层所属的类别进行编辑。

2. 视图中可见图层

选择“格式”→“视图中的可见图层”命令，弹出如图 1-27 所示的“视图中可见图层”对话框。在视图列表中选择预操作的视图（如 TFR-TRI），单击“重置为全局图层”

按钮，可重新设置所有的图层，图层中的所有图素将显示出来。单击对话框的“确定”按钮，系统弹出如图 1-28 所示的“视图中的可见图层”对话框，在该对话框的“图层”分组中选择预设置可见性的图层，然后单击“可见”或“不可见”按钮即可。

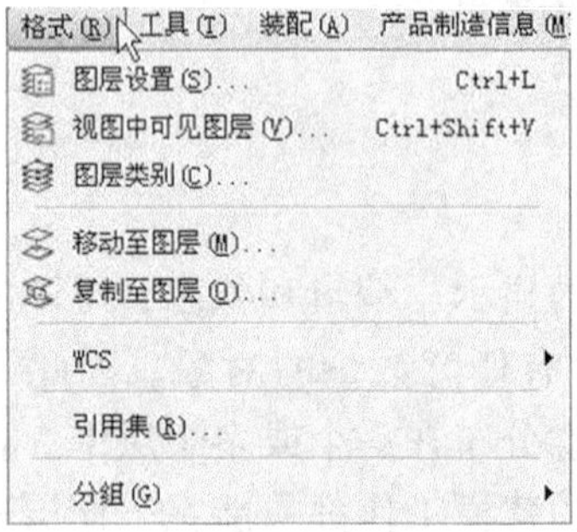

图 1-25 “格式”菜单

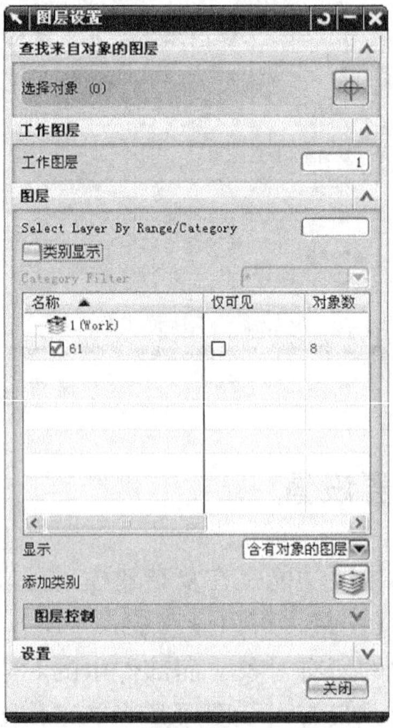

图 1-26 “图层设置”对话框

图 1-27 “视图中可见图层”对话框

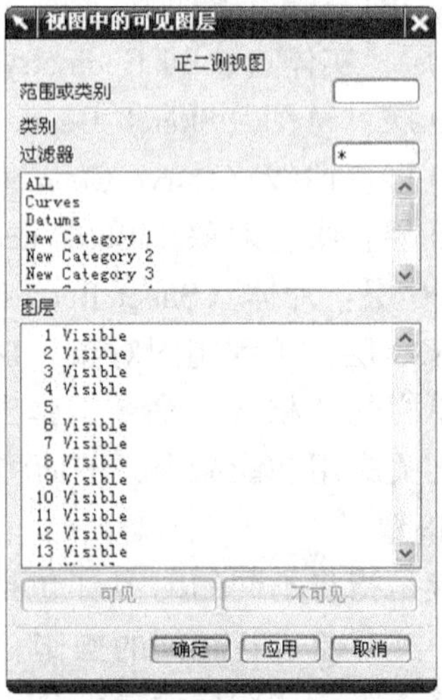

图 1-28 “视图中的可见图层”对话框

3. 图层类别

UG 软件提供了一个按分类命名图层的功能，将不同的图层赋予不同的层组，如 sheet（曲面层组）、solid（实体层组）、curve（曲线层组）等，可对图层进行有效的分类。如图 1-29所示为“图层类别”对话框（一）。

在图 1-29 中“类别”文本框中输入层组名称，单击“创建/编辑”按钮，弹出“图层类别”对话框（二），如图 1-30 所示。

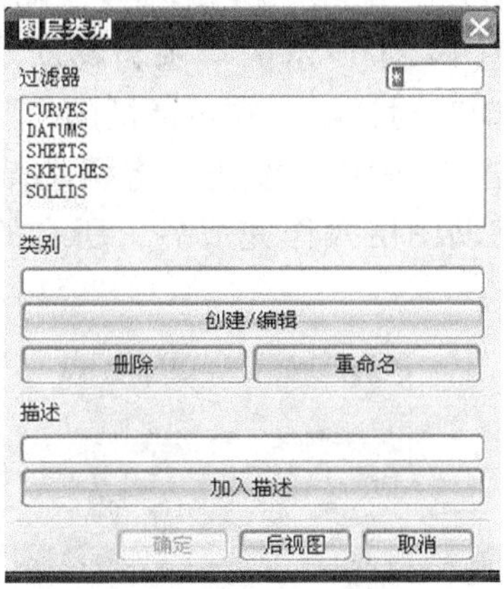

图 1-29 “图层类别”对话框（一）

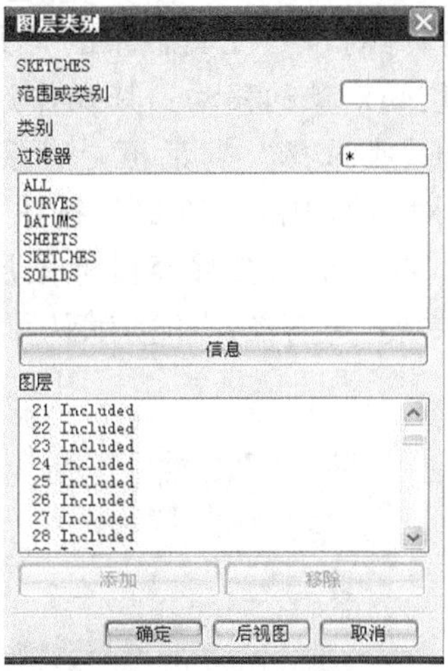

图 1-30 “图层类别”对话框（二）

4. 移动至图层

选择“格式”→“移动至图层”命令，弹出如图 1-31 所示的“类选择”对话框。根据提示选择需要移动的对象后，单击该对话框中的“确定”按钮，弹出如图 1-32所示的“图层移动”对话框。在“目标图层或类别”文本框中输入要移至的目标图层的编号，或直接从列表框中选择图层，单击“确定”按钮，可将所选对象移到指定图层。

5. 复制至图层

复制至图层用于将图素从一个层复制到另一个层。选择菜单栏中的“格式”→“复制至图层”命令，弹出“类选择”对话框。根据提示选择需要复制的对象后，单击该对话框中的“确定”按钮，将弹出如图 1-33 所示的“图层复制”对话框。在“目标图层或类别”文本框中输入要复制的目标图层的编号，或直接从列表框中选择目标图层，单击“确定”按钮，即可将所选对象复制到目标图层上。

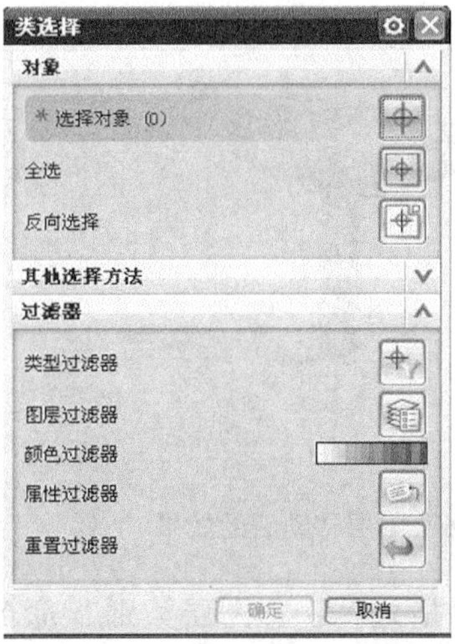

图 1-31 “类选择”对话框

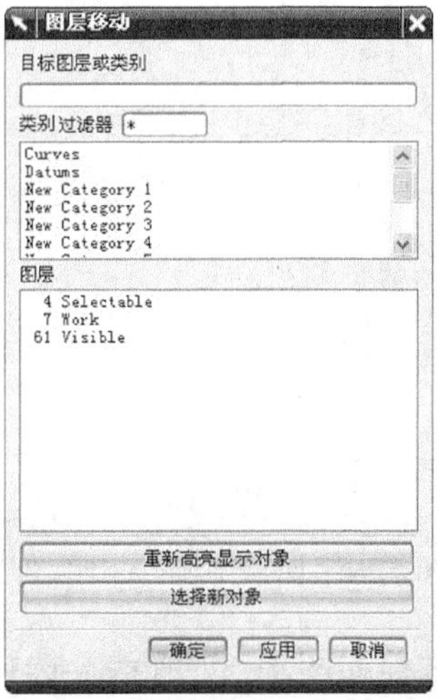

图 1-32 “图层移动”对话框

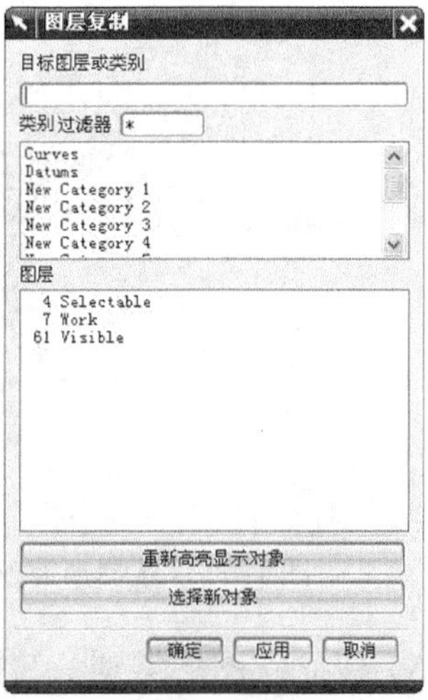

图 1-33 “图层复制”对话框

【例 1-3】 图层设置。

1）打开随书光盘的 ch01\eg\eg_03\layer1. prt 文件。

2）选择“标准”工具栏中的“开始”→“建模”命令，进入建模模块。

3）图层间对象的移动，其操作过程如图 1-34 所示。选择“格式”→“移动至图层”命令，弹出“类选择”对话框。直接在工作区选择图 1-34 所示的草图为移动对象，单击“类选择”对话框中的“确定”按钮，弹出“图层移动”对话框。在对话框的“目标图层或类别”文本框中输入要移至目标图层的编号 5。单击“确定”按钮，将所选草图对象移到目标图层 5。只有图层 1 为默认可见图层，因此移动图层操作完成后，所有的草图将被隐藏。

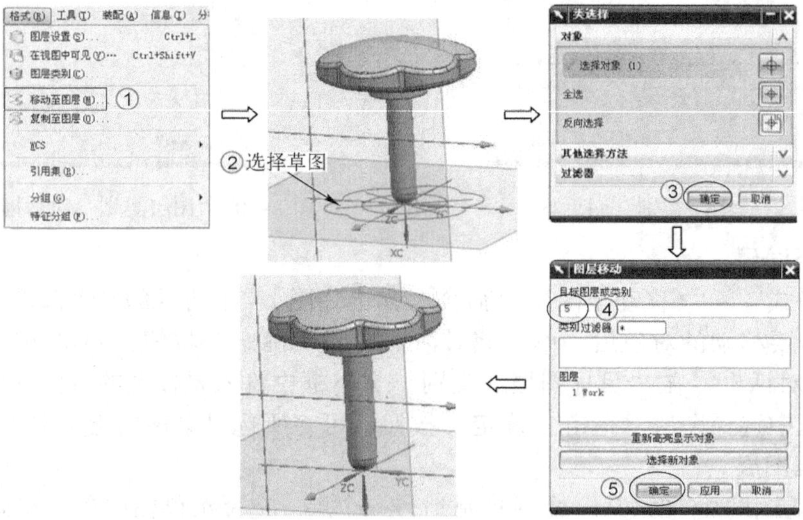

图 1-34 图层间对象的移动

4）参照上述步骤，选择如图 1-35 所示的所有基准轴和基准平面，将其移动至图层 6，其效果如图 1-36 所示。

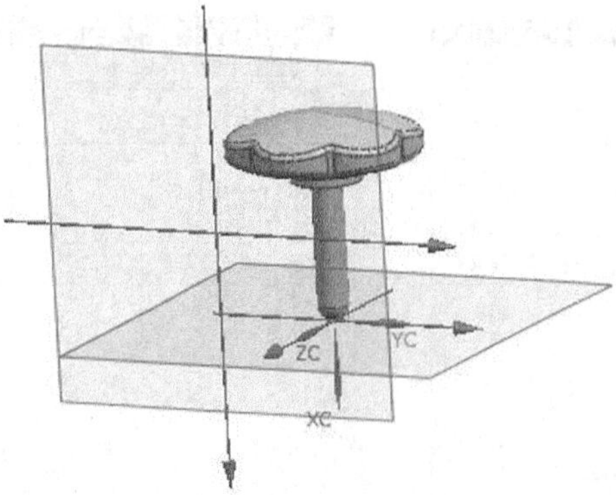

图 1-35 选择所有基准轴和基准平面

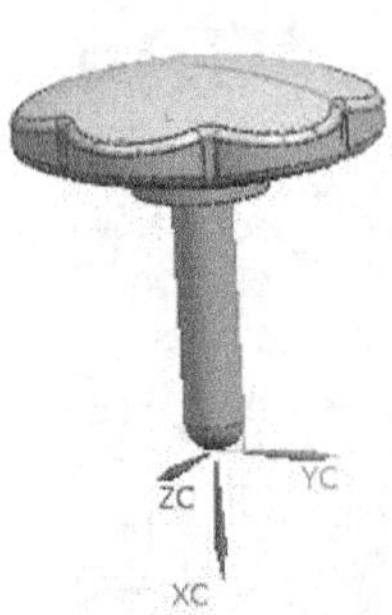

图 1-36 图层移动后的效果

5）建立新图层类别，其操作过程如图 1-37 所示。选择“格式”→“图层类别”命令，弹出“图层类别”对话框。在“类别”文本框中输入相应信息后，单击“创建/编辑”按钮，弹出新的“图层类别”对话框。在“图层”列表框中选择要包括的层，单击“添加”按钮，完成新图层类别的创建。

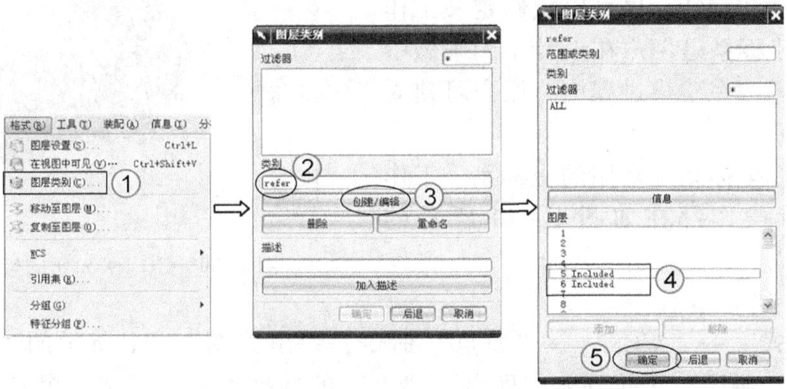

图 1-37　建立新图层类别

6）设置图层的可见性，其操作过程如图 1-38 所示。选择“格式”→“图层设置”命令，弹出“图层设置”对话框。在图层过滤器列表框中勾选图层 5 和图层 6 后，使刚才处于隐藏图层的草图和基准轴可见。单击“关闭”按钮退出对话框。

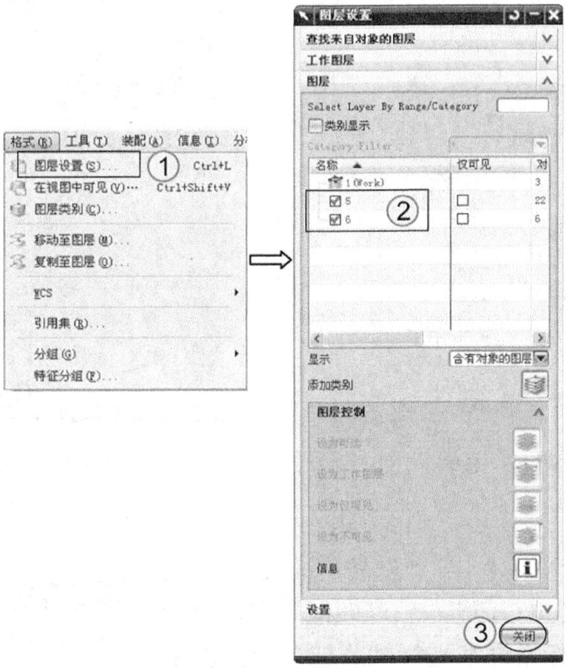

图 1-38　设置图层可见性

1.5　坐标系的操作

UG 中的坐标系统主要有 3 种，即绝对坐标系、工作坐标系 WCS 和参考（基准）坐标系，如图 1-39 所示。其中建模中常用的是工作坐标系和参考坐标系。

绝对坐标系是默认的坐标系，这种坐标系在文件建立时就存在了，且在使用过程中不能更改；工作坐标系即用户坐标系，用户可以根据需要任意移动和旋转，也可以重新定义工作坐标系；参考坐标系是用户在设计中用来做参考设计的坐标系，在建模过程中，用户可建立多个参考坐标系。

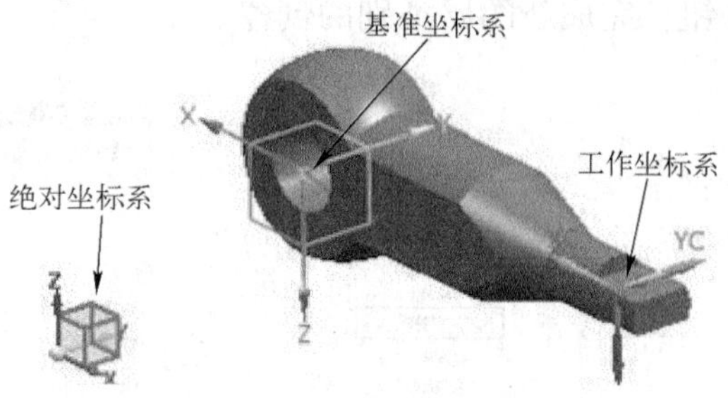

图 1-39　UG NX 8.0 的坐标系统

其中，工作坐标系是常用的坐标系，工作坐标系的所有操作都在如图 1-40 所示的“WCS”菜单中。

1. 原点

选择“格式”→“WCS”→“原点”命令，弹出如图 1-41 所示的“点”对话框。在该对话框的“类型”下拉列表中列出了“点”的捕捉方式，指定一个点后，工作坐标系原点就会移到该点上。移动后，坐标系的各坐标轴与移动前坐标系的各坐标轴相互平行。

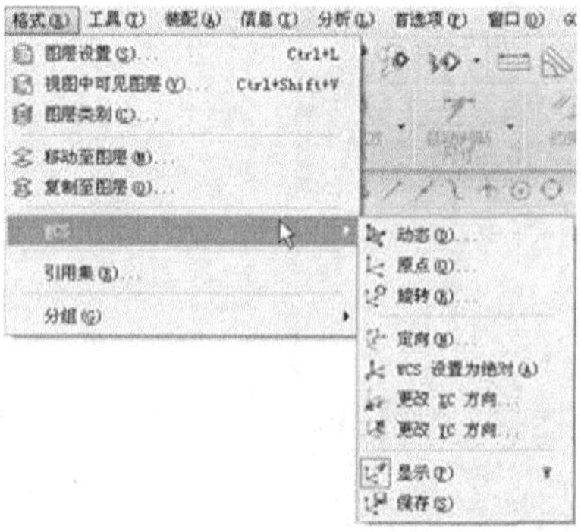
图 1-40　“WCS”菜单

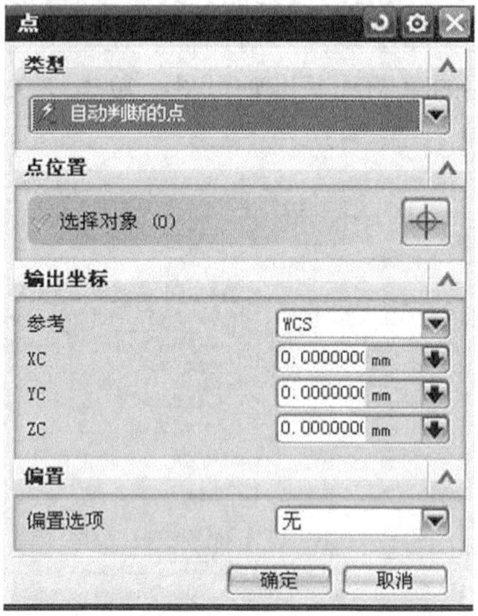

图 1-41　“点”对话框

2. 旋转

选择“格式”→“WCS”→“旋转”命令，弹出如图 1-42 所示的“旋转 WCS 绕…”对话框。在该对话框中，通过将当前的坐标系绕某坐标轴旋转一个角度来定义一个新的坐标系。

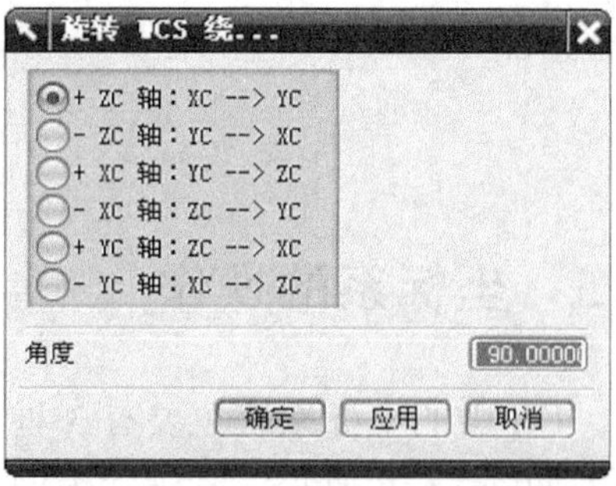

图 1-42　“旋转 WCS 绕…”对话框

“旋转 WCS 绕…”对话框中提供了 6 个确定旋转方向的单选按钮，即旋转轴分别为 3 个坐标轴的正、负方向，旋转方向的正向用右手法则确定。例如，对话框中 + ZC 轴：XC --> YC 表明当前的旋转方向是以 ZC 轴为坐标轴，旋转为从 XC 到 YC，“+”表明旋转方向为正向，应用右手法则。选定旋转方向后，输入旋转角度值，单击“确定”按钮即可。

3. 动态

选择“格式”→“WCS”→“动态”命令，当前坐标系如图 1-43 所示，操作模型见随书光盘的 ch01\ch01_02\cover. prt 文件。

由图 1-43 可知，动态坐标系有 3 个标志，即原点、移动柄和旋转柄，对应的有 3 种动态改变坐标系的方式。

1）选取原点，并沿坐标轴拖动鼠标，可将坐标系移动到新位置，如图 1-44 所示。

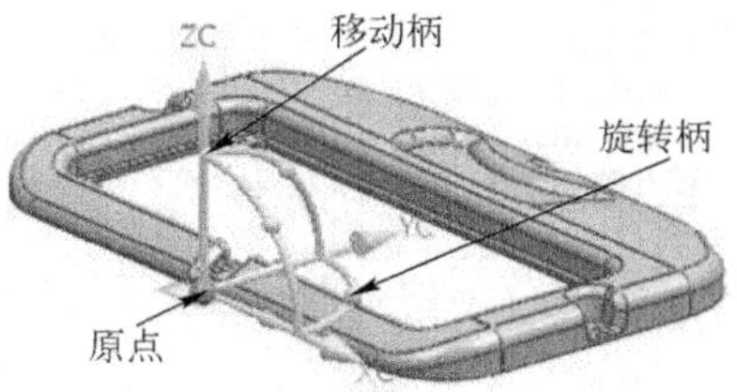

图 1-43　动态坐标系

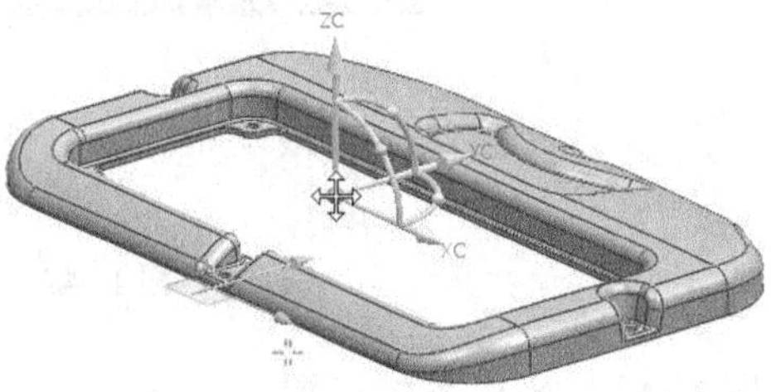

图 1-44　拖动原点

2）选取移动柄（如 ZC 轴）并拖动鼠标，可将坐标系沿坐标轴移动，如图 1-45 所示。这时可以在“距离”文本框中通过直接输入数值来改变坐标系。

3）选取旋转柄（如处于 XC－YC 平面内）并沿坐标轴（＋ZC 轴）拖动鼠标，坐标系的 YC－ZC 面和 ZC－XC 平面将发生变化，如图 1-46 所示。

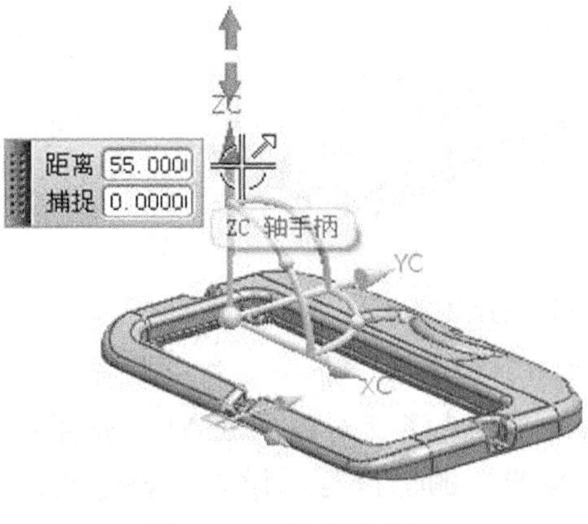

图 1-45　拖动移动柄

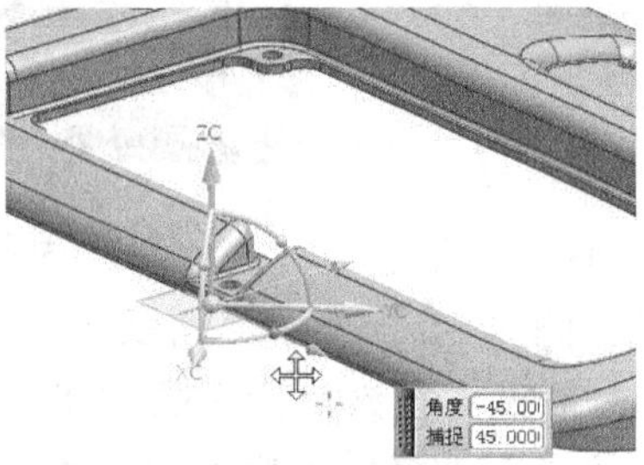

图 1-46　拖动旋转柄

4. 定向

“定向”命令可同时改变坐标系的原点和坐标轴的方位。选择“格式”→“WCS”→“定向”命令，弹出如图 1-47 所示的“CSYS”对话框，用于定义一个新的坐标系，该对话框提供了多种坐标系的创建方法。

5. 坐标系的显示和隐藏

选择“格式”→“WCS”→“显示”命令，可将隐藏的坐标系显示出来，也可单击工具栏中的“显示 WCS（W）”复选按钮，进行坐标系的隐藏和显示操作。

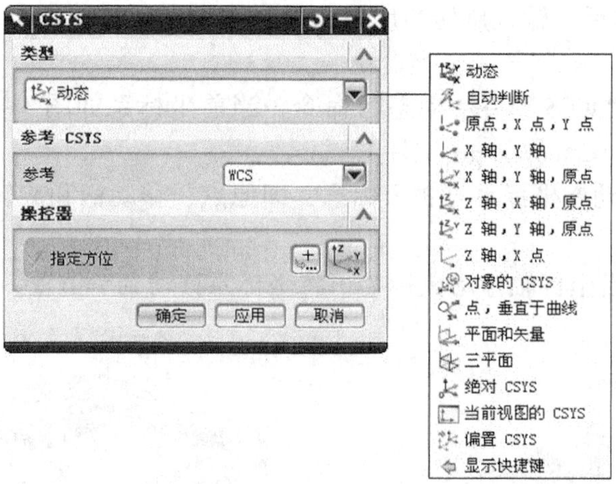

图 1-47 “CSYS” 对话框

【例 1-4】 坐标系的设置。

1）打开随书光盘的 ch01\eg\eg_04\keti. prt 文件，其操作步骤如图 1-48 所示。

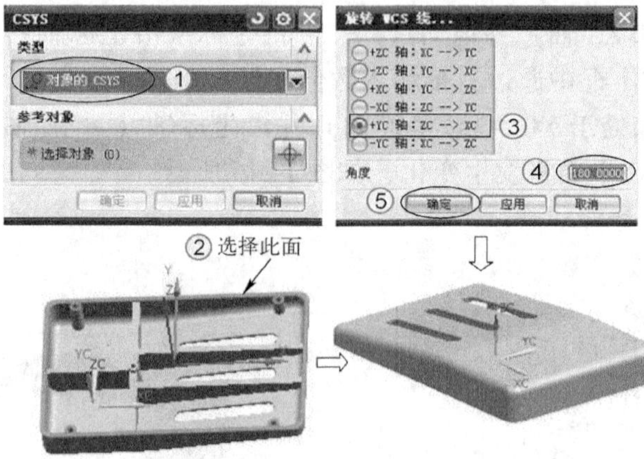

图 1-48 坐标系的操作

2）定向坐标系。选择“格式”→“WCS”→“定向”命令，打开如图 1-47 所示的“CSYS”对话框；在该对话框的“类型”下拉列表中选择“对象的 CSYS”选项；选择产品模型的底面（在选择模型底面时，将“类型过滤器”的选择范围设为“整个装配”），单击“确定”按钮，完成模具坐标系的定向操作。

3）旋转坐标系。选择“格式”→“WCS”→“旋转”命令，打开“旋转 CSYS 绕…”对话框；在该对话框中选择“+YC 轴”单选按钮，在“角度”文本框中输入“180”，单击“确定”按钮，完成坐标系的操作（此时不要重复单击“确定”或“应用”按钮，否则坐标系将继续旋转，完成旋转后单击“取消”按钮）。

1.6 入门实例

本节将通过一个简单的例子介绍 UG 软件的实体建模功能，使读者熟悉 UG NX 8.0 的基本操作步骤。

创建如图 1-49 所示的实体模型。应用的主要命令有图层设置、拉伸、基准平面、修剪体、移动坐标系、编辑显示等命令。具体操作步骤如下。

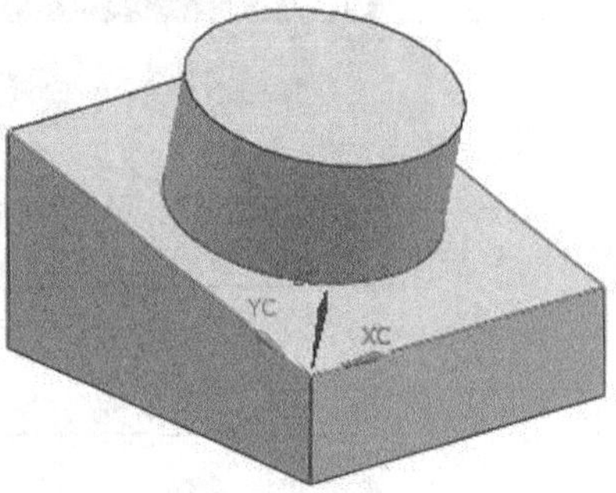

图 1-49　实体模型

1. 新建文件

操作过程如图 1-50 所示。选择“文件”→“新建”命令，新建一个名称为 model1. prt 的模型零件，单位为毫米。

2. 进入建模环境

选择“标准”工具栏中的“开始”→“建模”（Ctrl +M）命令，进入建模模块。

3. 创建长方体特征

操作过程如图 1-51 所示。

1）选择“插入”→“设计特征”→“拉伸”命令，弹出“拉伸”对话框。单击对话框中的“绘制截面”按钮，弹出“创建草图”对话框，在“平面选项”下拉列表中选择“现有平面”。在“部件导航器”中右击“基准坐标系”，在弹出的快捷菜单中选择“显示”命令，将基准坐标系显示。

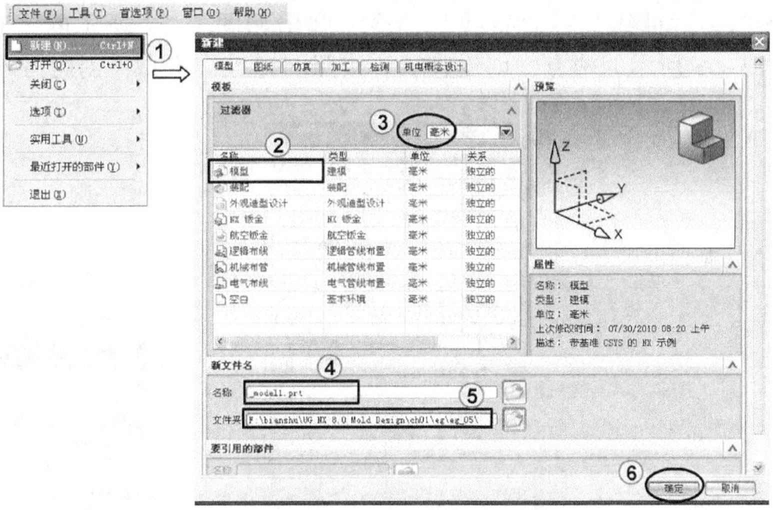

图 1-50　新建文件

2）绘制截面草图。在工作区选择 XY 平面为草图平面，单击“创建草图”对话框的“确定”按钮，系统弹出“配置文件”对话框。单击“草图工具”工具栏中的“矩形”按钮，绘制一个矩形；然后单击“自动判断尺寸”按钮，对草图进行尺寸约束。单击“草图生成器”工具栏中的“完成”按钮，完成草绘，并返回“拉伸”对话框。

3）设置拉伸距离。在“拉伸”对话框的“极限”分组中设置“结束”距离值为 100，确保拉伸方向正确，单击“拉伸”对话框的“确定”按钮，完成长方体的创建，如图 1-52 所示。

4. 创建基准平面

选择“格式”→“图层设置”命令，弹出如图 1-53 所示“图层设置”对话框，系统默

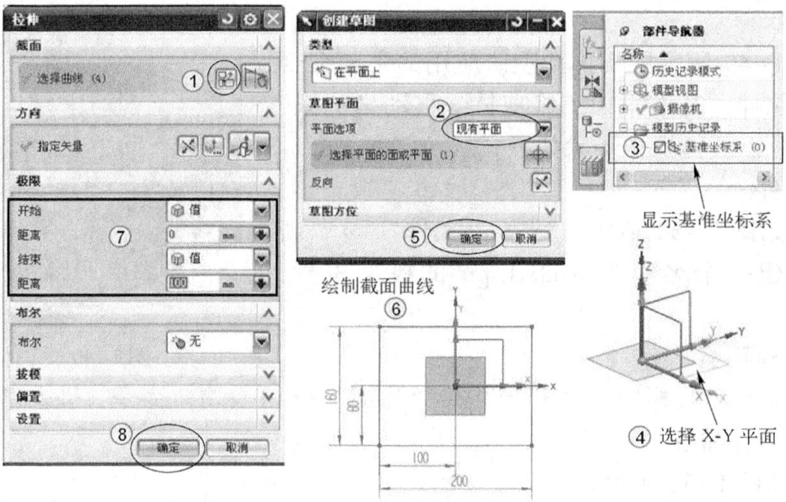

图 1-51　创建拉伸特征

认实体放在第 1 层，参考对象放在第 61 层。在建模之前也可进行重新设置。

1）在图 1-53 所示“图层设置”对话框的“工作图层”分组中输入 41，并按〈Enter〉键确认，将当前工作图层设置为 41 层，下面操作中建立的三条直线将放入 41 层。

选择“插入”→“曲线”→“直线”命令，弹出如图 1-54 所示的“直线”对话框，用鼠标捕捉如图 1-55 所示的两点，创建直线。按照同样操作步骤，创建另外两条直线，如图 1-56 所示。

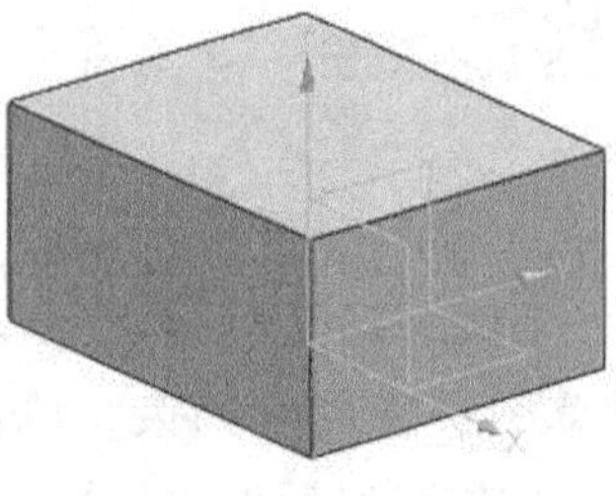

图 1-52　长方体

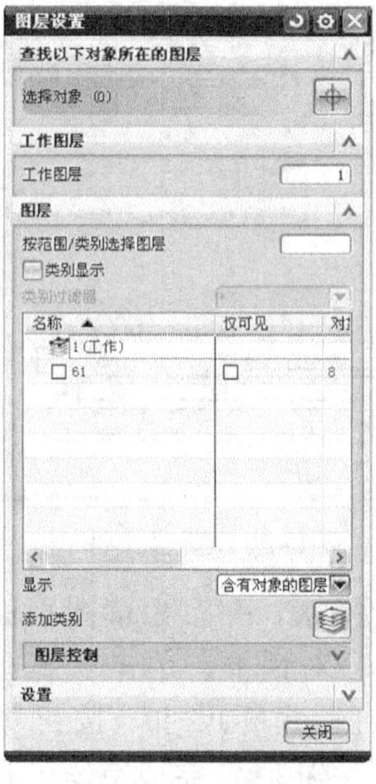

图 1-53　“图层设置”对话框

图 1-54　“直线”对话框

2）将工作图层切换到 61 层（可在“图层设置”对话框中直接双击进行切换）。选择“插入”→“基准/点”→“基准平面”命令，弹出如图 1-57 所示的“基准平面”对话框。选择“类型”下拉列表中的“两直线”方式创建基准平面。选择刚创建的任意两条直线，创建基准平面，如图 1-58 所示。

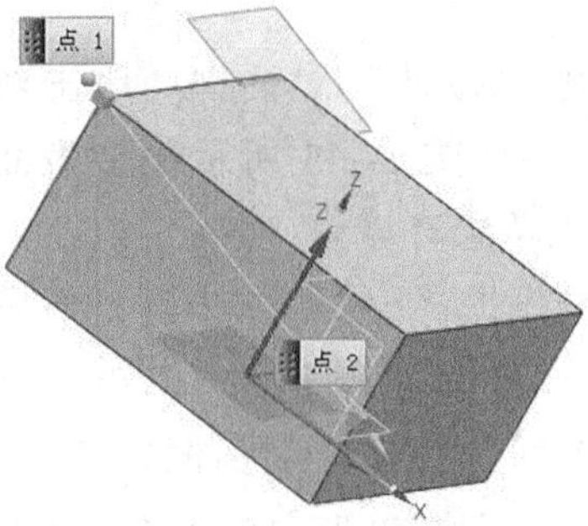

图 1-55　捕捉直线的两点

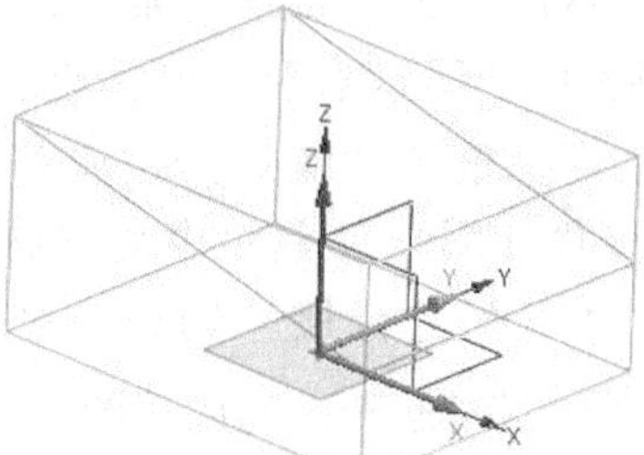

图 1-56　创建 3 条直线

图 1-57　“基准平面”对话框

5. 修剪体

将工作图层切换到第 1 层。选择“插入”→“修剪”→“修剪体”命令，弹出如图 1-59 所示的“修剪体”对话框，选择长方体特征为目标体，选择创建的基准平面为工具体，修剪方向向上，单击“确定”按钮，完成修剪，如图 1-60 所示。

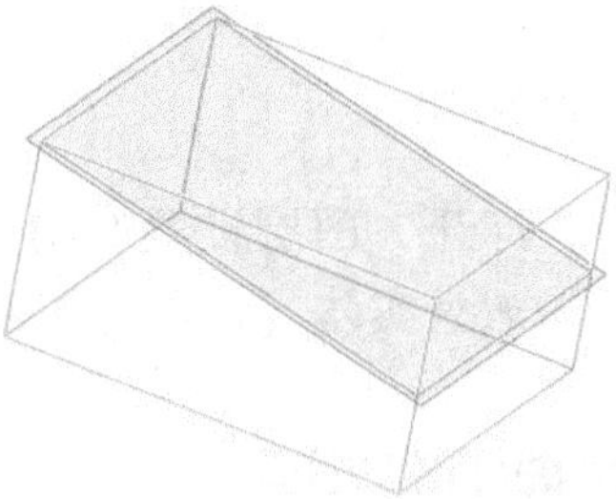
图 1-58　创建基准平面

图 1-59　“修剪体”对话框

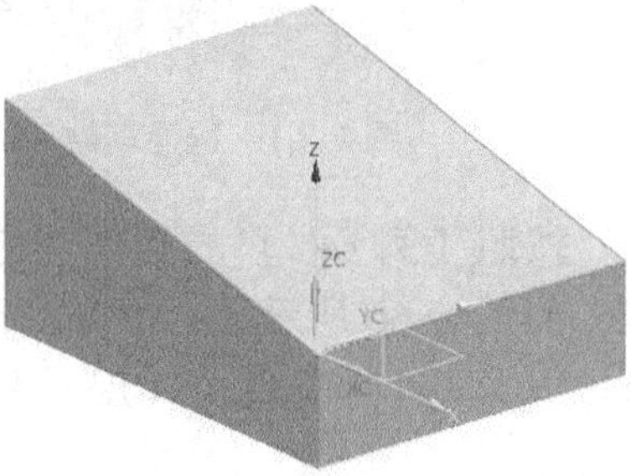

图 1-60　修剪长方体

6. 移动坐标系

选择“格式”→“WCS”→“定向”命令，打开如图 1-61 所示的“CSYS”对话框；在该对话框的“类型”下拉列表中选择选项；选择如图 1-62 所示的顶点和两条边线作为坐标系放置的原点、X 轴、Y 轴，完成定向坐标系。

图 1-61　“CSYS”对话框

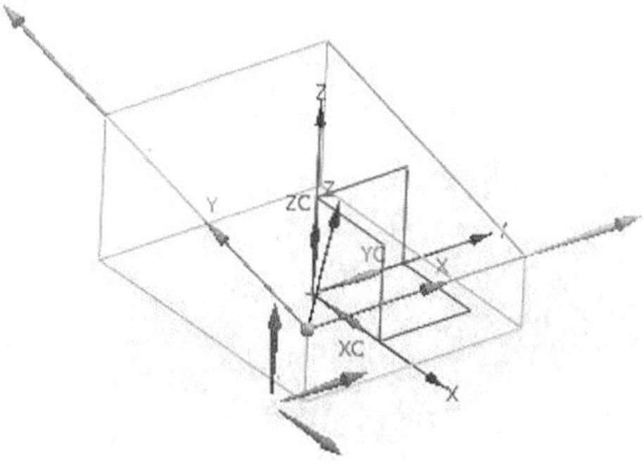

图 1-62　定向坐标系

7. 创建圆柱特征

1）选择“插入”→“设计特征”→“拉伸”命令，弹出“拉伸”对话框。单击对话框中的“绘制截面”按钮，弹出“创建草图”对话框，选择如图 1-63 所示模型表面作为草绘平面，单击“创建草图”对话框的“确定”按钮，进入草绘环境。

2）绘制截面草图。单击“草图工具”工具栏中的“圆”按钮○，绘制一个圆；然后单击“自动判断尺寸”按钮，对草图进行尺寸约束，创建的草图如图 1-64 所示。单击“草图生成器”工具栏中的“完成”按钮，完成草绘，并返回“拉伸”对话框。

3）设置拉伸距离。在“拉伸”对话框的“极限”分组中设置“结束”距离值为60，确保拉伸方向正确，单击“拉伸”对话框的“确定”按钮，完成圆柱体的创建，如图1-65 所示。

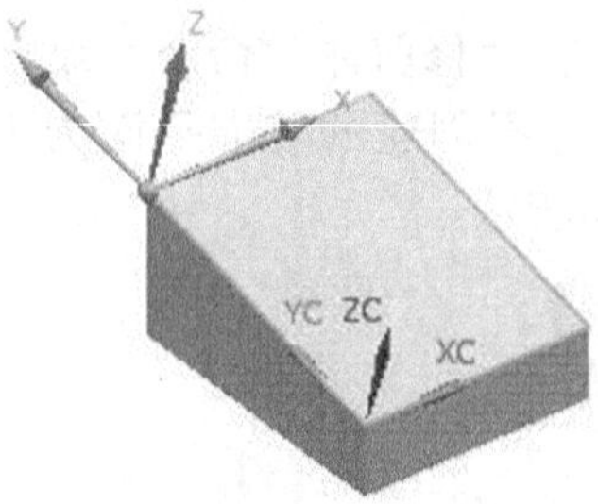

图 1-63　选择草绘平面

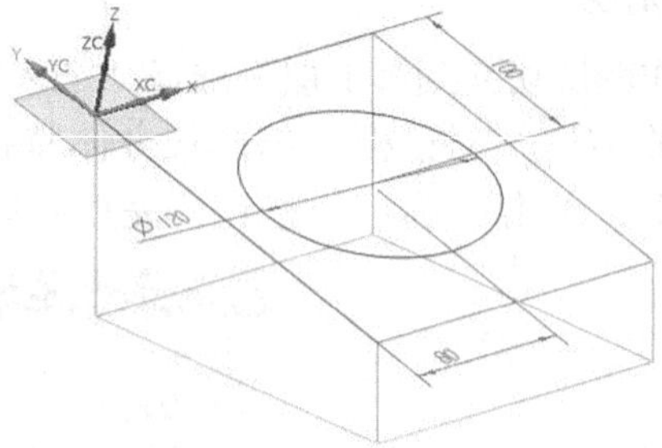

图 1-64　绘制草图

按照【例 1-3】的操作，将模型中的草图对象移动至 21 层。打开“图层设置”对话框，如图 1-66 所示，从中可以看到模型中共有 4 个图层，分别用来放置实体（1 层）、草图对象（21 层）、曲线（41 层）和参考对象（61 层）。

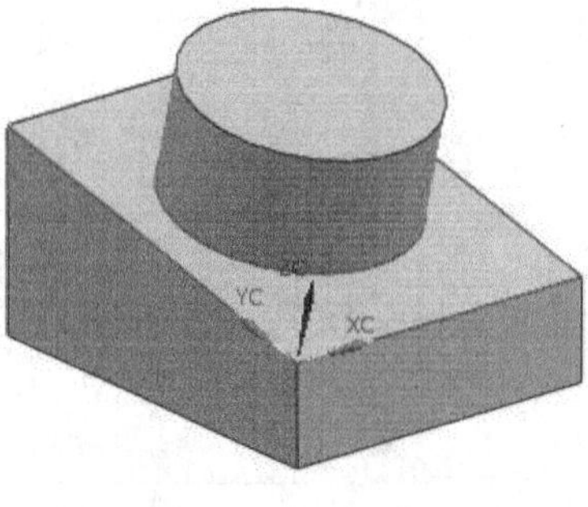

图 1-65　创建圆柱体特征

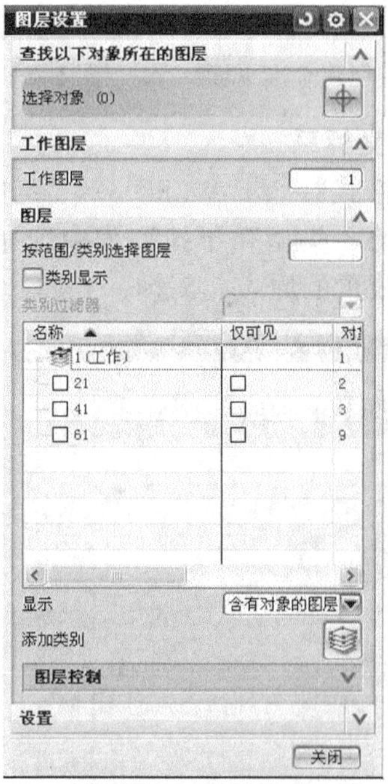

图 1-66　“图层设置”对话框

8. 保存文件

选择“文件”→“保存”命令，保存文件。

1.7 习题

1. UG NX 8.0 的工作界面主要由哪几部分组成？

2. UG NX 8.0 的应用模块有哪些？

3. UG NX 8.0 对象（图素）的选择方法有哪些？

4. 根据本章1.6节中入门引例的操作，利用“拉伸”命令完成如图1-67所示实体模型的建模（模型素材见随书光盘 ch01\ex\ex.prt 文件）。

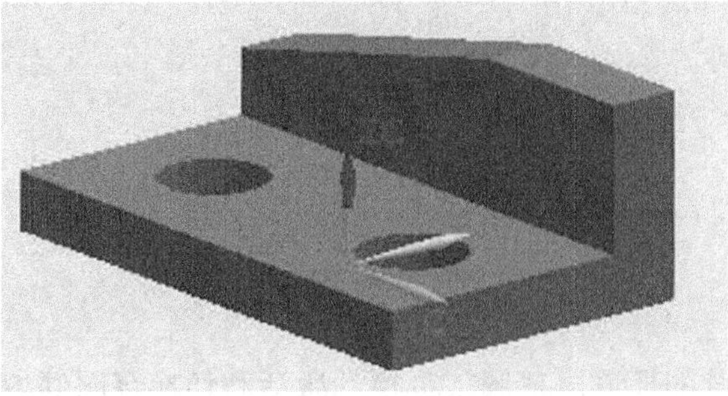

图1-67 实体模型

第 2 章　草 图 设 计

草图是指位于二维平面内的曲线和点的集合，是参数化造型的重要工具，它是与实体模型相关联的二维图形。设计者可以按照自己的思路随意绘制二维草图曲线，然后添加几何约束、尺寸约束及定位，从而精确地控制曲线的尺寸、形状和位置，以满足设计要求。

本章重点

- 草图的绘制和编辑
- 草图的约束
- 草图的操作

2.1　草图基础

草图基础主要包括草图环境、草图工具栏、激活和切换草图等内容。

2.1.1　草图环境

UG NX 8.0 中有 3 种方式可进入草图环境：一是应用“任务环境中的草图”命令；二是应用“直接草图”命令；三是使用“拉伸”“旋转”扫掠”等命令时，从这些命令的对话框中进入草图环境。

1. 任务环境中的草图

任务环境中的草图环境是 UG 专门为草绘开辟的模块。新建一个文件，进入建模环境后，可选择“插入”→“任务环境中的草图”命令，或单击“特征”工具栏的“任务环境中的草图”按钮，进入草图环境。

进入草图环境后，必须为草图选择一个草绘平面，草绘平面是草图所在的某个空间平面，它可以是基准平面，也可以是实体的某个面。进入草绘环境后，“草图工具”工具栏中的草绘命令被激活，如图 2-1 所示。

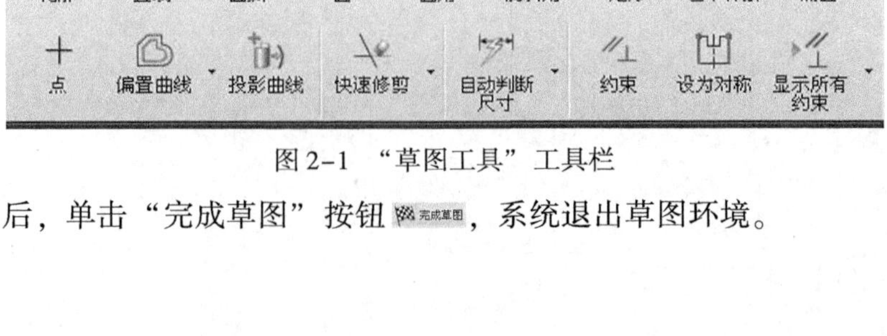

图 2-1　“草图工具”工具栏

绘制草图后，单击“完成草图”按钮，系统退出草图环境。

2. 直接草图

“直接草图”是指从当前应用模块中直接进入草图环境。不管用户当前所做的是什么设计，都可以在当前模式下进行草图设计，这是 UG NX 8.0 的新增功能。

选择“插入”→“草图”命令，或单击“直接草图”工具栏的“任务环境中的草图”按钮，进入草图环境。选择一个草绘平面后，“直接草图”工具栏被激活，如图 2-2 所示。

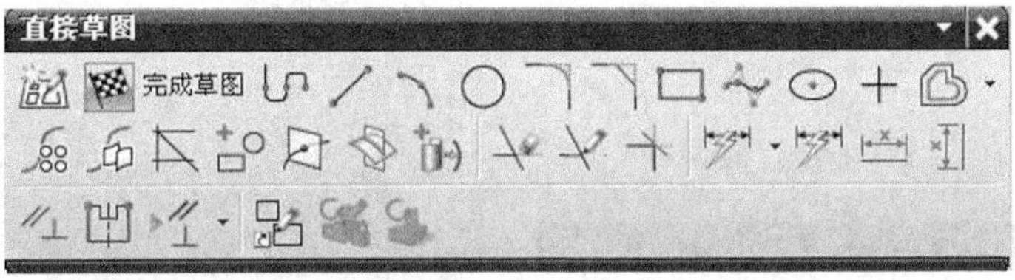

图 2-2 “直接草图”工具栏

“直接草图”工具创建的草图，也可作为特征的截面草图使用，在部件导航器中同样会显示为一个独立的特征，本质上与“任务环境中的草图”命令没有区别。在“直接草图”创建环境中，系统不会自动将草绘平面与屏幕对齐，需要将草绘平面旋转到大致与屏幕对齐的位置，然后使用〈F8〉快捷键对齐草绘平面。而“任务环境中的草图”命令所建立的草绘环境，系统会自动将草绘平面与屏幕对齐。上述两个命令系统默认状态下是在 X - Y 平面上绘制草图。

本书如无特别说明，草图的创建均采用“任务环境中的草图”命令。

3. 从建模命令的对话框进入草图

在应用“拉伸”“旋转”“扫掠”等命令时，从这些命令的对话框中进入草图环境，相关操作见第 1 章中图 1-51 所示。

2.1.2 草图环境设置

在开始绘制草图前，可选择“文件”→“实用工具”→“用户默认设置”命令，打开“用户默认设置”对话框，如图 2-3 所示。用户可在“草图”选项中对草图样式、约束类型等进行设置。

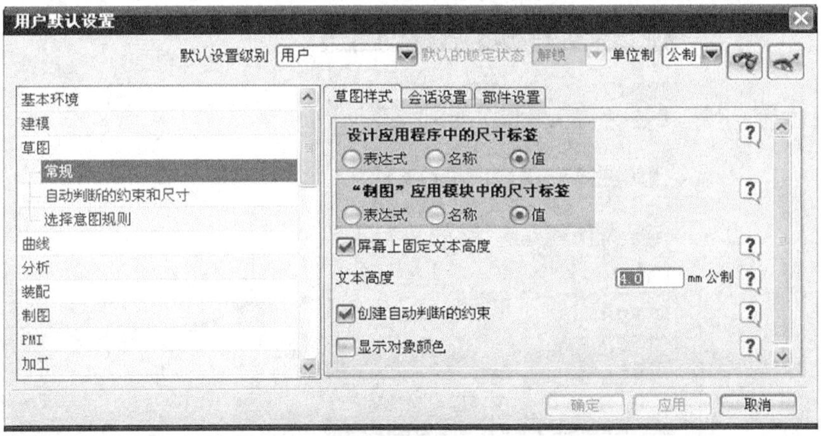

图 2-3 “用户默认设置”对话框

另外，进入草图环境后，选择“首选项”→“草图”命令，弹出如图 2-4 所示的“草图首选项”对话框。在该对话框中也可设置草图的显示参数和默认名称前缀等参数。

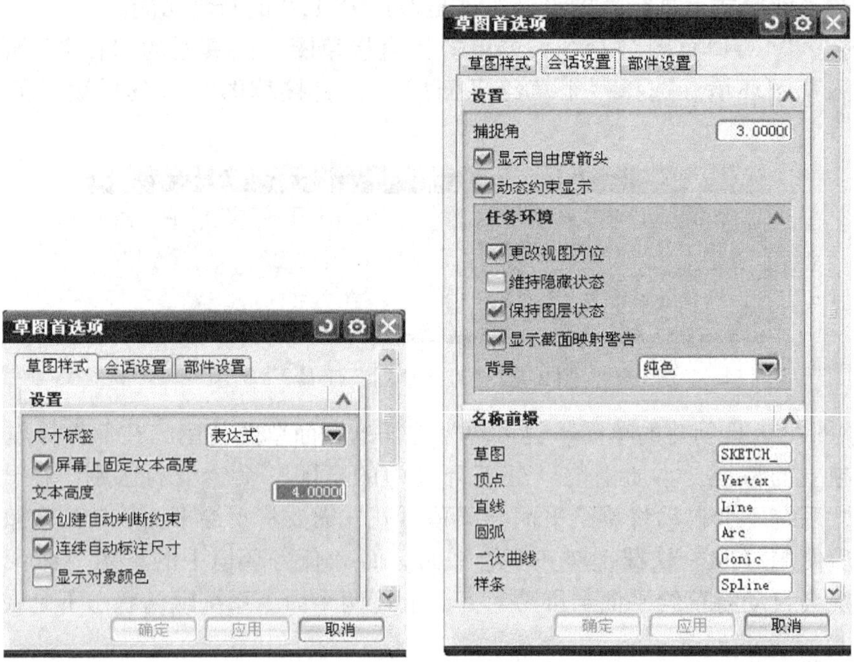

a)　　　　b)

图 2-4　“草图首选项”对话框

a)“草图样式”选项卡　b)“会话设置”选项卡

2.1.3　草绘平面

绘制草图前首先要创建一个二维草绘平面，然后在草绘平面上创建草图对象。

进入建模环境后，选择“插入”→“任务环境中的草图”命令，或单击“成型特征”工具栏中的“任务环境中的草图”按钮，弹出如图 2-5 所示的“创建草图”对话框，在该对话框的“类型”下拉列表中提供了两种创建草图平面的方法：“在平面上”和“基于路径”。

图 2-5　“创建草图”对话框

1. 在平面上

在平面上是指以平面为基础来创建所需的草图工作平面。在“平面方法”下拉列表框中，UG 提供了 3 种指定草图工作平面的方式。

- 现有平面：选择该选项可指定坐标系中的基准面作为草图平面，或选择三维实体中的一个面作为草图平面。
- 创建平面：该选项可以借助现有平面、实体及边线等图素作为参照，创建一个新的平面，然后以此为草图平面。
- 创建基准坐标系：该选项可以首先创建一个新的坐标系，然后选择新坐标系中的基准面作为草图平面。

2. 基于路径

该选项是将已有直线、圆、实体边线、圆弧等曲线作为基础，选择与曲线轨迹垂直、平行等各种不同关系形成的平面作为草图平面。选择该方法创建草图平面时，绘图区内必须有可供选择的直线、圆、实体边线、圆弧等曲线。

提示：在选择草图平面时，应优先选择实体表面或基准平面，因为此时创建的草图与指定的草图平面之间存在相关性，方便使用和修改。如果没有合适的平面选择，可事先创建基准平面，然后再选择。在绘制草图过程中，如果草绘平面的方位发生了变化，可先重新调整好大致方位，然后再利用快捷键〈F8〉进行对正。

【例 2–1】 创建草绘平面。

1）新建一个文件，按〈Ctrl + M〉键进入建模环境。单击“特征”工具栏中的“任务环境中的草图”按钮，弹出“创建草图”对话框，采用默认设置，单击对话框的“确定”按钮，进入草绘环境。系统默认情况下，采用 XC – YC 平面作为草绘平面，+ ZC 轴垂直绘图平面，并指向用户。

2）绘制如图 2–6 所示的 ϕ100 的圆。

3）拉伸创建圆柱体。单击“特征”工具栏的“拉伸”按钮，选择绘制的圆，设置拉伸的距离为 200，单击“确定”按钮，创建圆柱体，如图 2–7 所示。

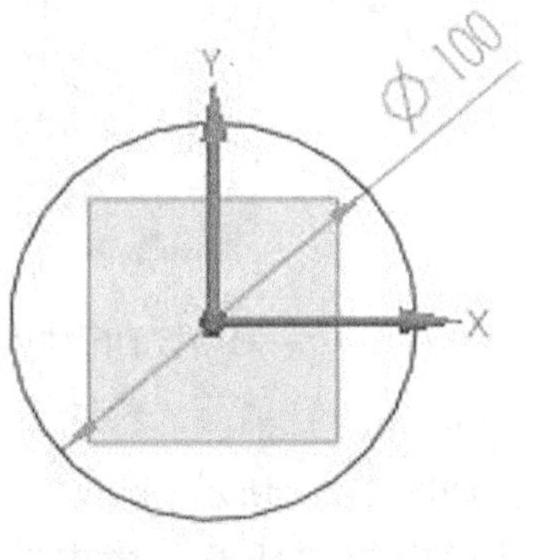

图 2–6　绘制圆（一）

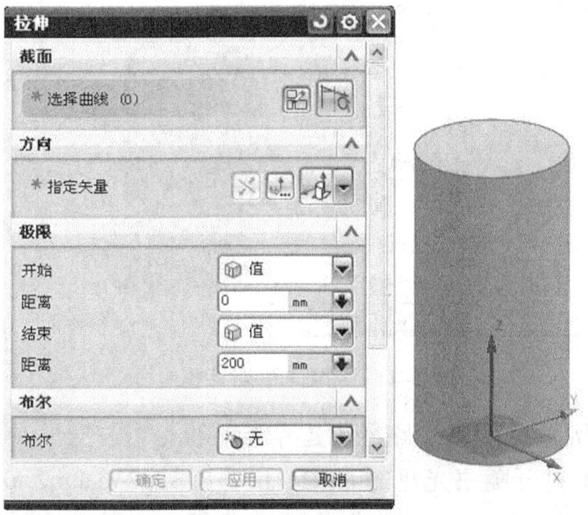

图 2–7　创建圆柱实体

4）单击“特征”工具栏中的“任务环境中的草图”按钮，弹出如图2-8所示的“创建草图”对话框，选择“类型”分组中的“在平面上”选项，选择“草图平面”分组中“平面方法”为“创建平面”。然后选择圆柱体的外表面，单击“创建草图”对话框的“确定”按钮，创建一个与圆柱体外表面相切的基准平面，如图2-9所示。此时系统将选择创建的基准平面作为草绘平面，并将X-Y坐标系自动对准屏幕。绘制如图2-10所示的圆，单击“完成草图”按钮，系统退出草图环境。

图2-8 “创建草图”对话框

图2-9 创建基准平面

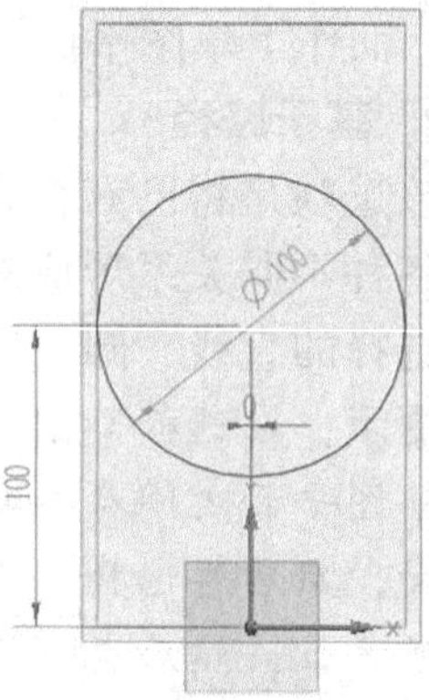

图2-10 绘制圆（二）

5）拉伸创建圆柱体。单击“特征”工具栏的“拉伸”按钮，选择步骤4）绘制的圆，在“拉伸”对话框“极限”分组的“结束”选项中选择拉伸方式为“对称值”，拉伸距离为100。单击“确定”按钮，创建圆柱体，如图2-11所示。本例中创建的模型为两相贯的圆柱体，如图2-12所示。

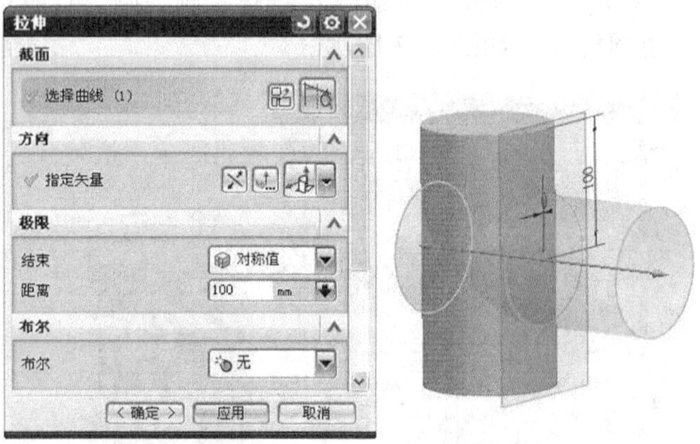

图2-11 “拉伸”对话框

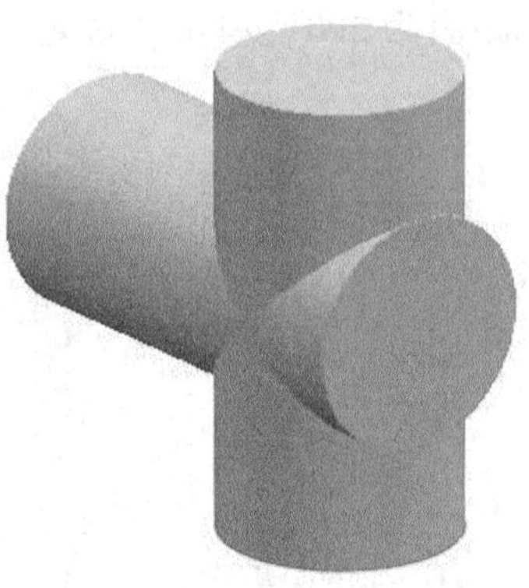

图2-12 两相贯的圆柱体

【例2-2】基于路径创建草绘平面。

1）打开随书光盘的ch02\ch02_01\eg2\caotu2.prt文件，如图2-13所示。

2）按〈Ctrl+M〉进入建模环境。单击“特征”工具栏中的“任务环境中的草图”按钮，弹出“创建草图”对话框，操作步骤如图2-14所示。选择“类型”分组中的

“基于路径”选项，单击“轨迹”分组的“选择路径”单选框，然后选择螺旋线；按照系统提示，选取螺旋线的端点，单击“确定”按钮，完成草绘平面的创建，如图 2-15 所示。

3）绘制如图 2-16 所示的 $\phi 5$ 的圆，单击“完成草图”按钮，系统退出草图环境。

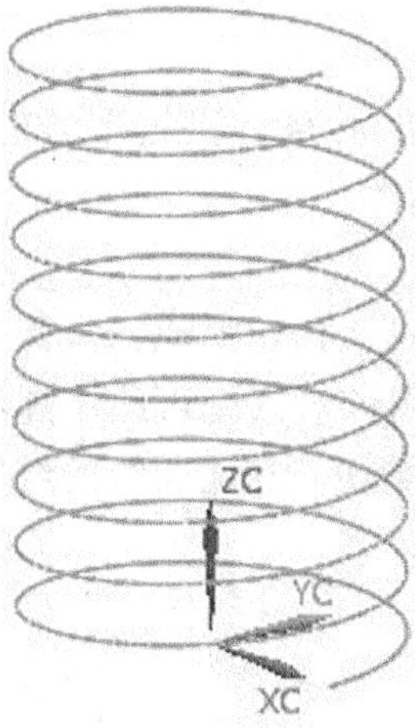

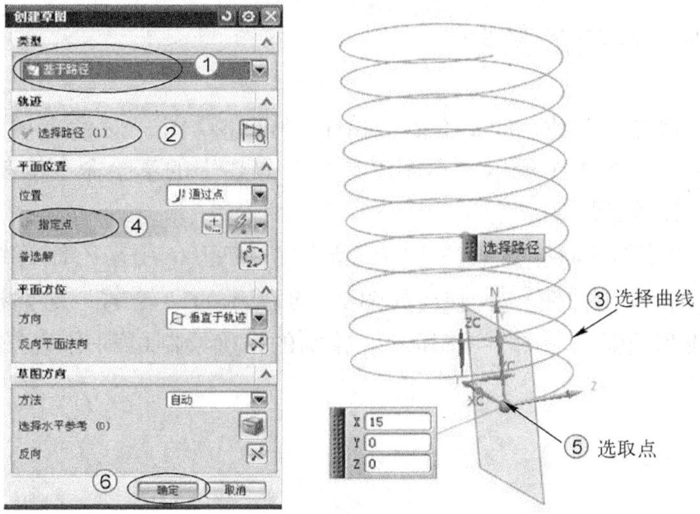

图 2-13　螺旋线　　　　图 2-14　创建草绘平面

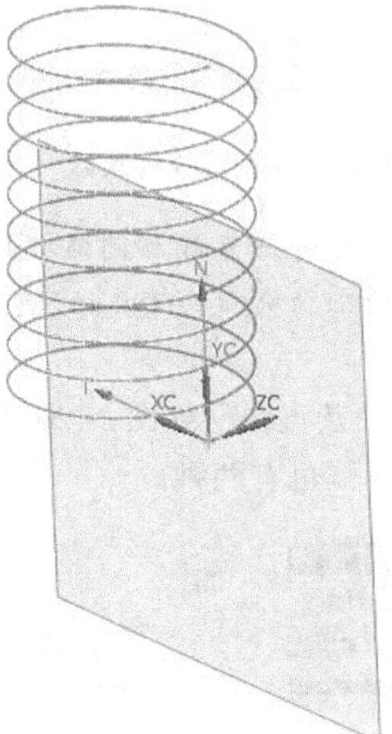

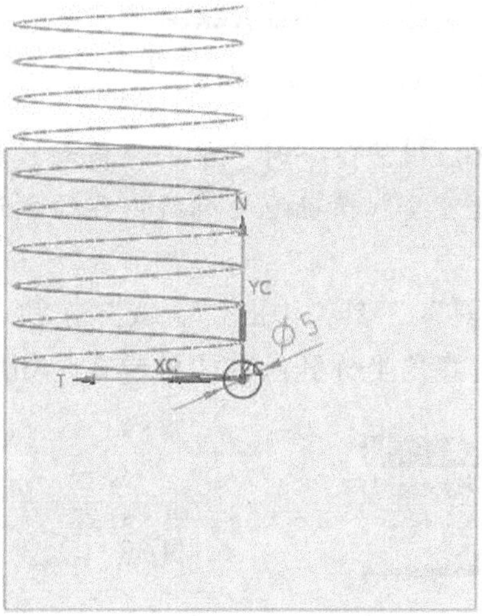

图 2-15　草绘平面　　　　图 2-16　绘制草图

2.1.4　激活和切换草图

1. 激活草图

草图创建完成后，如要重新进入草图，可在部件导航器中双击草图特征，或在绘图窗口中直接双击绘制好的草图，均可进入草绘环境。

2. 切换草图

如果创建了多个草图，在草绘环境下可通过在“草图名”列表中进行选择切换草图，如图2–17所示。在当前草图环境中不能选择其他草图中的图素。

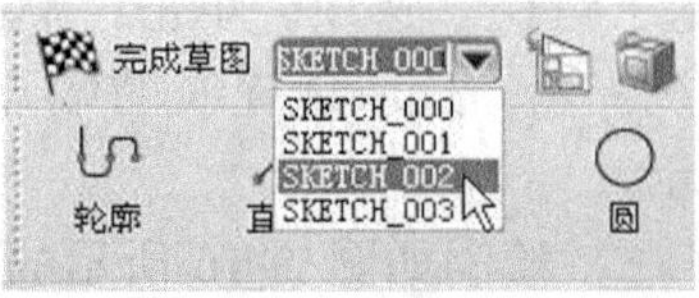

图2–17 “草图名”列表

2.2 草图的绘制

选择或创建草绘平面后，单击“创建草图”对话框的“确定”按钮，进入草绘环境，可利用如图2–1所示“草图工具”工具栏中的草绘命令绘制二维草图。

1. 轮廓

“草图工具”工具栏中的“轮廓”按钮用来绘制连续的直线、相切弧或三点弧。单击“轮廓”按钮，弹出如图2–18所示的“轮廓”对话框，利用该对话框可绘制连续的直线和圆弧，如图2–19所示。轮廓的精确绘制可利用动态输入框实现，其他曲线的绘制也一样。

图2–18 “轮廓”对话框

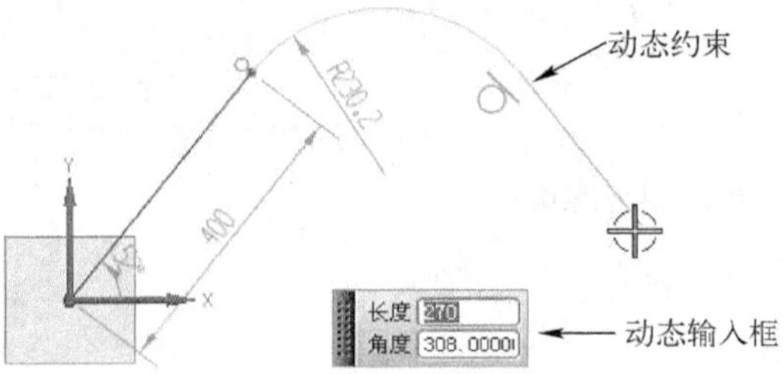

图2–19 绘制直线和圆弧

提示：在应用该命令时，单击、拖动鼠标然后释放，可进行直线和圆弧模式的切换；利用动态输入框可绘制精确地轮廓线；在绘制过程中注意动态约束（相切）的使用。

2. 直线

“草图工具”工具栏中的“直线”按钮用来绘制一条直线，如图2–20所示。“直线”的绘制方式有直角坐标和参数两种模式，相应的动态输入框也有两种。

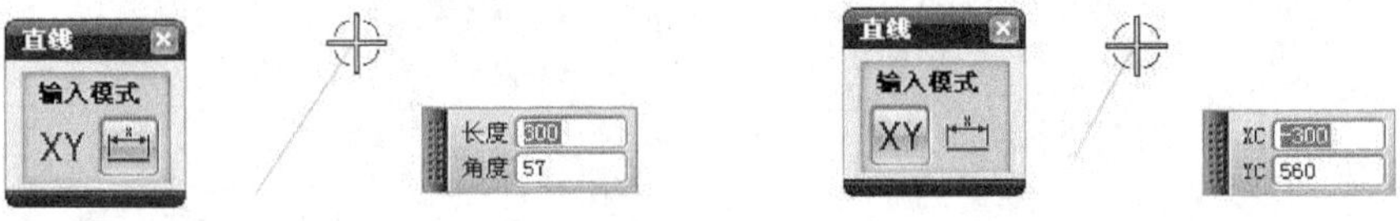

a) b)

图2–20 绘制直线

a）参数模式 b）直角坐标模式

3. “圆弧”和“圆”

单击“圆弧”按钮，弹出如图2–21所示的“圆弧”工具栏，有通过三点画弧和用中心和端点确定圆弧两种方式。

单击“圆”按钮，弹出如图2–22所示的“圆”工具栏，有通过三点的圆、由中心和直径确定圆两种方式。

4. 矩形

单击“矩形”按钮，弹出如图2-23所示的“矩形”工具栏，可通过3种方式创建矩形：①通过选择两对角点来创建矩形；②通过选择三个顶点来创建矩形；③通过选择中心点、一条边的中点和顶点来创建矩形。在后两种创建矩形的方法中可指定旋转的角度。

图2-21 “圆弧”工具栏

图2-22 “圆”工具栏

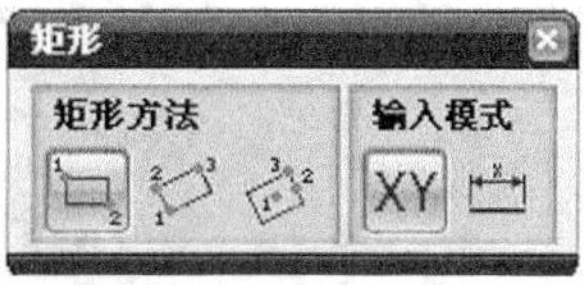

图2-23 “矩形”工具栏

5. 多边形

单击“矩形”按钮，弹出如图2-24所示的“多边形”对话框，通过指定多边形的中心点、边数及和创建方式（内切圆半径、外接圆半径和边长）来创建多边形。

6. 椭圆

单击“椭圆”按钮，弹出如图2-25所示的“多边形”对话框，通过指定椭圆的中心，长、短半轴和旋转角度来创建椭圆。

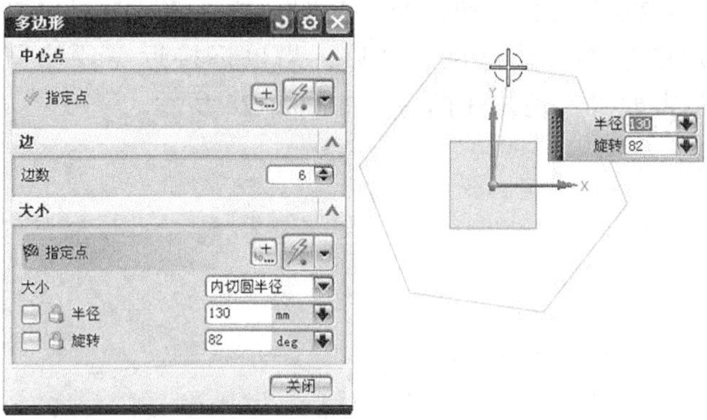

图2-24 “多边形”对话框

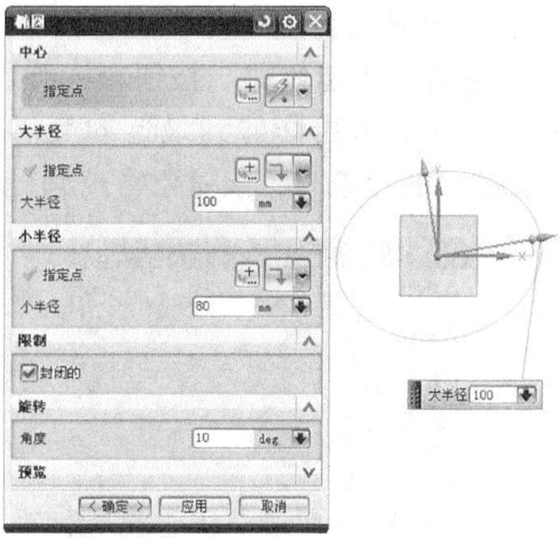

图2-25 “椭圆”对话框

7. 艺术样条

单击“艺术样条”按钮，弹出如图2-26所示的“艺术样条”对话框。有“通过点”和“根据极点”两种方式创建样条曲线。“通过点”方式创建的样条曲线通过所选择的点；“根据极点”方式创建的样条曲线由所选择的点来控制，曲线通过首末两个点，其他点（控制点）不在曲线上。

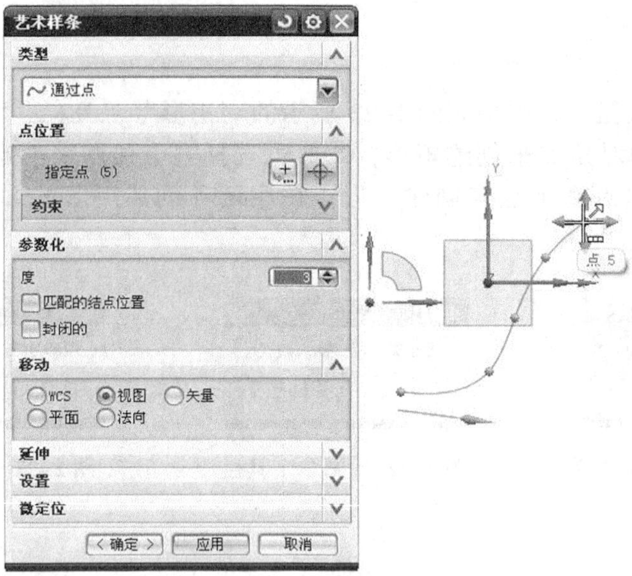

图 2-26 “艺术样条”对话框

2.3 草图的编辑

在绘制草图过程中经常需要运用快速修剪、延伸、倒圆角、倒斜角等命令对图素进行编辑。这些编辑工具按钮位于如图 2-1 所示的“草图工具”工具栏中。

1. 快速修剪

单击“快速修剪”按钮，弹出如图 2-27 所示的“快速修剪”对话框，该工具可以以任一方向将曲线修剪到最近的交点或选定的边界。选择该命令后，当鼠标接近需要修剪（移除）的对象时，该对象将高亮显示，单击即可实现快速修剪，如图 2-28 所示。

图 2-27 “快速修剪”对话框

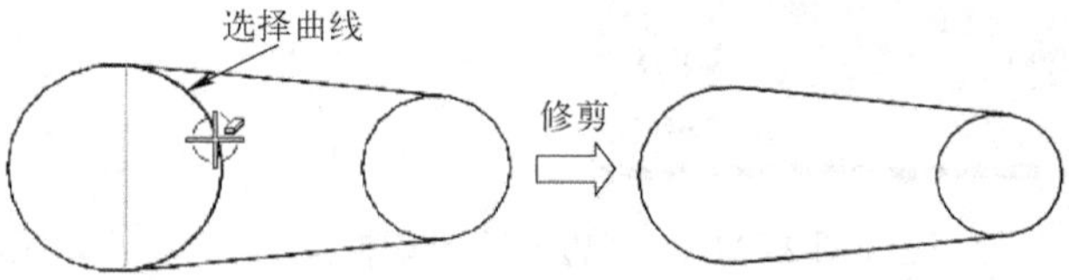

图 2-28 快速修剪

2. 快速延伸

单击“快速延伸”按钮，弹出如图 2-29 所示对话框。该工具可以将草图元素延伸至临近曲线或选定的边界线，如图 2-30 所示。

3. 圆角

单击“圆角”按钮，弹出“圆角”工具栏，如图 2-31 所示。该工具可以在两条或三条曲线之间倒圆角，如图 2-32 所示。

图 2-29　快速延伸

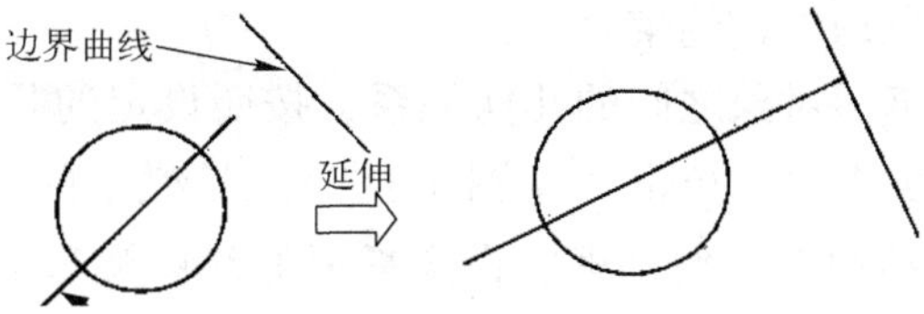

图 2-30　快速延伸

图 2-31　“圆角”对话框

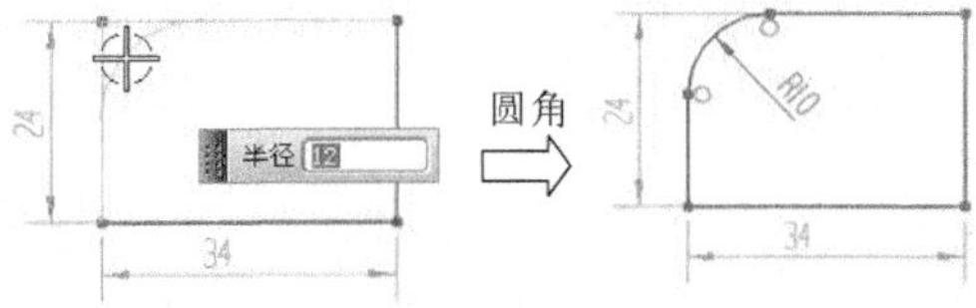

图 2-32　倒圆角

4. **斜角**

单击“倒斜角”按钮，弹出“倒斜角”对话框，如图 2-33 所示。该工具可以在两条曲线之间倒斜角，如图 2-34 所示。通过在对话框的“偏置”分组中设置倒斜角的方式，可生成不同的斜角。

图 2-33　“倒斜角”对话框

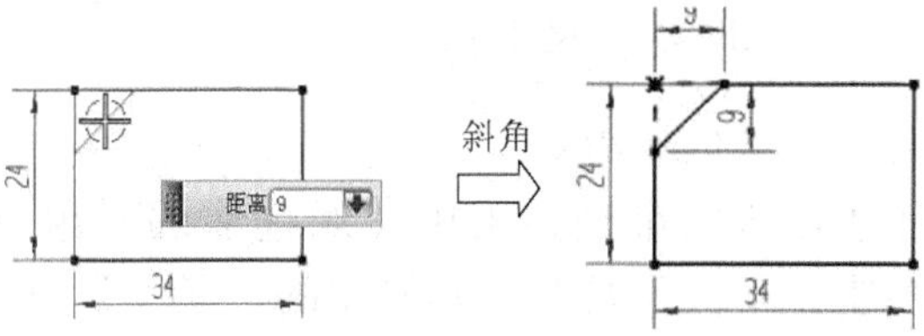

图 2-34　倒斜角

2.4　草图的约束

对草图进行合理的约束是实现草图参数化的关键所在。用 UG 创建草图，其本质就是随意画出一些图素，然后再添加约束，使其达到设计要求。草图约束包括 3 种类型：尺寸约束、几何约束和定位约束。

2.4.1　添加约束

1. **尺寸约束**

尺寸约束就是对草图进行尺寸标注，控制图素的几何尺寸。单击“草图工具”工具栏中的“自动判断尺寸”按钮，弹出如图 2-35 所示的不同尺寸约束类型供用户选择。

2. 几何约束

尺寸约束的作用在于限制草图对象之间的几何关系，如相切、平行、共线等。

(1) 自动创建约束

依据草图对象之间的几何关系，按照设定的几何约束类型，自动将相应的几何约束添加到草图对象上去。单击“草图工具”工具栏中的“自动约束”按钮，弹出如图 2-36 所示的“自动约束”对话框。设定需要的约束类型后，单击“应用”按钮，将分析草图对象之间的几何关系，自动建立各对象间的几何约束。

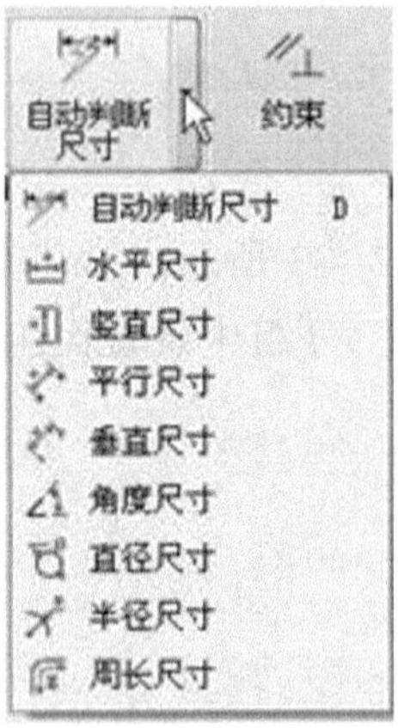

图 2-35 尺寸约束

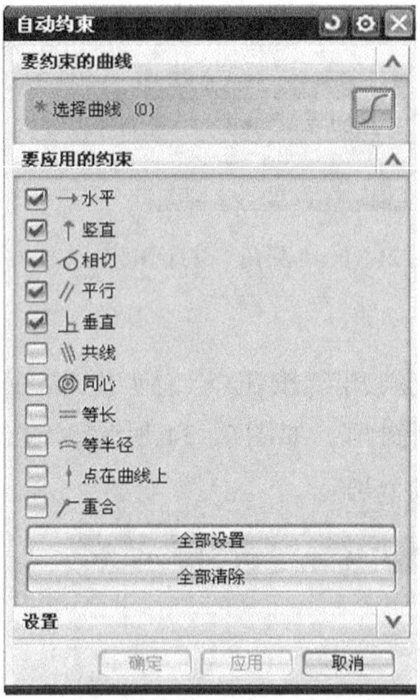

图 2-36 “自动约束”对话框

(2) 手工创建约束

手工创建约束是指由用户对选取的对象指定约束。单击“草图工具”工具栏中的“约束”按钮，然后选取需要添加约束的对象，弹出如图 2-37 所示的“约束”工具栏（该对话框中的约束类型是系统根据草图对象自动判断而得出），单击需要的约束类型按钮，即可创建约束。

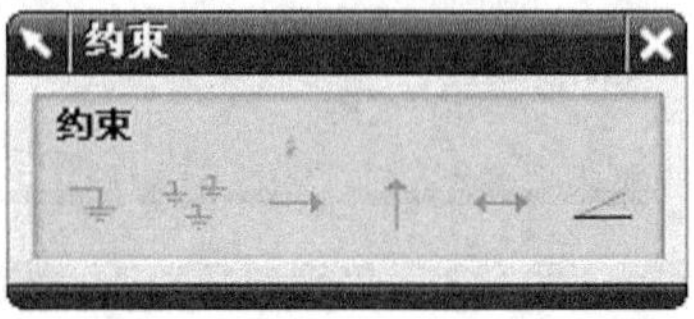

图 2-37 “约束”工具栏

2.4.2 修改草图约束

1. 显示所有约束

单击“显示所有约束”按钮，将显示施加到草图上的所有约束。

2. 显示/移除约束

单击“显示/移除约束”按钮，系统弹出如图 2-38 所示的“显示/移除约束”对话框。利用该对话框可将选定的约束移除。

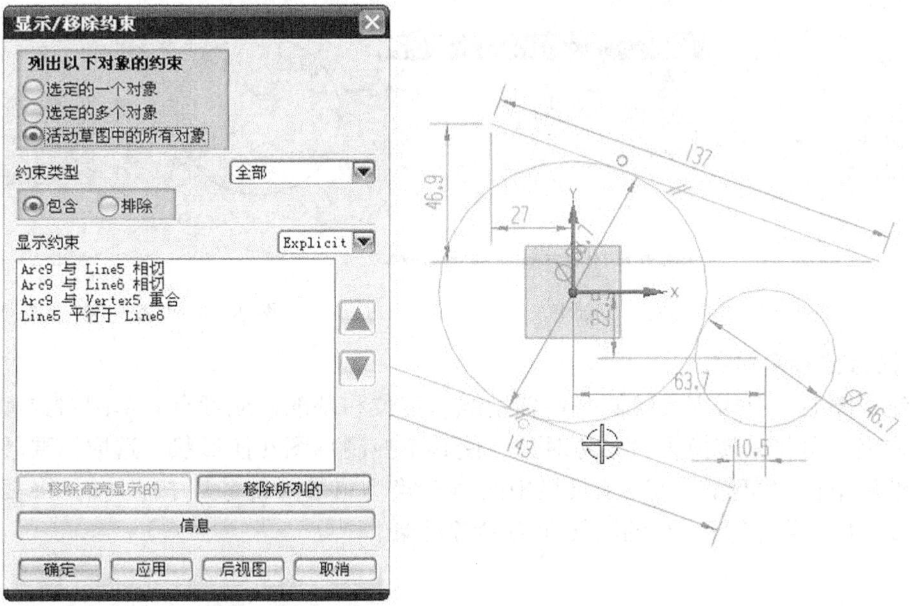

图 2-38 “显示/移除约束”对话框

3. 约束的备选解

对草图对象进行约束操作时，如果在同一约束条件下存在多种满足约束的情况，可利用“备选解”工具进行切换。

【例 2-3】“备选解”工具的应用。

1）打开随书光盘的 ch02\ch02_04\bxj. prt 文件，双击草图进入草绘环境，如图 2-39 所示。

2）单击“草图工具”工具栏中的“约束”按钮，然后选择如图 2-39 所示的两个圆，此时弹出“约束”工具栏，如图 2-40 所示；单击“相切”按钮，添加“相切”约束，得到如图 2-41 所示的内切圆。

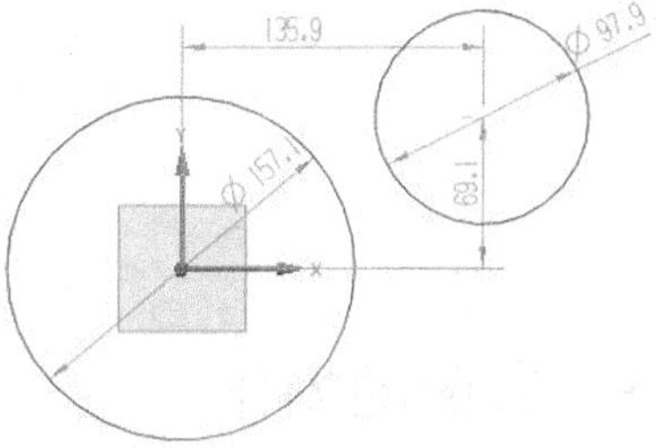

图 2-39 草图

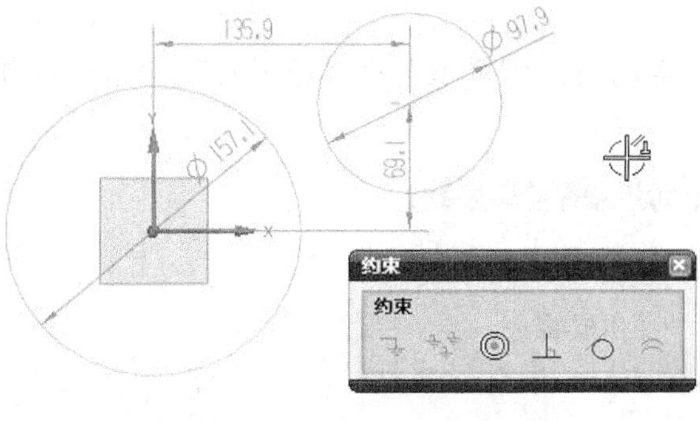

图 2-40 添加“相切”约束

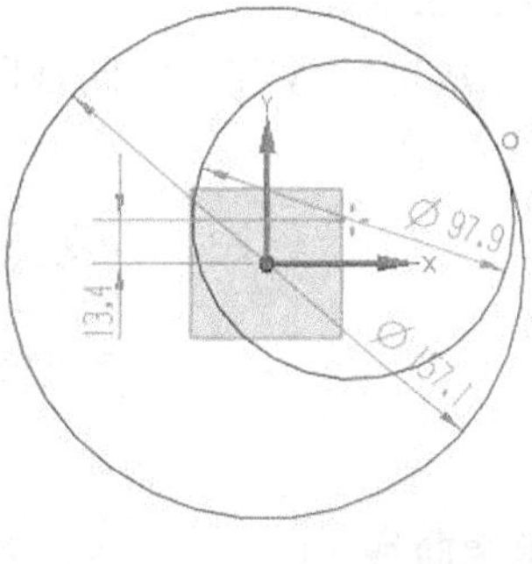

图 2-41 添加“相切”约束（内切）

3）单击“草图工具”工具栏中的“备选解”按钮，弹出“备选解”对话框，如图 2-42所示。选择 ϕ157. 1 的大圆，效果如图 2-43 所示，两圆由内切变为外切。

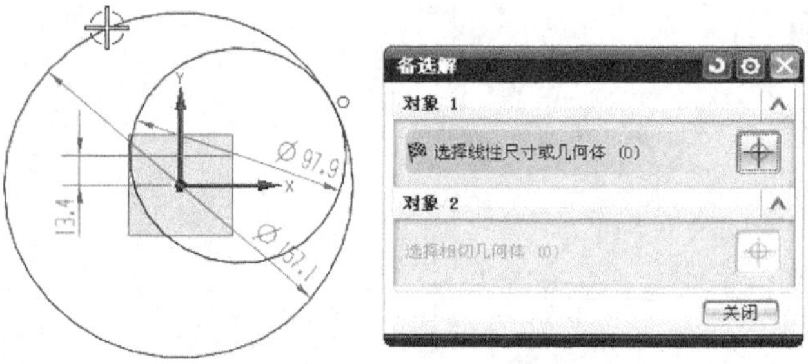

图 2-42 “备选解”对话框

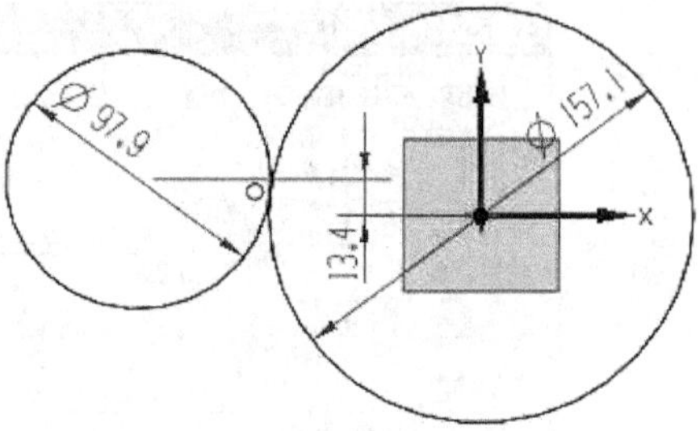

图 2-43 “备选解”(外切)

4. 转换为自参考对象

在绘制草图时，有时需要绘制一些辅助线、定位和基准，或者有些草图对象和尺寸可能引起约束冲突，可将其转换为自参考对象，使其不控制草图几何形状。选取需要转换为参考的图素，然后单击“草图工具”工具栏中的“转换为自参考对象”按钮，将其转换为参考。如图 2-44 所示为将 $\phi100$ 的圆转换为参考对象。

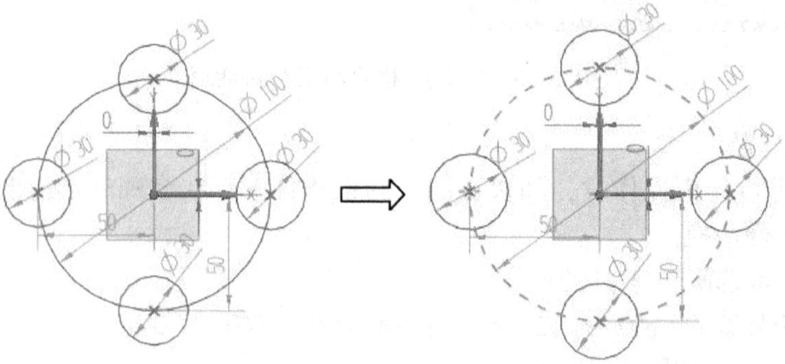

图 2-44 创建参考对象

2.5 草图的操作

草图操作工具可完成对已有草图的镜像、投影、偏置等操作，从而获得新的草图曲线。

1. 草图生成器

草图生成器中含有“定向视图到草图”“定向视图到模型”“重新附着”等常用操作，如图 2-45 所示。

图 2-45 草图生成器

2. 镜像曲线

选择“插入”→“来自曲线集的曲线”→“镜像曲线”命令，或单击“草图工具”工具栏中的“镜像曲线”按钮，弹出如图 2-46 所示的“镜像曲线”对话框。指定直线为中心线，选择所有要镜像的对象，镜像效果如图 2-47 所示。

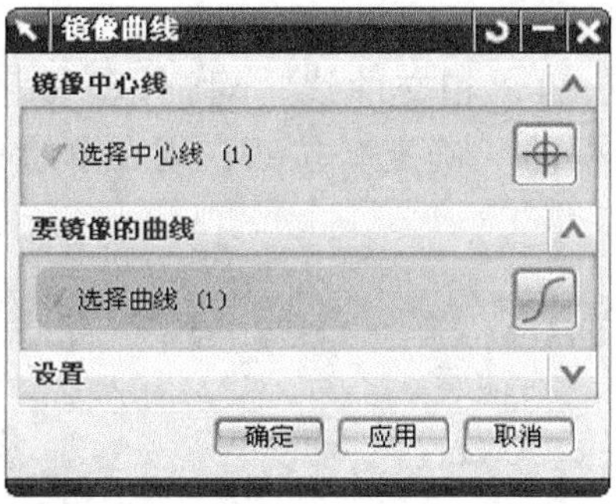

图 2-46 “镜像曲线”对话框

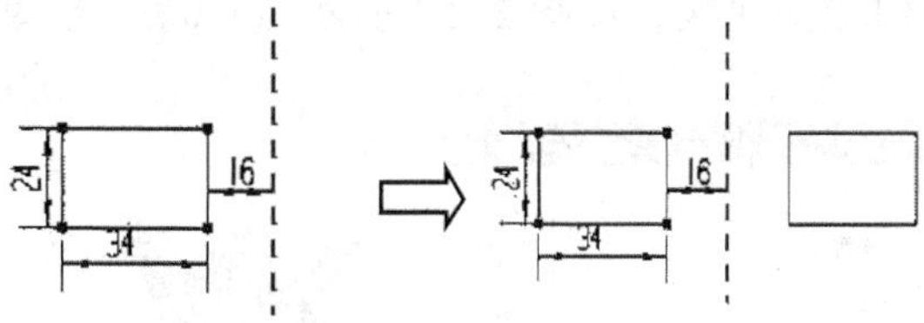

图 2-47 镜像曲线

3. 投影曲线

利用投影曲线工具可以将二维曲线、实体或片体的边按草图平面的法向进行投影，将其变为草图曲线。

【例 2-4】 投影曲线。

1）打开随书光盘的 ch02 \ ch02 _05 \ eg1 \ touyingqx. prt 文件，如图 2-48 所示。

2）单击“特征”工具栏中的“任务环境中的草图”按钮，弹出“创建草图”对话框，选择如图 2-48所示的基准平面作为草绘平面，进入草绘环境。

3）单击“投影曲线”按钮，弹出“投影曲线”对话框，操作步骤如图 2-49 所示。设置输出曲线的类型后，选择实体模型法兰面上的 6 个圆，单击“投影曲线”对话框的“确定”按钮，即将曲线对象投影到草图平面上，并成为草图元素。

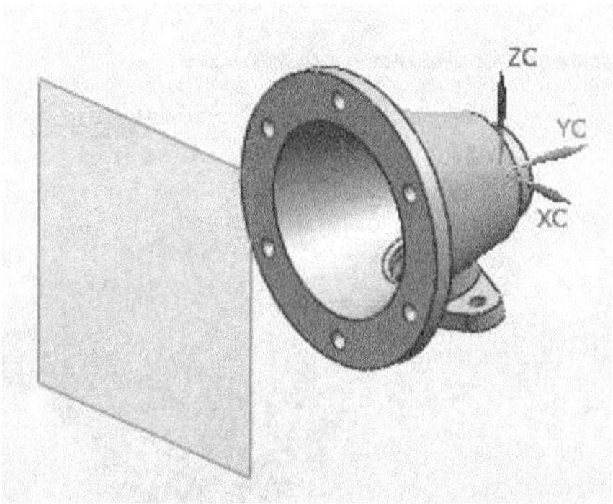

图 2-48 接头实体模型

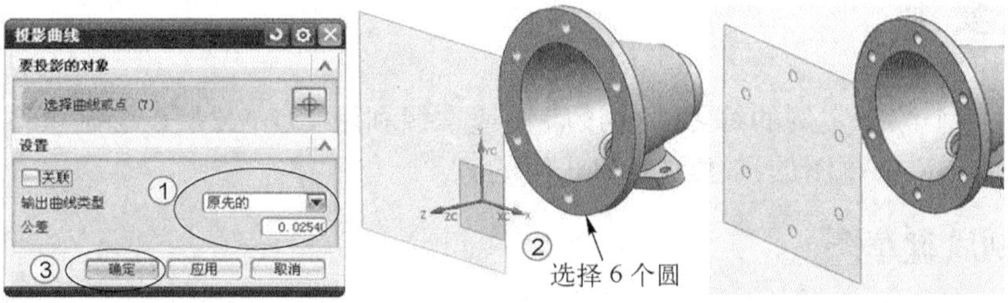

图 2-49 投影曲线

4. 相交曲线

在草绘环境中使用“相交曲线”命令，可在选择实体或片体的表面与草绘平面之间创建相交曲线。

【例 2-5】 相交曲线。

1）打开随书光盘的 ch02\ch02_05\eg2\ xjqx. prt 文件。单击“特征”工具栏中的“任务环境中的草图”按钮，弹出“创建草图”对话框，选择如图 2-50 所示的基准平面作为草绘平面，单击“确定”按钮，进入草绘环境。

2）单击“相交曲线”按钮，弹出如图 2-51 所示的“相交曲线”对话框。选择如图 2-52所示模型的表面和底面，单击“相交曲线”对话框的“确定”按钮，则在草绘平面上创建相交曲线，如图 2-53 所示（隐藏了模型）。

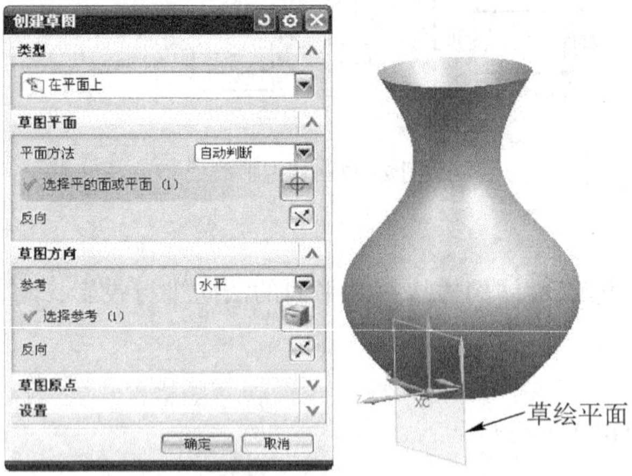

图 2-50　选择草绘平面

图 2-51　“相交曲线”对话框

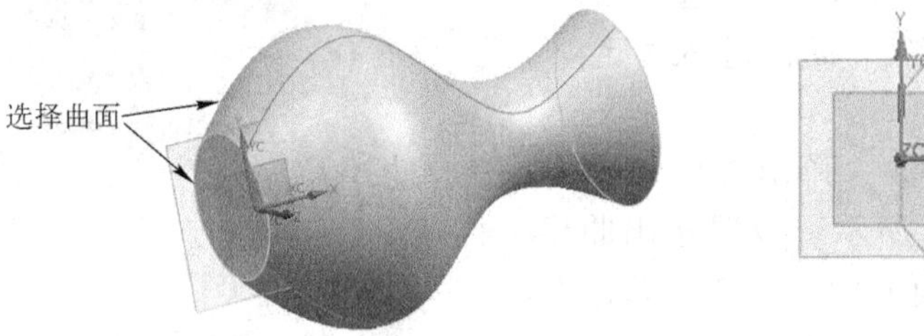

图 2-52　选择曲面

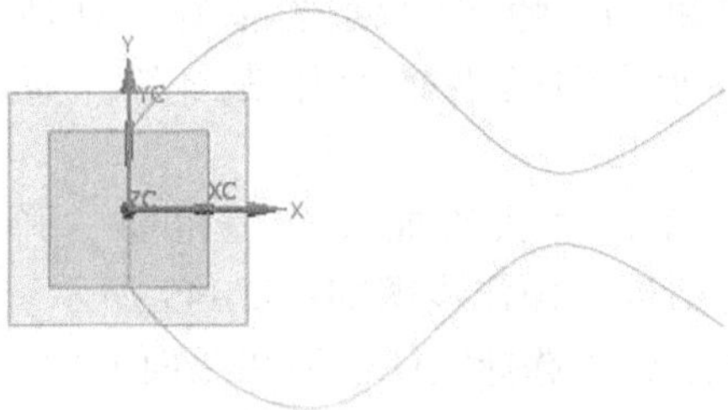

图 2-53　创建相交曲线

2.6　综合实例

本节通过两个综合实例的练习，使读者快速掌握利用 UG NX 8.0 绘制草图的一般步骤，理解并掌握 UG NX 中草图的尺寸约束和几何约束。

2.6.1　绘制风盘草图

绘制如图 2-54 所示的草图。

1）新建一个名为 caohui1. prt 文件，按〈Ctrl + M〉键进入建模环境。单击“特征”工具栏中的“任务环境中的草图”按钮，弹出“创建草图”对话框，采用默认设置，单击对话框的“确定”按钮，进入草绘环境。

2）绘制如图 2-55 所示的两个同心圆和两条互相垂直的直线，并使圆心位于两直线的交点。

3）依次选择两个圆和两条直线，单击“草图工具”工具栏中的“转换为自参考对象”按钮，将其转换为参考对象（辅助线）。依次右击两个圆和两条直线，在弹出的快捷菜单中选择“编辑显示”命令，弹出如图 2-56 所示的“编辑对象显示”对话框，在“线型”下拉列表中选择虚线，将参考对象转为虚线显示，如图 2-57 所示。

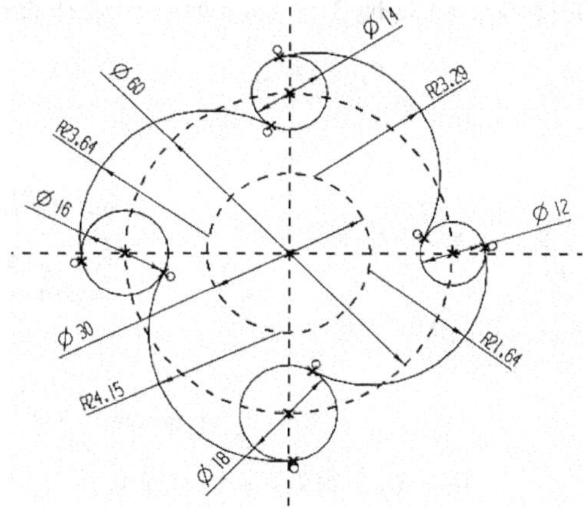

图 2-54　风盘草图

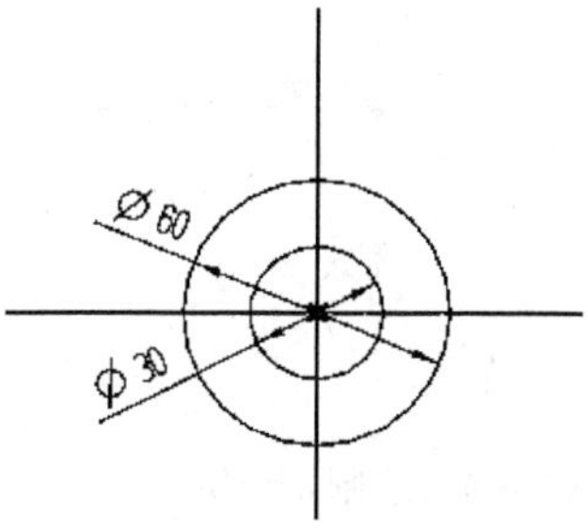

图 2-55　绘制草图

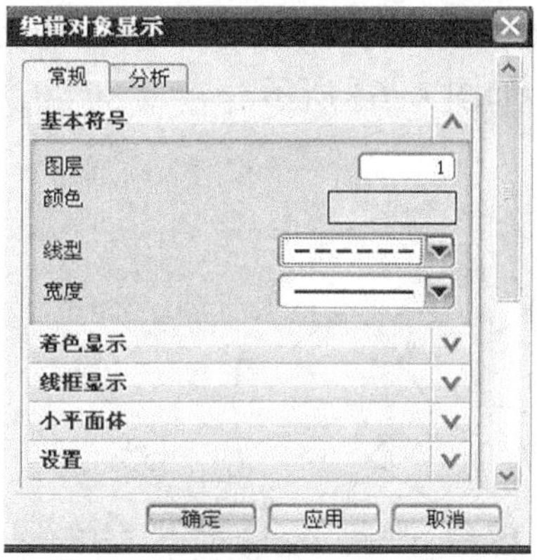

图 2-56　“编辑对象显示”对话框

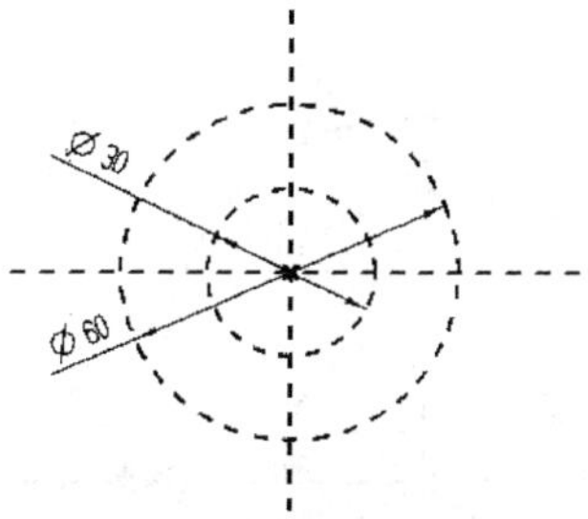

图 2-57　转为参考线

4）在“选择条”中将“象限点”捕捉方式按钮◎激活，如图 2-58 所示。选择 ϕ60 圆的 4 个象限点作为圆心，分别绘制 ϕ12、ϕ14、ϕ16、ϕ18 的 4 个圆并添加尺寸约束，如图 2-59所示和图 2-60 所示。

图 2-58　激活捕捉“象限点”

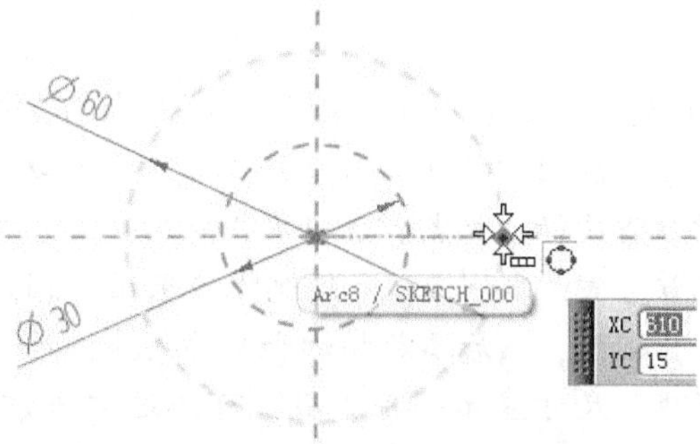

图 2-59　捕捉象限点

5）约束 4 个小圆在轴上，其操作步骤如图 2-61 所示。单击“草图工具”工具栏中的“约束”按钮，用鼠标分别捕捉 $\phi12$ 小圆圆心和直线，系统弹出“约束”对话框，单击“点在线上”按钮，添加约束。按照同样的操作，将其他 3 个小圆圆心约束在直线上。

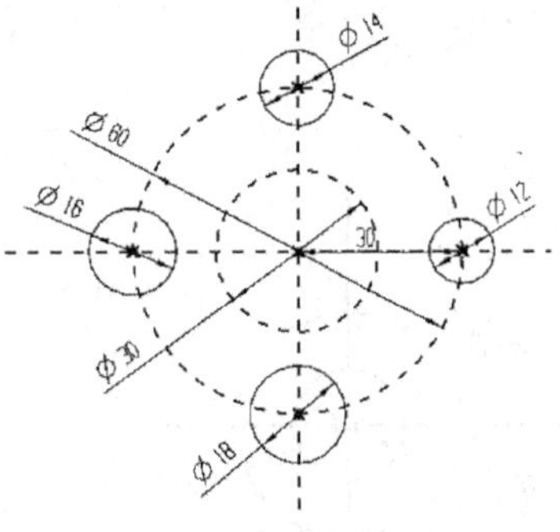

图 2-60　绘制 4 个圆

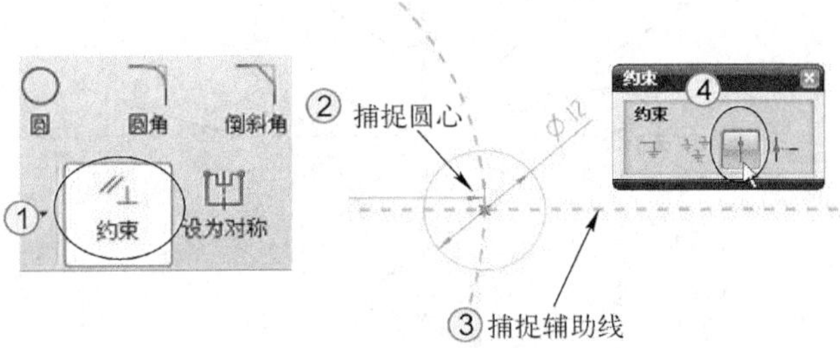

图 2-61　约束圆心在直线上

6）采用“圆角”命令绘制 4 段与小圆相切的圆弧。单击“草图工具”工具栏中的“圆角”按钮，选择 $\phi12$ 和 $\phi14$ 两个小圆上面的两点，在合适的位置单击，创建一段圆弧，如图 2-62 所示，同时系统自动显示相切符号。双击图中的尺寸 $R25.5$，在弹出的文本框中输入 $R23.29$ 并单击鼠标中键确认，绘制第一段圆弧，如图 2-63 所示。

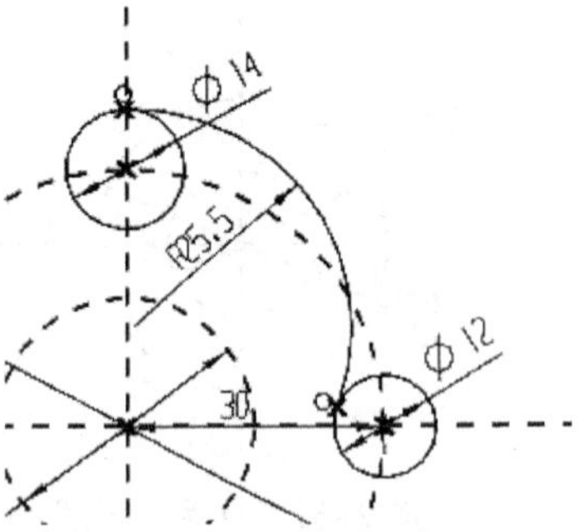

图 2-62　绘制圆弧

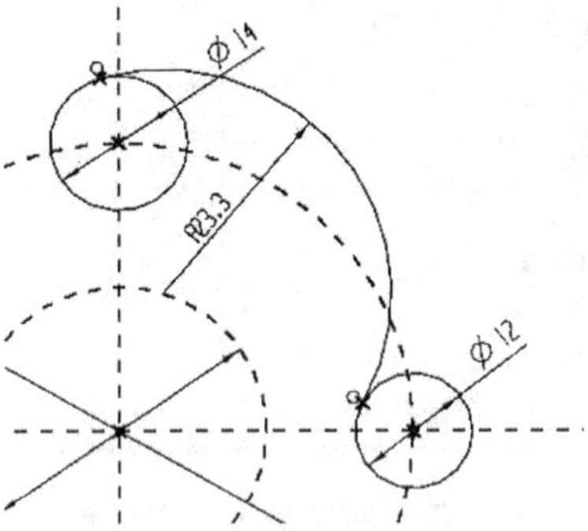

图 2-63　尺寸约束

7）按照步骤 6）的操作，分别绘制另外 $R23.64$、$R24.15$、$R21.64$ 的 3 段圆弧，如图 2-64所示。

8）单击工具栏中的“完成草图”按钮，完成草绘。

9）选择“文件”→“保存”命令，保存文件。

提示：在用“圆角”命令绘制与小圆相切的圆弧时，要注意鼠标拾取点和鼠标单击点的位置，否则会出现错误答案。本例圆弧的绘制也可采用“圆弧”命令先绘出圆弧，然后添加相切和尺寸约束。绘制完成后圆弧半径尺寸显示一位小数，可通过右击该尺寸，在弹出的快捷菜单中选择“编辑”命令，在系统弹出的“编辑尺寸”对话框中修改小数点后两位数即可。

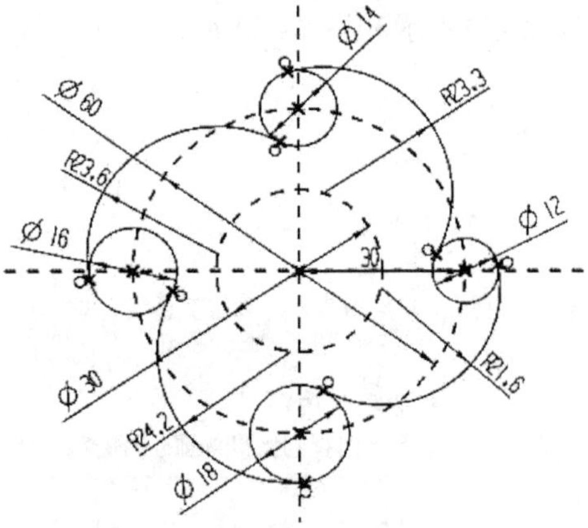

图 2-64　绘制草图

2.6.2 绘制吊钩草图

绘制如图 2-65 所示的吊钩草图。

1）新建一个名为 caohui2. prt 文件，按〈Ctrl + M〉键进入建模环境。单击“特征”工具栏中的“任务环境中的草图”按钮，弹出“创建草图”对话框，采用默认设置，单击对话框的“确定”按钮，进入草绘环境。

2）单击“草图工具”工具栏中的“直线”按钮，绘制如图 2-66 所示的 4 条直线，在绘图区域框选 4 条直线，然后单击“草图工具”工具栏中的“转换为自参考对象”按钮，将 4 条直线转换为参考线，如图 2-67 所示。

3）单击“直线”按钮，绘制如图 2-68 所示的 3 条直线，并标注尺寸。

4）单击“圆”按钮，绘制如图 2-69 所示 $\phi24$ 和 $\phi58$ 的两个圆，并标注尺寸。

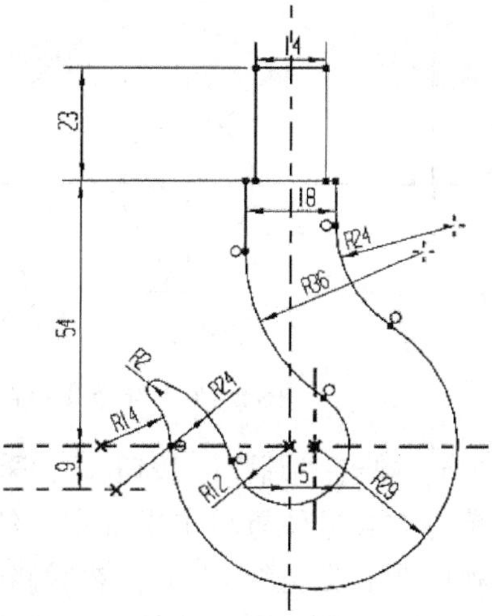

图 2-65 吊钩草图

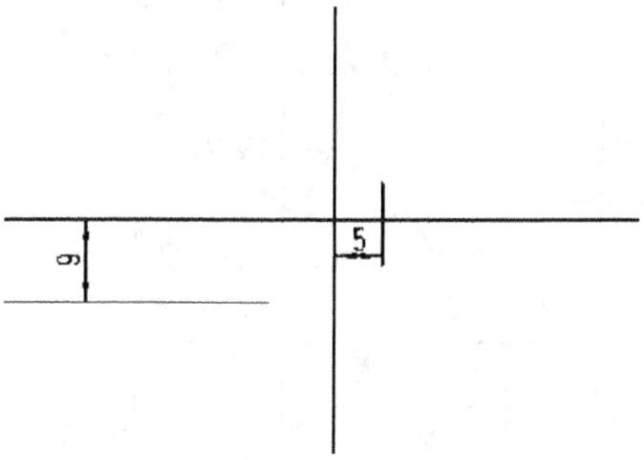

图 2-66 绘制直线

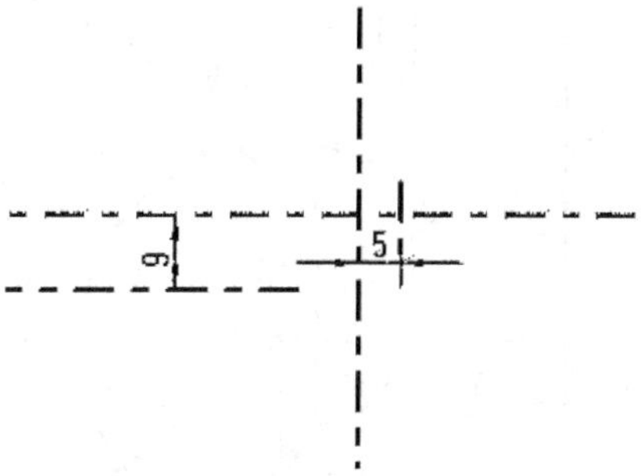

图 2-67 转换为参考线

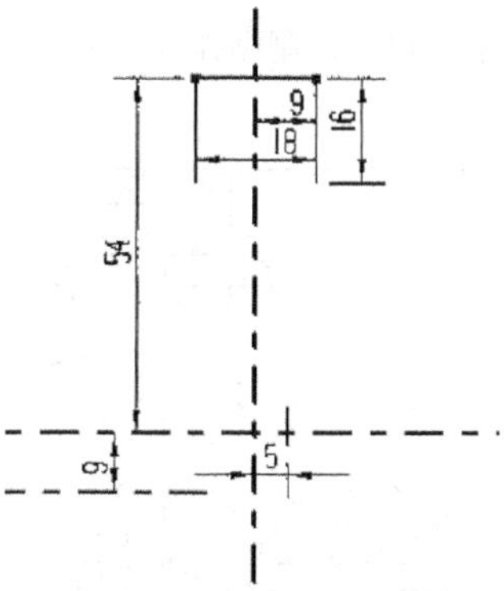

图 2-68 绘制直线

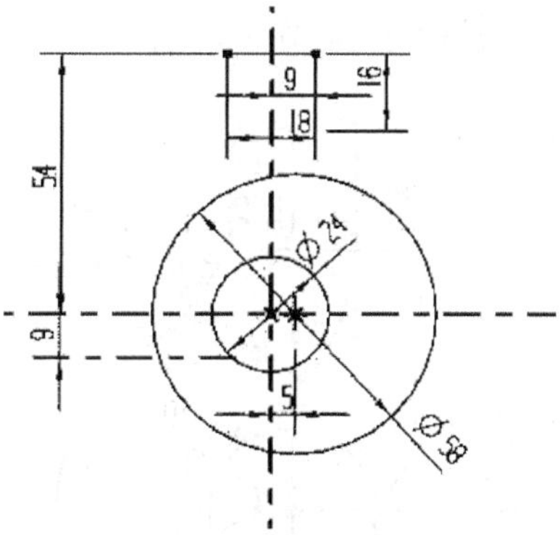

图 2-69 绘制圆

5）单击“圆角”按钮，圆角方法采用“取消修剪”，选择如图 2-70 所示的 $\phi58$ 的圆和直线进行倒圆角，并输入圆角半径值为 24。完成的倒圆角如图 2-71 所示。同样操作，对 $\phi24$ 的圆和另一侧的直线进行倒圆角，完成倒圆角后如图 2-72 所示。

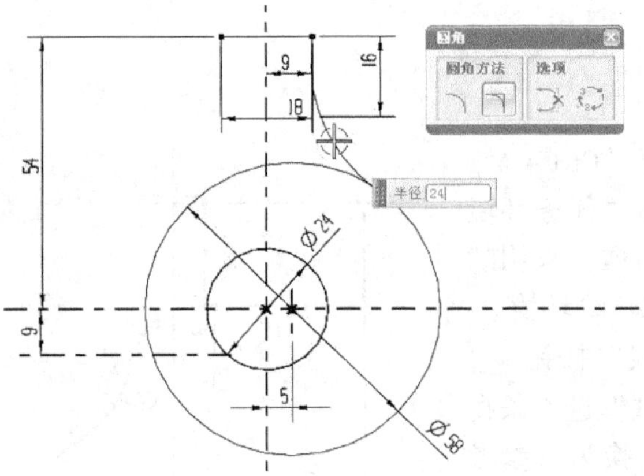

图 2-70　选择圆和直线

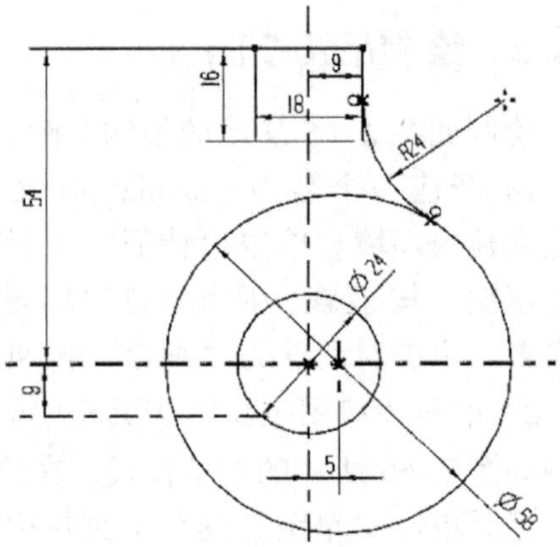

图 2-71　倒圆角（一）

6）单击“圆弧”按钮，采用三点画弧方式，第一点抓取 $\phi24$ 圆上一点，其余两点通过鼠标在合适位置单击来确定，绘制的圆弧（*R*32.3）如图 2-73 所示。通过约束使 *R*32.3 圆弧的圆心在直线 *L*1 上，然后修改 *R*32.3 圆弧为 *R*24，如图 2-74 所示。同样操作，绘制另一段 *R*14 圆弧，并约束圆弧中心在直线 *L*2 上，如图 2-75 所示。

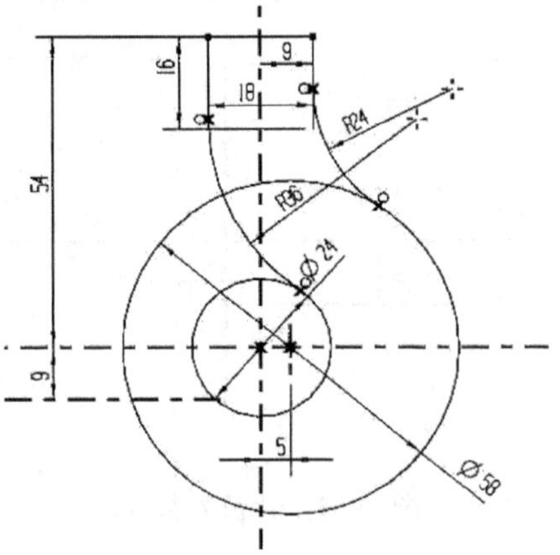

图 2-72　倒圆角（二）

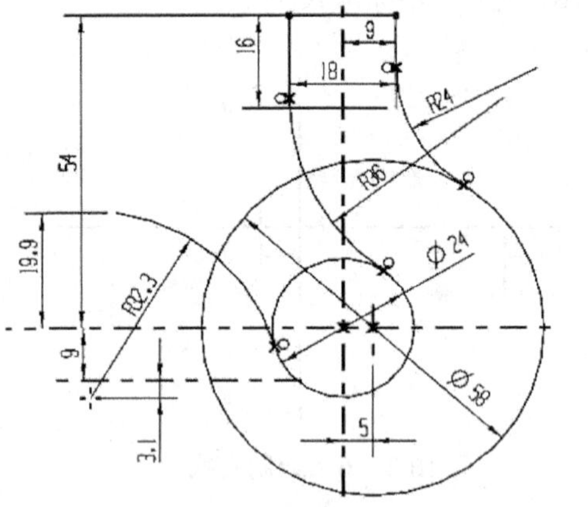

图 2-73　绘制圆弧（一）

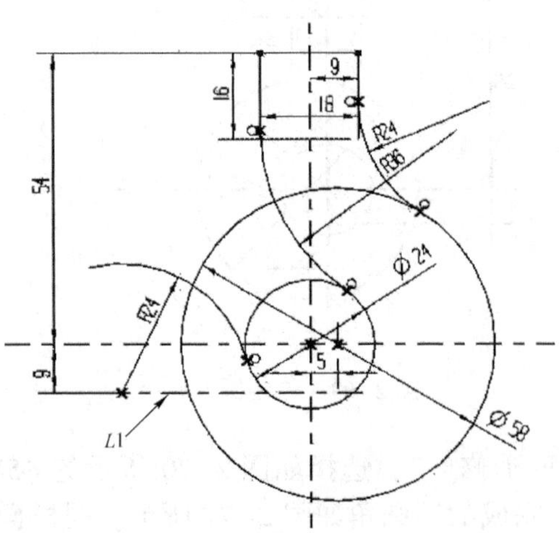

图 2-74　绘制圆弧（二）

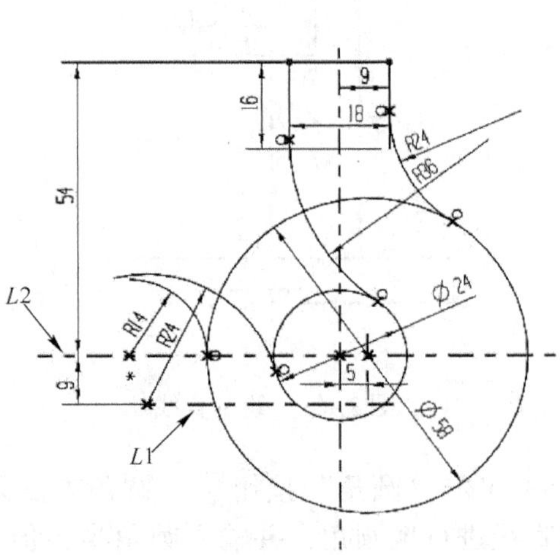

图 2-75　绘制圆弧（三）

7）单击“圆角”按钮，圆角方法采用“修剪”方式，对图 2-75 中绘制的两段圆弧倒圆角，并标注尺寸，如图 2-76 所示。

8）单击“快速修剪”按钮，修剪掉多余的线条，如图 2-77 所示。

9）单击“直线”按钮，绘制 3 条直线，并添加尺寸约束，长度为 23 和 14。将图 2-77 中 ϕ58 圆和 ϕ24 圆尺寸修改为 *R*29 和 *R*12。绘制完成的草图如图 2-65 所示。

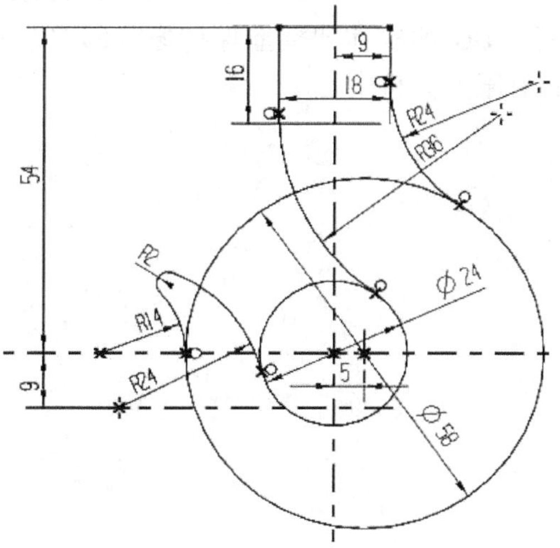

图 2-76　倒圆角（三）

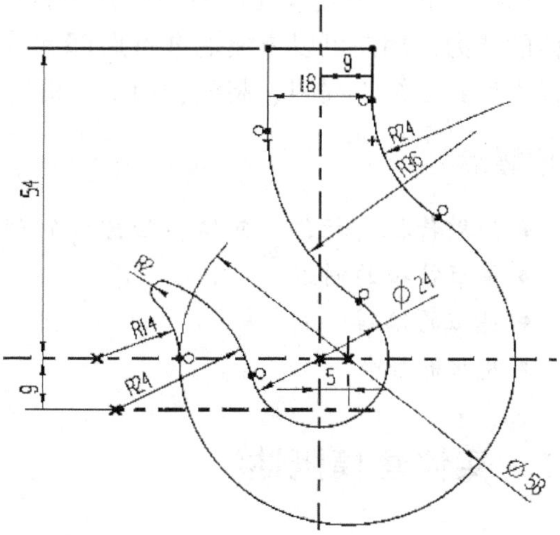

图 2-77　修剪多余线条

2.7　习题

1. 绘制如图 2-78 所示的草图（素材见随书光盘的 ch02\ex\ex1\caotu1. prt 文件）。
2. 绘制如图 2-79 所示的草图（素材见随书光盘的 ch02\ex\ex2\caotu2. prt 文件）。

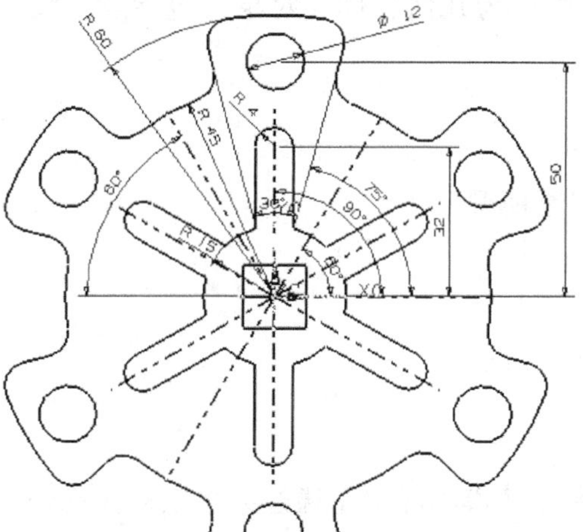

图 2-78　草图（一）

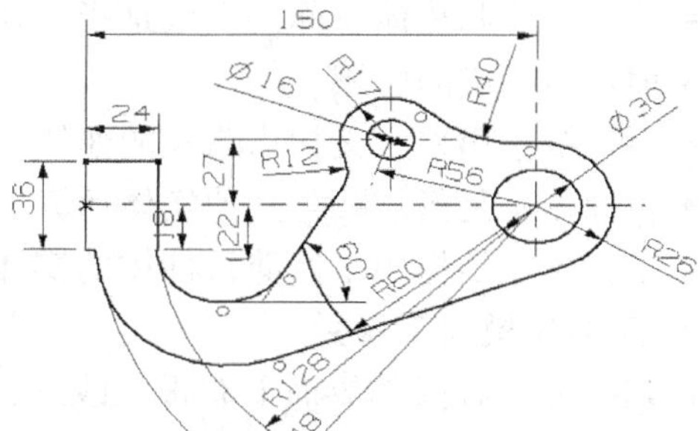

图 2-79　草图（二）

第3章　实体建模

UG NX 的实体建模功能是一种基于特征和约束的建模技术，具有交互建立和编辑复杂实体的能力，用户可以方便地进行局部和详细设计。UG 的实体建模能保持原有的关联性，可以引用到二维工程图、装配、加工、机构分析和有限元分析中。

本章重点

- 扫描特征（拉伸、回转、扫掠）的创建
- 细节特征的创建
- 特征的编辑
- 特征的操作

3.1　实体建模概述

1. 常用术语

UG 实体建模中，通常会使用一些专业术语，了解和掌握这些术语是用户进行实体建模的基础，这些术语通常用来简化表述，另外便于与相似的概念相区别。UG 实体建模中主要涉及以下几个常用的术语。

- 特征：指构成实体、片体的参数化元素。包括基本体素特征、扫描特征、设计特征等。
- 几何物体、对象：UG 环境下所有的几何体均为几何物体、对象，包括点、线、面和三维图形。
- 实体：指封闭的边和面的集合。
- 片体：一般是指一个或多个不封闭的表面。
- 体：实体和片体总称，一般是指创建的三维模型。
- 面：边围成的区域。
- 引导线：用来定义扫描路径的曲线。
- 目标体：是指需要与其他实体运算的实体。
- 工具体：是指用来修剪目标体的实体。

2. 实体建模的工具栏

UG NX 8.0 在操作界面上有很大改进，各实体建模功能除了通过菜单条来实现外，最方便的操作方法是通过工具栏上的按钮来实现。实体建模主要通过“特征”“编辑特征”和“直接建模”等工具栏进行，其工具栏如图 3-1 所示。

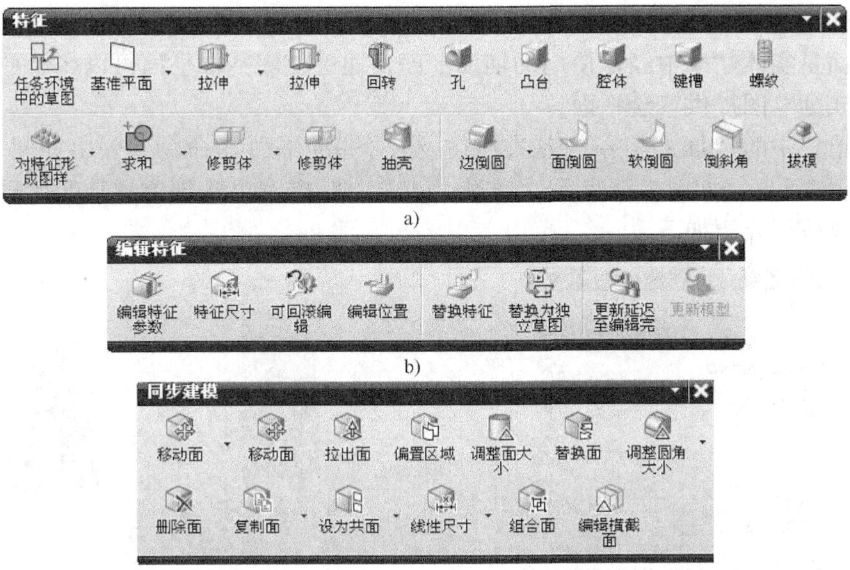

图 3-1　实体建模的工具栏

a）“特征”工具栏　b）“编辑特征”工具栏　c）“同步建模”工具栏

3.2　基准特征

基准特征包括基准轴、基准平面和基准坐标系，在产品设计过程中起辅助设计作用。特别是在圆柱、圆锥、球和旋转体的回转面上创建特征时，需要借助基准特征进行创建。

1. 基准轴

基准轴是一条可供其他特征参考的中心线。选择菜单栏中的“插入”→“基准/点”→“基准轴”命令，弹出如图 3-2 所示的“基准轴”对话框。创建基准轴的方法及按钮介绍如下。

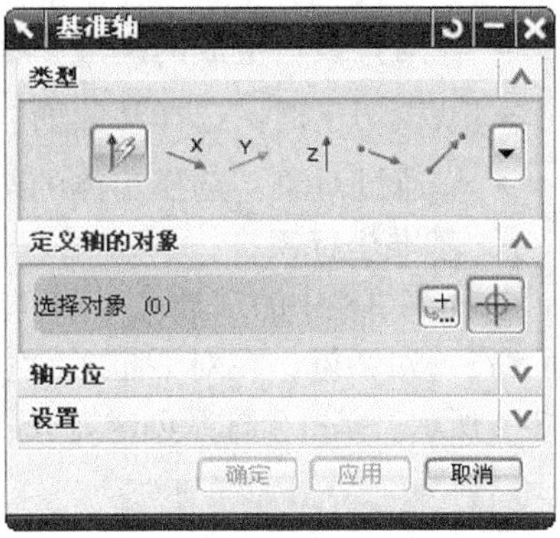

图 3-2　“基准轴”对话框

- 自动判断：根据选择的对象自动生成基准轴。
- 交线：根据两平面的交线创建基准轴。
- 曲线/面轴：创建与某圆柱面轴线或与某直线重合的基准轴。
- XC 轴：创建与 X 轴平行的基准轴。
- YC 轴：创建与 Y 轴平行的基准轴。
- ZC 轴：创建与 Z 轴平行的基准轴。
- 点和方向：选择点和直线（轴线）生成基准轴。
- 两个点：生成的基准轴依次通过两个选择点。
- 曲线上矢量：选择曲线上的某一点，生成沿其切线方向的基准轴。

2. 基准平面

基准平面是实体建模中经常使用的辅助平面，通过使用基准平面可以在非平面上方便地创建特征，或为草图提供草绘平面。

选择菜单栏中的“插入”→“基准/点”→“基准平面”命令，弹出如图 3-3 所示的“基准平面”对话框。如图 3-4 所示为通过“按某一距离”方式创建的基准平面。创建基准平面的方法及按钮介绍如下。

图 3-3 “基准平面”对话框

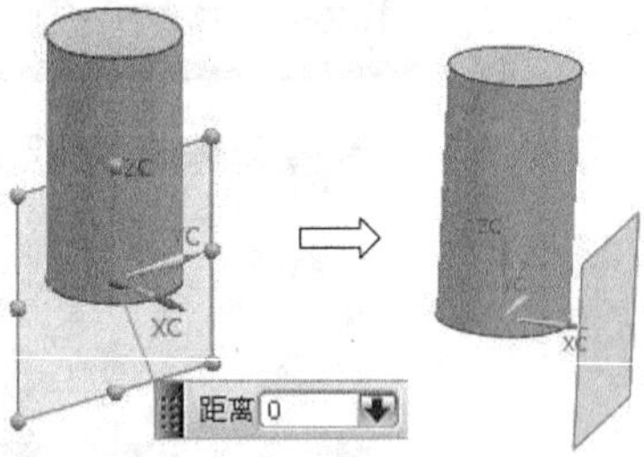

图 3-4 基准平面的创建

- 自动判断：系统根据选择的对象可自动生成各基准平面。
- 点和方向：选择点和方向，如零件直边中点及 YC 方向，创建基准平面。
- 在曲线上：选择曲线上的某点，生成与曲线所在平面垂直（与曲线相切或垂直）、重合的基准面。
- 按某一距离：选择某平面，并输入距离值，得到与所选平面偏置一定距离的基准平面。
- 成一角度：选择参考平面及旋转轴，创建基准平面。
- 平分：选择两平面，生成的基准面位于所选两平面中间。
- 两直线：生成的基准平面依次通过两选择直线。
- 相切于面：选择某曲面，并指定点，生成通过点且相切于指定面的基准平面。
- 通过对象：选择实体的某一平面，生成与所选平面重合的基准平面。

3. 基准坐标系

选择菜单栏中的“插入”→“基准/点”→“基准坐标系”命令，弹出如图 3-5所示的“基准 CSYS”对话框，在对话框的“类型”下拉列表中提供了多种创建基准坐标系的方法，如图 3-6 所示。基准坐标系创建完成后会显示在“部件导航器”列表中，并可以对其进行修改。

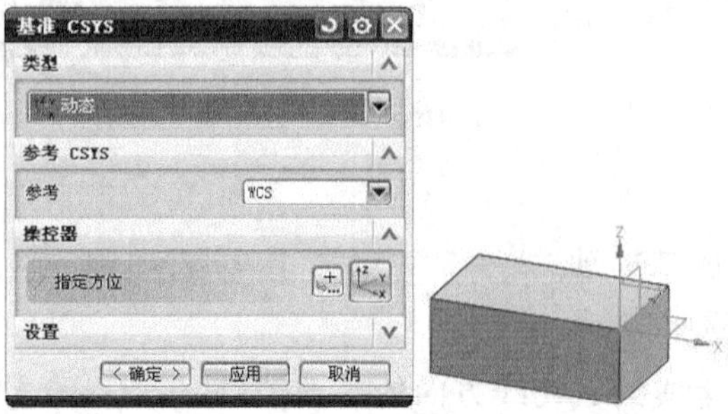

图 3-5 “基准 CSYS”对话框

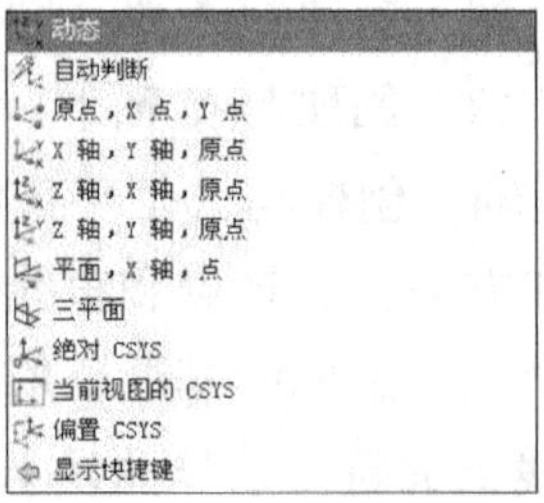

图 3-6 基准坐标系的创建方法

3.3 基本体素特征

UG 实体建模中的体素特征主要包括长方体、圆柱体、圆锥体和球体。这些特征实体都具有比较简单的特征形状，通常利用几个简单的参数便可以创建。另外，体素特征一般作为第一个特征出现，因此进行实体建模时首先需要掌握体素特征的创建方法。

1. 长方体

单击“特征”工具栏中的“长方体”按钮，弹出如图 3-7 所示的“块”对话框，对话框中提供了 3 种创建长方体的方法：“原点，边长”方法、“两点，高度”方法和“两对角点”方法。

2. 圆柱体

单击“特征”工具栏的“圆柱体”按钮，弹出如图 3-8 所示的“圆柱”对话框。该对话框中提供了两种创建圆柱体的方法。

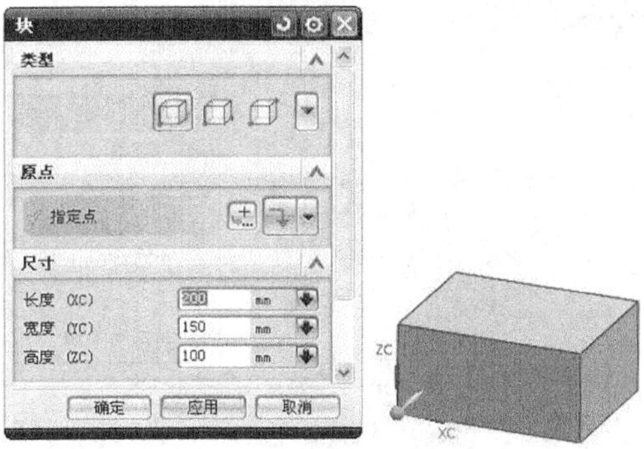

图 3-7 “块”对话框

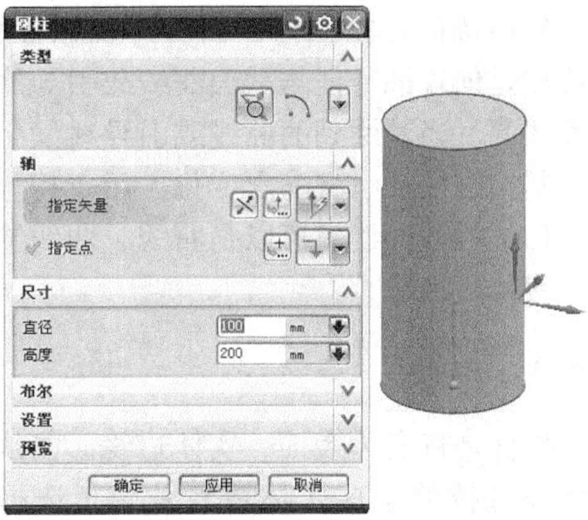

图 3-8 “圆柱”对话框

- 轴、直径和高度方式：选择圆柱轴的方向，并输入圆柱的直径和高度生成圆柱体。
- 圆弧和高度：输入圆柱体的高度，选择已存在圆（弧）及圆柱的轴向生成圆柱体。

3. 圆锥

单击“特征”工具栏中的“锥体”按钮，弹出如图 3-9 所示的“圆锥”对话框。该对话框中提供了 5 种创建圆锥的方法：“直径和高度”“直径和半角”“底部直径，高度和半角”“顶部直径，高度和半角”和“两个共轴的圆弧”。其中“直径和高度”方法是常用的创建圆锥的方法。

4. 球

单击“特征”工具栏中的“球体”按钮，弹出图 3-10 所示的“球”对话框。该对话框中提供了两种创建球体的方法。

- 中心点和直径：输入球的直径并制定圆心位置，即可生成球体。
- 圆弧：选择已存在的圆（弧），以所选圆（弧）直径和圆心创建球。

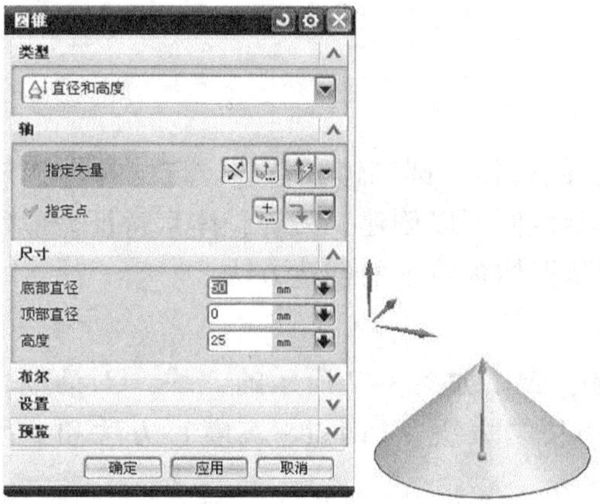

图 3-9 “圆锥”对话框

图 3-10 “球”对话框

3.4 扫描特征

扫描特征包括拉伸、回转、扫掠等特征。其特点是创建的特征与截面曲线或引导线是相互关联的，当其用到的曲线或引导线发生变化时，其扫描特征也将随之变化。用于拉伸、旋转、扫描的截面线串可以是曲线、曲线链、草图、实体边缘等。

3.4.1 拉伸

拉伸是将实体表面、实体边缘、曲线或者片体通过拉伸生成实体或者片体。选择“插入”→“设计特征”→“拉伸”命令，或单击“特征”工具栏中的“拉伸”按钮，弹出如图3-11所示的“拉伸”对话框。下面对“拉伸”对话框中的相关分组进行介绍。

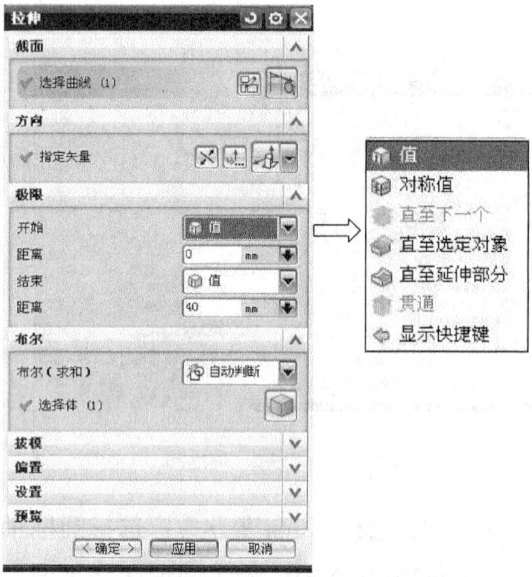

图 3-11 “拉伸”对话框

1. “截面”分组

本分组的作用是定义拉伸特征的截面草图。可通过草图工具建立拉伸的草图截面，也可选择已有的草图或曲线作为拉伸特征的截面。

2. “布尔”分组

如果在拉伸之前已经创建了其他实体，则可以在拉伸的同时与这些实体进行布尔运算。通过“拉伸”对话框的“布尔运算”（无、求和、求差、求交），可以实现拉伸时以增材料或减材料方式创建实体，如图 3-12 和图 3-13 所示。

3. “极限”分组

在“拉伸”对话框“极限”分组中的“开始”下拉列表中列出了拉伸体的生长方向，如图 3-11 所示，有 6 种控制拉伸的方式：“值”“对称值”“直至下一个”“直至选定对象”“直至延伸部分”和“贯通”。素材见随书光盘 ch03\ch3_04\eg1\lashen. prt 文件。

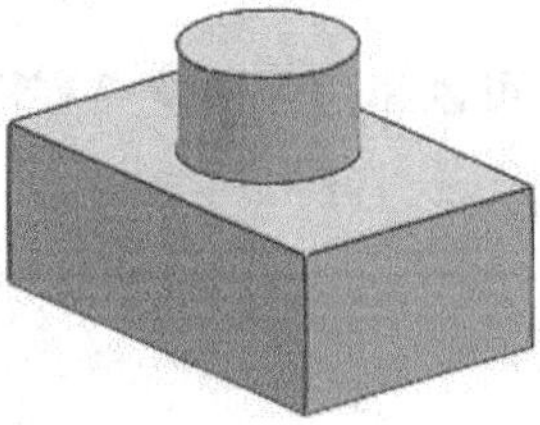

图 3-12　拉伸（布尔求和）

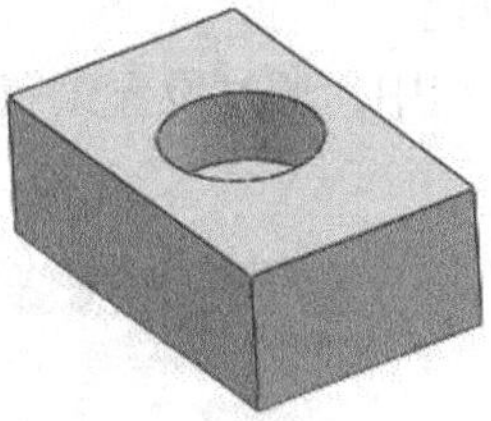

图 3-13　拉伸（布尔求差）

- “值”方式：由用户输入拉伸的起始和结束距离的数值。
- “对称值”方式：特征将在草绘平面两侧进行拉伸，两侧拉伸深度值相等，如图 3-14a所示。
- “直至下一个”方式：特征拉伸到下一个特征的表面处终止，如图 3-14b 所示。
- “直至选定对象”方式：特征拉伸到选定的实体、平面、曲面或基准平面为止，如图 3-14c 所示为圆柱特征拉伸到选定的基准平面。
- “直至延伸部分”方式：允许用户裁剪拉伸体至选中表面。
- “贯通”：特征在拉伸方向上延伸，直至与所有面相交，如图 3-14d 所示。

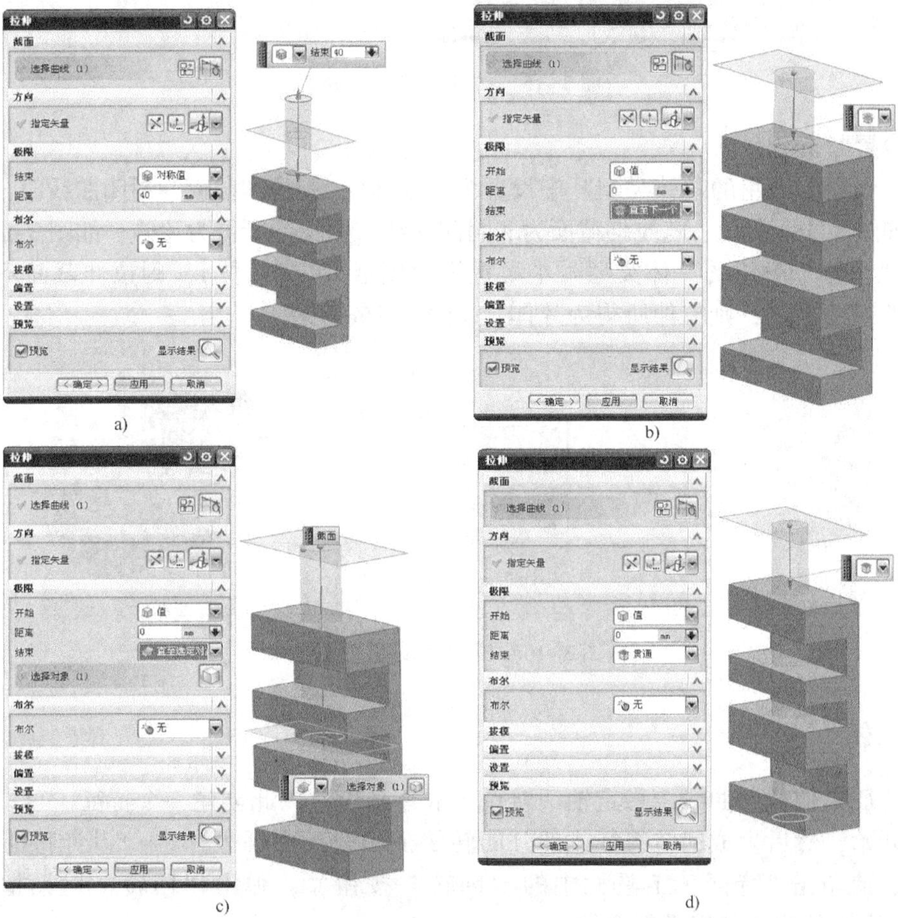

图 3-14　拉伸方式

a）对称　b）直至下一个　c）直至选定对象　d）贯通

4. “偏置”分组

在“设置”分组中，通过设置偏置的起始值和结束值，可创建拉伸薄壁类零件，如图3-16所示。

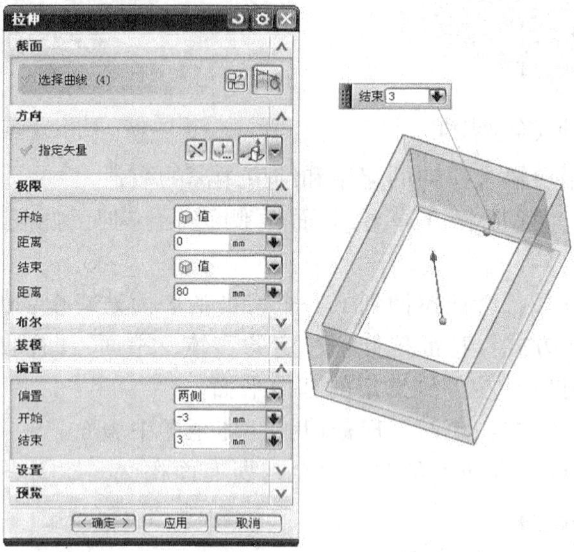

图3-15　拉伸“偏置”分组

5. “设置”分组

如果“设置”分组的“体类型”中设置为“实体”，则拉伸截面为封闭曲线时，所得为实心实体，如图3-16a所示；若拉伸截面为非封闭曲线，则拉伸所得为片体，如图3-16b所示。

如果“设置”分组的“体类型”中设置为“图纸页”（片体），则拉伸截面不管是封闭曲线还是非封闭曲线，则拉伸所得为片体，如图3-16c所示。

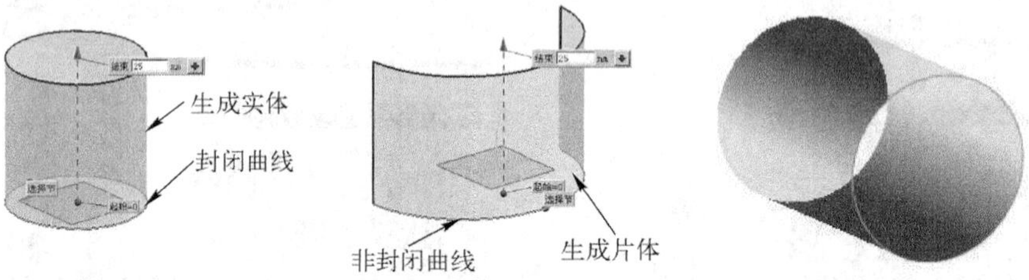

a)　　b)　　c)

图3-16　拉伸“设置”分组

3.4.2　回转

回转特征是使截面曲线绕指定轴回转一个非零角度，以此创建一个特征。可以从一个基本横截面开始，然后生成回转特征或部分回转特征。选择“插入”→“设计特征”→“回转”命令，或单击“特征”工具栏中的“回转”按钮，弹出“回转”对话框。下面对“回转”对话框的相关分组进行介绍。

1. “轴”分组

“轴”分组中的“指定矢量”按钮用于指定回转体的回转轴。可以选择已有的直线、基准轴或坐标轴作为回转轴，也可使用“矢量构造器”构建一个矢量作为回转轴。

在选择矢量时，如果选择了一条线作为矢量，就不需要选择点，如图 3-17a 所示；如果选择了一个坐标轴作为矢量，此时需要指定点，如图 3-17b 所示。

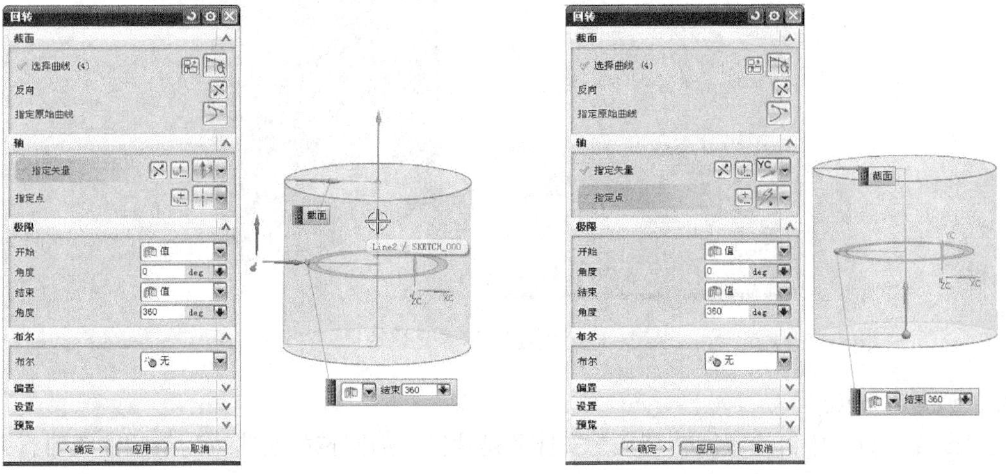

a)　　　　b)

图 3-17　回转轴

a) 指定矢量（一条直线）　b) 指定矢量和指定点

2. “极限”分组

在此分组可以指定回转的起始角度。在“极限”分组的“开始”和“结束”下拉列表中选择“直至选定对象”选项，则需指定要开始或停止回转的面或基准平面，如图 3-18 所示。素材见随书光盘的 ch03\ch3_04\eg2\huizhuan. prt 文件。

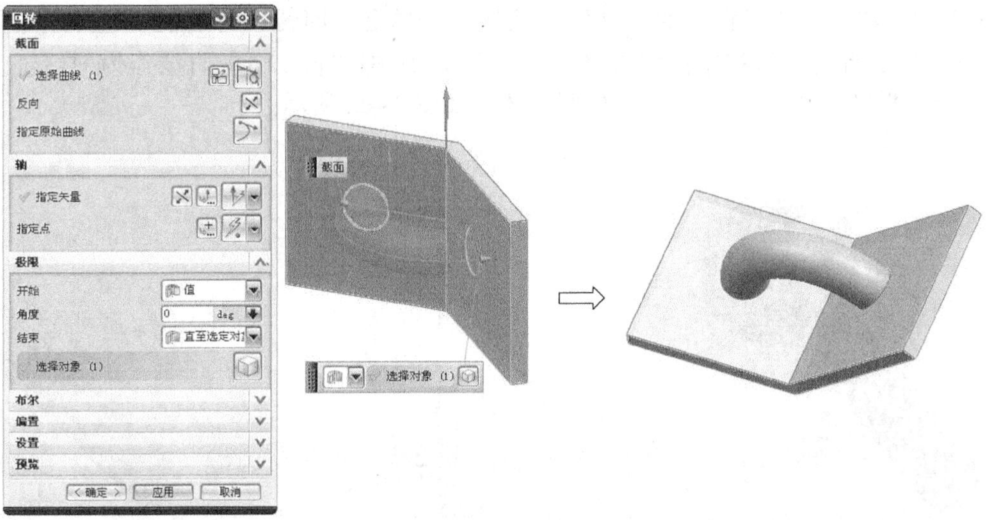

图 3-18　回转方式：直至选定对象

3. “偏置”分组

设置“偏置”选项为“两侧”，可创建回转薄壁类特征，如图 3-19 所示。

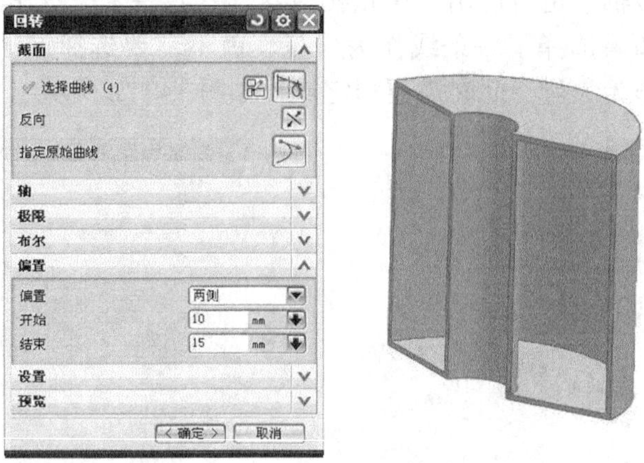

图 3-19　创建回转薄壁类特征

4. “设置”分组

在“设置”分组中可设置回转特征为实体还是片体。当回转截面曲线为封闭曲线时，无论旋转角度设置为多少，若选择“实体”选项，则创建回转实体；若选择“片体”选项，则创建回转片体。当回转截面曲线为非封闭曲线时，若回转角度小于 360°，则创建片体特征；若回转角度设为 360°，则创建的回转特征与“设置”分组的“体类型”下拉列表中的选项有关。

【例 3-1】 创建如图 3-20 所示手电筒模型。

1）新建一个名为 sdt. prt 文件，按〈Ctrl + M〉键进入建模环境。单击“特征”工具栏中的“任务环境中的草图”按钮，弹出“创建草图”对话框，采用默认设置，单击对话框的“确定”按钮，进入草绘环境。

2）绘制如图 3-21 所示的草图。

3）单击“特征”工具栏中的“回转”按钮，弹出“回转”对话框。选择刚建立的草图（图 3-21），此时系统提示指定矢量，选择图 3-21 中的长 112 的直线作为回转轴。单击“回转”对话框的“确定”按钮，生成回转体，如图 3-22 所示。

图 3-20　手电筒模型

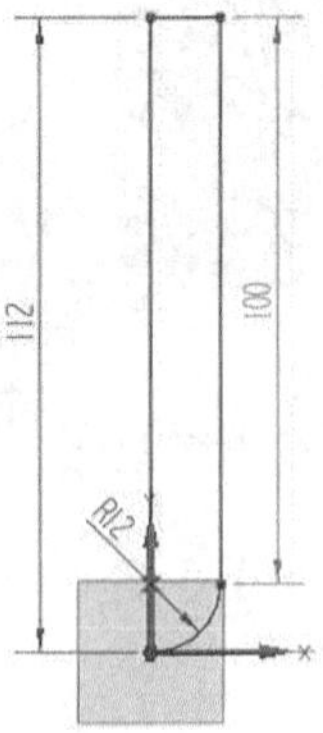

图 3-21　绘制草图（一）

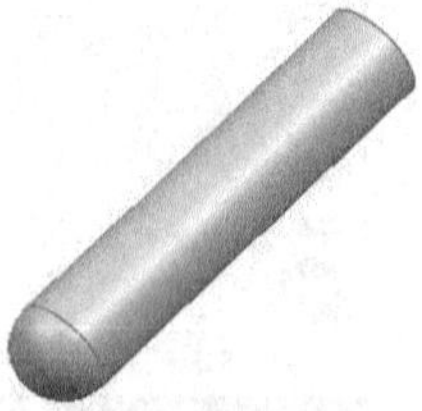

图 3-22　创建回转体（一）

4）单击“特征”工具栏中的“任务环境中的草图”按钮，弹出“创建草图”对话框，采用默认设置，单击对话框的“确定”按钮，进入草绘环境。单击 静态线框(W) 按钮，将模型显示样式切换到“线框”模式，绘制如图 3-23 所示的草图，该草图由长度分别为 12、20、50 的 3 条线段和一条样条曲线组成。

5）单击“特征”工具栏中的“回转”按钮，弹出“回转”对话框。选择图 3-23 所示的草图截面，此时系统提示指定矢量，选择图 3-23 中的长为 50 的直线作为回转轴；在对话框的“布尔”分组中选择“求和”，单击“回转”对话框的“确定”按钮，生成回转体，如图 3-24 所示。

6）单击“特征”工具栏中的“拉伸”按钮，弹出“拉伸”对话框。选择图 3-25 所示的草绘平面，绘制如图 3-26 所示的草图；在“拉伸”对话框的“布尔”分组中选择“求差”，在“极限”分组的“结束”文本框中设定“值”为 50，如图 3-27 所示；选择正确的拉伸方向后，单击“确定”按钮，创建拉伸减材料的特征，如图 3-28 所示。

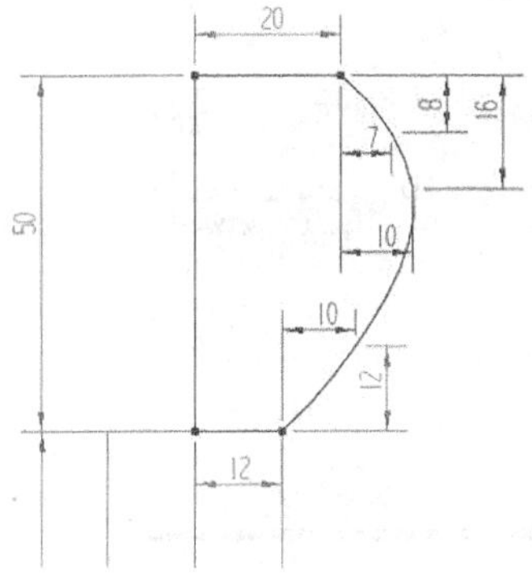

图 3-23　绘制草图（二）

图 3-24　创建回转特征（二）

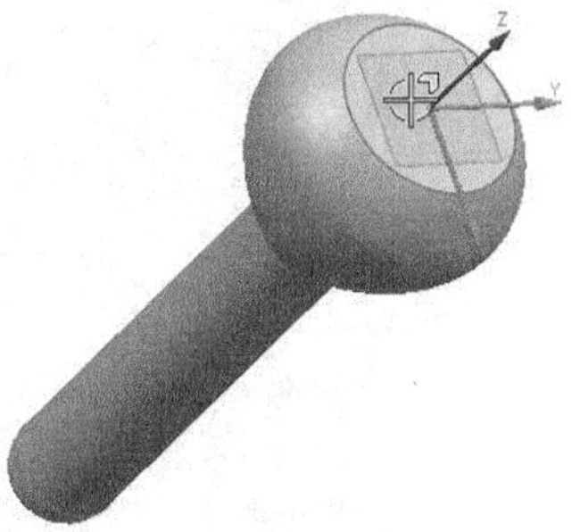

图 3-25　选择草绘平面

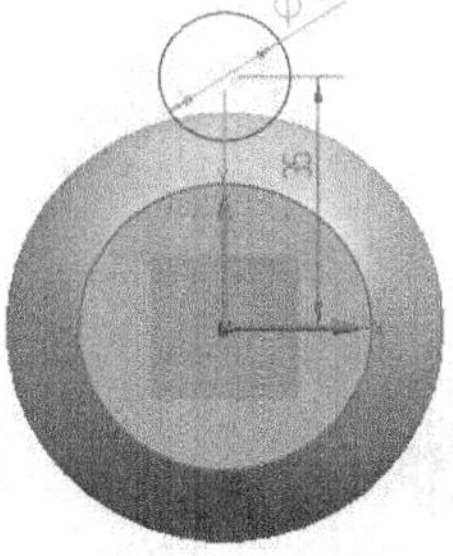

图 3-26　绘制草图（二）

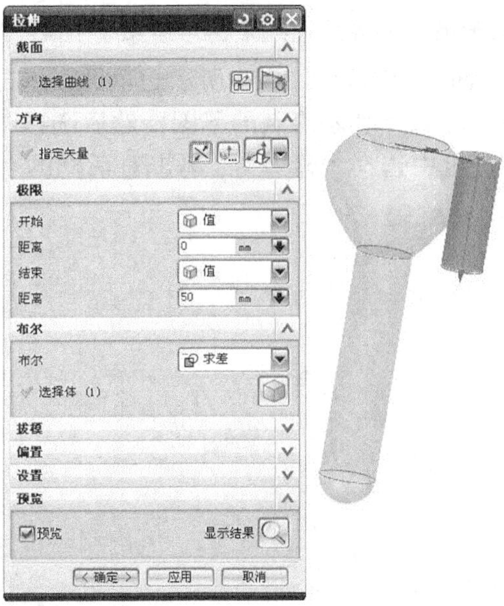

图 3-27　“拉伸”对话框（一）

图 3-28　创建拉伸特征（一）

7）阵列特征。选择“插入”→“关联复制”→“对特征形成图样”命令，弹出“对特征形成图样”对话框，其操作步骤如图3-29所示。选择步骤6）创建的拉伸特征，在对话框的“阵列定义”分组中的“布局”选项中选择“圆形布局”；单击对话框的“指定矢量”，选择“YC”轴作为阵列的旋转轴；系统提示指定点，单击“点对话框”按钮，弹出“点”对话框，在“输出坐标”区域选择参考坐标系为“WCS”，且“XC”“YC”“ZC”的坐标设为0，单击“确定”按钮，系统自动选择工作坐标系原点作为阵列原点。单击“对特征形成图样”对话框的“确定”按钮，创建阵列特征，如图3-30所示。

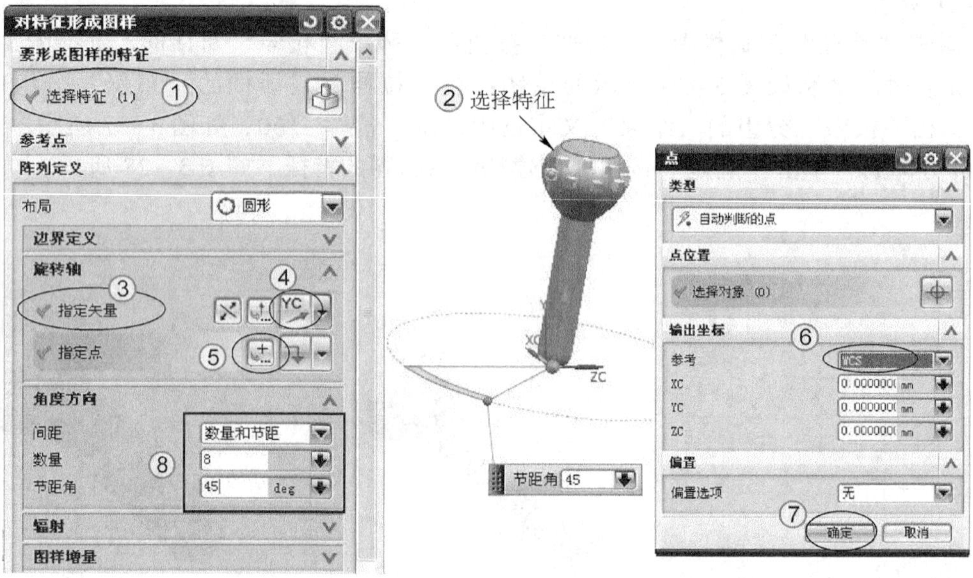

图3-29 “对特征形成图样”对话框

8）单击“特征”工具栏中的“回转”按钮，弹出“回转”对话框，单击对话框的“草图”按钮，进入草绘平面，绘制如图3-31所示的草图，单击“完成草图”按钮，返回到“回转”对话框，系统自动选择刚才绘制的草图；然后选择图3-31中的长为20的线段作为回转轴，在“布尔”分组中选择“求差”；单击对话框的“确定”按钮，创建回转减材料特征，如图3-32所示。

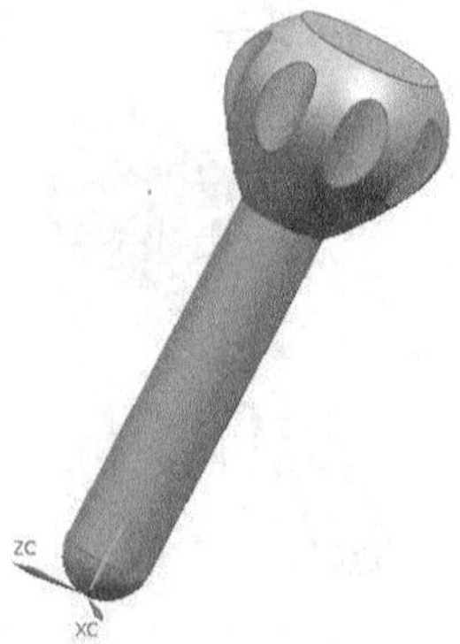

图3-30 阵列特征

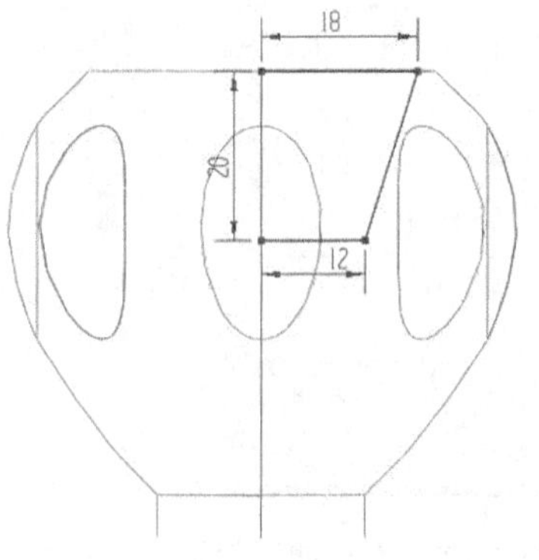

图3-31 草图（三）

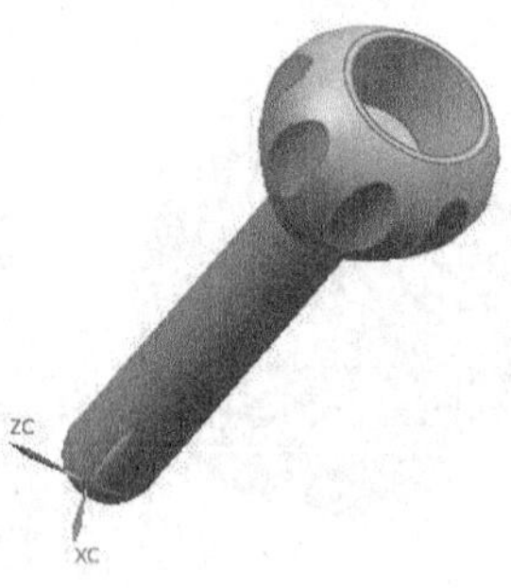

图3-32 回转特征（三）

9）单击“特征”工具栏中的“球体”按钮，弹出“球”对话框，选择“中心和直径”类型创建球体，选择如图 3-33 所示的球的中心，在对话框中输入球体的直径为 18，单击“确定”按钮创建球体，如图 3-34 所示。单击“特征操作”工具栏中的“求和”按钮，将刚才创建的球体与回转体进行求和。

10）单击“特征”工具栏中的“拉伸”按钮，弹出“拉伸”对话框。单击对话框的“草图”按钮，进入草绘平面，绘制如图 3-35 所示的草图，单击“完成草图”按钮，返回到“拉伸”对话框，在“极限”分组的“结束”下拉列表中选择“对称值”选项，拉伸距离设为 20；在“布尔”分组中选择“求差”运算，如图 3-36 所示。单击“确定”按钮创建拉伸特征，如图 3-37 所示。

11）选择“文件”→“保存”命令，保存所做工作。模型文件见随书光盘的 ch03\ch03_04\eg3\std. prt 文件。

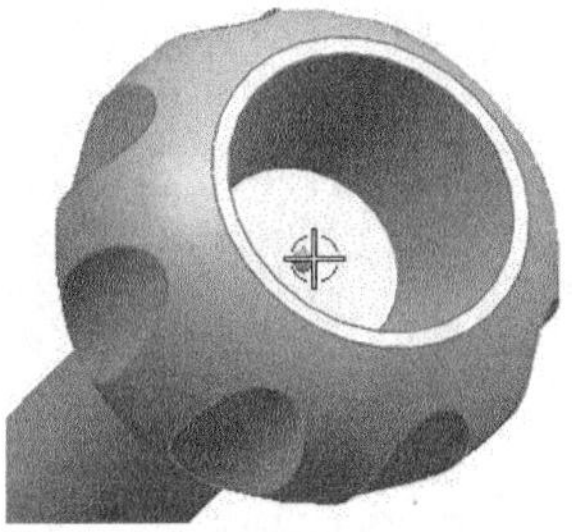

图 3-33　选择球的中心点

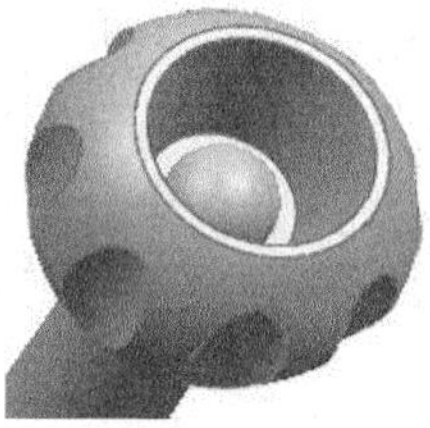

图 3-34　创建球体

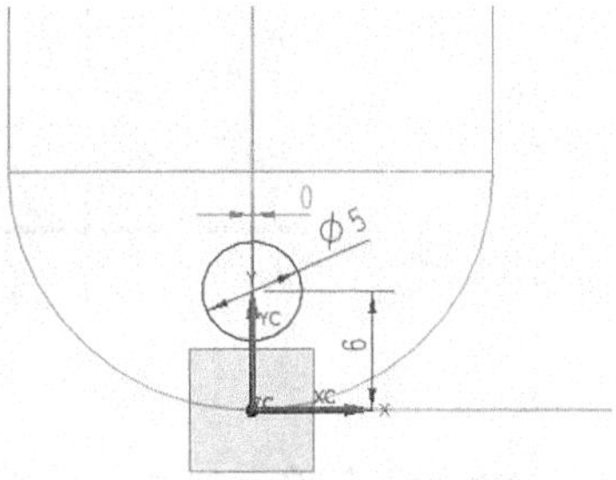

图 3-35　草图（四）

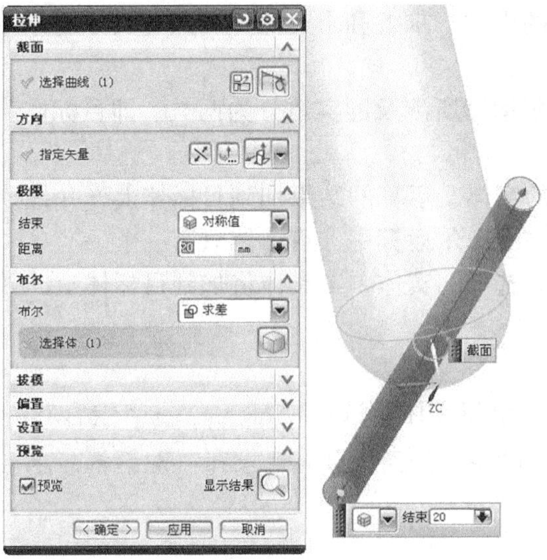

图 3-36　拉伸对话框（二）

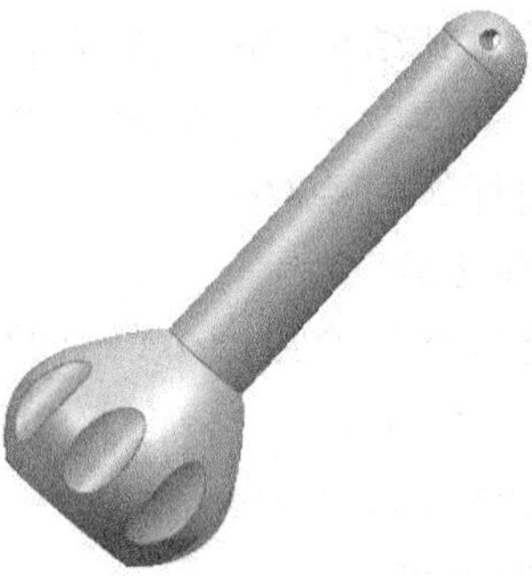

图 3-37　创建拉伸特征（二）

3.4.3　扫掠

扫掠是将一个截面图形沿引导线扫描来创建实体特征，其中的导引线可以是直线、圆弧、样条曲线等。

选择“插入”→“设计特征”→“扫掠”命令，弹出“扫掠”对话框。建立扫掠特征的操作步骤如图 3-38 所示，分别选择圆和样条曲线为截面曲线和引导曲线，单击“确定”按钮，生成扫掠特征（素材见随书光盘的 ch03\ch03_04\eg4\saolue. prt 文件）。

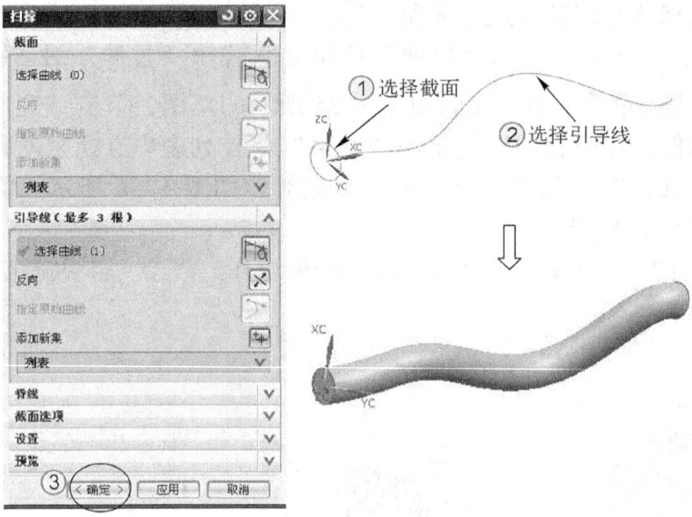

图 3-38　扫掠特征

3.5　布尔运算

布尔运算用于实体建模中各个实体之间的求加、求差和求交操作，只有实体对象才可以进行布尔运算，曲线和曲面等无法进行布尔运算。

根据对结果的影响程度不同，可以把布尔运算所涉及的实体分为两类，即目标体和工具体，其意义分别如下。

- 目标体：进行布尔运算时第一个选择的实体，运算的结果加到目标体上，并修改目标体，其结果的属性遵从于目标体。同一次布尔运算中，目标体只有一个。
- 工具体：进行布尔运算时第二个及以后选择的实体，工具体将加到目标体上，并构成目标体的一部分。

1. 和运算

和运算将两个或两个以上的实体组合成一个新实体。选择“插入”→“组合”→“求和”命令，或单击“特征”工具栏中的“求和”按钮，弹出“求和”对话框。求和运算效果如图 3-39a 所示。

2. 差运算

差运算将目标体中与工具体相交的部分去掉而生成一个新的实体。选择“插入”→“组合”→“求差”命令，或单击“特征”工具栏中的“求差”按钮，弹出“求差”对话框。求差运算后的效果如图 3-39b 所示。

3. 交运算

交运算截取目标体与工具体的公共部分构成新的实体。选择“插入”→“组合”→

“求交”命令，或单击“特征”工具栏中的“求交”按钮，弹出“求交”对话框。求交运算后的效果如图 3-39c 所示。

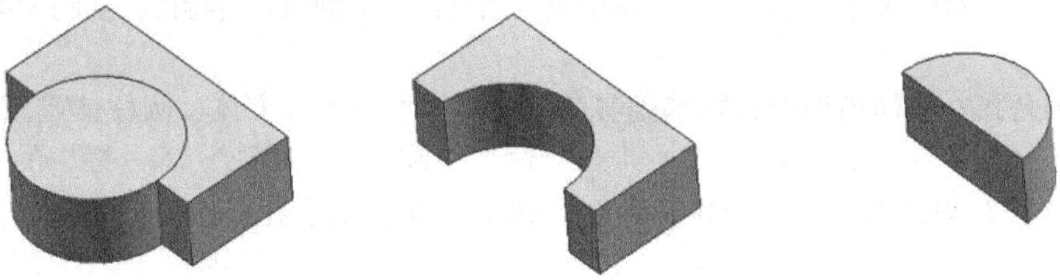

a) b) c)

图 3-39 “布尔”运算

a) 求和（保持工具体） b) 求差（保持目标体） c) 求交

3.6 成型特征

成型特征必须在现有模型的基础上来创建，主要有两种方式：一是添加材料到目标实体的成型特征，如凸台、垫块、凸起等特征；二是从目标实体减去材料的成型特征，如孔、腔体、键槽等。

1. 凸台

凸台是指在实体平面上添加圆柱或圆台特征。下面介绍凸台的创建过程。

1）创建凸台特征前，长方体特征已经创建。

2）单击“特征”工具栏中的“凸台”按钮，弹出“凸台”对话框，操作步骤如图 3-40所示。设定好凸台的参数后，选择长方体的表面作为放置平面，单击“应用”按钮，弹出“定位”对话框。

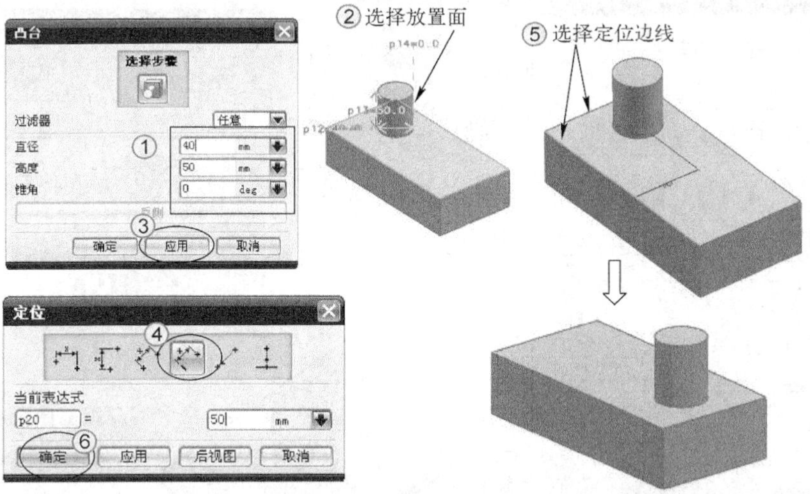

图 3-40 创建凸台特征

3）选择“定位”对话框中的定位方式为“垂直”，然后分别选择步骤⑤箭头指示的长方体的两条边进行定位，并分别在“定位”对话框的“当前表达式”文本框中输入数值；

单击“定位”对话框的“应用”按钮完成凸台的创建（操作文件见随书光盘的 ch03\ch03_06\eg1\tutai. prt 文件）。

在“凸台”对话框的“锥角”文本框中输入角度值，可创建圆台特征，如图 3-41 所示。

2. 孔

孔特征是指在实体模型中去除部分实体，此实体可以是长方体、圆柱体或圆锥体等。

选择“插入”→“设计特征”→“孔”命令，或单击“特征”工具栏中的“孔”按钮，弹出“孔”对话框，可以创建 5 种孔，即常规孔、钻形孔、螺钉间隙孔、螺纹孔和孔系列。

【例 3-2】 创建孔特征。

为如图 3-42 所示的定模板创建安装导套用的沉孔。

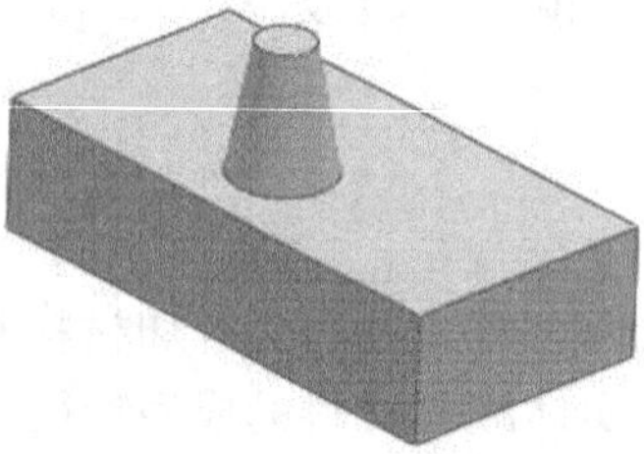

图 3-41　创建凸台特征（圆台）

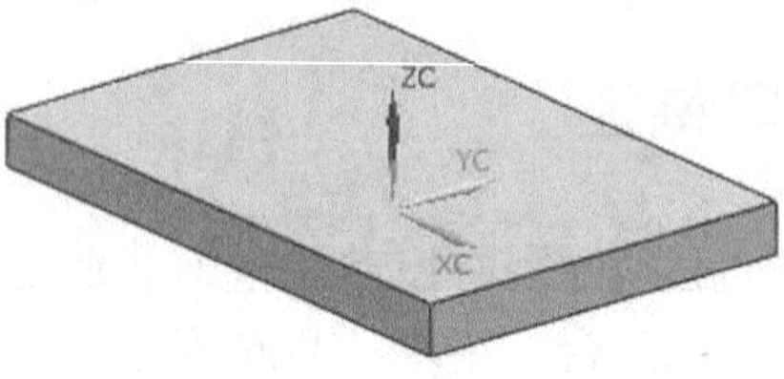

图 3-42　定模板

1）打开随书光盘的 ch03\ch03_06\eg2\dingmb. prt 文件，如图 3-42 所示。

2）单击“特征”工具栏中的“孔”按钮，弹出“孔”对话框，操作步骤如图 3-43 所示，设置“类型”为常规孔，设置“成型”为沉头孔，设置孔的尺寸参数，并选择模板上表面为放置面。

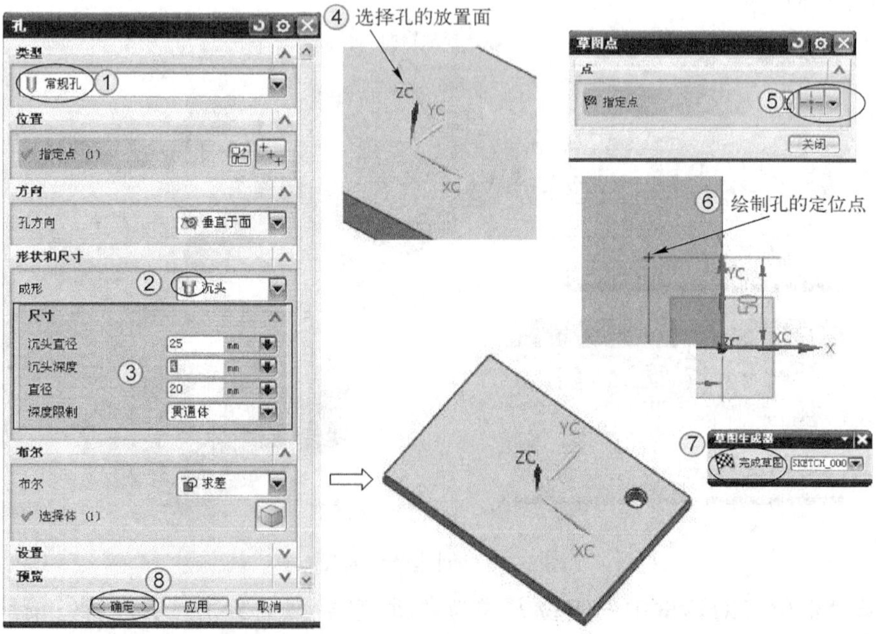

图 3-43　创建沉头孔

3）在“创建草图”对话框中单击“确定”按钮，进入草绘环境，此时系统弹出“草图点”对话框，在该对话框的“指定点”下拉列表中选择“光标位置”选项，添加草图中孔的定位点，并标注尺寸。单击 完成草图 按钮，退出草绘环境。

4）在工作区预览孔，单击“孔”对话框的“确定”按钮，即可生成孔特征。

根据需要，还可创建光孔、埋头孔、锥孔等，如图 3-44 所示。

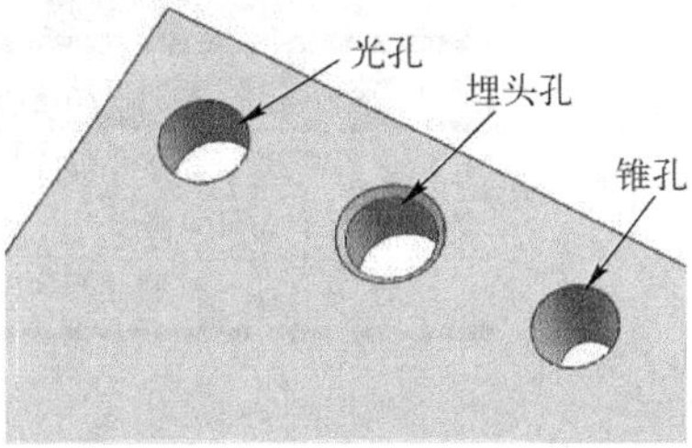

图 3-44　创建孔特征

3. 腔体

单击“特征”工具栏中的“腔体”按钮，弹出“腔体”对话框。该对话框中提供了 3 种创建腔体的方法：圆柱形腔体、矩形腔体和常规腔体。

【例 3-3】 创建腔体。

1）打开随书光盘的 ch03\ch03_06\eg3\qiangti. prt 文件。操作过程如图 3-45 所示。

2）单击“特征”工具栏中的“腔体”按钮，打开“腔体”对话框，单击“矩形”按钮，选择长方体的上表面为放置面，再根据提示选取水平参考。

3）在“矩形腔体”对话框中输入腔体参数，单击“确定”按钮，弹出“定位”对话框。

4）单击“按一定距离平行”按钮，然后根据系统提示，选择图 3-45 中步骤⑦所示的长方体的边线作为目标边，选择图中步骤⑧所示的腔体边线，系统弹出“创建表达式”对话框，输入距离值，单击“确定”按钮。最后单击“定位”对话框的“确定”按钮完成腔体的创建。

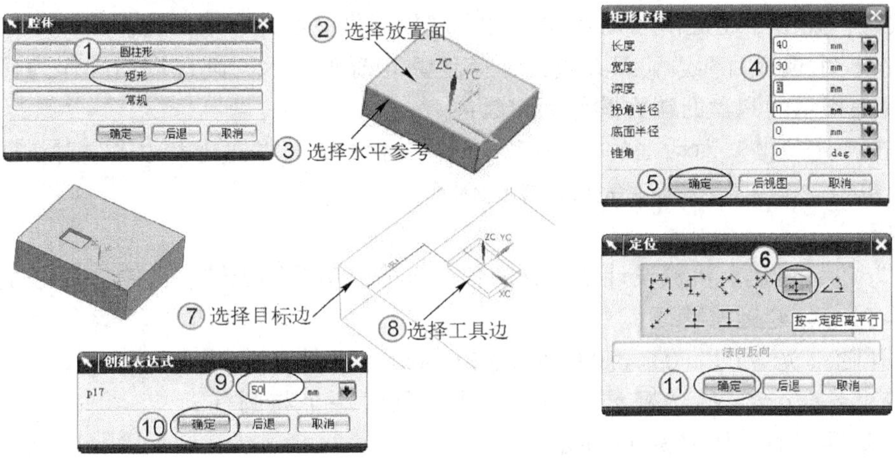

图 3-45　创建腔体

4. 开槽

利用“开槽”命令可在回转体表面创建一个沟槽，如同零件的车削操作。下面通过实例介绍其操作步骤。

【例 3-4】 创建退刀槽特征。

1）打开随书光盘的 ch03\ch03_06\eg4\cao. prt 文件。操作过程如图 3-46 所示。

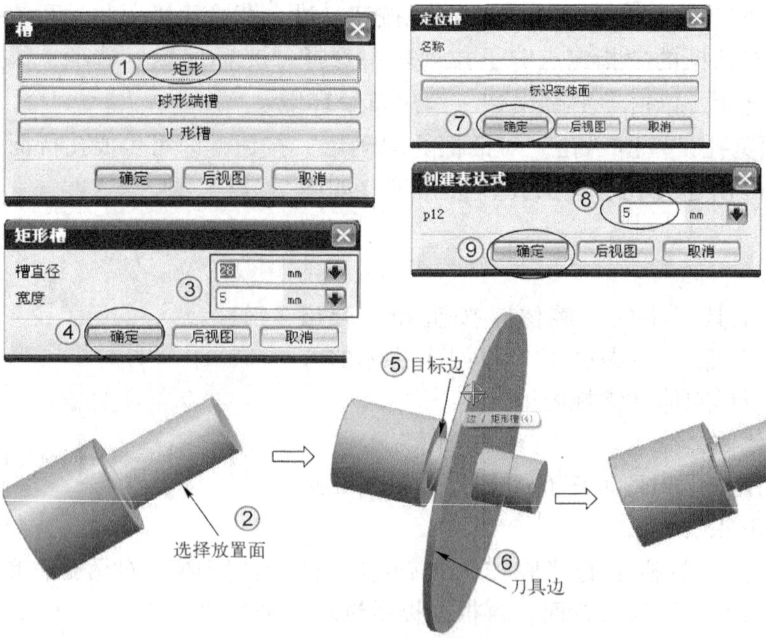

图 3-46　创建“矩形槽”特征

2）单击“特征”工具栏中的“开槽”按钮，打开“槽”对话框，选择“矩形”选项，系统弹出“矩形槽”对话框，并提示选取矩形槽的放置面；选择图 3-46 中步骤②箭头指示的圆柱表面，系统弹出“矩形槽”对话框。

3）定义矩形槽的参数：“槽直径”设为 28，“宽度”为 5。单击“矩形槽”对话框的“确定”按钮，弹出“定位槽”对话框，且沟槽预览将显示为一个圆盘。

4）系统提示选择目标边和刀具边，选择步骤⑤箭头指示的圆柱端面圆作为目标边，选择步骤⑥箭头指示的圆盘的端面圆作为刀具边。

5）单击“定位槽”对话框的“确定”按钮，系统弹出“创建表达式”对话框，输入定位值为 5，单击“确定”按钮，完成沟槽的创建。

5. 键槽

“键槽”工具可建立机械设计中用到的各种键槽，主要用于轴、齿轮、带轮等实体。

【例 3-5】 创建键槽特征。

1）打开随书光盘的 ch03\ch03_06\eg5\cao. prt 文件，选择“插入”→“基准/点”→“基准平面”命令，创建一个与圆柱表面相切的基准平面，如图 3-47 所示。

图 3-47　创建基准平面

2）单击“特征”工具栏中的“键槽”按钮，打开“键槽”对话框，其操作步骤如图 3-48 所示。选择键槽类型为“矩形槽”，单击“键槽”对话框的“确定”按钮，弹出“矩形键槽”对话框。

3）系统提示选择键槽的放置平面，选择基准平面，并单击步骤④的“确定”按钮，系统弹出“水平参考”对话框；单击“竖直参考”按钮，并选择步骤⑥箭头指示的圆柱端面作为竖直参考，此时模型中有竖直参考

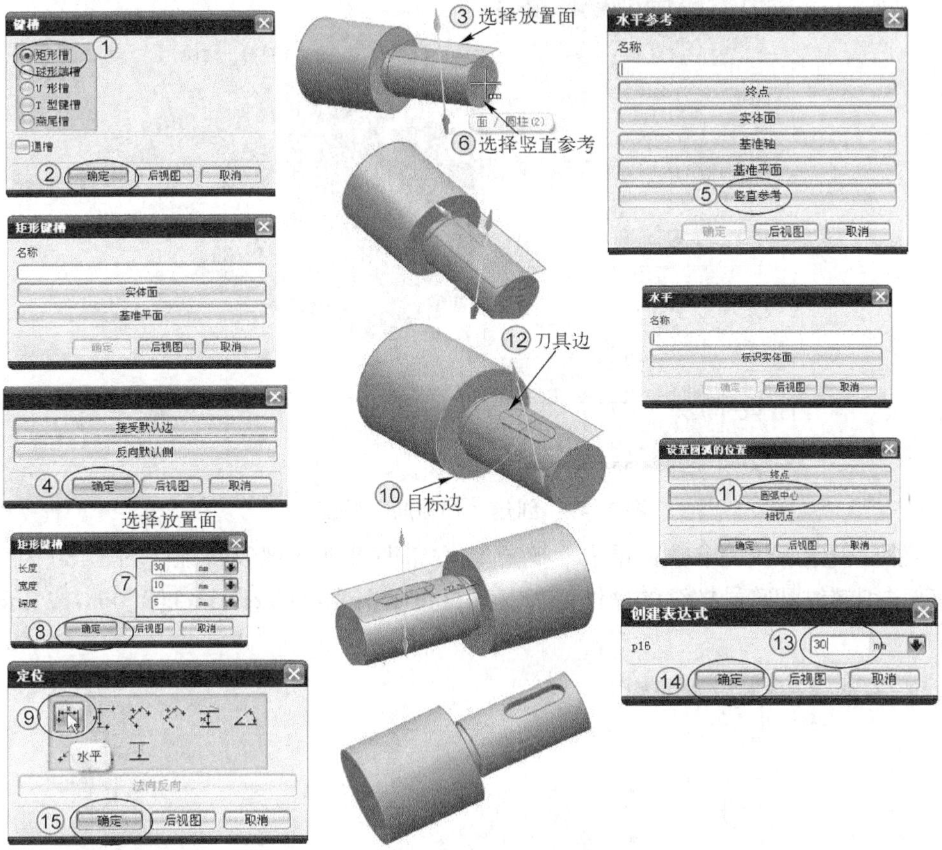

图 3-48　创建键槽特征

的方向箭头，并弹出“矩形键槽”对话框，输入键槽参数：“长度”为 30，“宽度”为 10，“深度”为 5；单击“确定”按钮，弹出“定位”对话框，并出现键槽特征预览。

4）选择“定位”对话框的“水平”选项，根据系统提示，选择阶梯轴大圆端面圆作为目标边，此时系统弹出“设置圆弧的位置”对话框，单击“圆弧中心”按钮；选择键槽的半圆曲线作为刀具边，再次单击“设置圆弧的位置”对话框的“圆弧中心”按钮。系统弹出“创建表达式”对话框。

5）输入刀具边到目标边的距离为 30，单击“确定”按钮；最后单击“定位”对话框的“确定”按钮，创建键槽特征。

6. 三角形加强筋

“三角形加强筋”工具用于创建沿两个面集的交叉曲线生成的加强筋特征。

单击“特征”工具栏中的“三角形加强筋”按钮，弹出“三角形加强筋”对话框，其操作步骤如图 3-49 所示。选择两个面组后，设定加强筋的参数，单击“确定”按钮即可创建加强筋特征。素材见随书光盘的 ch03\ch03_06\eg6\jqjin. prt 文件。

7. 螺纹

UG NX 8.0 中可创建两种类型的螺纹：详细螺纹和符号螺纹。详细螺纹是关联特征，比符号螺纹更具真实感；而符号螺纹是以虚线圆的形式显示在圆柱端面上。

单击“特征”工具栏中的“螺纹”按钮，弹出“螺纹”对话框，首先选择一个攻螺纹

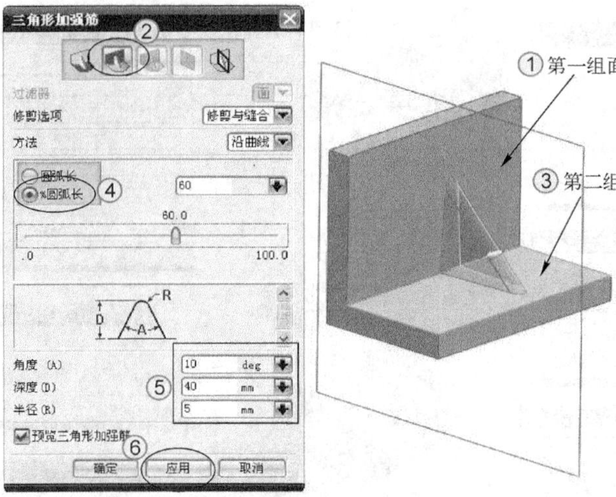

图 3-49　创建“加强筋”特征

的圆柱面，然后设定螺纹的参数，单击“确定”按钮即可创建螺纹特征。图 3-50 和 图 3-51 分别为创建详细螺纹和符号螺纹的操作过程。素材见随书光盘的 ch03\ch03_06\eg7\luowen. prt 文件。

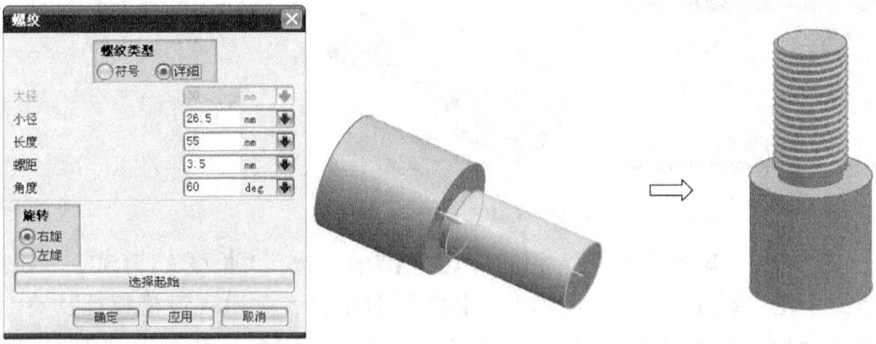

图 3-50　详细螺纹

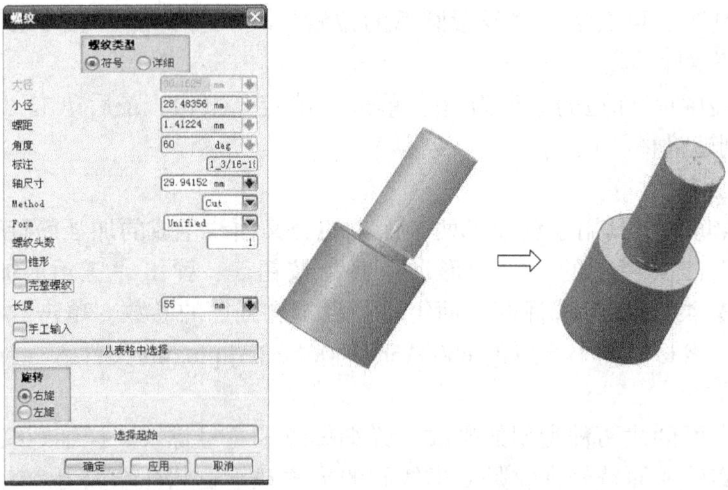

图 3-51　符号螺纹

3.7 特征操作

特征操作是对已创建特征模型进行局部修改，从而对模型进行细化，也叫细节特征。通过特征操作，可以用简单的特征创建比较复杂的特征实体。常用的特征操作有拔模、边倒圆、倒斜角、镜像特征、阵列、抽壳、修剪体等。

3.7.1 拔模

拔模是将指定特征模型的表面或边沿指定的方向倾斜一定的角度。该操作广泛应用于模具设计领域，可以应用于同一个实体上的一个或多个要修改的面和边。

选择“插入”→“细节特征”→“拔模”命令，或单击“特征操作”工具栏中的“拔模”按钮，弹出如图3-52所示的“拔模”对话框。该对话框中共有4种拔模方法，即从平面、从边、与多个边相切、至分型边。

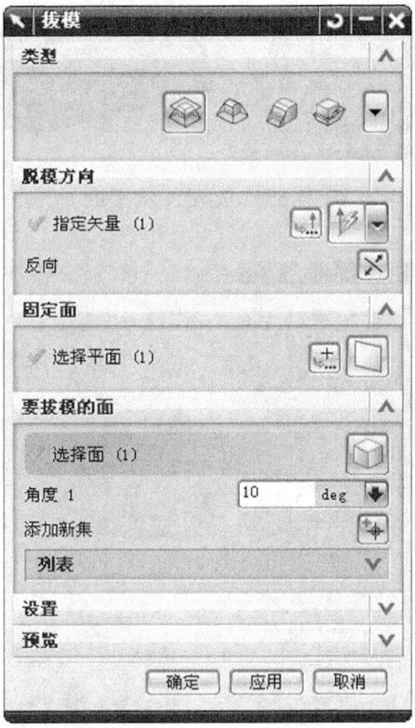

图3-52 “拔模”对话框

1. 从平面

“从平面”方式是指以选定的平面作为参考平面，指定拔模方向和角度来创建拔模特征。操作步骤如图3-53所示（素材文件见随书光盘的ch03\ch03_07\eg1\bamo.prt文件）。

在拔模对话框的“类型”分组中单击“从平面”按钮，指定Z轴为脱模方向，选择模型上表面为固定面，侧面为拔模面，并设定拔模角度，单击“确定”按钮，即可完成拔模。

2. 从边

“从边”方式由实体的一系列边缘产生拔模角度来创建拔模特征，适用于变角度的拔模。

单击“从边”按钮，在“脱模方向”选项组中指定Z轴为脱模方向，选择上表面边缘线为固定边缘，并设定拔模角度，单击“确定”按钮，即可完成拔模。操作过程如图3-54所示。

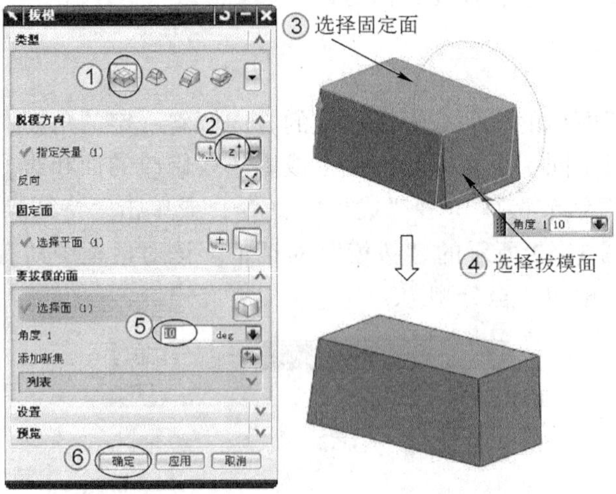

图3-53　拔模（从平面）

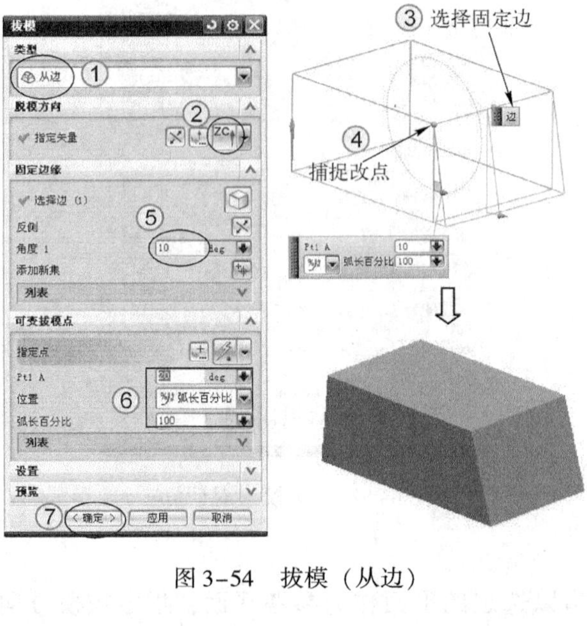

图3-54　拔模（从边）

3. 与多个面相切

“与多个面相切”方式用于对相切表面拔模后仍要求保持相切的情况。操作步骤如图3-55所示（操作文件见随书光盘的ch03\ch03_07\eg1\bamo_xq. prt文件）。

4. 至分型边

“至分型边”方式是从固定平面开始，按指定的拔模方向和拔模角度，沿指定的分型边

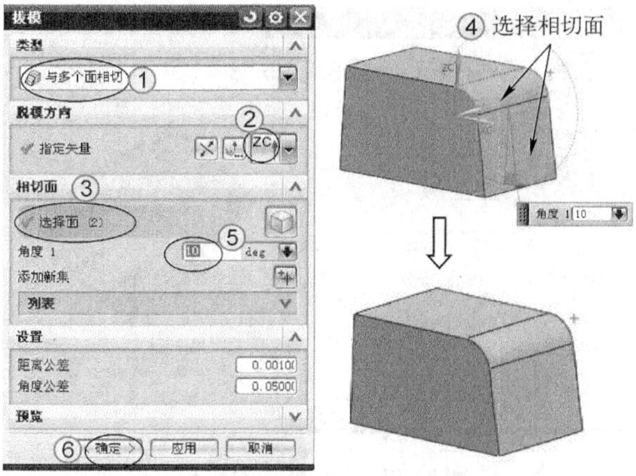

图 3-55　拔模（与多个面相切）

线对实体进行拔模，操作步骤如图 3-56 所示（操作文件见随书光盘的 ch03\ch03_07\eg1\bamo_fxb. prt 文件）。

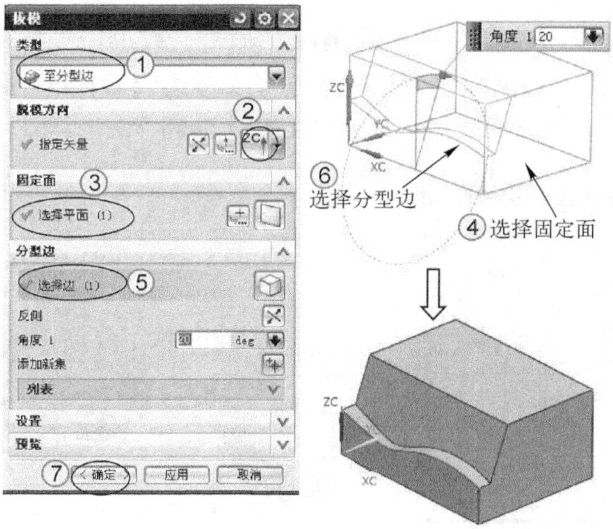

图 3-56　拔模（至分型边）

3.7.2　抽壳

抽壳是指按照指定的厚度将实体模型抽空为腔体或在其四周创建壳体。可以指定不同表面的厚度，也可以移除单个面。

选择“插入”→“偏置/缩放”→“抽壳”命令，或单击“特征操作”工具栏中的“抽壳”按钮，弹出如图 3-57 所示的“抽壳”对话框。该对话框中提供了两种抽壳方式：“移除面，然后抽壳”和“对所有面抽壳”。其中，“移除面，然后抽壳”在薄壳类塑料制品的造型设计中较为常用。如图 3-57 所示为“移除面、然后抽壳”的效果。

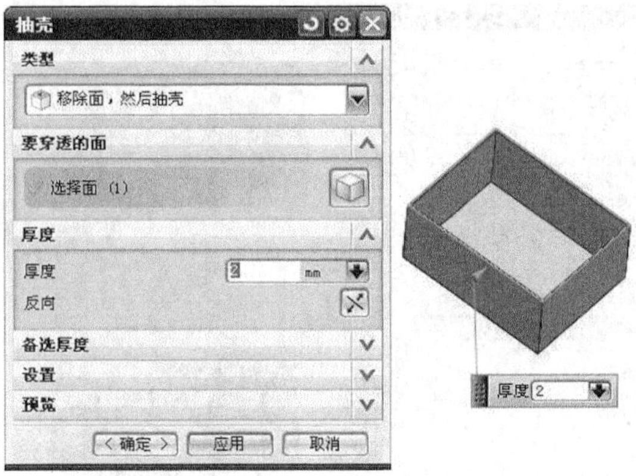

图 3-57 “抽壳”对话框

3.7.3 边倒圆

通过指定半径将实体或片体边缘变成圆柱面或圆锥面，可以对实体或片体边缘进行恒定半径或变半径倒圆角。

选择“插入”→“细节特征”→“边倒圆”命令，或单击“特征操作”工具栏中的“边倒圆”按钮，弹出“边倒圆”对话框。选择实体边线后，设置圆角半径，单击“确定”按钮，生成简单的边倒圆特征。其操作过程如图 3-58 所示。

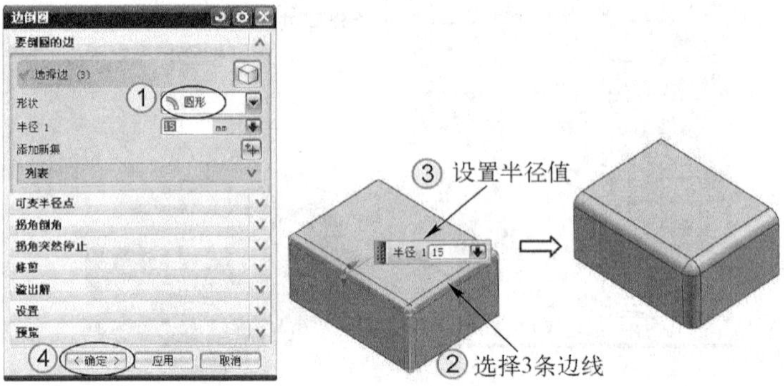

图 3-58 边倒圆

3.7.4 倒斜角

倒斜角是指对已存在的实体沿指定的边进行倒角操作，在产品设计中使用广泛，通常当产品的边或棱角过于尖锐时，为避免造成擦伤，需要对其进行必要的修剪，即执行倒斜角操作。

选择“插入”→“细节特征”→“倒斜角”命令，或单击“特征操作”工具栏中的“倒斜角”按钮，弹出如图 3-59 所示的“倒斜角”对话框。该对话框中共有 3 种倒斜角方式，即对称、非对称、偏置和角度。

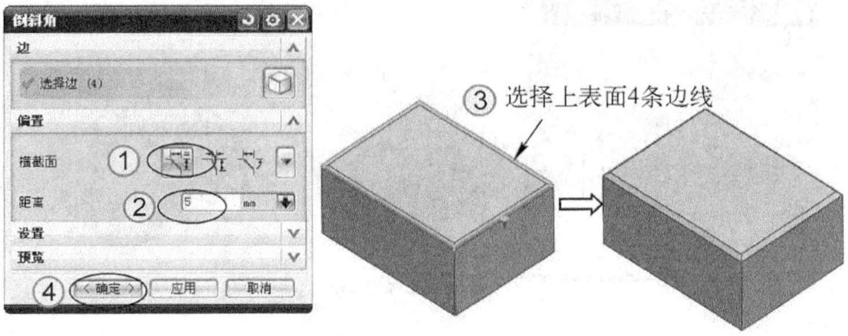

图 3-59　倒斜角（对称方式）

3.7.5　修剪体和拆分体

修剪体和拆分体都是通过平面对实体特征进行操作。修剪体是通过指定的平面把实体的某部分修剪去除掉；拆分体是通过平面把实体拆分、分割成为多个实体特征。

1. 修剪体

修剪体是将实体一分为二，保留需要的部分而切除另外一部分，并且仍然保留参数化模型。

选择“插入”→“修剪”→“修剪体”命令，系统弹出如图 3-60 所示的“修剪体”对话框，选择基准平面为工具体，单击“应用”按钮，完成修剪（素材见随书光盘的 ch03\ch03_07\eg2\xiujianti. prt 文件）。

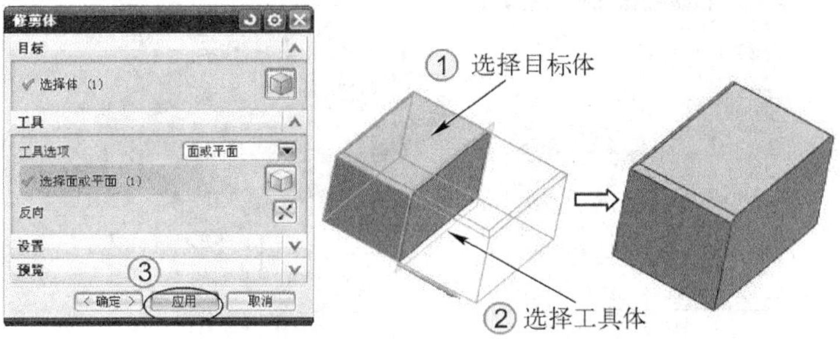

图 3-60　修剪体

2. 拆分体

拆分体是使用面、基准平面或其他几何体将一个或多个目标体分割成两个实体，同时保留两部分实体。拆分操作将删除实体原有的全部参数，得到的实体为非参数模型。拆分实体后实体中的参数全部移去，同时工程图中剖视图中的信息也会丢失，因此应谨慎使用。

选择“插入”→“修剪”→“拆分体”命令，系统弹出如图 3-61 所示的“拆分体”对话框，选择基准平面为工具体，单击“确定”按钮，完成体的拆分（素材见随书光盘的 ch03\ch03_07\eg2\chaifenti. prt 文件）。

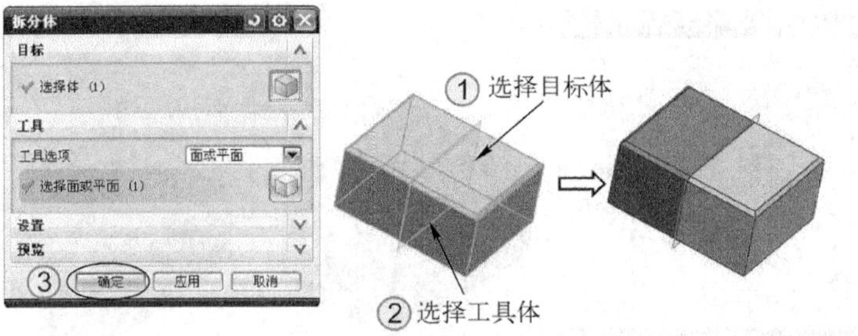

图 3-61　拆分体

3.7.6　阵列特征

“陈列特征”命令适用于快速创建同样参数且呈一定规律排列的特征，利用该方法可以对实体进行多个特征成组的镜像或者复制，避免了对单一实体重复操作。

选择菜单栏中的“插入”→“关联复制”→“对特征形成图样”命令，弹出“对特征形成图样”对话框，该对话框中提供了多种阵列的方法，现以矩形阵列为例进行介绍。

【例 3-6】 创建定模板沉孔的矩形阵列。

本例的实体模型是例 3-2 中已经创建了一个沉孔的定模板，如图 3-38 所示，现对该沉孔进行矩形阵列。

1）打开随书光盘的 ch03\ch03_07\eg3\dingmb_zhenlie.prt 文件。操作步骤如图 3-62 所示。

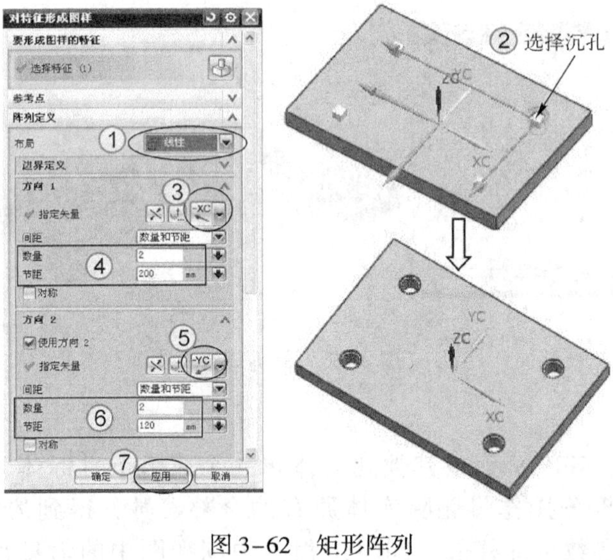

图 3-62　矩形阵列

2）选择“插入”→“关联复制”→“对特征形成图样”命令，弹出如图 3-62 所示的“对特征形成图样”对话框。选择布局方式为“线性”，然后选择沉孔。

3）在对话框的“布局”区域指定“方向 1”的矢量方向为 -XC，“数量”和“节距”分别为 2 和 200；指定“方向 2”的矢量方向为 -YC，“数量”和“节距”分别为 2 和 120。

4）单击对话框的“应用”按钮，完成特征的复制。

3.8 特征编辑

特征编辑是指对已创建的实体特征进行编辑和修改。通过编辑实体的参数来驱动特征的更新，可以提高工作效率和制图的准确性。其主要包括编辑特征参数、移除参数、移动特征等。

3.8.1 编辑特征参数

编辑特征参数是对已存在特征的参数值根据需要进行修改，并将所做的特征修改重新反映出来，另外还可以改变特征放置面和特征的类型。编辑特征参数包含编辑一般实体特征参数、编辑扫描特征参数、编辑阵列特征参数、编辑倒斜角特征参数和编辑其他参数等。大多数特征的参数都可以用“编辑参数”命令进行修改。

选择“编辑”→“特征”→“编辑特征参数”命令，或单击“编辑特征”工具栏中的“编辑参数”按钮，弹出如图3-63所示的“编辑参数”对话框。或者在图形窗口或部件导航器的特征树中双击要编辑的特征，根据选择的特征不同，弹出不同形式的编辑对话框。

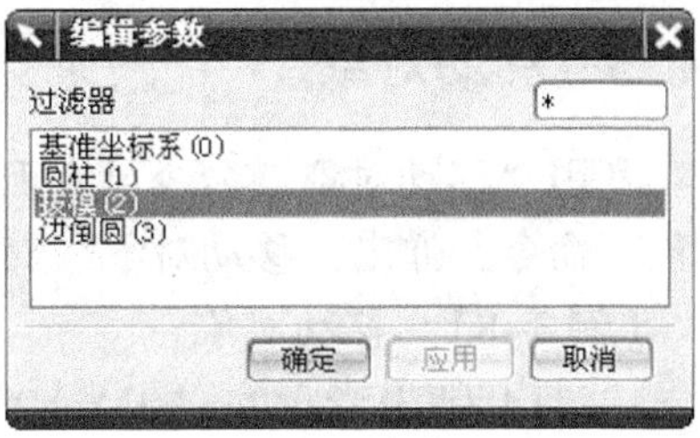

图3-63 “编辑参数”对话框

【例3-7】 编辑定模板沉孔的参数。

本例的实体模型是例3-2中已经创建了一个沉孔的定模板，如图3-38所示，现对该沉孔的参数进行编辑。

1）打开随书光盘的ch03\ch03_08\eg1\dingmb_bianji.prt文件。操作步骤如图3-64所示。

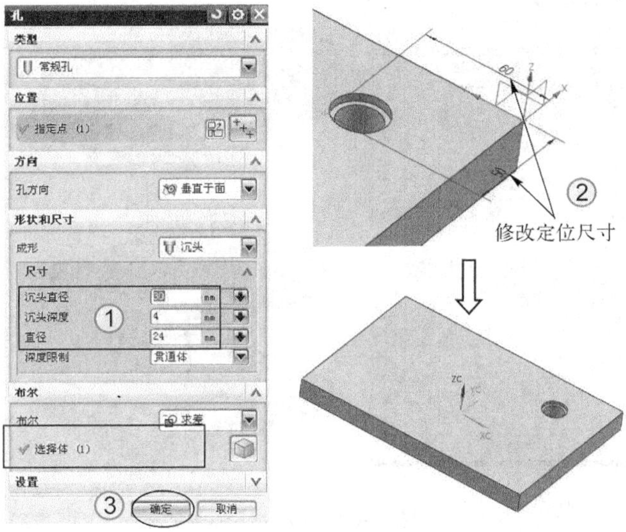

图3-64 编辑特征参数

2）在部件导航器中右击“沉头孔”，在弹出的快捷菜单中选择“编辑参数”命令，系统弹出“孔”对话框，修改沉孔的参数和定位尺寸后，单击对话框的“确定”按钮，完成沉孔参数的编辑。

3.8.2 移除参数

移除参数是指在实体或片体中移除所有参数，使其成为一个非关联的实体。在“编辑特征”工具栏中单击“移除参数”按钮，弹出“移除参数”对话框，如图 3-65 所示；选择要移除参数的实体后，单击“移除参数”对话框的“确定”按钮，弹出“移除参数”信息提示框，如图 3-66 所示，单击“是”按钮，即可移除所选实体的参数。

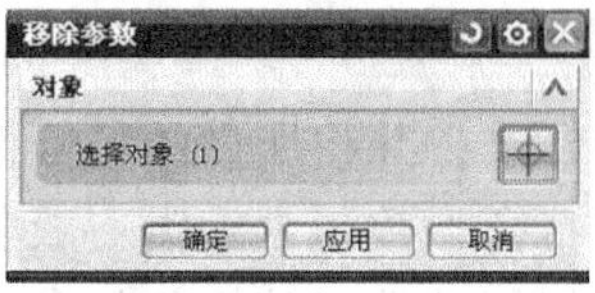

图 3-65 “移除参数”对话框

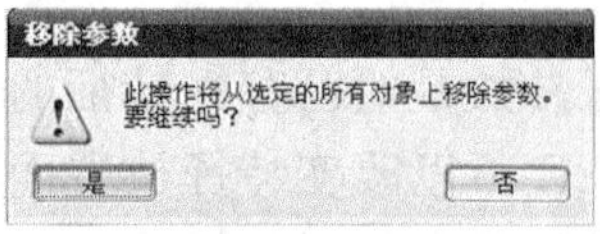

图 3-66 “移除参数”信息提示框

3.8.3 移动对象

利用“移动对象”命令可实现对象的移动、旋转和复制等操作。选择“编辑”→“移动对象”命令，弹出“移动对象”对话框，下面通过实例介绍“移动对象”命令的使用方法。

【例 3-8】 移动对象。

1）打开随书光盘的 ch03\ch03_08\eg2\Move. prt 文件，该模型为分模后的塑料模具的型腔和型芯两个零件，现将型腔部件往上移动 50 mm。操作步骤如图 3-67 所示。

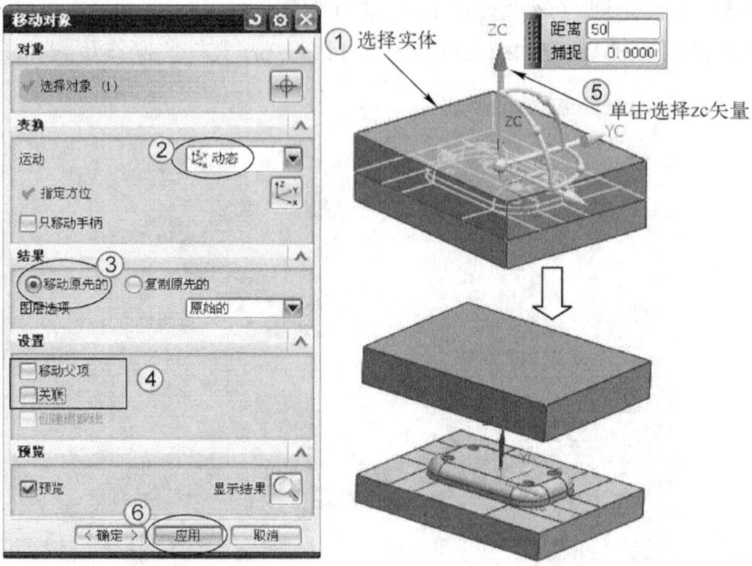

图 3-67 移动对象

2）选择“编辑”→“移动对象”命令，弹出“移动对象”对话框。首先选择实体（型腔），然后在对话框的“结果”分组中选择“移动原先的”单选按钮，在“设置”分组中取消勾选“移动父项”和“关联”复选框。

3）单击动态坐标系的 ZC 矢量方向，在弹出的文本框中输入距离 50，单击对话框的

“应用”按钮，完成对象的移动。

4）将移动后的型腔实体隐藏，只显示型芯，如图 3-68a 所示。按照上述操作步骤，在“移动对象”对话框的“结果”分组中选择“复制原先的”单选按钮，然后单击图 3-68b 动态坐标系的 YC 矢量，在弹出的文本框中输入距离 85（可通过菜单栏的“分析”功能测量得到距离值），如图 3-68b 所示。单击对话框的“应用”按钮，实现型芯零件的复制，如图 3-68c所示。

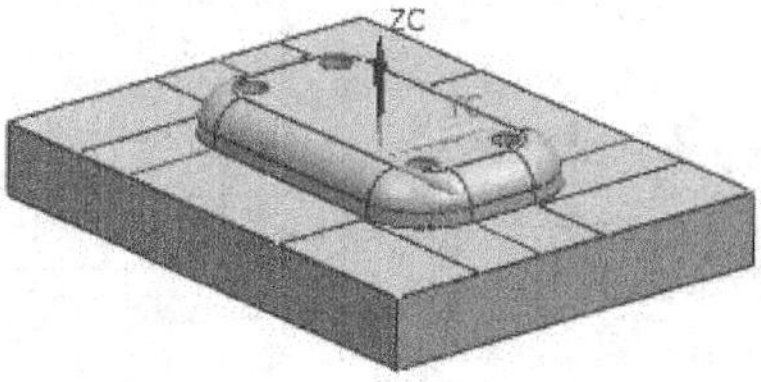

a)

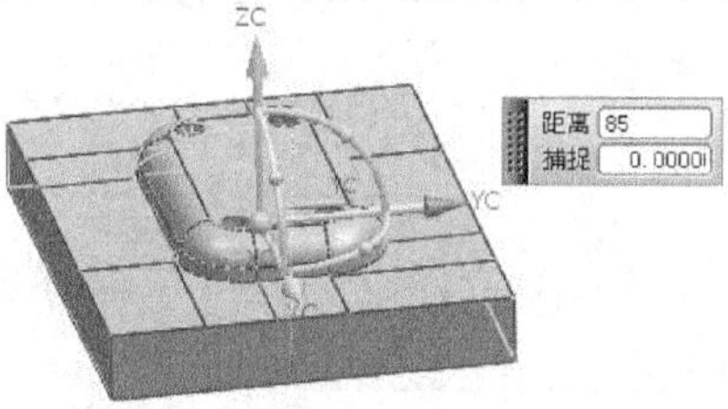

b)

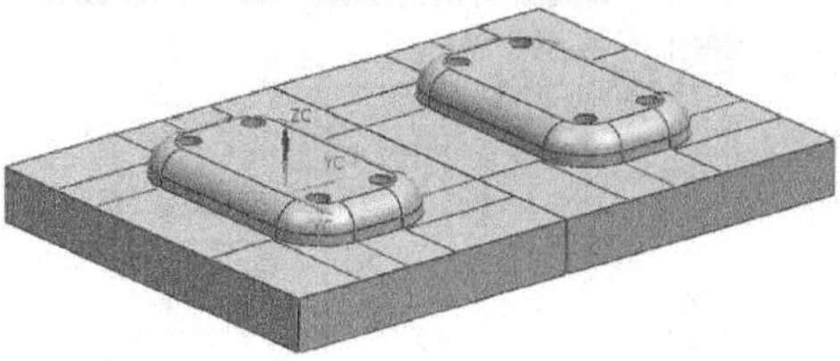

c)

图 3-68　复制对象

a）只显示型芯　b）输入距离 85　c）复制型芯

3.9　综合实例

本节通过 3 个综合实例的练习，使读者熟练掌握拉伸、旋转、抽壳、孔、倒圆角、螺纹、镜像等基本实体建模命令，为创建复杂实体模型打下基础。

3.9.1　仪表盖造型设计

设计如图 3-69 所示的仪表盖模型，设计步骤如下。

1. 进入建模环境

选择菜单栏中的“文件”→“新建”命令，新建一个名称为 yibiaogai. prt 的实体模型文件。按〈Ctrl + M〉键进入建模环境。

图 3-69　仪表盖模型

2. 创建仪表盖轮廓

操作过程如图 3-70 所示。

1）选择“插入”→“设计特征”→“拉伸”命令，弹出“拉伸”对话框。单击对话框中的“绘制截面”按钮，弹出“创建草图”对话框，在“平面选项”中选择“现有平面”选项；在“部件导航器”中右击“基准坐标系”，在弹出的快捷菜单中选中“显示”按钮，将基准坐标系显示；选择“X - Y”平面后，单击

"创建草图"对话框的"确定"按钮。

2）绘制截面草图。在工作区选择XY平面为草图平面，系统自动弹出"配置文件"对话框。单击"草图工具"工具栏中的"矩形"按钮，绘制一个矩形；然后单击"自动判断尺寸"按钮，对草图进行尺寸约束。单击"草图生成器"工具栏中的"完成草图"按钮完成草绘，并返回"拉伸"对话框。

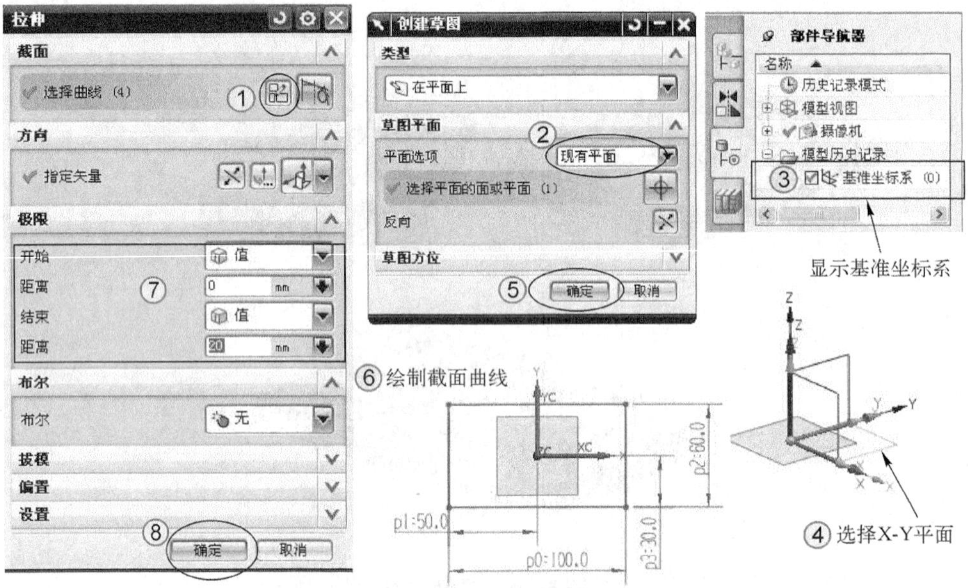

图3-70　拉伸创建仪表盖轮廓

3）设置拉伸距离。在"拉伸"对话框的"极限"分组中设置"结束"距离值为20，确保拉伸方向正确，单击"拉伸"对话框的"确定"按钮，完成仪表盖轮廓的创建，如图3-71所示。

3. 边倒圆

单击"特征操作"工具栏中的"边倒圆"按钮，弹出"边倒圆"对话框。选择倒圆的形状为"圆形"，选择模型上表面及侧面的8条边线后，设置圆角半径为2，单击"确定"按钮，对仪表盖进行倒圆角，其操作过程如图3-72所示。

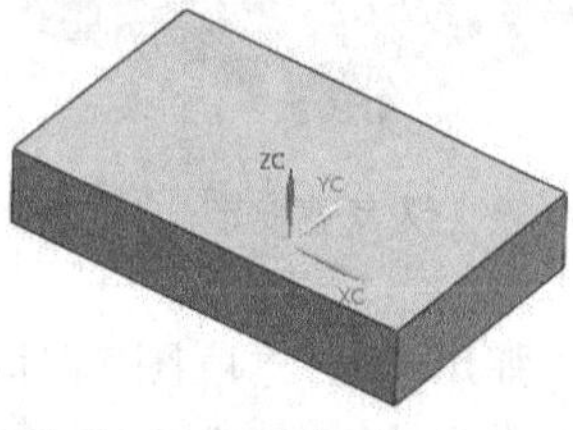

图3-71　仪表盖轮廓

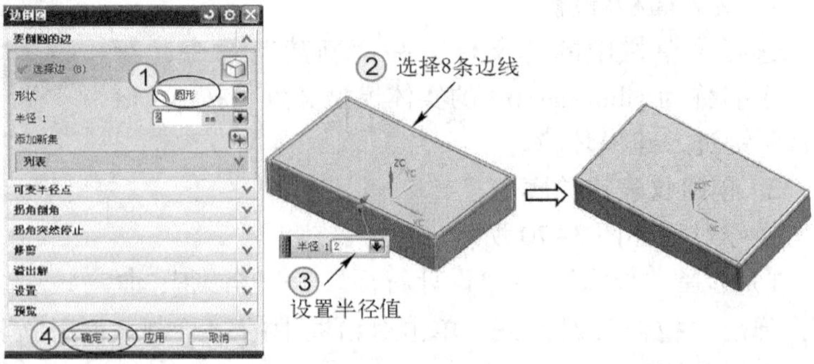

图3-72　边倒圆

4. 抽壳

单击“特征操作”工具栏中的“抽壳”按钮，弹出“抽壳”对话框，选择“移除面，然后抽壳”的方式，抽壳厚度设为 2 mm，选择如图 3-73 所示的面为移除面，完成抽壳。

5. 边倒圆

参考步骤 3 的操作，对模型内表面的边线倒圆角，半径为 2，如图 3-74 所示。

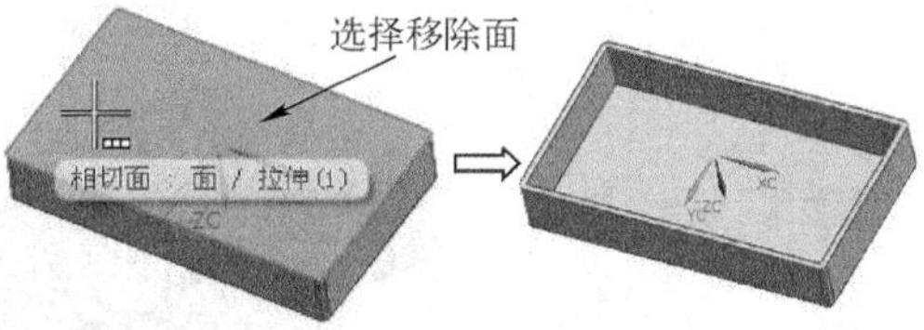

图 3-73　抽壳

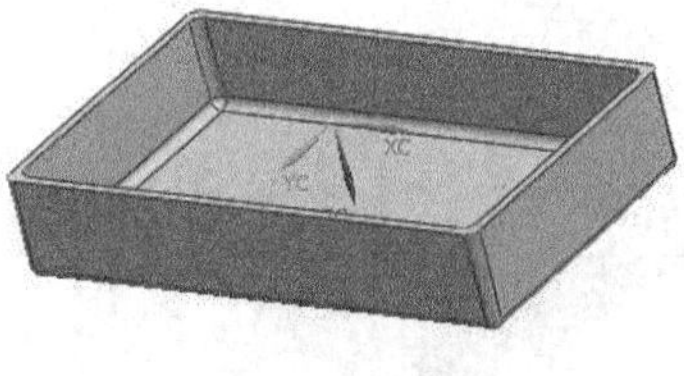

图 3-74　内边倒圆角

6. 拉伸创建模型侧面的开放区域

选择模型侧面为草绘平面，绘制如图 3-75 所示的截面草图，在“拉伸”对话框的“布尔”分组中设置为“求差”，拉伸距离设为 5（稍大于模型壁厚即可），单击“确定”按钮，生成模型侧面的开放区域，如图 3-76 所示。

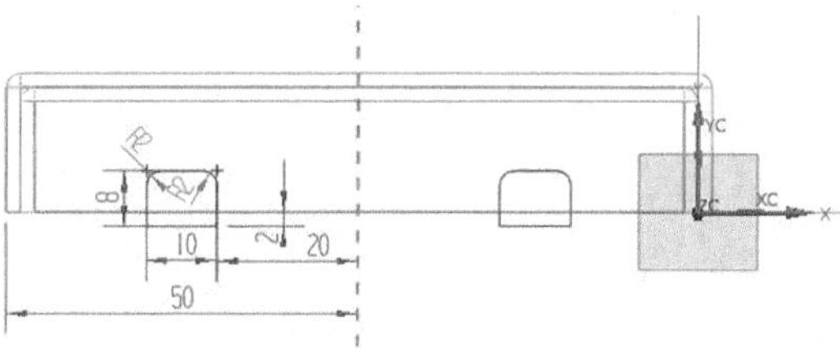

图 3-75　截面草图（一）

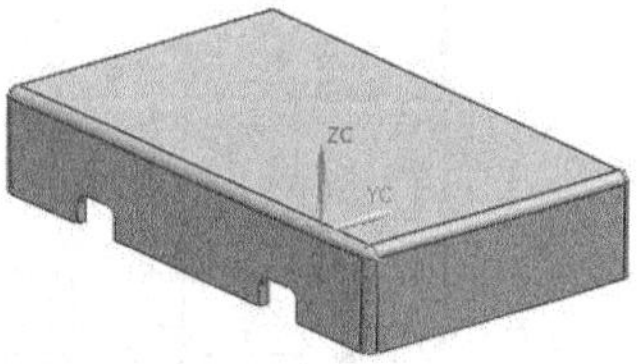

图 3-76　拉伸生成开放区域

7. 拉伸创建模型上表面的矩形孔

1）选择模型上表面为草绘平面，绘制如图 3-77 所示的截面草图，在“拉伸”对话框的“布尔”分组中设置为“求差”，拉伸距离设为 1，单击“确定”按钮，生成如图 3-78 所示的拉伸特征。

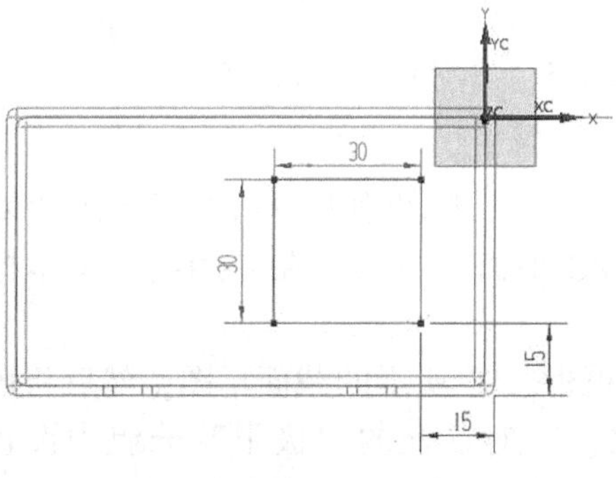

图 3-77　截面草图（二）

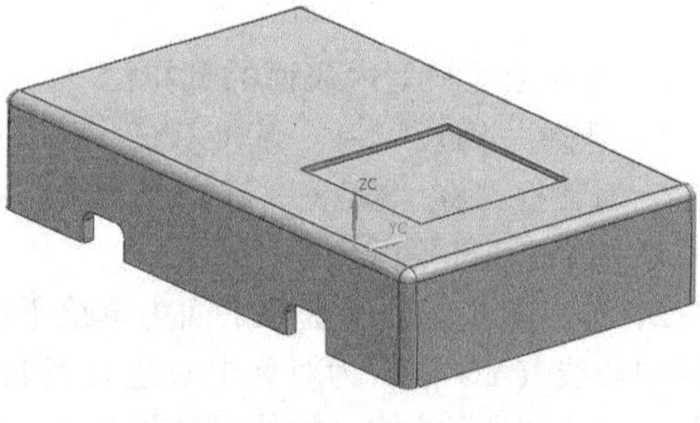

图 3-78　拉伸创建沉槽

2）选择如图 3-79 所示表面为草绘平面，绘制如图 3-80 所示的截面草图，在“拉伸”对话框的“布尔”分组中设置为“求差”，拉伸距离设为 2，单击“确定”按钮，生成如图 3-81所示的矩形孔特征。

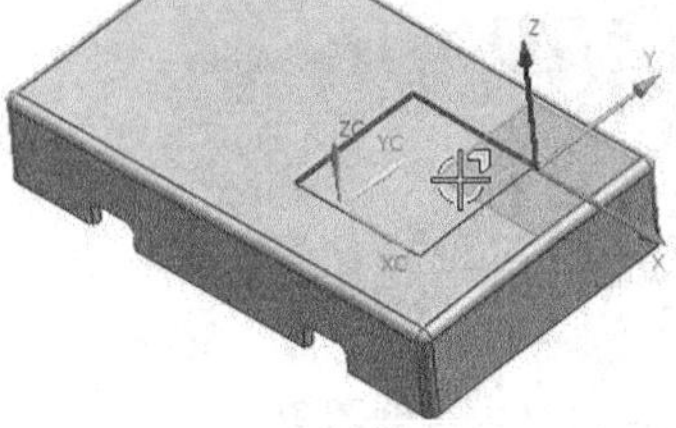

图 3-79　草绘截面

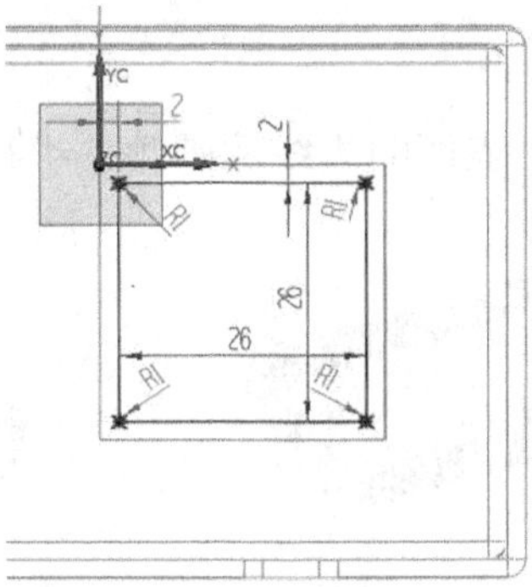

图 3-80　截面草图（三）

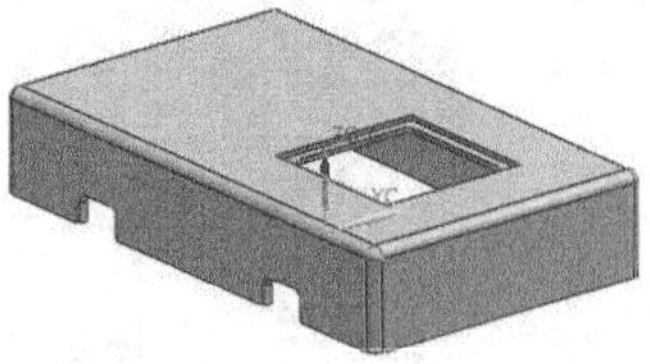

图3-81　拉伸创建矩形孔（一）

3）选择模型上表面为草绘平面，绘制如图 3-82 所示的截面草图，在“拉伸”对话框的“布尔”分组中设置为“求差”，拉伸距离设为 3，单击“确定”按钮，生成如图 3-83 所示的 6 个矩形孔特征。

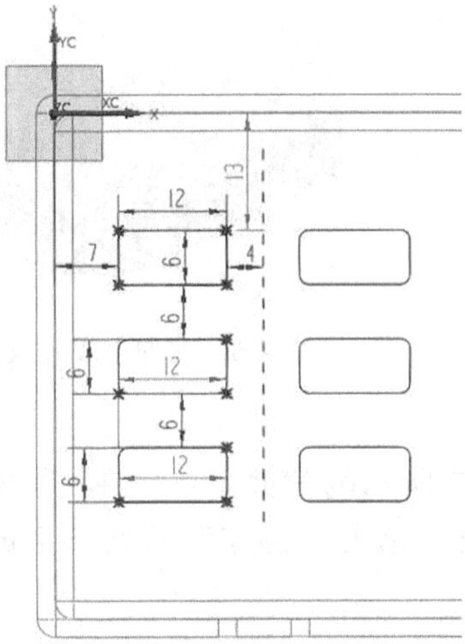

图 3-82　截面草图（四）

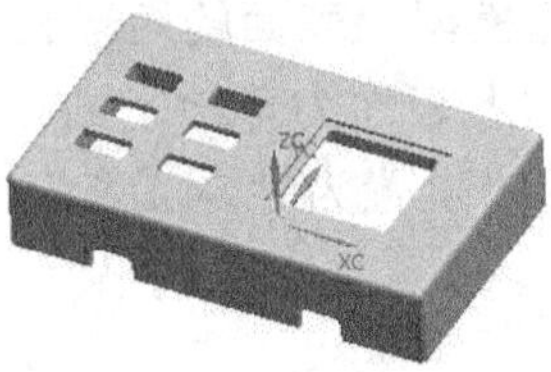

图 3-83　拉伸创建矩形孔（二）

8. 拉伸创建模型内表面的倒扣位

1）选择“插入”→“基准/点”→“基准平面”命令，弹出如图 3-84 所示的“基准平面”对话框，在“类型”下拉列表中选择“XC - ZC 平面”方式，在“距离”文本框中输入 0，创建基准平面。

2）选择上步创建的基准平面为草绘平面，绘制如图 3-85 所示的截面草图，然后将该草图以中心线（YC 轴）为对称中心进行镜像。在“拉伸”对话框的“极限”分组中设置以“对称”方式进行拉伸，拉伸距离设为 3；在“布尔”分组中设置为“求差”，单击“确定”按钮，生成如图 3-86 所示的倒扣位。

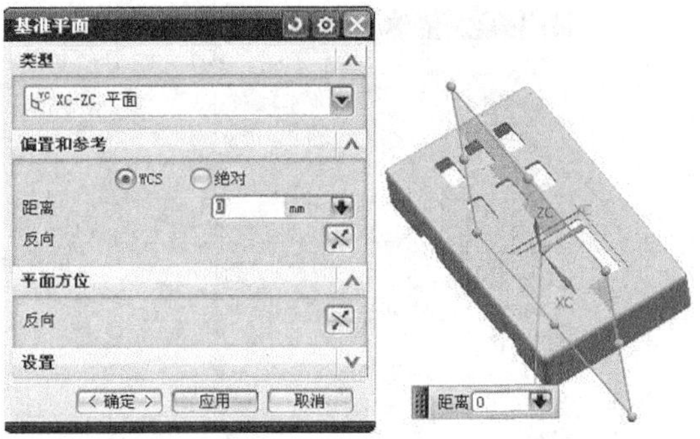

图 3-84　创建基准平面

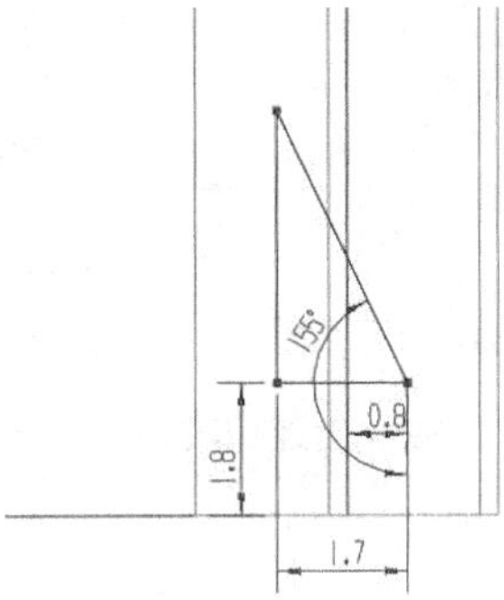

图 3-85　截面草图（五）

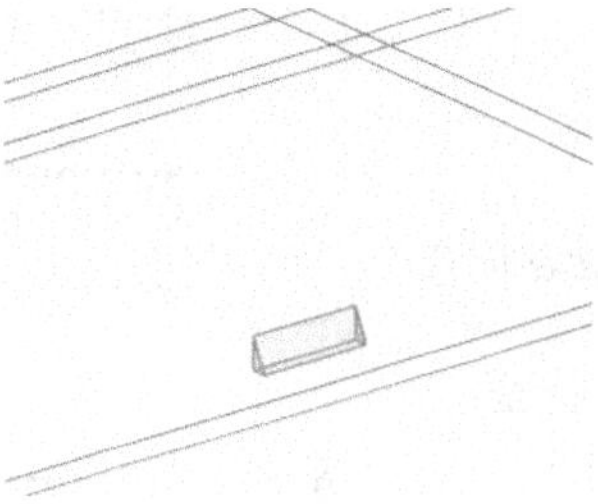

图 3-86　创建倒扣位

9. 保存文件

选择“文件”→“保存”命令，保存所做的工作。完成的模型文件见随书光盘“ch03\ch03_09\eg1\yibiaogai. prt”。

3. 9. 2　连接头实体建模

设计如图 3-87 所示连接头实体模型。

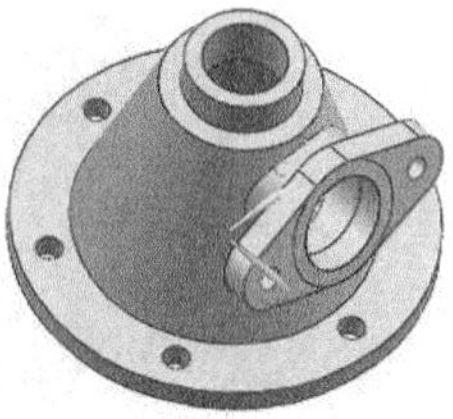

图 3-87　连接头模型

1. 进入建模环境

选择“文件”→“新建”命令，新建一个名称为 ljt. prt 的实体模型文件。按〈Ctrl + M〉键进入建模环境。

2. 创建回转体

1）单击“特征”工具栏中的“任务环境中的草图”按钮，弹出“创建草图”对话框，采用系统默认的绘图平面，单击“确定”按钮进入草绘环境。

2）绘制截面草图。绘制如图 3-88 所示的截面草图。单击“草图生成器”工具栏中的按钮，退出草绘环境。

3）创建回转特征，操作过程如图 3-89 所示。单击“特征”工具栏中的“回转”按钮，弹出“回转”对话框，选择上一步绘制的截面曲线，然后选择步骤③箭头指示的中心线作为回转轴，单击对话框的“确定”按钮，创建回转体，如图 3-90 所示。

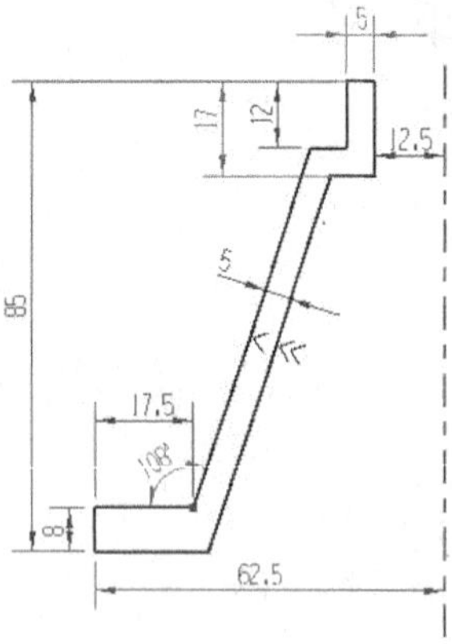

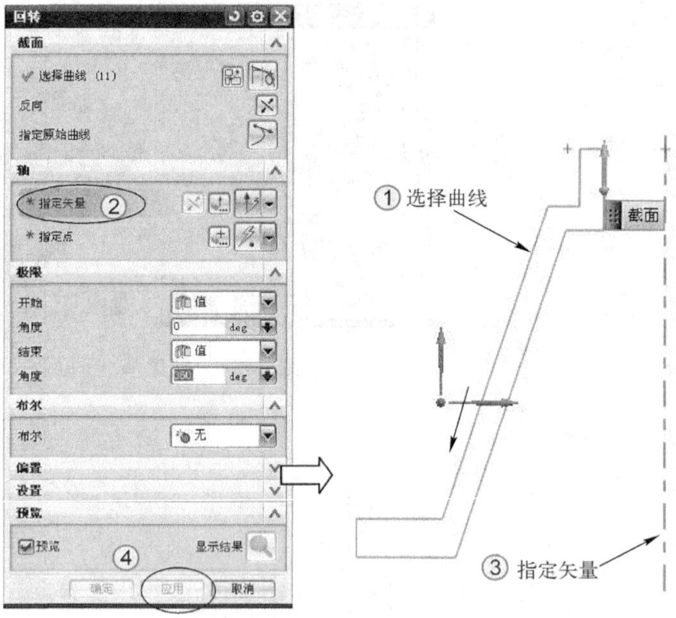

图 3-88　回转截面草图　　　　图 3-89　创建回转体

3. 创建拉伸特征

1）选择“插入”→“基准/点”→“基准平面”命令，弹出如图 3-91 所示的“基准平面”对话框。在“类型”下拉列表中选择“自动判断”方式，设置“偏置”分组中“距离”为 12，然后选择回转体外圆锥面，创建如图 3-92 所示的基准平面。

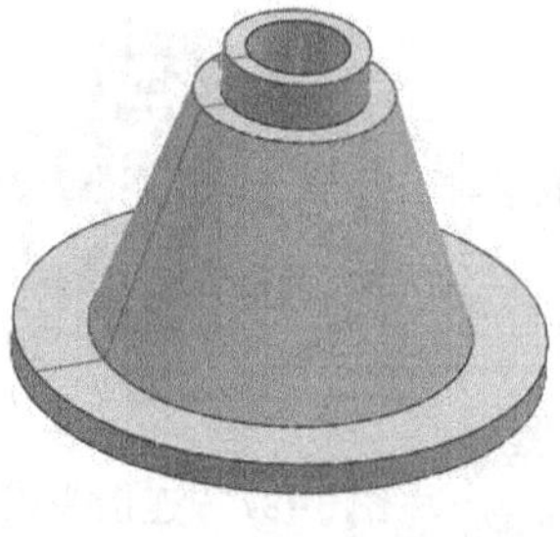

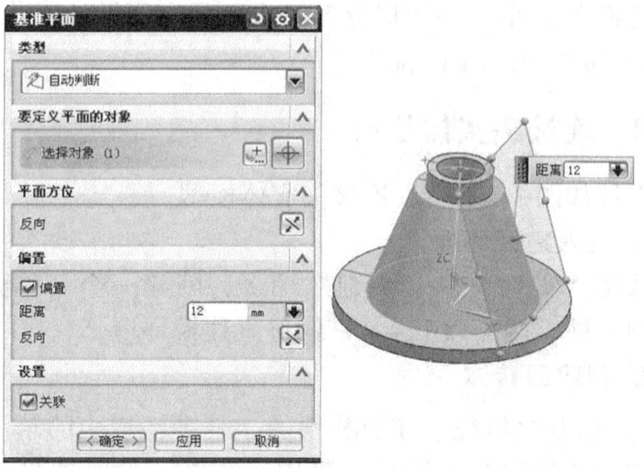

图 3-90　回转体　　　　图 3-91　“基准平面”对话框

2）单击“曲线”工具栏中的“直线”按钮，弹出“直线”对话框，在“起点”分组中单击“点构造器”按钮，在弹出的“点”对话框中输入“WCS”的坐标值为（0、0、50），如图 3-93 所示，单击“确定”按钮，绘制直线的第一点。然后拖动鼠标并沿 X 方向移动，在适当位置单击以确定直线的第二点，创建的直线如图 3-94 所示。

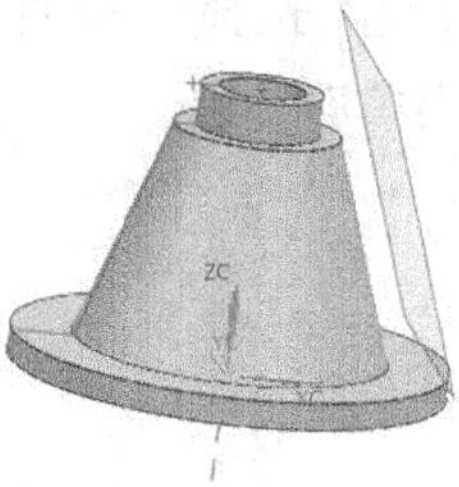

图 3-92　创建基准平面

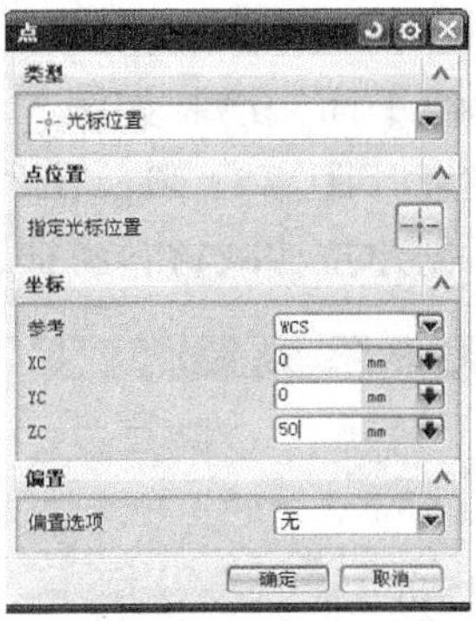

图 3-93　“点”对话框

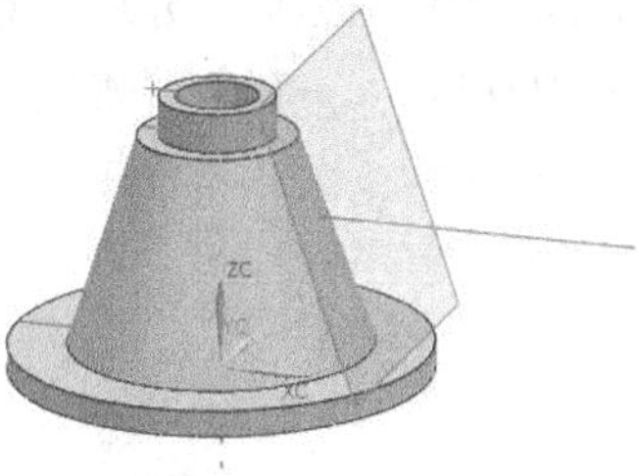

图 3-94　绘制直线

3）单击“特征”工具栏中的“拉伸”按钮，弹出如图 3-95 所示的“拉伸”对话框，单击“绘制草图”按钮，选择步骤 1）绘制的基准平面作为草绘平面，绘制 $\phi40$ 的圆，圆心位于直线与基准平面的交点处，如图 3-96 所示。在“拉伸”对话框“极限”分组的“结束”选项中选择“直至延伸部分”，选取回转体内圆锥面，如图 3-97 所示；在“拉伸”对话框的“布尔”分组中选择“求和”，单击“确定”按钮创建拉伸特征，如图 3-98 所示。

图 3-95　“拉伸”对话框（一）

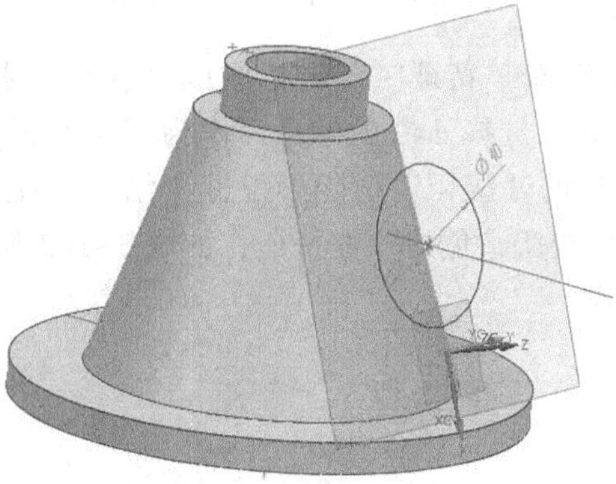

图 3-96　绘制截面草图（一）

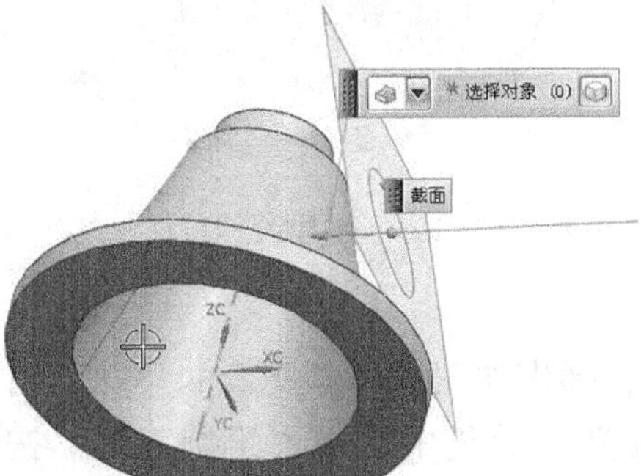

图 3-97　回转体内圆锥面

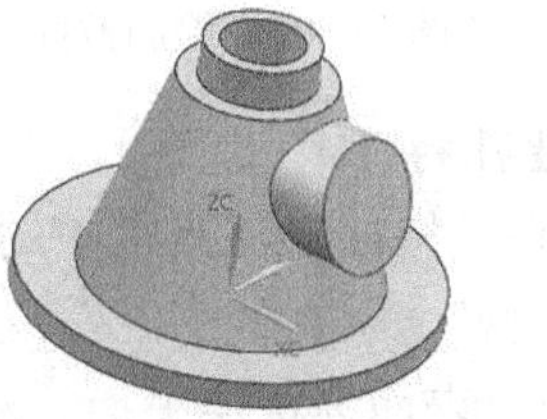

图 3-98　创建拉伸特征（一）

4）单击“特征”工具栏中的“拉伸”按钮，弹出“拉伸”对话框，单击“绘制草图”按钮，选择 $\phi40$ 的圆端面作为草绘平面，绘制如图 3-99 所示的 $\phi30$ 的圆；在“拉伸”对话框中的“极限”分组中设置“结束”距离为 30，在“布尔”分组中选择“求差”，如图 3-100 所示。单击“确定”按钮，创建拉伸减材料特征，如图 3-101 所示。

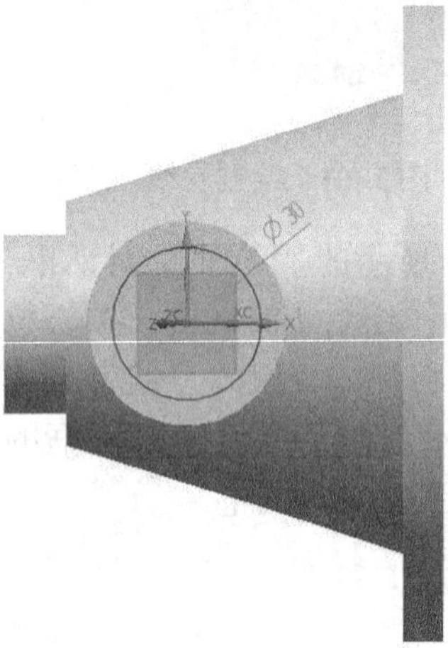

图 3-99　绘制截面草图（一）

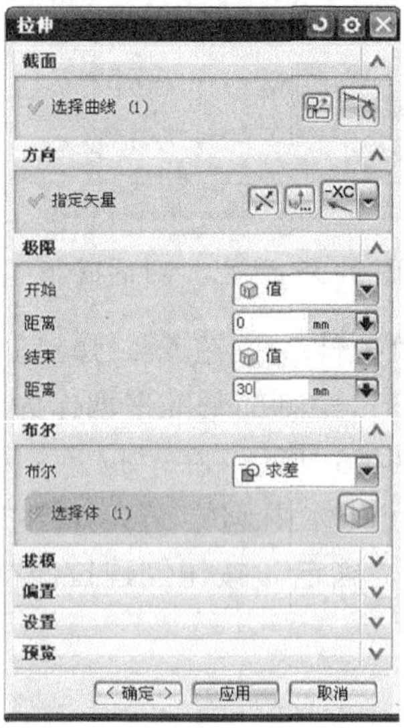

图 3-100　“拉伸”对话框（二）

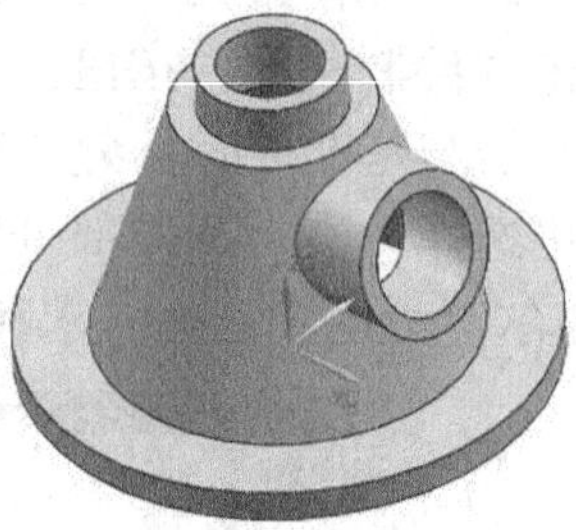

图 3-101　创建拉伸特征（二）

5）单击“特征”工具栏中的“拉伸”按钮，弹出“拉伸”对话框，单击“绘制草图”按钮，选择 $\phi40$ 的圆环面作为草绘平面，绘制如图 3-102 所示的截面草图；在“拉伸”对话框中的“极限”分组中设置“结束”距离为 8，在“布尔”分组中选择“求和”。单击“确定”按钮，创建拉伸特征，如图 3-103 所示。

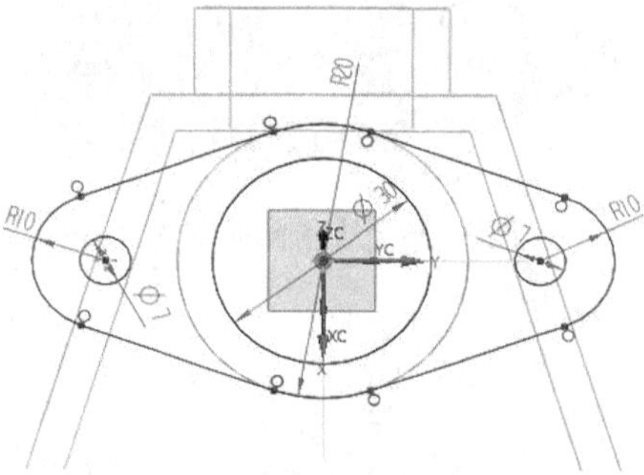

图 3-102　绘制截面草图（二）

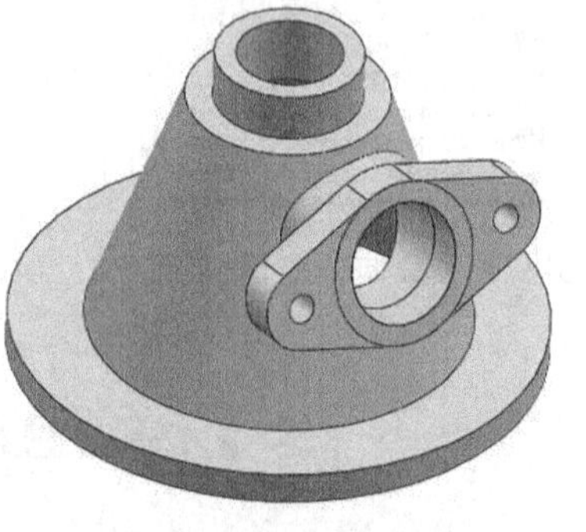

图 3-103　创建拉伸特征（三）

4. 创建孔特征

1）单击“特征”工具栏中的“孔”按钮，弹出如图 3-104 所示的“孔”对话框。选择孔的“类型”为“常规孔”，在对话框的“位置”分组中单击“绘制草图”按钮，选择底部法兰的上表面为草绘平面，绘制如图 3-105 所示的孔的定位点。在“孔”对话框中设置孔的直径为 8，在“布尔”分组中选择“求差”，单击“应用”按钮，完成孔的创建。

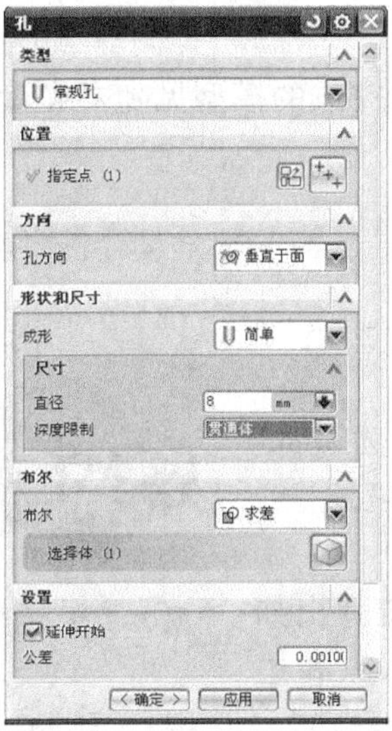

图 3-104 “孔”对话框

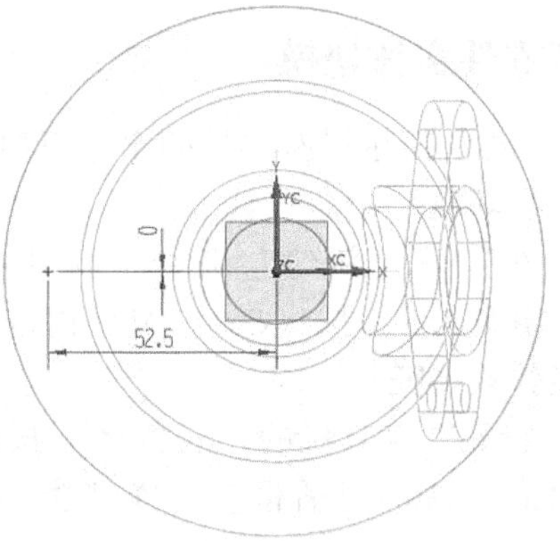

图 3-105 绘制孔的草图点

2）阵列孔。选择“插入”→“关联复制”→“对特征形成图样”命令，弹出如图 3-106 所示的“对特征形成图样”对话框。选择上一步创建的孔特征；在“阵列”定义分组中，选择“布局”为“圆形”，指定“ZC 轴”作为阵列旋转的矢量；系统提示指定点，利用“点构造器”功能指定“WCS”坐标点为（0，0，0），如图 3-107 所示；设定阵列的“数量”和“节距角”分别为 6 和 60°；单击对话框的“应用”按钮，完成孔的阵列。完成建模后的零件如图 3-108 所示。

图 3-106 “对特征形成图样”对话框

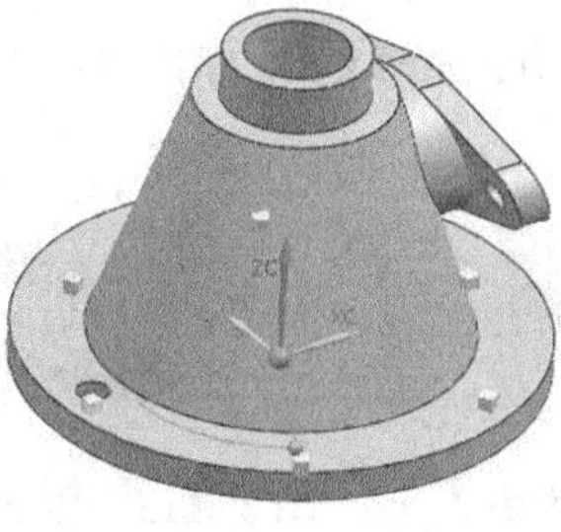

图 3-107 圆形阵列

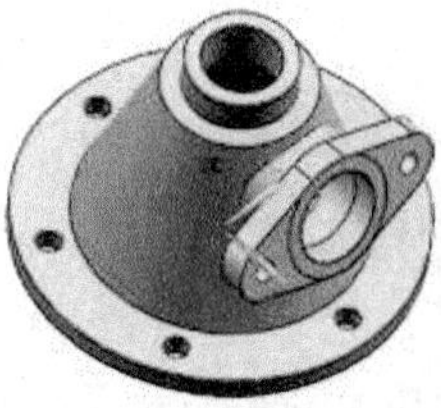

图 3-108 连接头零件

5. 保存文件

选择“文件”→“保存”命令，保存所做的工作。完成的模型见随书光盘的 ch03\ch03_09\eg2\ljt. prt 文件。

3. 9. 3 钳座零件实体建模

设计如图 3-109 所示钳座零件的实体模型。

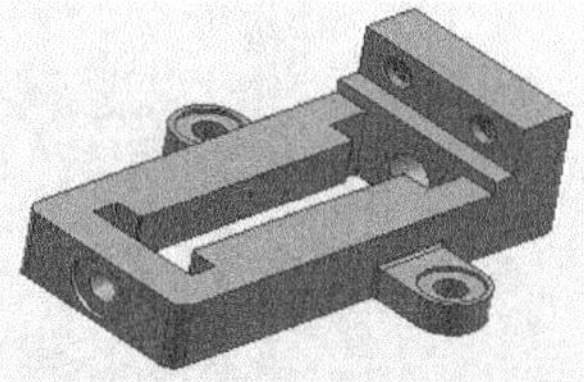

图 3-109 钳座零件模型

1. 进入建模环境

选择“文件”→“新建”命令，新建一个名称为 qianzuo. prt 的实体模型文件。按〈Ctrl +M〉键进入建模环境。

2. 创建实体块特征

1）单击“特征”工具栏的“长方体”按钮，系统弹出如图 3-110 所示的“块”对话框。选择“类型”为“原点和边长”；原点默认在 WCS 坐标系原点；在“尺寸”分组中设置“长度”为 74，“宽度”为 156，“高度”为 30。单击对话框的“应用”按钮，创建长方体块 1，如图 3-111 所示。

2）在“块”对话框的“原点”分组中，单击“点构造器”按钮，弹出如图 3-112 所示的“点”对话框，设置“WCS”坐标为（0，128，30），即将创建块体的原点移到（0，128，30），如图 3-113 所示。单击“点”对话框的“确定”按钮，系统返回到“块”对话框。

图 3-110 “块”对话框

图 3-111 创建块 1

图 3-112 “点”对话框

3）在“块”对话框“尺寸”分组中设置“长度”为 74，“宽度”为 28，“高度”为 6；布尔运算选择“求和”；单击对话框的“应用”按钮，创建长方体块 2，如图 3-114 所示。

4）按照同样操作，创建长方体块 3（长 74，宽 20，高 22），如图 3-115 所示。

图 3-113 “块 2”的原点

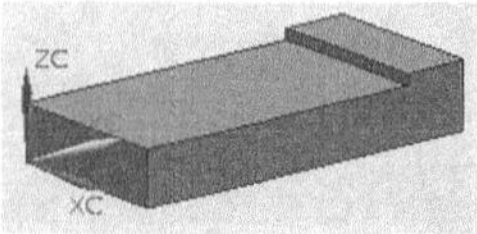

图 3-114 创建长方体块 2

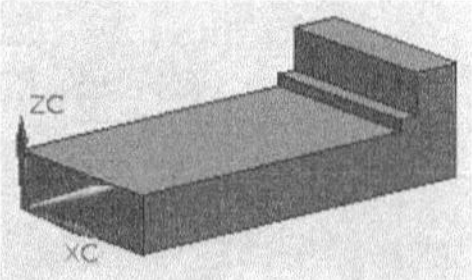

图 3-115 创建长方体块 3

3. 创建螺纹孔特征

1）创建基准平面。单击“特征”工具栏的“基准平面”按钮，系统弹出如图 3–116 所示的“基准平面”对话框。选择“类型”为“YC－ZC”平面，设置“距离”为 37。单击对话框的“确定”按钮，创建基准平面。

2）创建简单孔。单击“特征”工具栏中的“孔”按钮，弹出如图 3–117 所示的“孔”对话框。选择孔的“类型”为“常规孔”，设置孔的“直径”为 8.5，在“布尔”分组中选择“求差”。在“位置”分组中单击“绘制草图”按钮，选择如图 3–118 所示平面为草绘平面，绘制如图 3–119 所示的孔的定位点。在“孔”对话框中单击“应用”按钮，完成孔的创建，如图 3–120 所示。

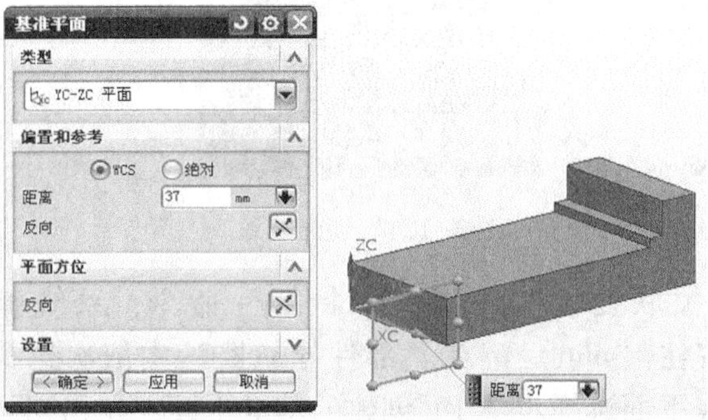

图 3–116　创建基准平面

图 3–117　“孔”对话框

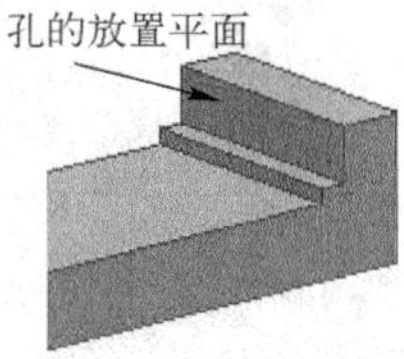

图 3–118　选择孔的放置平面

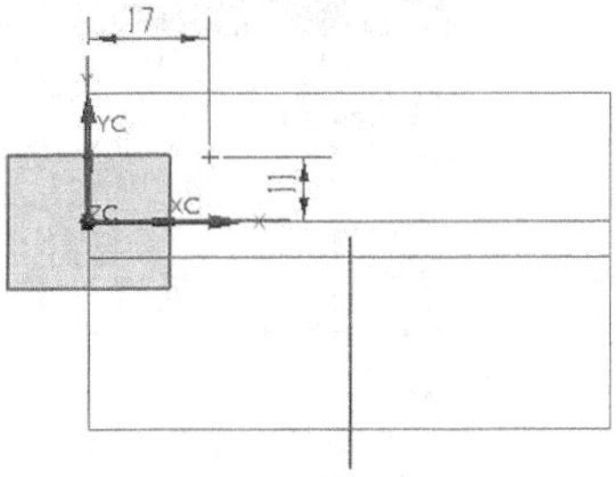

图 3–119　绘制孔的草图点

3）倒斜角。单击“特征”工具栏中的“倒斜角”按钮，系统弹出如图 3–121 所示的“倒斜角”对话框。设置“偏置”方式为“对称”，输入“距离”为 2，单击“确定”按钮，创建倒斜角特征，如图 3–122 所示。

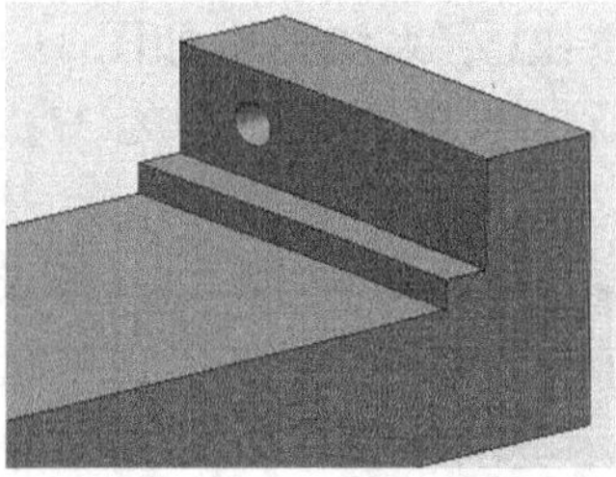

图 3-120　绘制简单孔

图3-121　“倒斜角”对话框

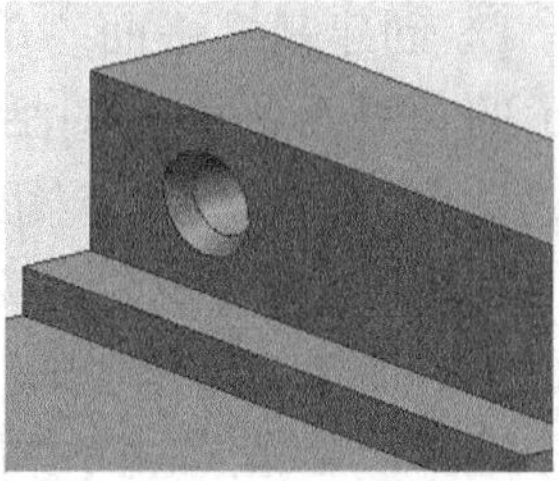

图 3-122　倒斜角

4）创建螺纹。单击“特征”工具栏中的“螺纹”按钮，系统弹出如图 3-123 所示的“螺纹”对话框。选择已创建的 $\phi8.5$ 的内圆面，参数设置如图 3-123 所示。单击对话框的“确定”按钮，创建如图 3-124 所示的螺纹孔。

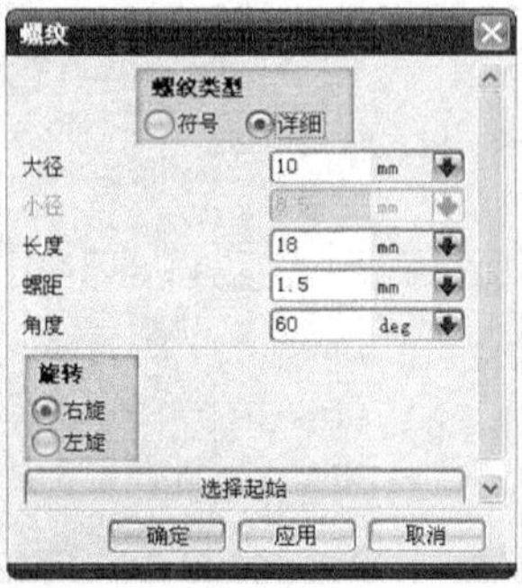

图 3-123　“螺纹”对话框

图 3-124　创建螺纹

5）镜像特征。选择“插入”→“关联复制”→“镜像特征”命令，系统弹出如图 3-125所示的“镜像特征”对话框。按住〈shift〉键在“部件导航器”中依次选择“简单孔”“倒斜角”“螺纹”3 个特征；镜像平面选择步骤 1）创建的基准平面。单击对话框的“确定”按钮，则将“简单孔”“倒斜角”“螺纹”3 个特征进行镜像，如图 3-126 所示。

图 3-125　“镜像特征”对话框

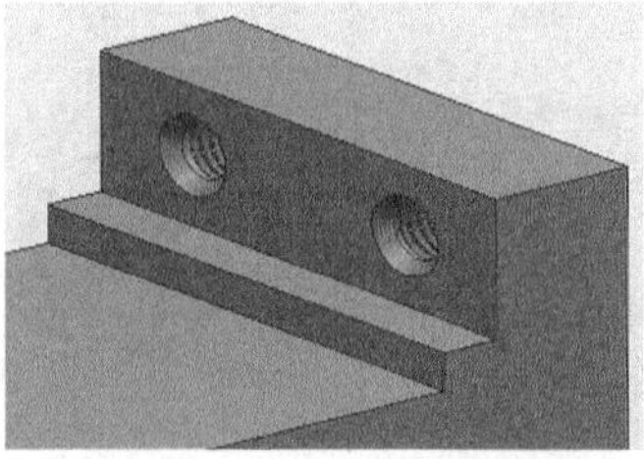

图 3-126　镜像螺纹孔

4. 拉伸创建腔体

1）将“固定基准平面”隐藏。单击“特征”工具栏中的“拉伸”按钮，弹出如图 3-127所示的“拉伸”对话框。单击“绘制草图”按钮，选择如图 3-128 所示的面为草绘平面，绘制如图 3-129 所示截面草图。

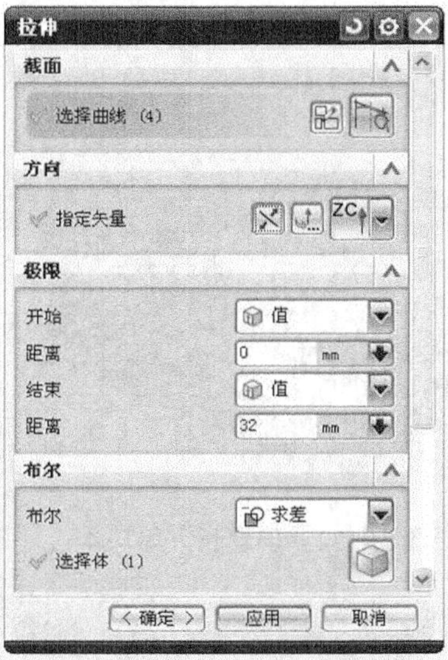

图 3-127 “拉伸”对话框

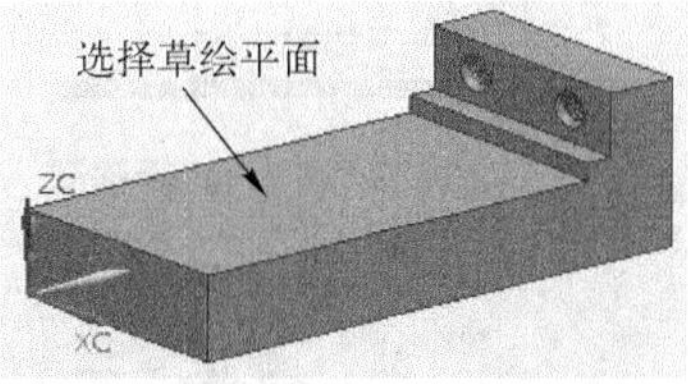

图 3-128 选择草绘平面

2）在“拉伸”对话框中的“极限”分组中设置“结束”距离为 32，在“布尔”分组中选择“求差”，并调整拉伸的矢量方向。单击“确定”按钮，创建拉伸减材料特征，如图 3-130所示。

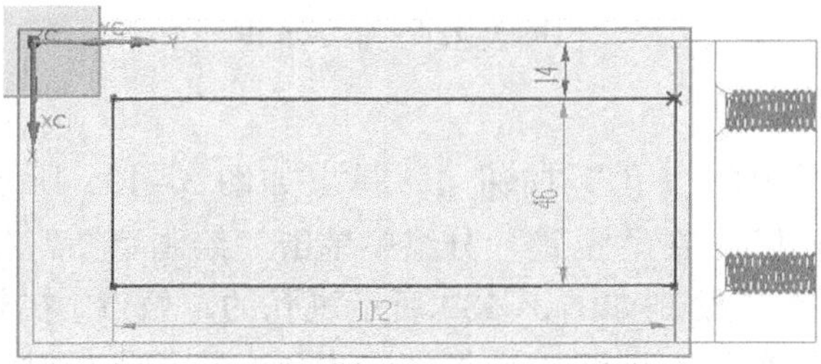

图 3-129 绘制草图

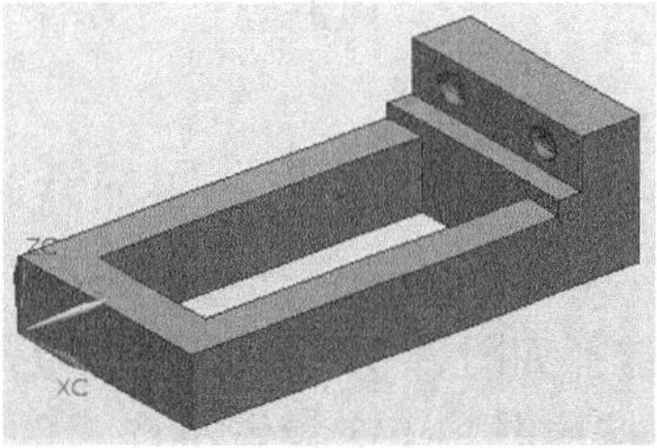

图 3-130 创建拉伸减材料特征

5. 创建长方体块

1）单击“特征”工具栏的“长方体”按钮，系统弹出如图 3-131 所示的“块”对话框。单击“点构造器”按钮，弹出“点”对话框，设置“WCS”坐标为（14，26，10），即将创建块体的原点移到（14，26，10）；单击“点”对话框的“确定”按钮，系统返回到“块”对话框。

2）设置块的尺寸，“长度”为 11，“宽度”为 87，“高度”为 20；布尔运算选择“无”。单击对话框的“确定”按钮，创建长方体块 4，如图 3-132 所示。

3）选择“插入”→“关联复制”→“镜像特征”命令，系统弹出“镜像特征”对话框。选择刚才创建的长方体块，镜像平面选择上述步骤创建的基准平面；单击对话框的“确定”按钮，对长方体块 4 进行镜像复制，如图 3-133 所示。

4）将步骤 3）创建的长方体块与前面步骤 1）中创建的块做布尔“求和”运算，如图 3-134所示。

图 3-131 “块”对话框

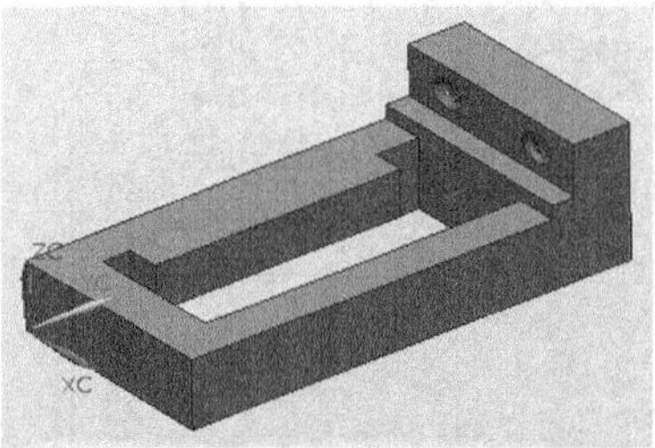

图 3-132 创建长方体块 4

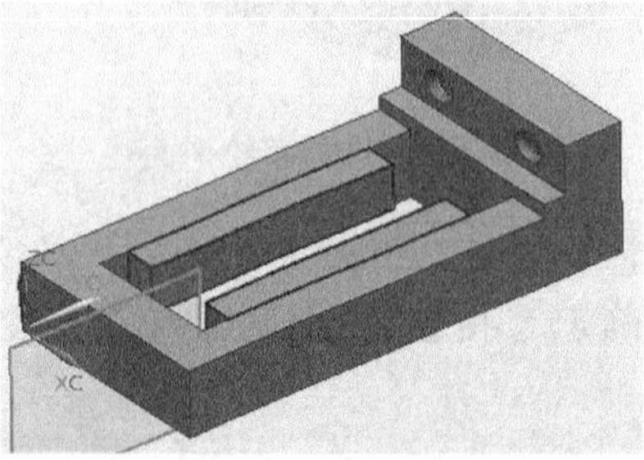

图 3-133 镜像特征

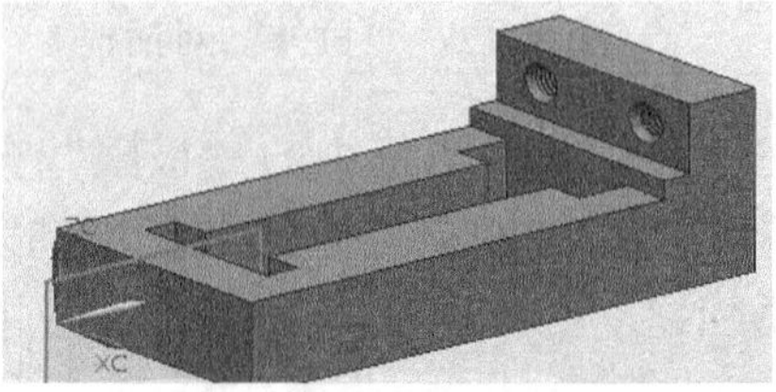

图 3-134 布尔求和

6. 创建沉孔

1）创建沉孔 1。单击“特征”工具栏中的“孔”按钮，弹出如图 3-135 所示的“孔”对话框。选择孔的“类型”为“常规孔”；在“位置”分组中单击“绘制草图”按钮，选择如图 3-136 所示平面为孔的放置平面，绘制如图 3-137 所示沉孔的定位点。在对话框中按照图 3-138 设置沉孔 1 的参数，在“布尔”分组中选择“求差”。在“孔”对话框中单击“应用”按钮，完成沉孔 1 的创建，如图 3-139 所示。

图 3-135 “孔”对话框

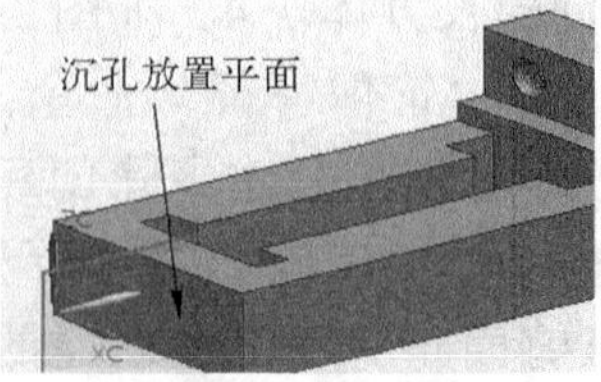

图 3-136 沉孔的放置面

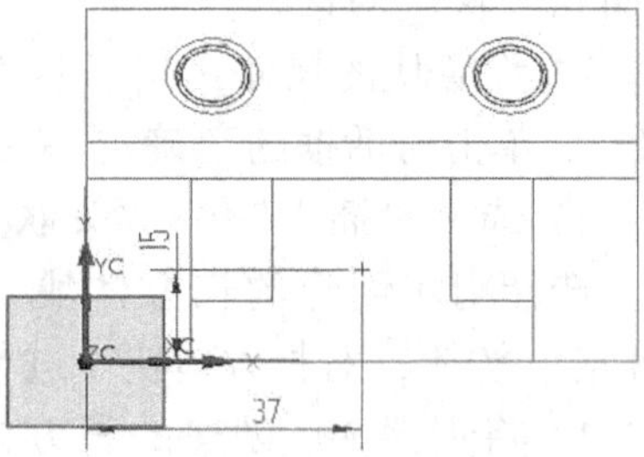

图 3-137 绘制孔的草图点

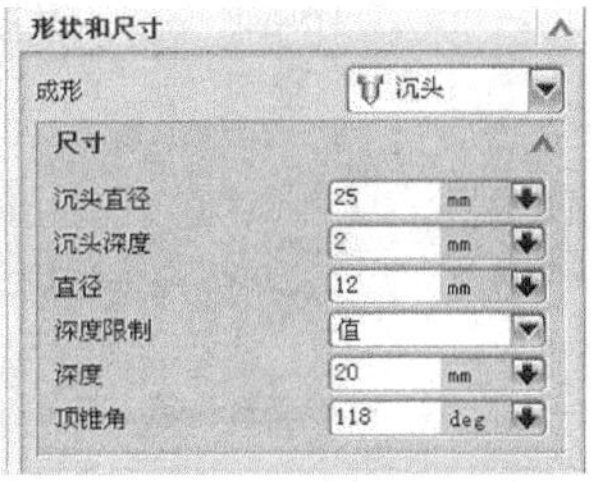

图 3-138　沉孔 1 的参数

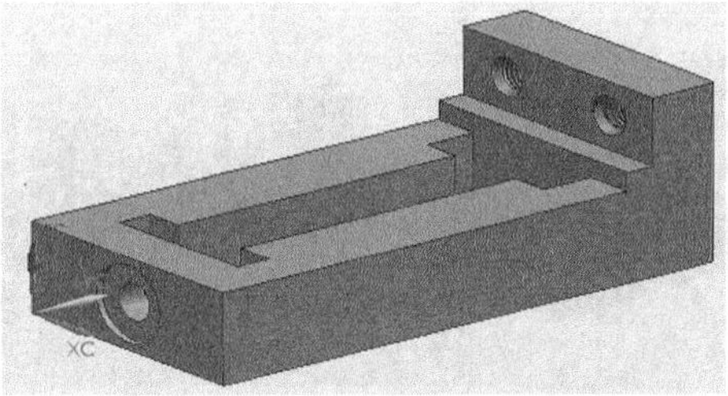

图 3-139　创建沉孔 1

2）创建沉孔 2。按照上述操作步骤，选择如图 3-140 所示的面为孔的放置平面，绘制如图 3-141 所示的孔的草图点；沉孔 2 参数设置如图 3-142 所示。单击“孔”对话框的“确定”按钮，完成沉孔 2 的创建，如图 3-143 所示。

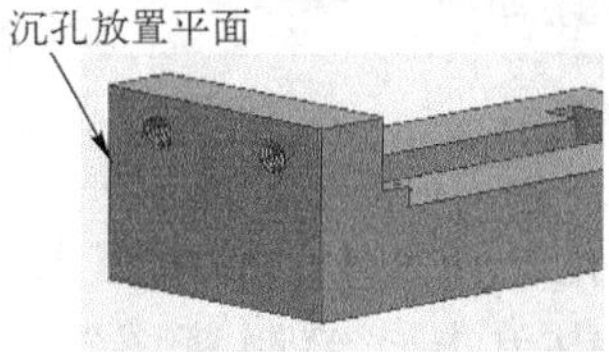

图 3-140　沉孔的放置面

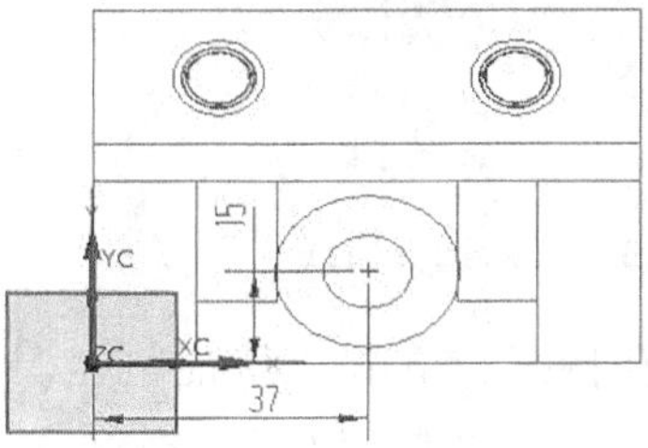

图 3-141　绘制孔的草图点

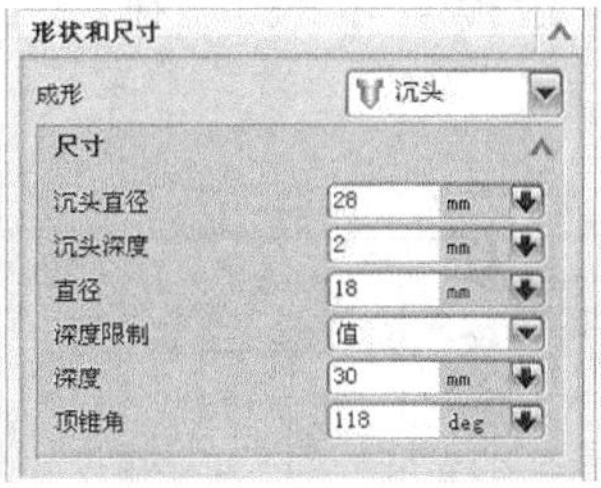

图 3-142　沉孔 2 的参数

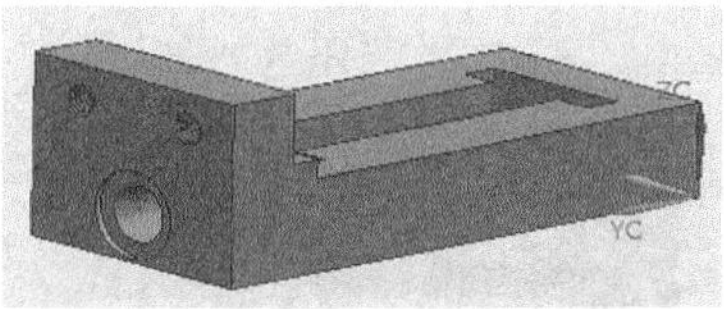

图 3-143　创建沉孔 2

7. 创建耳座

1）单击“特征”工具栏的“长方体”按钮，系统弹出“块”对话框。单击对话框的“点构造器”按钮，弹出“点”对话框，设置“WCS”坐标为（-33，83，0），即将创建块体的原点移到（-33，83，0），如图 3-144 所示；单击“点”对话框的“确定”按钮，系统返回到“块”对话框。

2）设置长方体块的尺寸，“长度”为 33，“宽度”为 26，“高度”为 14；布尔运算选择“无”。单击对话框的“确定”按钮，创建长方体块 5，如图 3-145 所示。

3）边倒圆。单击“特征”工具栏的“边倒圆”按钮，系统弹出如图 3-146 所示的“边倒圆”对话框。选择如图 3-147 所示的两条边线，设置倒圆半径为 13；单击对话框的“确定”按钮完成边倒圆操作，如图 3-148 所示。

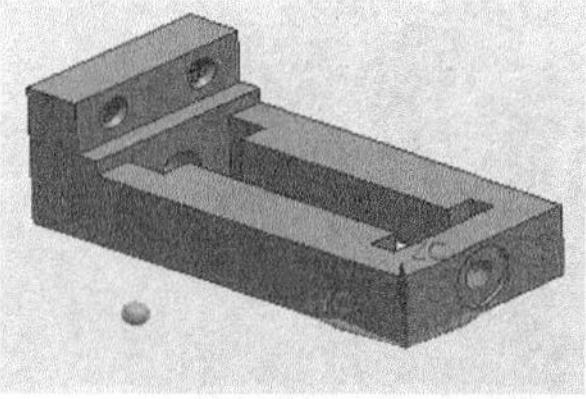

图 3-144　长方体块的原点

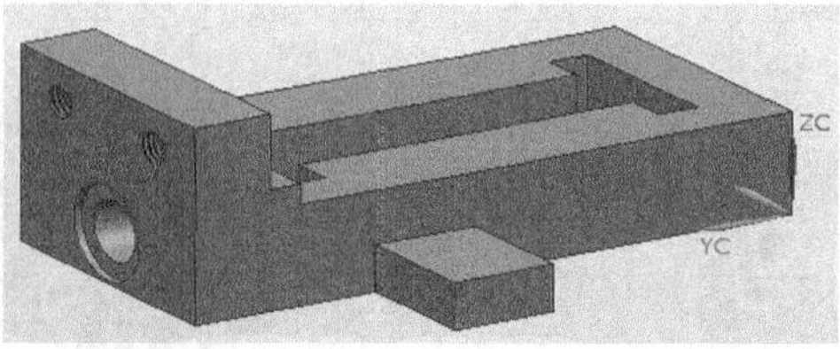

图 3-145　创建块 5

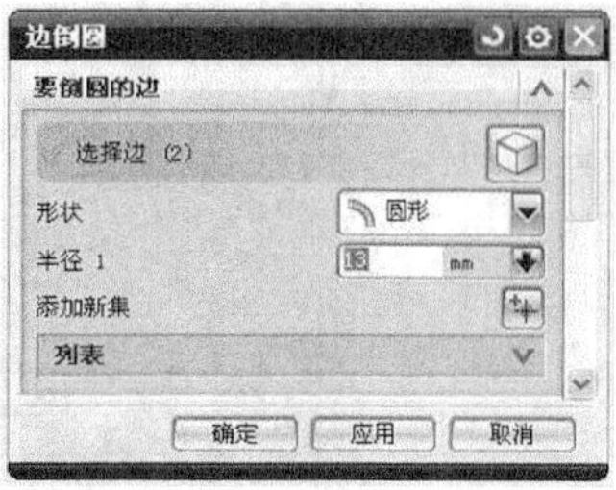

图 3-146　“边倒圆”对话框

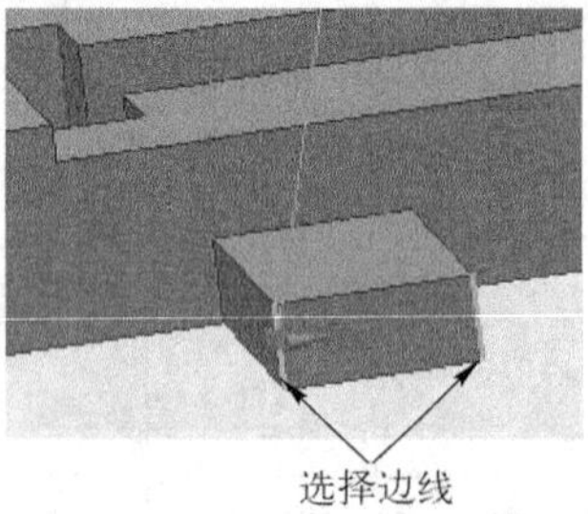

图 3-147　选择边线

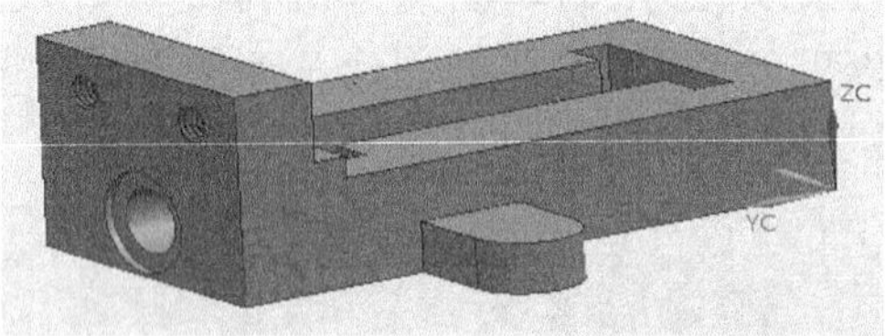

图 3-148　创建圆角

4）创建沉孔特征。单击“特征”工具栏中的“孔”按钮，系统弹出“孔”对话框。选择孔的“类型”为“常规孔”；在“位置”分组中单击“绘制草图”按钮，选择如图 3-149所示平面作为孔的放置面，绘制如图 3-150 所示沉孔的定位点。在“孔”对话框中按照图 3-151 设置沉孔 3 的参数，在“布尔”分组中选择“求差”。在“孔”对话框中单击“确定”按钮，完成沉孔 3 的创建，如图 3-152 所示。

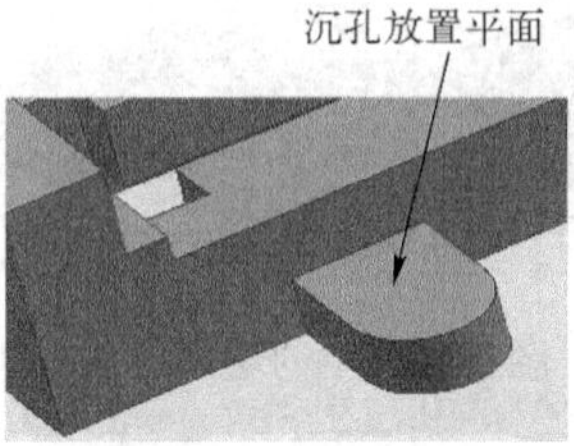

图 3-149　沉孔的放置面

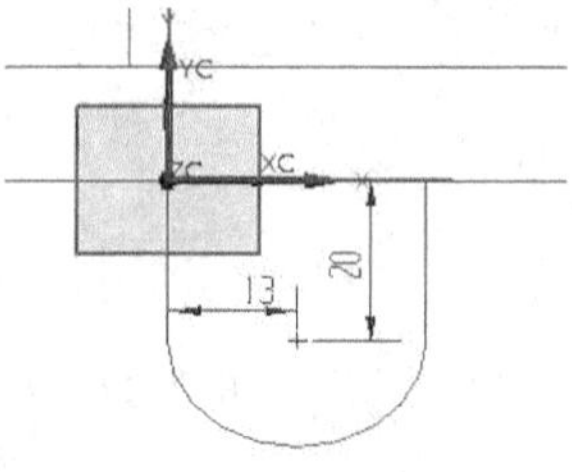

图 3-150　绘制孔的草图点

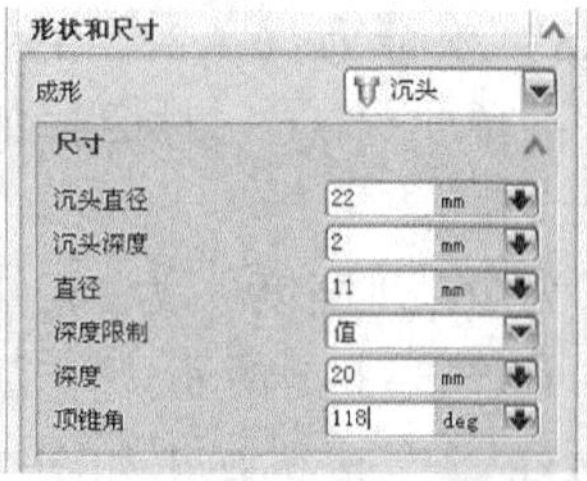

图 3-151　沉孔 3 的参数

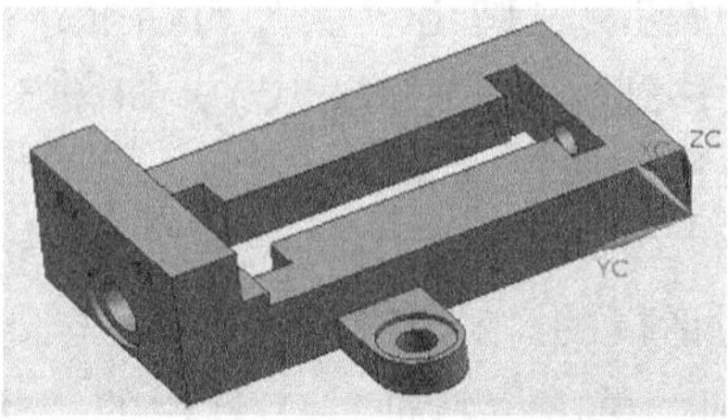

图 3-152　创建沉孔 3

5）镜像特征。选择“插入”→“关联复制”→“镜像特征”命令，系统弹出“镜像特征”对话框。按住〈shift〉键在“部件导航器”中依次选择“块”“边倒圆”“沉头孔”

3 个特征，如图 3-153 所示；镜像平面选择步骤 1）创建的基准平面。单击对话框的“确定”按钮，完成特征镜像，如图 3-154 所示。

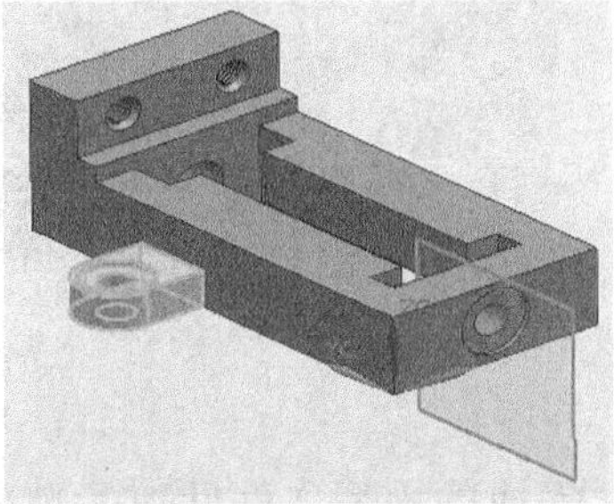

图 3-153　选择要镜像的特征和镜像平面

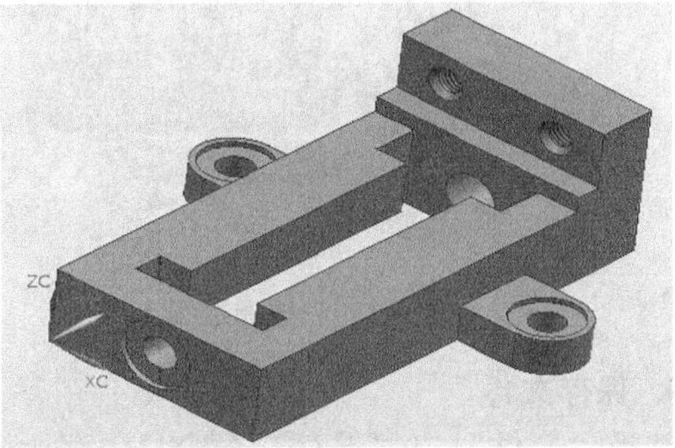

图 3-154　镜像特征

6）单击“特征”工具栏的“求和”按钮，系统弹出“求和”对话框。选择钳座体为目标体，选择两个耳座为刀具体，将创建的左、右两个耳座与钳座体做布尔“求和”运算。

8. 边倒圆

1）单击“特征”工具栏的“边倒圆”按钮，系统弹出“边倒圆”对话框，设置倒圆半径为 1.5，选择如图 3-155 所示的 3 条边线进行倒圆角，如图 3-156 所示。采用相同的倒圆半径对另一侧的耳座进行倒圆角。

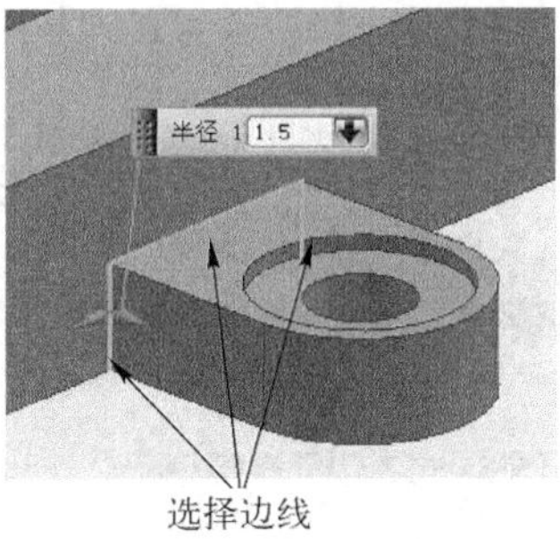

图 3-155　选择边线

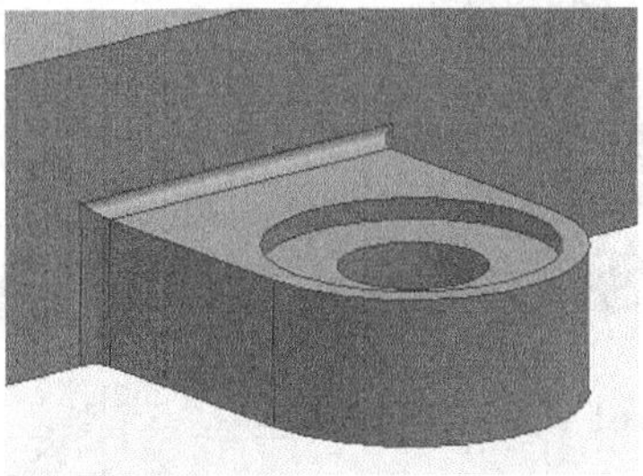

图 3-156　倒圆角 1

2）设置倒圆半径为 5，选择如图 3-157 所示的 2 条边线进行倒圆角，如图 3-158 所示。

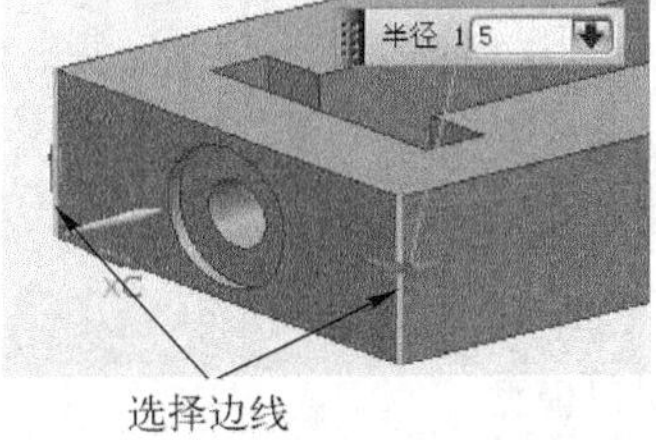

图 3-157　选择边线

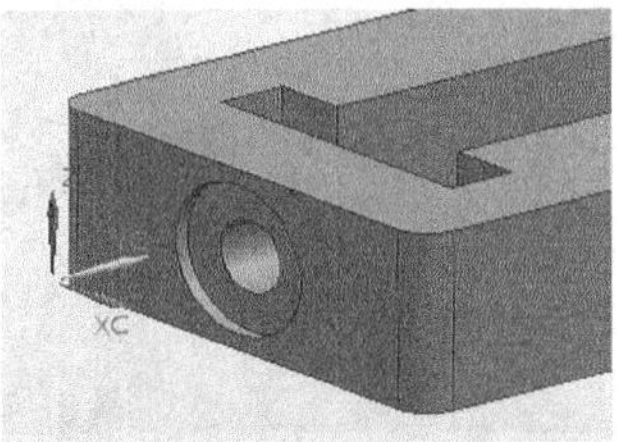

图 3-158　倒圆角 2

3）设置倒圆半径为 0.6，选择如图 3-159 所示的 4 条边线进行倒圆角，如图 3-160 所示。

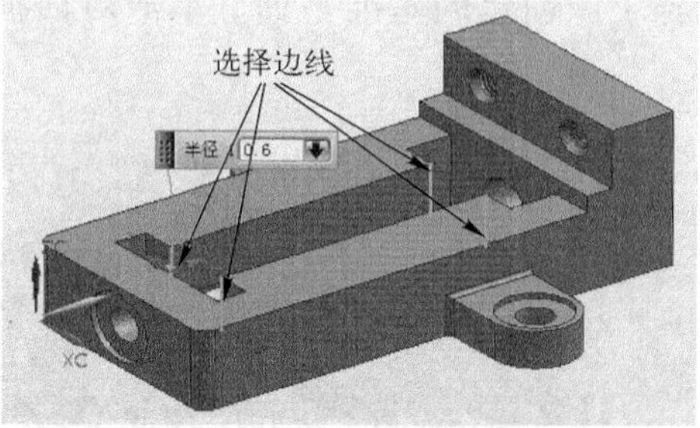

图 3-159　选择边线

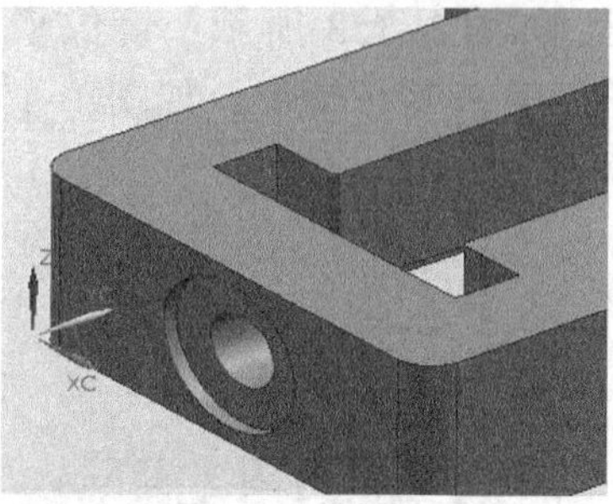

图 3-160　倒圆角 3

9. 保存文件

选择“文件”→“保存”命令，保存所做的工作。完成的模型文件见随书光盘的 ch03\ch03_09\eg3\qianzuo. prt。

3.10　习题

1. 创建如图 3-161 所示的方块螺母零件（素材见随书光盘文件 ch03\ex\ex1\fangkuailuomu. prt）。

2. 创建如图 3-162 所示的螺杆模型（素材见随书光盘文件 ch03\ex\ex2\luogan. prt）。

图 3-161　方块螺母模型

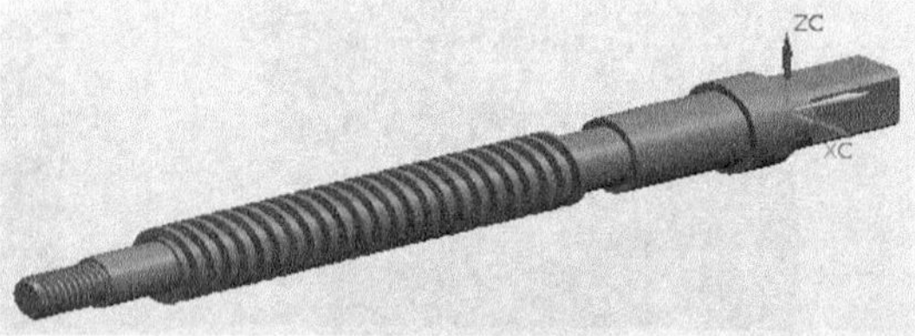

图 3-162　螺杆模型

3. 创建如图 3-163 所示的活动钳口模型（素材见随书光盘文件 ch03\ex\ex3\huodongqiankou. prt）。

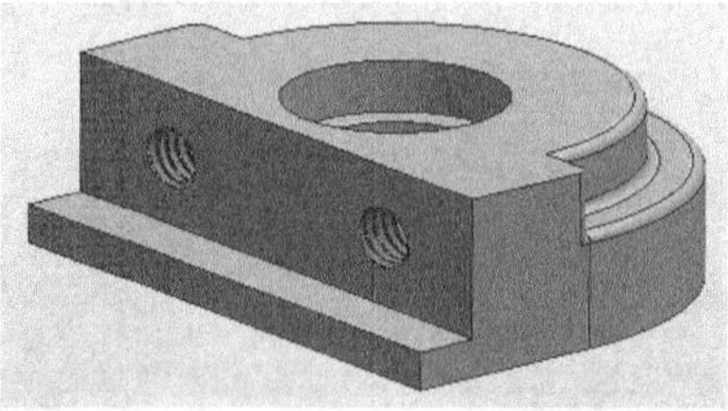

图 3-163　活动钳口模型

第4章　曲　　线

利用 UG NX 8.0 的曲线功能可以创建多种曲线，它是曲面建模的基础。本章将介绍曲线的绘制，包括点及点集、直线、圆、圆弧、螺旋线、样条曲线等；曲线的编辑，包括倒圆、倒斜角、修剪等；曲线的操作，包括桥接曲线、偏置曲线、抽取曲线、投影曲线等。

本章重点

- 掌握基本曲线的绘制
- 掌握曲线的编辑
- 掌握曲线的操作

4.1　曲线概述

曲线功能可以建立实体截面的轮廓线，通过拉伸、旋转等操作构造三维实体；在特征建模过程中，曲线也常用作建模的辅助线（如定位线、中心线等）；创建的曲线还可添加到草图中进行参数化设计。曲线可以是二维曲线，也可以是三维曲线，它与草绘曲线的区别是，草图中的曲线仅是在草绘平面内绘制的二维曲线。利用曲线功能绘制的曲线，一般可作为空间曲线来使用。

在建模模式下，有关曲线的操作命令集中在如图 4-1 所示的“曲线”和“编辑曲线”工具栏中。

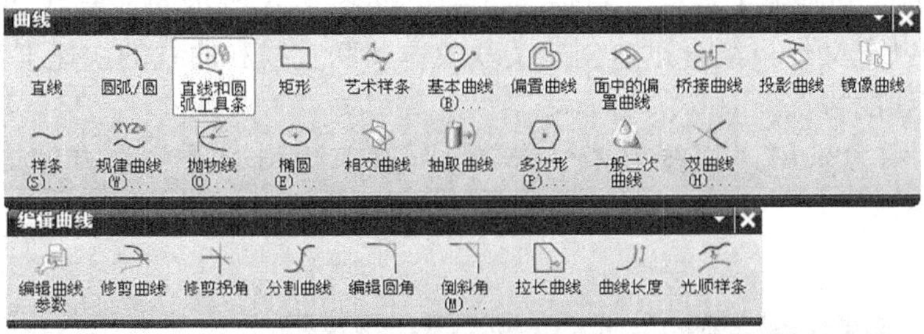

图 4-1　“曲线”和“编辑曲线”工具栏

4.2　曲线的绘制

1. 直线

直线的绘制可通过如图 4-2 所示的 3 个工具按钮进行绘制。

图 4-2　绘制直线的工具按钮

1）单击“直线”按钮，弹出如图4-3所示的“直线”对话框，通过输入直线的两个端点坐标值或捕捉直线的两个端点可绘制一条直线。直线的起点、终点可以直接在图形上捕捉，也可以通过如图4-4所示的“点”对话框进行设置。

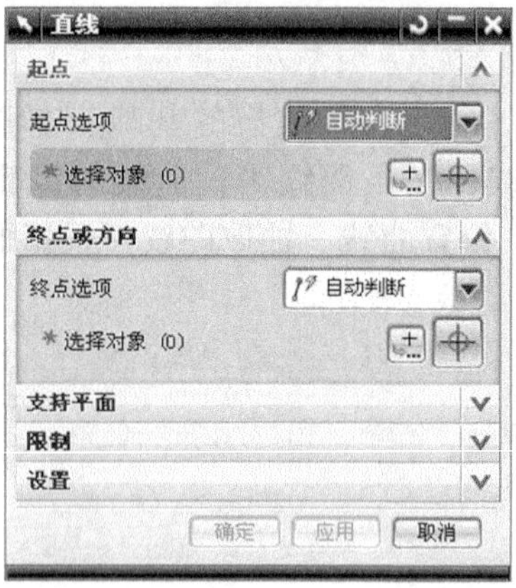

图4-3 “直线”对话框

图4-4 “点”对话框

如图4-5所示为捕捉两个长方体的顶点绘制一条空间直线。

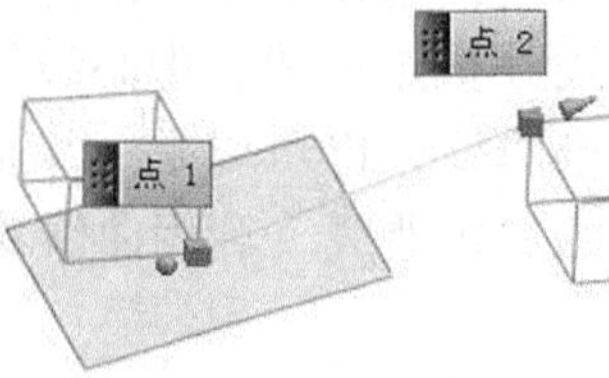

图4-5 绘制直线（一）

2）单击“直线和圆弧工具栏”按钮，弹出如图4-6所示的“直线和圆弧”工具栏，该工具栏是使用预定义约束组合迅速创建关联或非关联直线和曲线的快速工具。工具栏中提供了多种创建直线的方法。

如图4-7所示为采用“直线（点-平行）”方式绘制一条与长方体边线平行的空间直线。

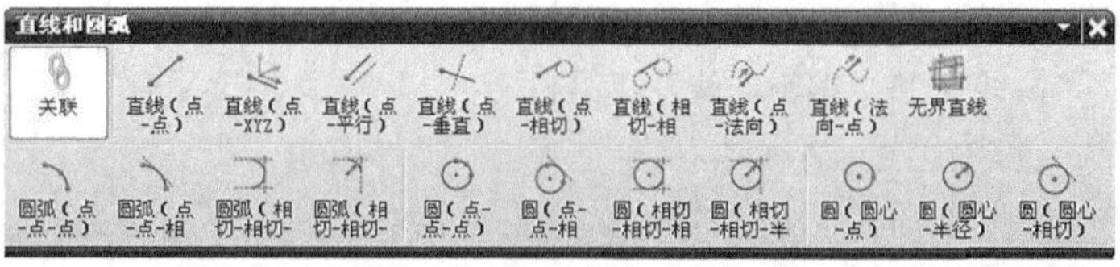

图4-6 “直线和圆弧”工具栏

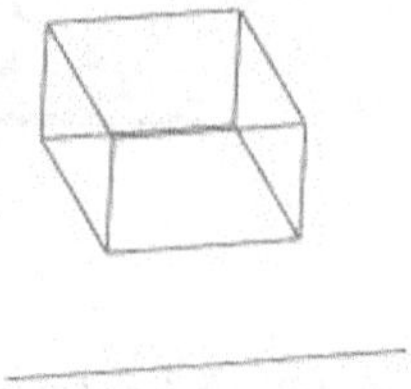

图4-7 绘制直线（二）

3）单击“基本曲线”按钮，弹出如图4-8所示的“基本曲线”对话框，该对话框提供了直线、圆、圆弧、修剪、编辑曲线参数和圆角功能。单击对话框的“直线”按钮，弹出如图4-9所示的“跟踪条”，用户可在该跟踪条中输入点的3个坐标值来确定直线的起点和终点；也可采用对话框中捕捉点的方法创建直线。

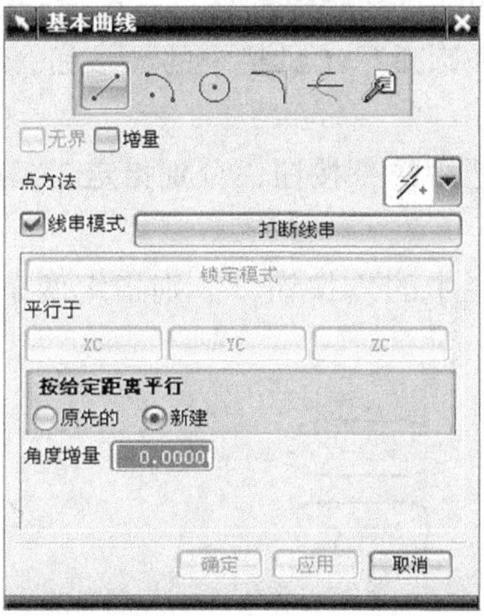

图 4-8 “基本曲线”对话框

如图 4-10 所示为采用捕捉点的方式绘制的空间直线。

图 4-9 跟踪条

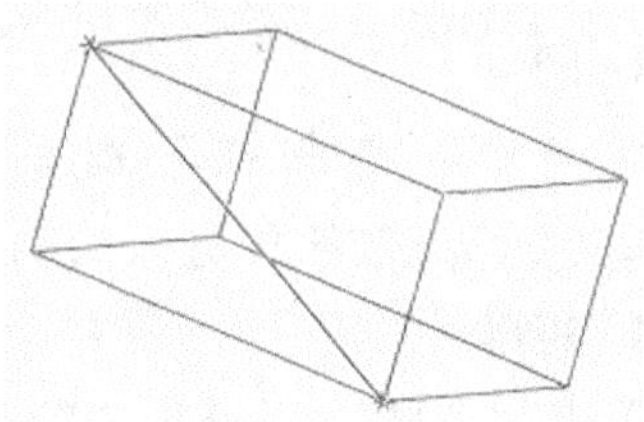

图 4-10 绘制直线（三）

2. 圆弧

圆弧的绘制可通过两种方法，一种是利用图 4-8 所示“基本曲线”对话框中的“圆弧”命令；二是利用图 4-6 所示“直线和圆弧”工具栏中的绘制圆弧的命令。

绘制圆弧有多种方式，与 AutoCAD 中绘制圆弧的方法类似，下面介绍几种常用绘制圆弧的方法。

（1）起点，终点，弧上的点

单击“基本曲线”按钮，弹出如图 4-8 所示的“基本曲线”对话框，单击该对话框的“圆弧”按钮，依次指定 3 点绘制圆弧，如图 4-11 所示。

（2）中心，起点，终点

如图 4-12 所示，依次指定中心、起点和终点 3 点来绘制圆弧。

（3）起点，终点，半径或直径

依次指定两点，第 1 点作为圆弧的起点，第 2 点作为圆弧的终点。在“跟踪栏”工具栏中的 50.000 内输入圆弧半径或 100.000 内输入圆弧直径，以此来确定圆弧的位置和大小。

（4）中心，半径或直径，开始圆心角，终止圆心角

指定圆弧中心，在“跟踪栏”工具栏中的 50.000 内输入圆弧半径，或在 100.000 内输入圆弧的直径，在 0.000 内输入圆弧的开始圆心角，在 0.000 内输入圆弧的终止圆心角。

(5) 起点，终点，相切点

依次指定两点，作为圆弧的起点和圆弧的终点。选择一条已存在的曲线，则生成与指定曲线相切的圆弧。单击“直线和圆弧”工具栏中的按钮，也可以同样的方式绘制圆弧。

(6) 相切，相切，相切

单击“直线和圆弧”工具栏中的按钮，分别指定3条曲线作为相切线，绘制圆弧。

(7) 相切，相切，半径

单击“直线和圆弧”工具栏中的按钮，分别指定两条曲线作为相切线，输入半径绘制圆弧，如4－13所示。

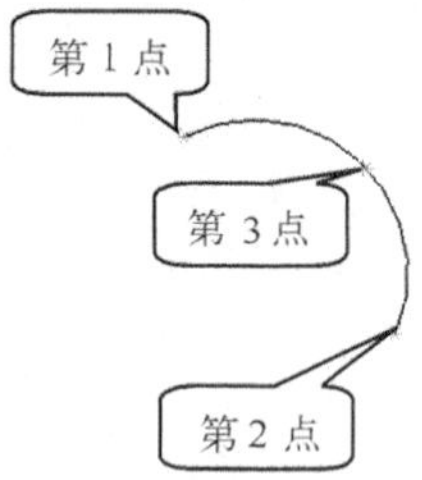

图4-11　绘制圆弧（一）

图4-12　绘制圆弧（二）

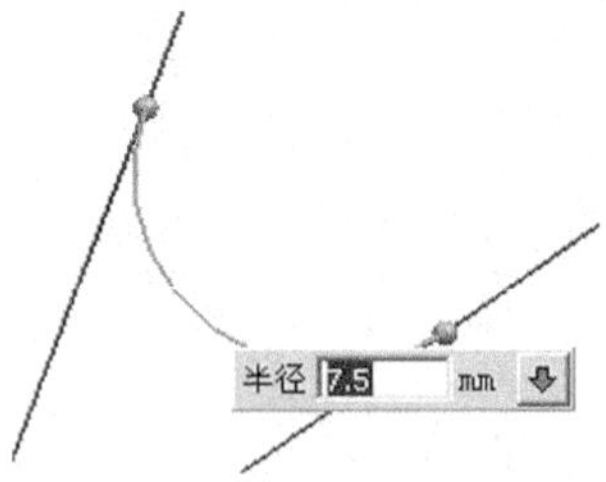

图4-13　绘制圆弧（三）

3. 圆

单击“基本曲线”对话框中的“圆”按钮或“直线和圆弧”工具栏中的按钮，进入绘制圆模式。圆的绘制方式和圆弧类似。

4. 矩形

单击“曲线”工具栏中的“矩形”按钮，弹出“点”对话框，依次指定两点作为矩形成对角线的两点即可绘制矩形。

5. 正多边形

单击“曲线”工具栏中的“多边形”按钮，弹出如图4-14所示“多边形”对话框。输入多边形的“边数”（侧面数），单击“确定”按钮，接着弹出如图4-15所示的“多边形”对话框。该对话框中提供了3种确定正多边形半径的方式，即内接半径、多边形边数和外切圆半径。

图4-14　“多边形”对话框（一）

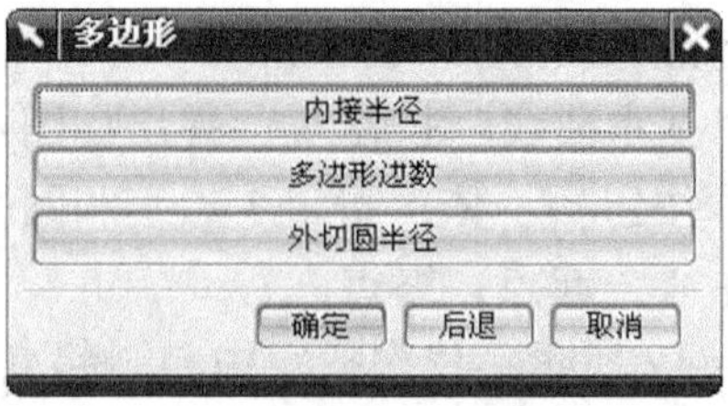

图4-15　“多边形”对话框（二）

(1) 内接半径

单击“内接半径”按钮，在如图4-16所示的“多边形”对话框中输入多边形的“内切圆半径”和“方位角”，单击“确定”按钮，弹出“点”对话框，指定中心后，其操作结果如图4-17所示。

图 4-16 “多边形”对话框（三）

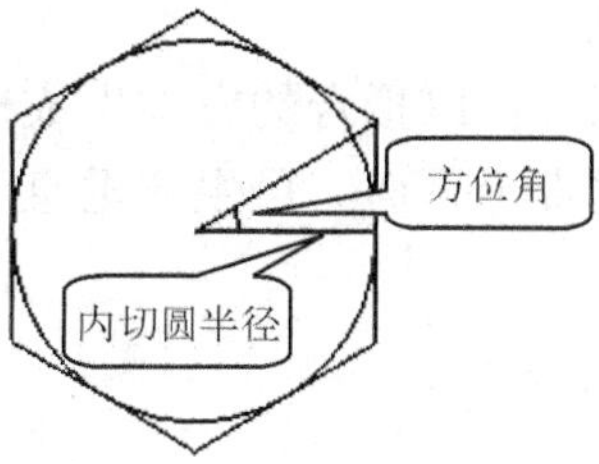

图 4-17 内接半径法

（2）多边形边数

单击“多边形边数”按钮，在如图 4-18 所示的“多边形”对话框中输入正多边形的“侧”（即边长）和“方位角”，单击“确定”按钮，弹出“点”对话框，指定多边形中心，即生成多边形，如图 4-19 所示。

图 4-18 “多边形”对话框（四）

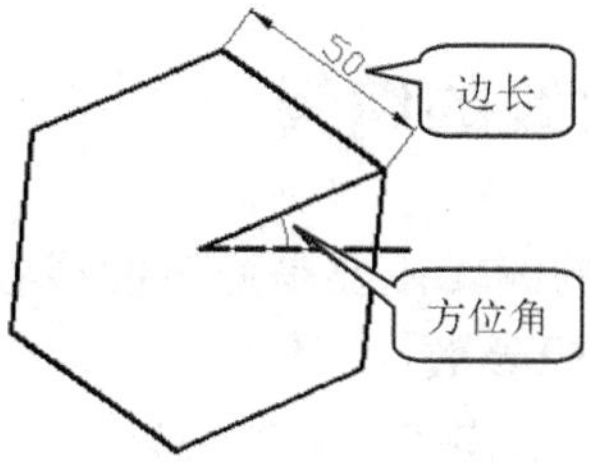

图 4-19 多边形边数法

（3）外接圆半径

单击“外接圆半径”按钮，在如图 4-20 所示的“多边形”对话框中输入多边形的“圆半径”和“方位角”，单击“确定”按钮，弹出“点”对话框，指定中心后，即可生成多边形，如图 4-21 所示。

图 4-20 “多边形”对话框（五）

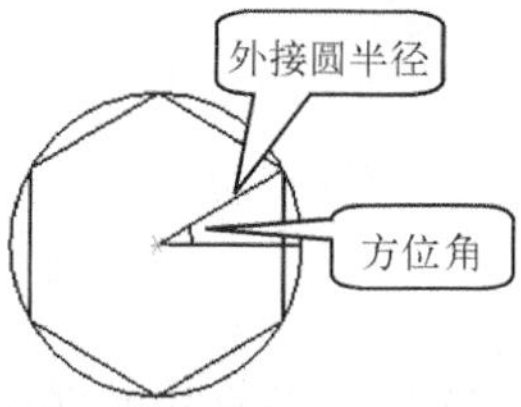

图 4-21 外接圆半径法

6. 样条曲线

选择“插入”→“曲线”→“样条曲线”命令，或单击“曲线”工具栏中的“样条”按钮～，弹出如图 4-22 所示的“样条”对话框。该对话框中提供了 4 种绘制样条曲线的方法。

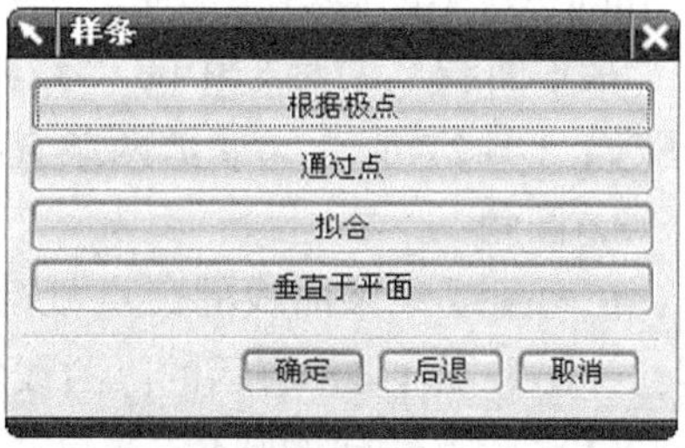

图 4-22 “样条”对话框

1）根据极点：以指定点为极点创建样条曲线，如图 4-23 所示。

2）通过点：生成的样条曲线通过所有指定点，如

图 4-24 所示。

3）拟合：以拟合的方式生成样条曲线，如图 4-25 所示。

4）垂直于平面：可生成垂直于指定平面的样条曲线。

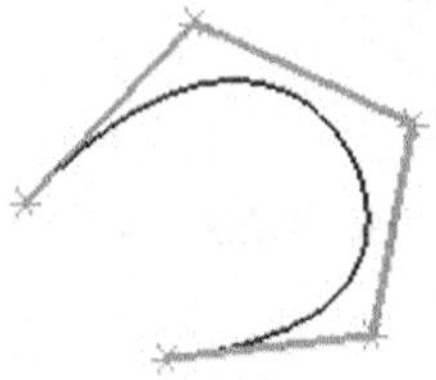

图 4-23　根据极点创建样条曲线

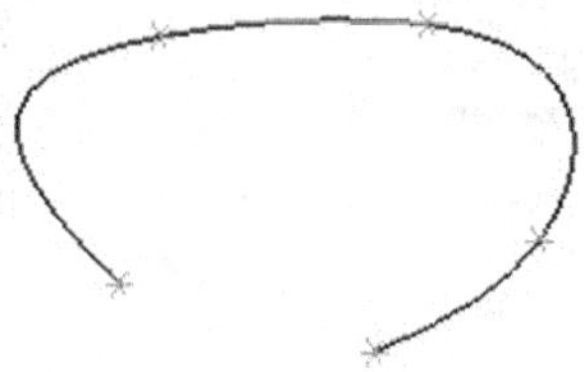

图 4-24　通过点创建样条曲线

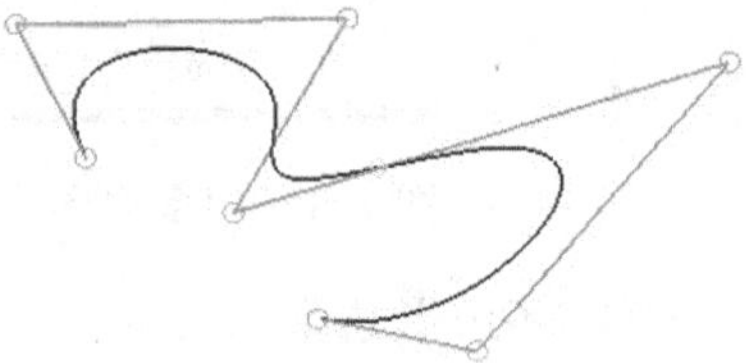

图 4-25　拟合创建样条曲线

4.3　曲线的编辑

曲线的编辑主要是修改曲线参数、修剪曲线、倒圆角和倒斜角等操作。

1. 编辑参数

选择"编辑"→"曲线"→"参数"命令，弹出"编辑曲线参数"对话框，选择曲线后可实现编辑；或单击"基本曲线"对话框中的"编辑曲线参数"按钮，也可实现对曲线的编辑。

可以直接选择已有的曲线进行端点位置的调整，如图 4-26 所示。

图 4-26　编辑曲线参数

2. 修剪

"修剪"命令是将曲线的多余部分修剪到指定的边界对象，或者延长曲线一端到指定的边界对象。该功能与草图中的修剪命令有区别，它必须指定边界对象后才能进行修剪，类似于 AutoCAD 中的修剪和延伸。选择菜单栏中的"编辑"→"曲线"→"修剪"命令，或单击"基本曲线"对话框中的"修剪"按钮，弹出"修剪曲线"对话框。修剪曲线的操作步骤如图 4-27 所示（修剪两条直线的中间部分）。

3. 圆角

在两条或三条曲线的交点处建立圆角。在"基本曲线"对话框中单击"倒圆角"按钮，弹出如图 4-28 所示的"曲线倒圆"对话框。该对话框提供了 3 种倒圆角的方式。

（1）两直线间倒圆角

对两条在同一平面内但不平行的直线倒圆。单击"简单圆角"按钮，在"半径"文

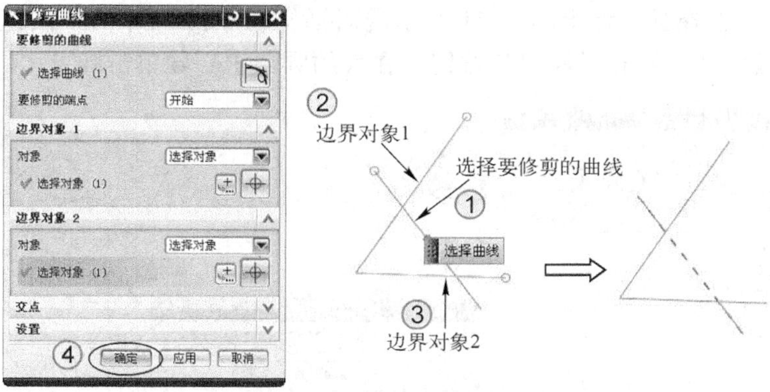

图 4-27　修剪曲线

本框中输入圆角半径值，移动鼠标，使鼠标选择球包围两条直线，再单击即可，如图 4-29 所示。

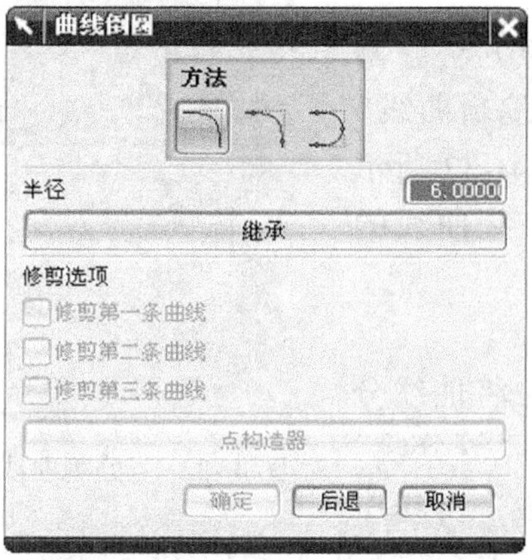

图 4-28　“曲线倒圆”对话框

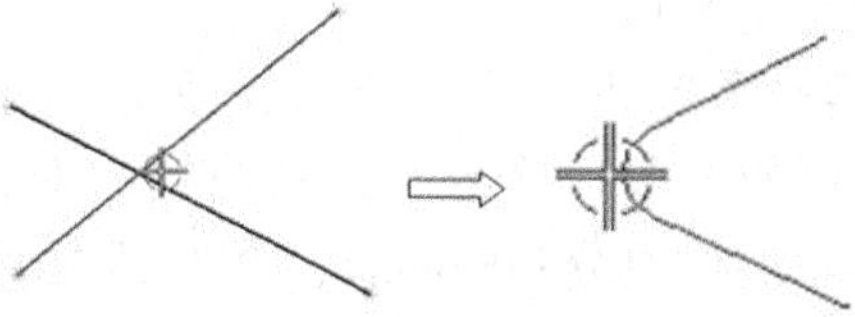

图 4-29　两直线间倒圆角

（2）两曲线间倒圆角

对任意两曲线倒圆角。单击“曲线圆角”按钮，在“半径”文本框中输入圆角半径值（注意半径值要大于两曲线间的距离），依次选择两曲线，然后在大约圆角中心处单击，对曲线进行倒圆角。操作结果依赖于是否修剪要倒圆角的曲线，如图 4-30 所示。

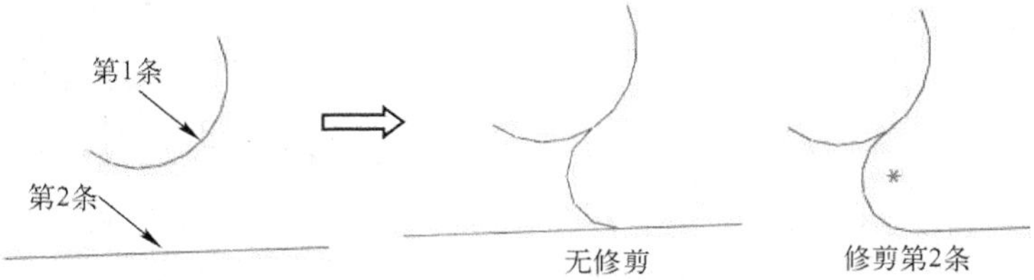

图 4-30　两曲线间倒圆角

（3）三曲线间倒圆角

对任意 3 条曲线倒圆，其操作实例如图 4-31 所示。单击“三曲线圆角”按钮，设置

3 条曲线均不裁剪，选择圆，弹出图 4-31 所示的对话框，单击“外切”按钮，然后选择直线。最后选择圆弧，再次单击“外切”按钮，在大约圆角中心处单击即可。

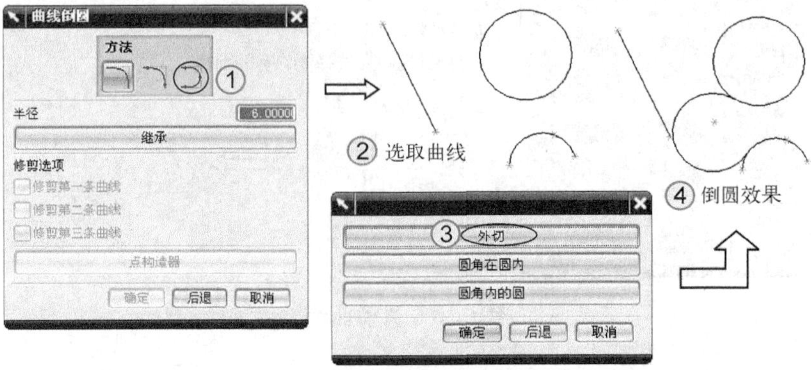

图 4-31　3 曲线间倒圆角

4. 分割曲线

分割曲线的功能是将一条曲线按照指定的方法分割成若干段，每一段都是独立的一条曲线。在“编辑曲线”工具栏中单击“分割曲线”按钮，弹出如图 4-32 所示的“分割曲线”对话框，该对话框包含 5 种分割曲线的方式。

图 4-32　“分割曲线”对话框

（1）等分段

“等分段”方式是以等弧长或等参数的方法将曲线分割成相同的节段。单击“分割曲线”对话框的“等分段”按钮，选择要分割的曲线，在对话框的“段数”分组中设置“分段长度”为“等弧长”，设置“段数”为 4 段，单击“应用”按钮，曲线被分割成 4 段，如图 4-33 所示。

（2）按边界对象

“按边界对象”方式是利用边界对象来分割曲线。单击“分割曲线”对话框的“按边界对象”按钮，选择要分割的曲线，然后选择边界曲线，单击“应用”按钮，曲线被边界对象分割，如图 4-34 所示。

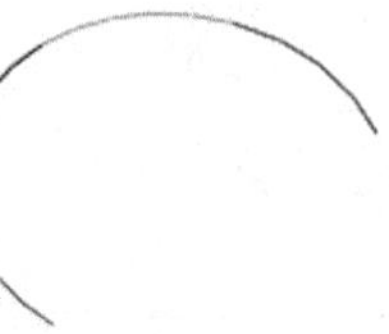

图 4-33　分割曲线（等分段）

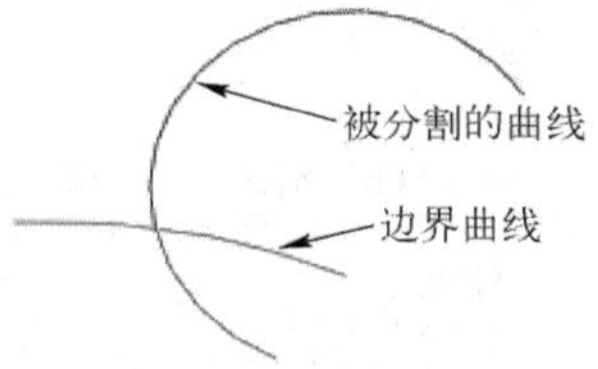

图 4-34　分割曲线（按边界对象）

（3）弧长段数

“弧长段数”方式是根据输入的圆弧长度值对曲线进行分割，输入的圆弧长度值须小于圆弧总长度。

(4) 在节点处

“在节点处”方式是在曲线的定义节点处将曲线分割成若干段。该方式仅用于分割样条曲线。

(5) 在拐角上

“在拐角上”方式是在拐角处分割样条曲线。

4.4 曲线的操作

曲线的操作是指对已创建的曲线进行偏置、桥接、投影、合并、镜像等操作，以快速创建较复杂的曲线。

1. 偏置曲线

偏置曲线是指对已有的二维曲线（如直线、弧、二次曲线、样条线以及实体的边缘线等）进行偏置，得到新的曲线。可以选择是否使偏置曲线与原曲线保持关联，如果选择“关联”选项，则当原曲线发生改变时，偏置生成的曲线也会随之改变。曲线可以在选定几何体所定义的平面内偏置，也可以使用拔模角和拔模高度选项偏置到一个平行平面上，或者沿着指定的“3D 轴向”矢量偏置。

单击“曲线”工具栏中的“偏置曲线”按钮，弹出如图 4-35 所示的“偏置曲线”对话框；选择需要偏置的曲线后，设置偏置“类型”为“距离”方式，设置偏置“距离”为 10；单击对话框的“确定”按钮，生成偏置曲线。

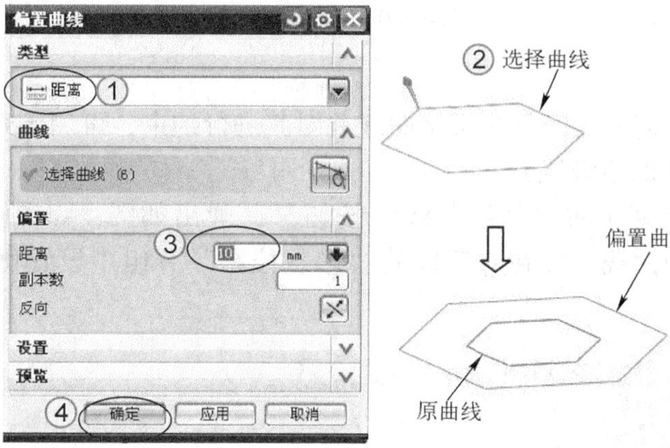

图 4-35 偏置曲线

2. 投影曲线

投影曲线是指将曲线或点沿某一个方向投影到已有的曲面、平面或参考平面上。如果投影曲线与投影面上的孔或边缘相交，则投影曲线会被面上的孔和边缘所修剪。

选择“插入”→“来自曲线集的曲线”→“投影”命令，或单击“曲线”工具栏中的“投影曲线”按钮，弹出如图 4-36 所示的“投影曲线”对话框。该对话框的“投影方向”分组中提供了 5 种投影方式，即沿面的方向、朝向点、朝向直线、沿矢量和与矢量成角度，其投影效果如图 4-37 ~ 图 4-41 所示。

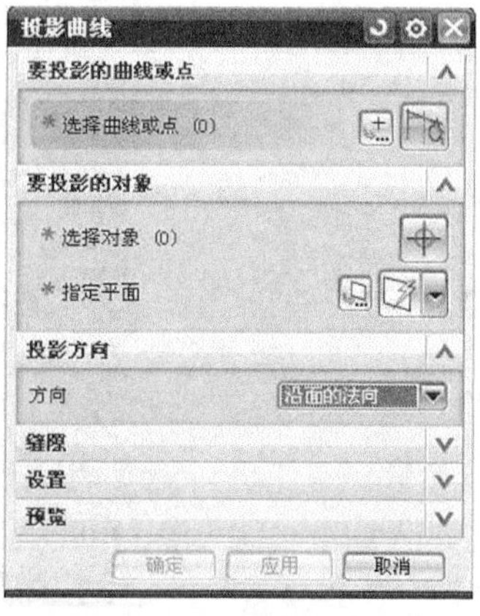

图 4-36 投影曲线

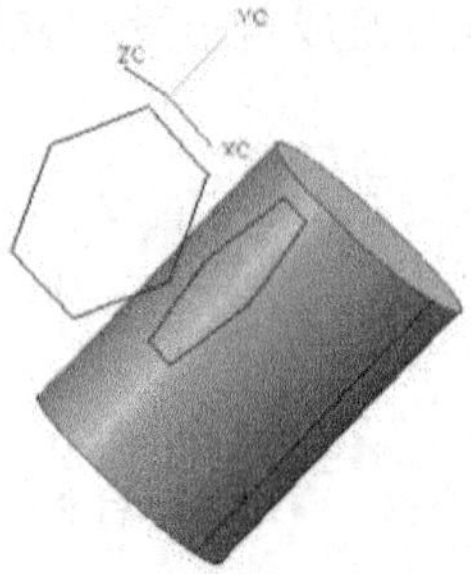

图 4-37　沿面的法向投影

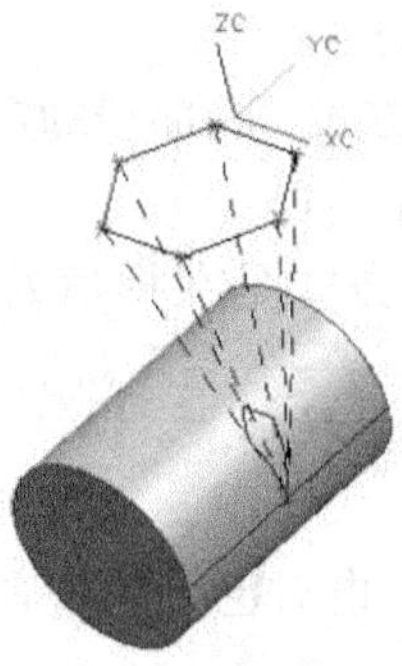

图 4-38　朝向点投影

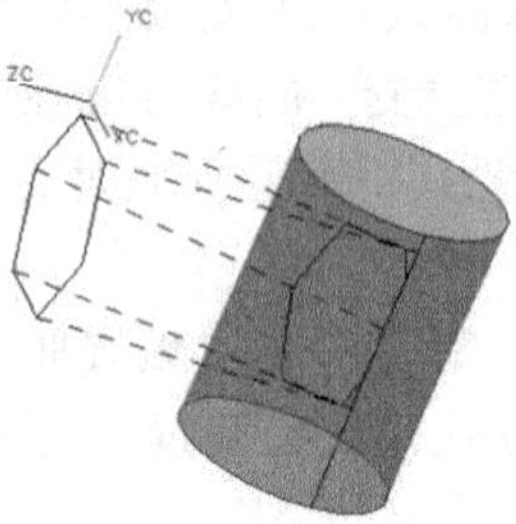

图 4-39　朝向直线投影

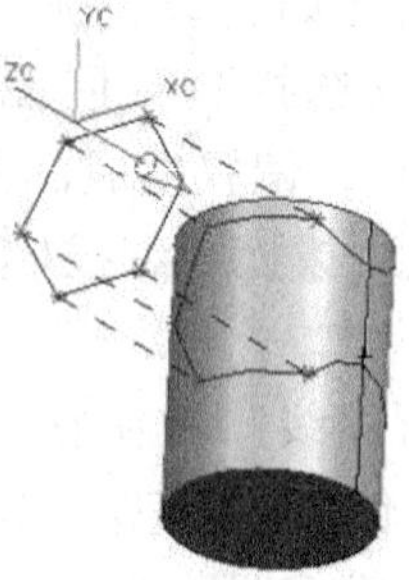

图 4-40　沿矢量投影

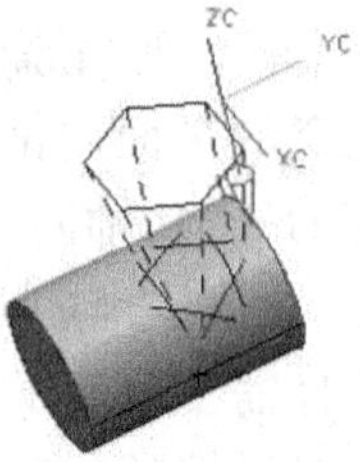

图 4-41　与矢量成角度投影

3. 桥接曲线

桥接是指在现有几何体之间创建桥接曲线并对其进行约束，可用于光顺连接两条分离的曲线（包括实体、曲面的边缘线）。

单击“曲线”工具栏中的“桥接曲线”按钮，弹出如图 4-42 所示的“桥接曲线”对话框，选择要桥接的曲线，并在对话框的“形状控制”分组中设置桥接的类型后，生成桥接曲线。

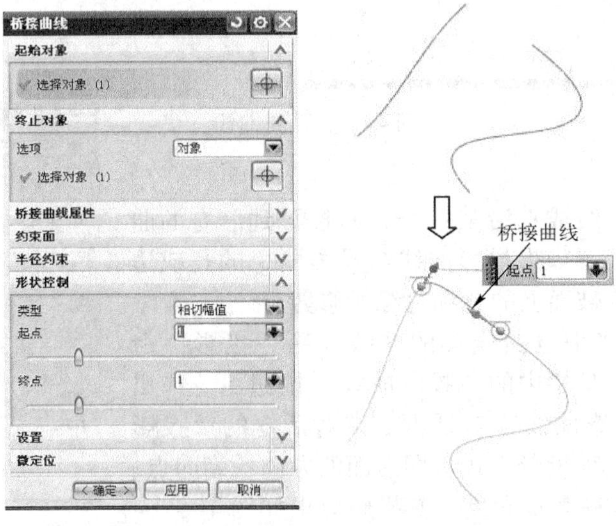

图 4-42　桥接曲线

4. 镜像曲线

镜像曲线是通过选定的平面、基准平面或实体表面对曲线进行镜像操作。

选择“插入”→“来自曲线集的曲线”→“镜像”命令，或单击“曲线”工具栏中的“镜像”按钮，弹出“镜像曲线”对话框，其操作步骤如图 4-43 所示（操作文件见随书光盘 ch04\ch04－04\eg1\jingxiang. prt）。

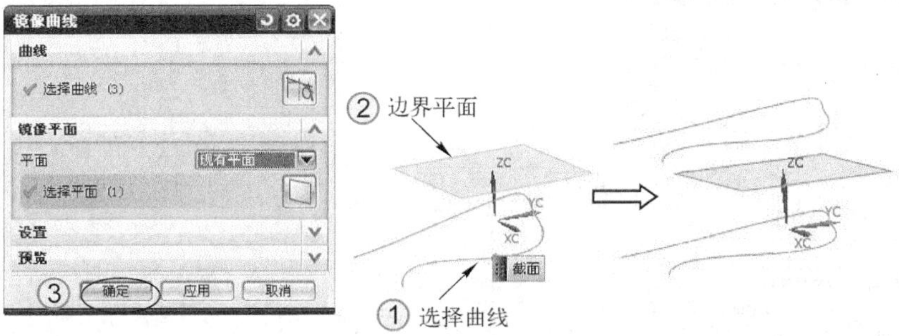

图 4-43　镜像曲线

4.5　综合实例

本节通过两个曲线建模综合实例，使读者掌握基本曲线构架的一般思路，为后续曲面设计打下基础。

4.5.1　构建咖啡壶曲线网格

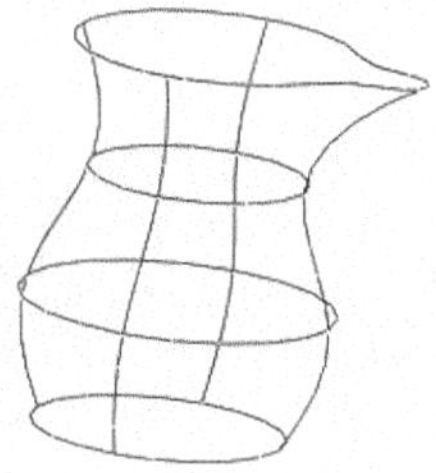

图 4-44　咖啡壶曲线网格

创建如图 4-44 所示咖啡壶的曲线构架。

设计步骤

1）新建一个名为 CUP. prt 的模型文件，按〈Ctrl + M〉键进入建模环境。

2）单击“基本曲线”按钮，选择绘制“圆”命令，在弹出的跟踪条中输入 XC = 0、YC = 0、ZC = 0，半径为 80，绘制一个圆心在坐标原点，直径为 $\phi160$ 的圆。

3）选择“编辑”→“移动对象”命令，系统弹出如图 4-45 所示的“移动对象”对话框。在对话框“运动”选项中选择“距离”，移动方向为“ + ZC 轴”，移动的距离设为 100，在“结果”分组中选中“复制原先的”复选框，单击对话框的“确定”按钮，复制 $\phi160$ 的圆。

4）在窗口中双击刚移动复制的 $\phi160$ 圆，修改其直径为 $\phi200$，如图 4-46 所示。

5）按照步骤 3）和 4）的操作，将 $\phi160$ 的圆沿“ + ZC 轴”方向移动 200，并修改其直径为 140；将 $\phi160$ 的圆沿“ + ZC 轴”方向移动 300，并修改其直径为 180，创建的 4 个圆，如图 4-47 所示。

6）单击“基本曲线”按钮，选择绘制“圆”命令，在弹出的跟踪条中输入 XC = 120、YC = 0、ZC = 300，半径为 20，绘制一个直径为 $\phi40$ 的圆，如图 4-48 所示。

7）选择“编辑”→“曲线”→“分割”命令，系统弹出如图 4-49 所示的“分割曲线”对话框。在对话框“类型”选项中选择“等分段”；在“分段长度”选项中选择“等弧长”；段数为 4。选取 ϕ160 的圆，单击“应用”按钮，将其分割为等弧长的 4 段。

按照同样操作，分别将 ϕ200 和 ϕ140 的圆分割为 4 段等弧长的圆弧。

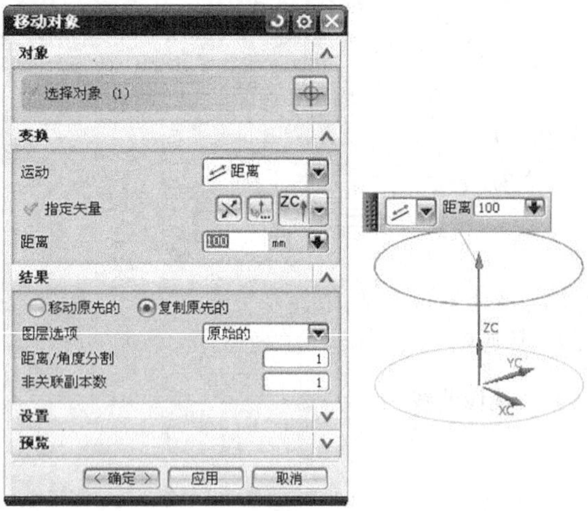

图 4-45　复制圆

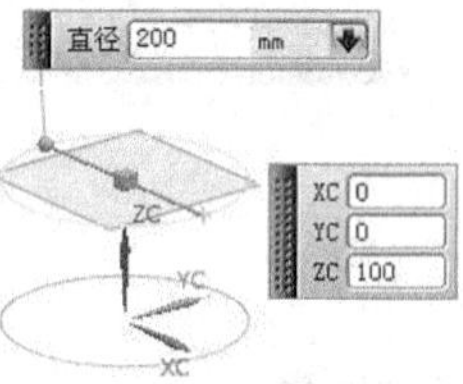

图 4-46　修改直径

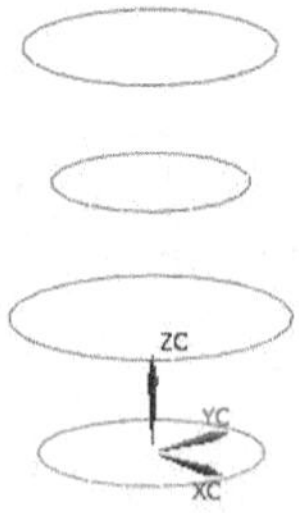

图 4-47　绘制 4 个圆

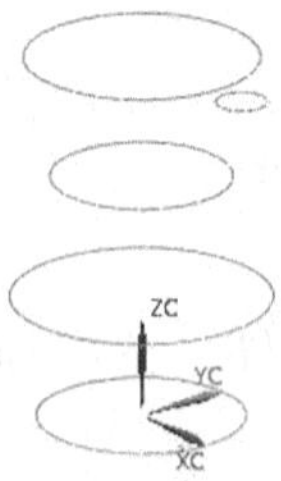

图 4-48　绘制 ϕ40 的圆

图 4-49　“分割曲线”对话框

8）倒圆角。单击“基本曲线”按钮，弹出“基本曲线”对话框，在对话框中单击“倒圆角”按钮，系统弹出“曲线倒圆”对话框，选择“两曲线倒圆”方式，输入倒圆半径为 30，创建如图 4-50 所示的两段圆弧。

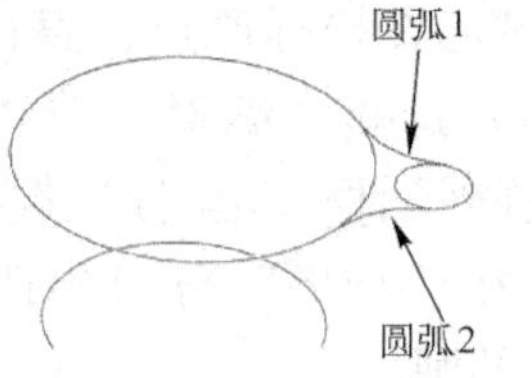

图 4-50　创建两段圆弧

9）绘制样条曲线。单击“曲线”工具栏的“样条”按钮，弹出“样条”对话框，按照图 4-51 所示的操作步骤绘制 4 条样条曲线。

10）选择“编辑”→“曲线”→“修剪”命令，弹出“修剪曲线”对话框，对如图 4-52 所示的两段圆弧进行修剪，完成修剪后的图形如图 4-53 所示。

完成后的文件见随书光盘 ch04\ch04 －05\eg1\CUP. prt。

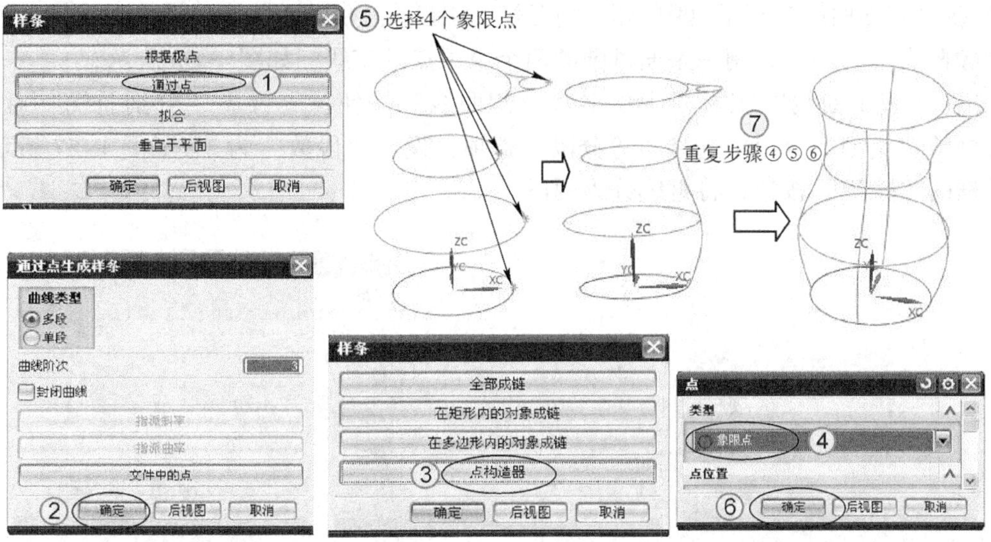

图 4-51　绘制样条曲线

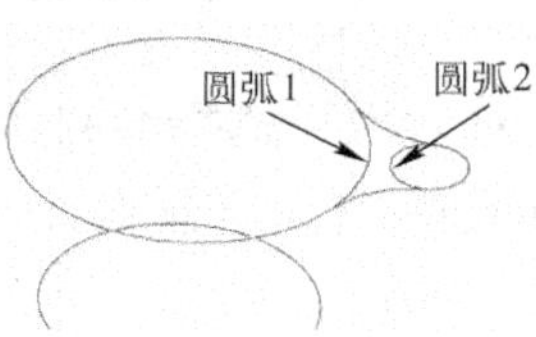

图 4-52　修剪圆弧

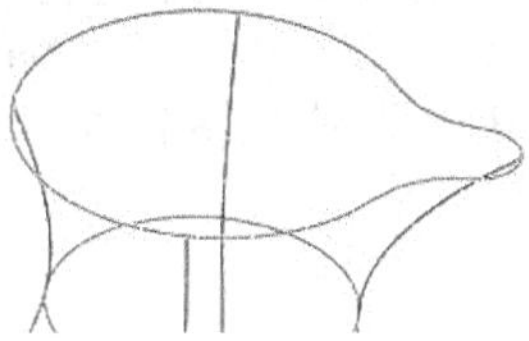

图 4-53　修剪曲线

4.5.2　构建阴阳鱼曲线网格

创建如图 4-54 所示阴阳鱼的曲线构架。

设计步骤

1）新建一个名为 Fish . prt 的模型文件，按〈Ctrl + M〉键进入建模环境。

2）单击“基本曲线”按钮，弹出“基本曲线”对话框，选择绘制“圆”命令，在弹出的跟踪条中输入 XC = 0、YC = 0、ZC = 0，半径为 50，绘制一个圆心在坐标原点、ϕ100 的圆，如图 4-55 所示。

图 4-54　阴阳鱼曲线网格

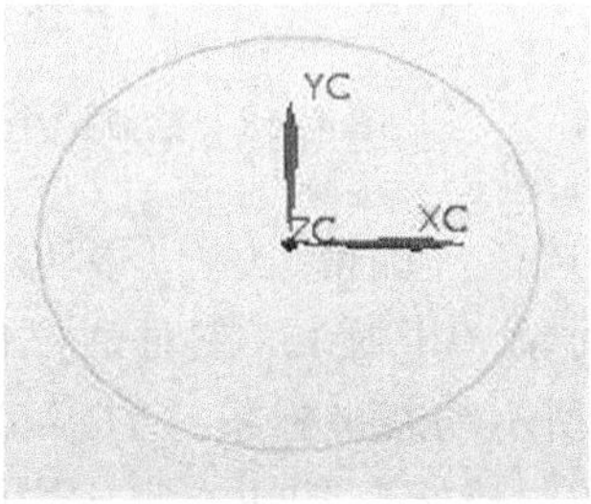

图 4-55　绘制圆

3）在“基本曲线”对话框中单击“直线”按钮，在对话框的“点方法”下拉列表中选择“象限点”选项，绘制一条通过圆的两个象限点的直线，如图 4-56 所示。

4）在“编辑曲线”工具栏中单击“分割曲线”按钮，弹出“分割曲线”对话框，在对话框的“类型”分组中选择“等分段”选项，设置“段数”为 2，如图 4-57 所示，单击对话框的“确定”按钮，将直线分为两段。

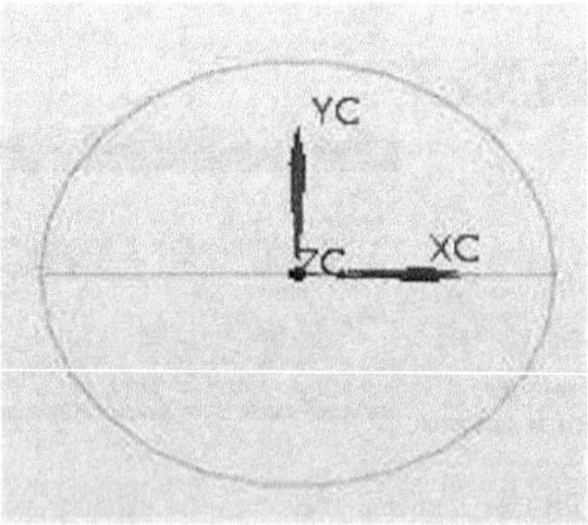

图 4-56　绘制直线

图 4-57　分割直线

5）单击“基本曲线”按钮，弹出“基本曲线”对话框，选择绘制“圆”命令，选择“点方法”为“控制点”，选择每一段直线的中点及端点，绘制两个 $\phi50$ 的圆，如图 4-58 所示。

6）单击“编辑曲线”工具栏中的“分割曲线”按钮，弹出“分割曲线”对话框，在对话框的“类型”分组中选择“等分段”选项，设置“段数”为 2 段，通过 X 轴将图 4-58的 3 个圆等分为两段。删掉不需要的圆弧，得到如图 4-59 所示的阴阳鱼线框的基本形状。

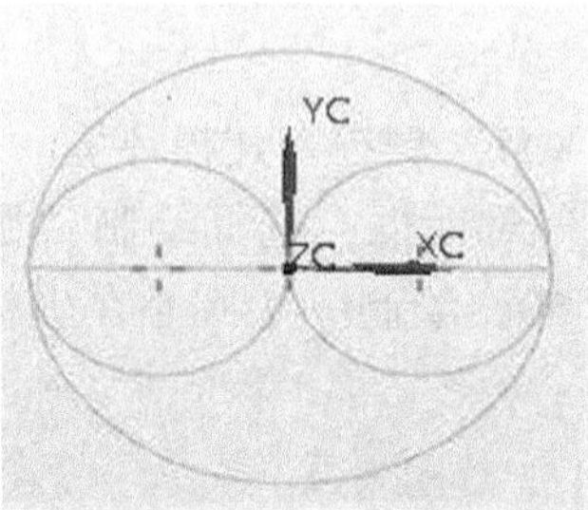

图 4-58　绘制两个圆

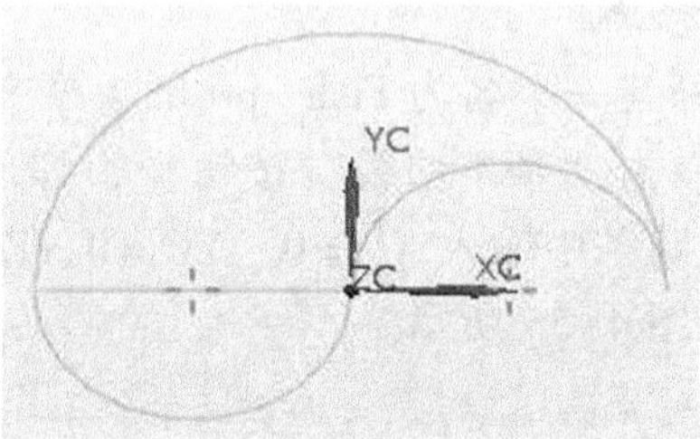

图 4-59　阴阳鱼基本形状（一）

7）选择“编辑”→“移动对象”命令，弹出“移动对象”对话框，选择要移动（复制）的对象（半圆），在对话框的“结果”分组中单击“复制原先的”按钮，然后单击图 4-60 所示动态坐标系“YC－ZC”间的选择球，在弹出的文本框中输入“－90°”，单击对话框的“确定”按钮，完成半圆弧的复制，如图 4-61 所示。

8）单击“基本曲线”按钮，弹出“基本曲线”对话框，单击“直线”按钮，抓取如图 4-62 所示两点绘制一条直线。

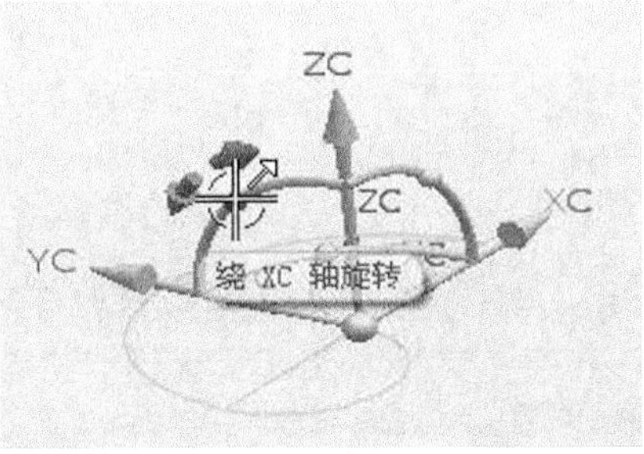

图 4-60　复制半圆弧

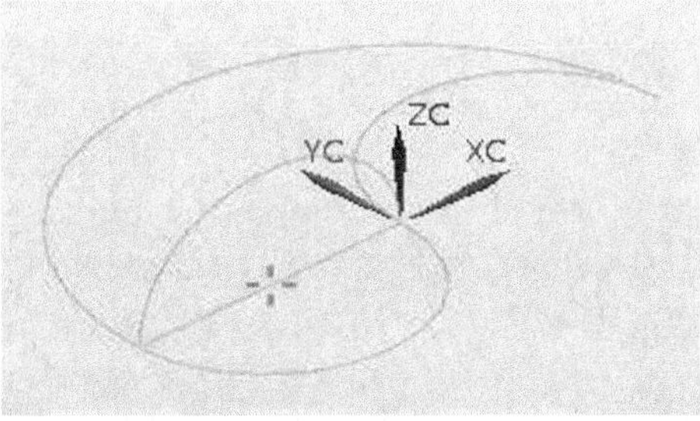

图 4-61　阴阳鱼基本形状（二）

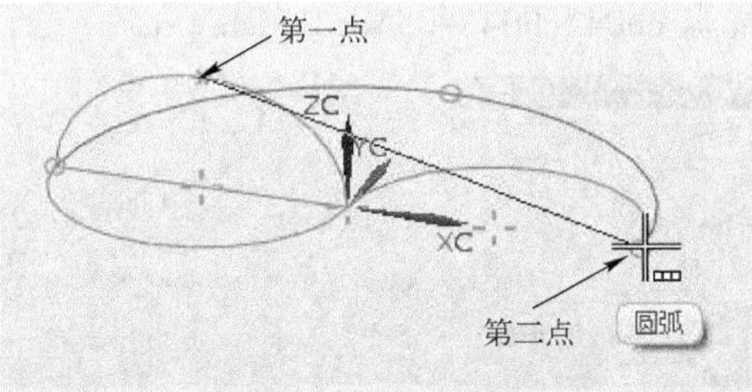

图 4-62　绘制直线

9）单击“曲线”工具栏的“圆弧/圆”按钮 ，弹出“圆弧/圆”对话框，捕捉如图 4-63 所示的起点、端点，然后在对话框的“中点”选项中选择“相切”，然后捕捉 *R*50 的圆弧，绘制三点弧。完成直线和圆弧绘制后如图 4-64 所示。

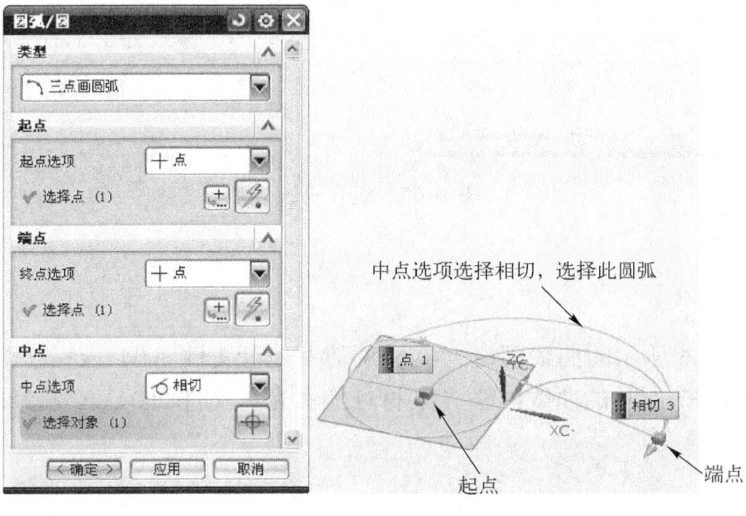

图 4-63　绘制圆弧

10）单击“曲线”工具栏的“组合投影”按钮 ，弹出“组合投影”对话框，其操作步骤如图 4-65 所示。系统提示选择曲线 1，选择图 4-65 中步骤②箭头指示的圆弧，单击鼠标中键完成选择；系统提示选择曲线 2，选择图中步骤④箭头指示的直线；在“组合投影”对话框中设置“投影方向 1”为“垂直于曲线平面”，“投影方向 2”为“沿矢量”，并选择“－YZ”轴作为矢量方向。单击对话框的“确定”按钮，完成组合投影，创建的曲线如图 4-65 所示。

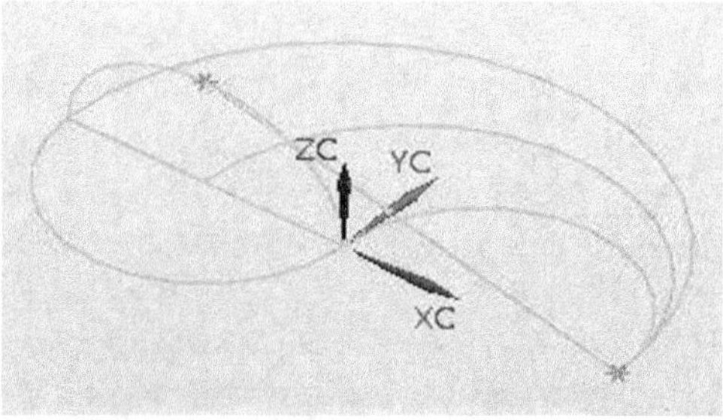

图 4-64　阴阳鱼基本形状（三）

完成后的文件见随书光盘 ch04\ch04 - 05\eg2\Fish. prt。

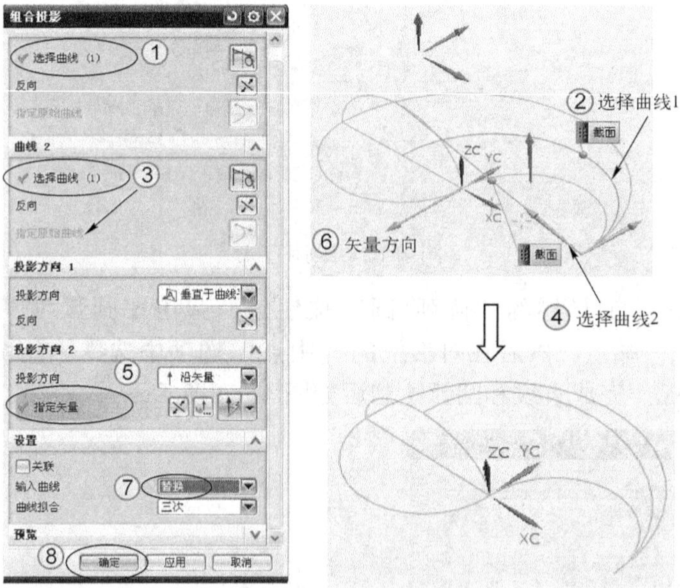

图 4-65　组合投影

4.6　习题

1. 绘制如图 4-66 所示的曲线网格（素材见随书光盘文件 ch04\ex\ex1\quxian1. prt）。
2. 绘制如图 4-67 所示的曲线网格（素材见随书光盘文件 ch04\ex\ex2\quxian2. prt）。

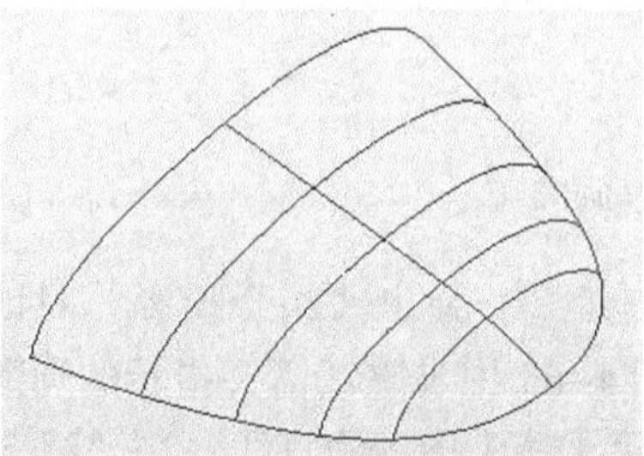

图 4-66　曲线网格（一）

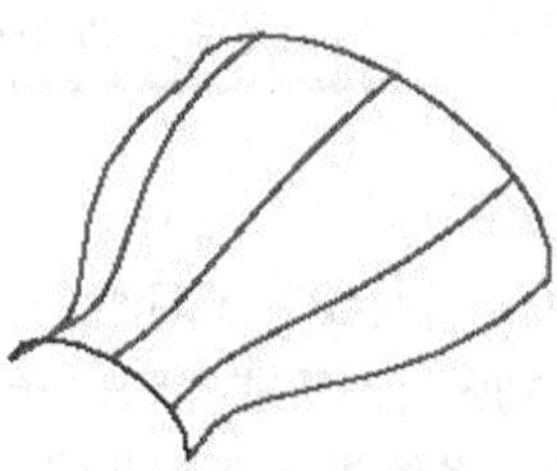

图 4-67　曲线网格（二）

第5章　曲面设计

曲面造型设计是现代产品设计的重要组成部分，UG 软件具有强大的曲面造型功能，它为用户提供了 20 多种创建曲面的方法。本章主要介绍 UG NX 8.0 常用的曲面构建及编辑方法，包括通过点创建曲面、通过曲线创建曲面、通过面创建曲面及曲面的编辑功能。

本章重点

- 掌握网格曲面、扫掠曲面的创建方法
- 掌握有界平面、N 边曲面、扩大曲面的创建方法
- 掌握曲面的编辑功能

5.1　曲面概述

曲面是由一个面或多个面组合而成的几何体，它本身没有厚度和质量，常用于复杂的模型设计中。

1. 曲面的有关概念

- 自由曲面：由自由形状特征创建的曲面即是“自由曲面”，自由曲面可以由“点”“线”和“面”创建或延伸得到。
- B 样条曲面：在 UG 中，利用“直纹面”“通过曲线组曲面”“通过曲线网格曲面”“扫掠曲面”以及“自由曲面成型”等构建的曲面都是 B 样条曲面。
- 片体：“片体”和“实体”对应，“片体”和“实体”都是由一个或多个表面组成的几何体，厚度为“0”的是“片体”，不为“0”的是实体。
- 补片：片体是由补片组成的，根据片体中的补片数量，可将其分为单补片片体和多补片片体。只含有一个补片的片体称为单补片片体，而多补片片体由一系列单补片阵列组成。
- 行与列：UG 曲面可看成由经纬线织成的一张布，这些经纬线称为行和列。行定义了片体的 U 方向，而列是大致垂直于片体行的纵向曲线，其定义了片体的 V 方向。如图 5-1 所示，图中 6 个点定义了曲面的第一行，4 个点定义了曲面的第一列。
- U 向和 V 向：曲面的参数方程有 U、V 两个变量，相应地，曲面的模型也用 U、V 两个方向来表示。U 向是曲面的行所在的方向，V 向是曲面的列所在的方向。
- 阶次：阶次是曲面方程的一个重要参数，每个片体都包含 U、V 两个方向的阶数，每个方向的阶次必须介于 2～24，如果没有要求，建议采用 3～5 阶来创建曲面，这样的曲面易于控制形状。
- 截面曲线：指控制曲面 U 方向方位和尺寸变化的曲线组，可以是多条或单条曲线，而且每条截面线内的曲线数量可以不同，最多为 150 条。
- 引导线：用于控制曲面 V 方向的方位和尺寸。可以是样条曲线、实体边缘和面的边

缘，也可以是单条曲线、多条曲线（最多 3 条）。

2. 曲面的构造方法

UG 的曲面建模功能强大，可以通过点、线或曲面等多种方法来构造曲面，如图 5-2 所示为“曲面” 和“编辑曲面” 的工具栏。

（1） 使用点构造曲面

在 UG 中，用户可以使用“通过点”“从极点” 或 “从点云” 方式来创建曲面。

（2） 使用曲线构造曲面

用户可以选择曲线作为截面线串或引导线串来创建曲面，主要包括 “直纹面”“通过曲线组”“通过曲线网格”“扫掠” 等创建方式。

（3） 使用已有的曲面构造曲面

通过使用相关的曲面操作和编辑命令，对已有曲面进行诸如延伸、偏置、桥接和修剪等操作来创建曲面。

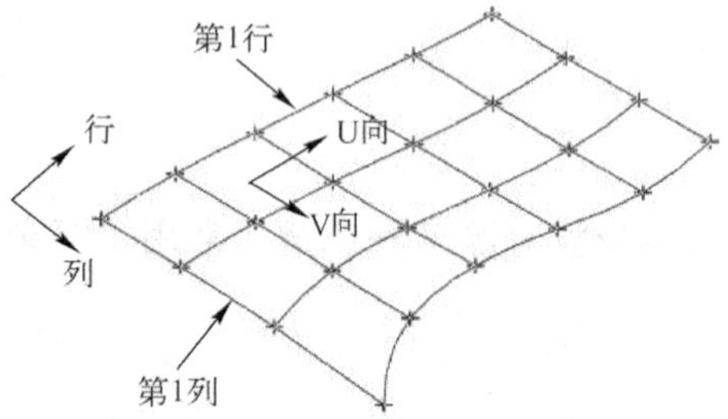

图 5-1 曲面的行与列

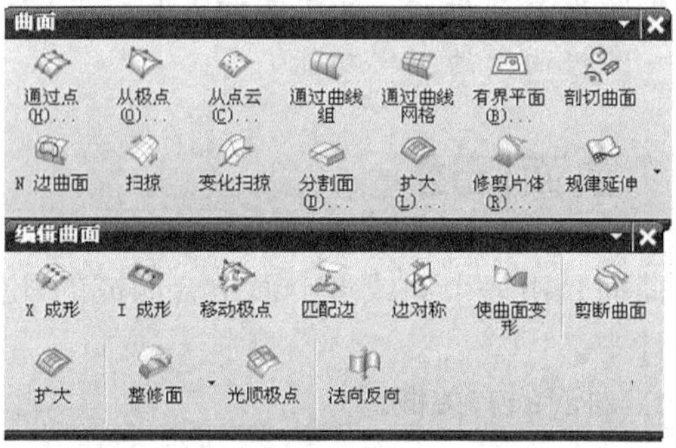

图 5-2 “曲面” 和“编辑曲面” 工具栏

5.2 基本曲面

基本曲面的创建主要包括“由点构造曲面”“由曲线构造曲面（网格曲面）”“N 边曲面”“有界平面”“拉伸和回转曲面” 等命令。

5.2.1 由点构造曲面

在 UG NX 中由点构面有“通过点”“从极点” 和“从点云” 3 种方法。由于由点构造的曲面光顺性较差，因此，该方法尽量少用。

1. 通过点

“通过点” 创建曲面是通过指定一系列的矩形阵列点来创建曲面，所创建的曲面通过所有指定的点。

选择“插入” → “曲面” → “通过点” 命令，或单击“曲面” 工具栏中的按钮，弹出“通过点” 对话框。

【例 5-1】 “通过点” 创建曲面。

1） 打开随书光盘 ch05\ch05_02\eg1\tongguodian. prt 文件，操作步骤如图 5-3 所示。

2） 单击“通过点” 按钮，弹出“通过点” 对话框。接受默认选项，单击“确定” 按

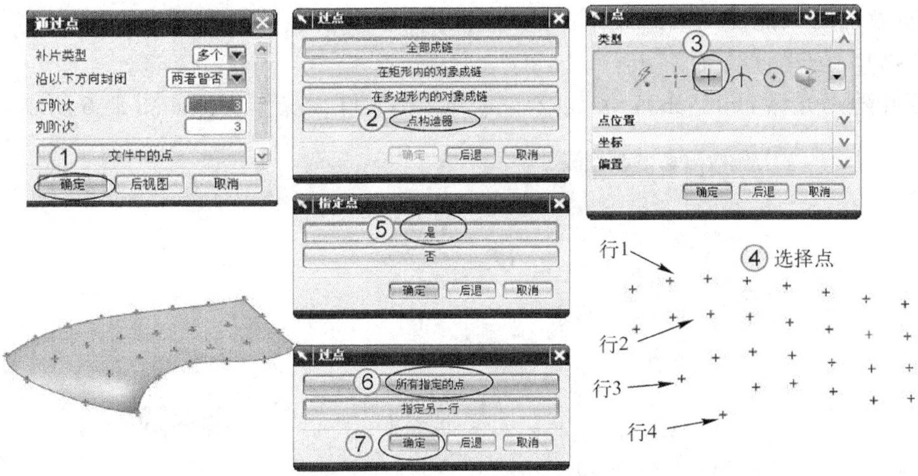

图 5-3 “通过点”创建曲面

钮，弹出“过点”对话框，此时状态栏提示确定行 1 的选点方式。

3）单击“点构造器”按钮，弹出“点”对话框，单击“现有点”按钮，按顺序选择行 1 的点。选择完毕后，单击“点”对话框的“确定”按钮。

4）弹出“指定点”对话框，单击“是”按钮，重新回到“点”对话框，选择行 2 的点。直至选择的点符合阶次选项设置时（默认阶次为 3，必须选择 4 行点），将弹出“过点”对话框，单击“所有指定的点”按钮完成点的选择，创建通过指定点的曲面。

2. 从极点

“从极点”创建曲面是指通过定义曲面的矩形阵列点来创建曲面，其创建方法同“通过点”相似。该方法选择的点作为曲面的控制点，曲面不一定均通过这些点，效果如图 5-4 所示。

3. 从点云

“从点云”创建曲面是指通过一组无序排列的点集来创建曲面，所创建的曲面将尽量逼近于所选的点，效果如图 5-5 所示。该方法可直接框选所有点，鼠标框选的起始位置及点云的视图方向不同，生成的曲面也不同。

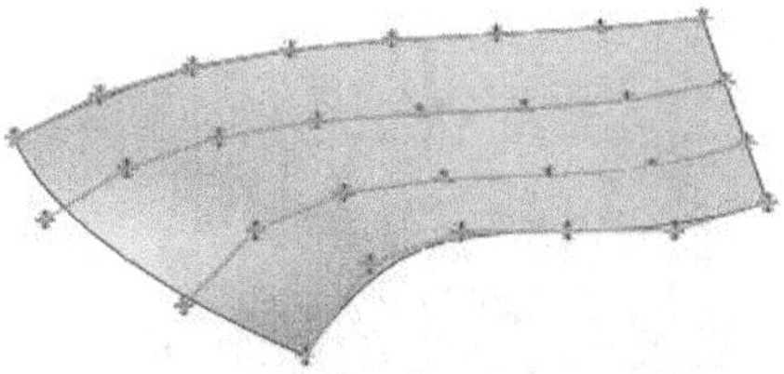

图 5-4 “从极点”创建曲面

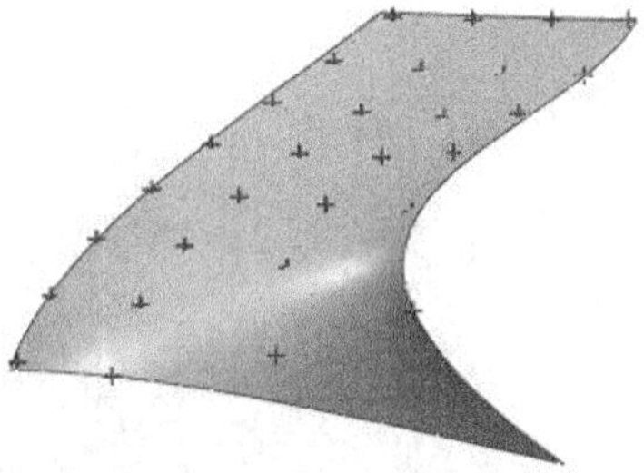

图 5-5 “从点云”创建曲面

5.2.2 由曲线构造曲面

1. 直纹面

“直纹面”是通过一组假想的直线，将两组截面线串之间的对应点连接起来而形成的曲面。创建直纹面时只能使用两组线串，这两组线串可以封闭，也可不封闭。

【例 5-2】 创建直纹面。

1）打开随书光盘 ch05\ch05_02\eg2\zhiwen. prt 文件，操作步骤如图 5-6 所示。

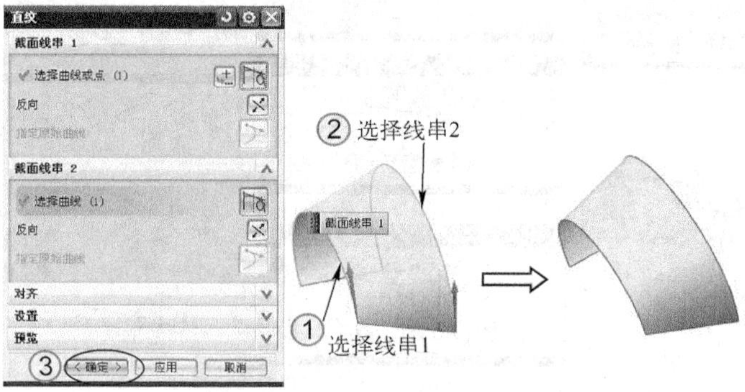

图 5-6 创建直纹面

2）单击“直纹”按钮，弹出“直纹”对话框，选择线串 1，单击鼠标中键确认；继续选择线串 2，单击鼠标中键确认。在对话框的“对齐”分组中选择对齐方式为“参数”，单击“确定”按钮生成直纹面。

提示：选择截面对象的时候，应注意鼠标的选择位置。UG 是根据鼠标选择位置来判断起始位置的，通常比较靠近单击位置的曲线一端是起始位置。

在“直纹”对话框的“对齐”分组中可设置直纹面的对齐方式，对话框提供了两种方式：“参数”和“根据点”。

- “参数”对齐方式表示空间上的点沿指定的曲线以等参数的距离穿过曲线产生片体，如图 5-7a 所示；采用“参数”方式，如果截面线串是直线，则等距离分布连接点；如果截面线串是曲线，则等弧长在曲线上分布连接点。“参数”对齐方式是系统默认的对齐方式。
- “根据点”对齐方式是根据所选点的顺序在连接线上定义片体的路径走向，如图 5-7b 所示。

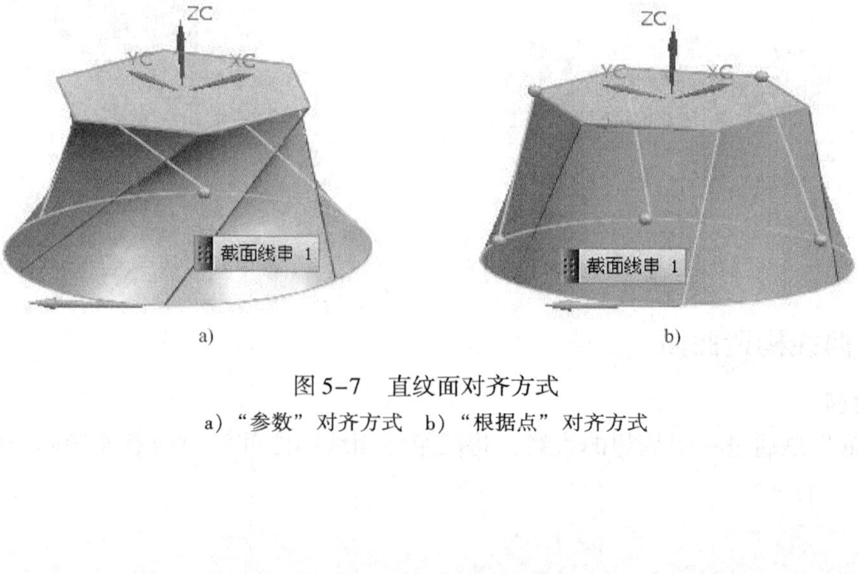

a) b)

图 5-7 直纹面对齐方式

a）“参数”对齐方式 b）“根据点”对齐方式

2. 通过曲线组

“通过曲线组”是指通过选择一系列的截面线串来创建曲面，作为截面线串的对象可以是曲线也可以是实体或片体的边。直纹构面是通过曲线组构面的特殊情况，所以两者的操作是相似的。但是直纹构面只能选择两组截面线串，且其中一组可以是一个点；而通过曲线构面可以选择多于两组的截面线串，任何一组截面线串可以是曲线、实体边等，但不能是一个点。

【例 5-3】 通过曲线组创建曲面。

1）打开随书光盘 ch05\ch05_02\eg3\quxianzu. prt 文件，操作步骤如图 5-8 所示。

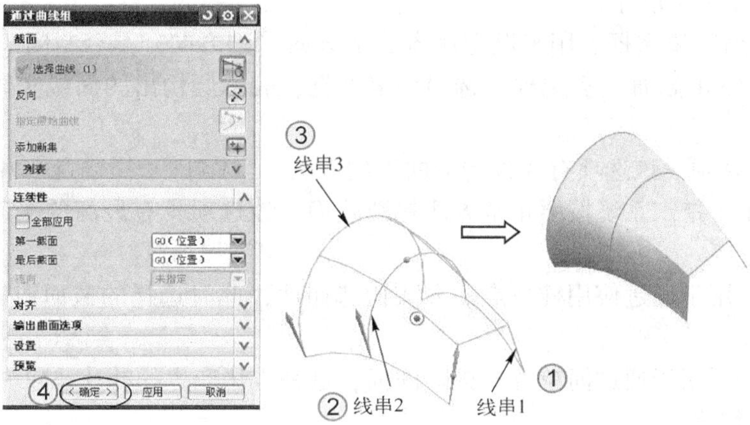

图 5-8 “通过曲线组”创建曲面

2）单击“曲面”工具栏中的“通过曲线组”按钮，弹出“通过曲线组”对话框，然后依次选择线串 1（可框选）、线串 2、线串 3，每次选择线串后按中键确认。在对话框的“连续性”分组中设置“第一截面”和“最后截面”均为“G0（位置）”，单击“确定”按钮生成曲面。

提示： 选择截面线串后，图形区显示的箭头矢量应处于截面线串的同侧（如图 5-8 所示），否则生成的曲面被扭曲。后面介绍的“通过曲线网格”创建曲面时也应注意此类问题。

“通过曲线组”对话框的其他分组说明如下。

（1）曲面的连续性设置

在“通过曲线组”对话框的“连续性”分组中有“G0（位置）”“G1（相切）”“G2（曲率）”3 种连续过渡方式。

1）G0（位置）。

在“第一截面”下拉菜单中选择“G0（位置）”选项，则新创建的曲面通过和指定的已有边界面之间的位置进行过渡连续。

2）G1（相切）。

新创建的曲面通过和指定的已有边界面之间相切过渡。

3）G2（曲率）。

新创建的曲面通过和指定的已有边界面之间曲率过渡。

（2）对齐方式

“通过曲线组”对话框的“对齐”分组中有7种对齐方式，其中“参数”和“根据点”对齐方式同“直纹面”对话框中的设置。下面介绍另外5种对齐方式。

1）弧长。沿定义曲线将等参数曲线将要通过的点以相等的弧长隔开。

2）距离。在指定矢量方向上将点沿每条曲线以相等的距离隔开。

3）角度。在指定轴线周围将点沿每条曲线以相等的角度隔开。

4）脊线。用户根据指定的脊线来生成曲面，曲面的大小由脊线的长度来控制。

5）根据分段。按相等间隔沿截面的每个曲线段对齐等参数曲线。

（3）“输出曲面”分组

1）“V 向封闭”复选框。用来设定片体沿 V 方向（列方向）是否封闭。

2）“垂直于终止截面”复选框。选中该复选框，表示所构出的面或实体与最后一个截面线串垂直。

3）“构造”选项。该选项有 3 种构造曲面的方法：“法向”“样条点”和“简单”。

- “法向”用于指定系统按照正常方法构造曲面，该选项具有最高的精度，构造的曲面补片较多。
- “样条点”用于通过使用样条点的方式构造曲面，此时选择的截面线串必须是单个 B 样条曲线。
- “简单”选项用于通过简单方式构造曲面，这种方法产生的补片也较少。

3. 通过曲线网格

“通过曲线网格”是指通过选择不同方向上的两组线串作为截面线串来创建曲面。一组线串定义为主曲线，另外一组定义为交叉曲线。

【例 5-4】 通过曲线网格创建曲面。

1）打开随书光盘 ch05\ch05_02\eg4\qxwg. prt 文件，操作步骤如图 5-9 所示。

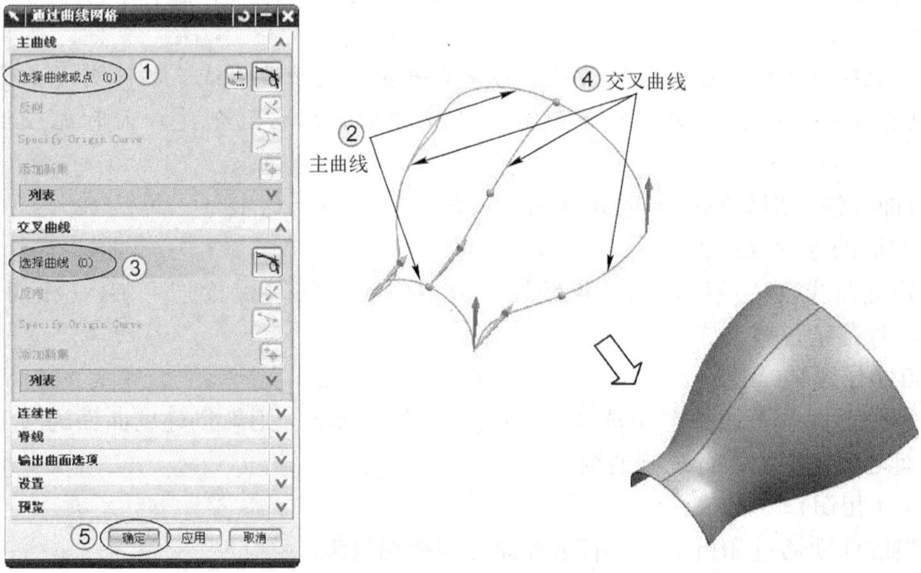

图 5-9 “通过曲线网格”创建曲面

2）选择“插入”→“网格曲面”→“通过曲线网络”命令，或单击“曲面”工具栏中的“通过曲线网络”按钮，弹出“通过曲线网络”对话框。

3）选择主曲线。单击“主曲线”分组中的“选择曲线或点”按钮，分别选择图 5-9 中步骤②箭头所示的两半圆弧为主曲线，并分别按中键确认。

4）选择交叉曲线。单击“交叉曲线”分组中的“选择曲线”按钮，分别选择步骤③箭头所示的 3 条样条曲线为交叉曲线，并分别按中键确认。

5）在工作区可以预览生成的曲面，单击“确定”按钮，生成通过曲线网格的曲面。

提示：在用“通过曲线网格”创建曲面时，主曲线可以是一条曲线，也可以是一个点，而交叉曲线必须是一组曲线；当选择的几何对象有点存在时，把与点大致平行的曲线当作为主曲线，其他曲线作为交叉曲线，如图 5-10 所示（模型文件见随书光盘 ch05\ch05_02\eg5\qxwg1. prt）。

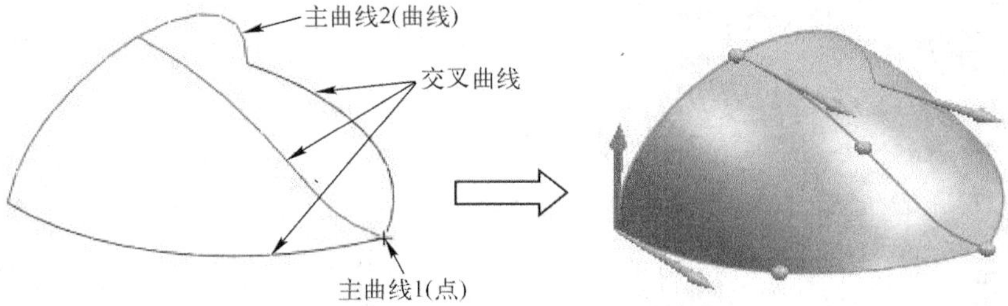

图 5-10　选择“点”作为主曲线

5. 2. 3　扫掠曲面

1. 扫掠曲面概述

扫掠曲面是使截面曲线沿所选的引导线进行扫掠而生成曲面。截面线和引导线的一般规律：截面线和引导线是空间曲线；截面线和引导线可以是任意类型的曲线，但不能使用点；截面线不一定与引导线相连。

（1）截面线串

截面线串由单个或多个对象组成。每个对象可以是曲线、实体边缘或实体面，截面线串不必光顺，而且每组截面线串内的对象的数量可以不同。截面线串的数量可以是 1 ~ 150 的任意数值。

（2）引导线串

引导线串在扫掠过程中控制扫掠曲面的方向和比例。扫掠曲面的引导线最多有 3 条。若只使用一条引导线串，此时不能完全控制截面大小和方向变化的趋势，需要进一步指定扫掠曲面的缩放方法和定位方法；若使用两条引导线串，此时可以确定截面线串沿引导线串扫掠的方向趋势，但是尺寸还需要设置截面比例变化；若使用 3 条引导线串，则完全确定了截面线串被扫掠时的方位和尺寸变化，无需另外指定方向和比例就可以直接生成曲面。

2. “扫掠”对话框

选择“插入”→“扫掠”→“扫掠”命令，或单击“曲面”工具栏中的“扫掠”

按钮，弹出如图 5-11 所示的“扫掠”对话框。下面对该对话框的相关分组做简要介绍。

(1) 脊线

脊线可进一步控制截面线串的扫掠方向，其有两个作用：在扫掠过程中，截面线所在平面与脊线保持垂直，即脊线上某点的切线是对应该点的截面法线；截面线只沿脊线扫掠，在脊线的终点处扫掠终止。

(2) 截面选项

“扫掠”对话框的“截面选项”分组如图 5-12 所示。

图 5-11 “扫掠”对话框

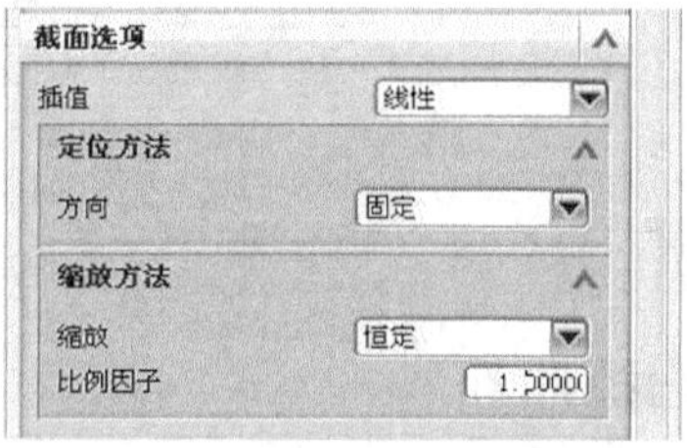

图 5-12 “截面选项”分组

1) 插值。插补方式有“线性”和“三次”两种方法。

- 线性：设定第一条截面线与第二条截面线的比例变化为线性关系。
- 三次：设定第一条截面线与第二条截面线的比例变化为三次方关系。

2) 定位方法。当截面线沿着单一引导线串移动时，截面线串的方向控制对于生成正确的扫掠曲面是至关重要的。UG NX 8.0 提供了 6 种方向控制方法，分述如下。

- 固定：若选择该选项，则不需要重新定义方向，截面线串将按照其所在平面的法线方向生成曲面，并将沿着导引线保持这个方向。
- 面的法向：若单击该按钮，则系统会要求选择一个曲面，以所选择曲面的法向和沿着导引线的方向产生曲面。
- 矢量方向：若选择该选项，则系统会提示指定矢量，曲面方向会以所定义的矢量为方向，并沿着导引线的方向生成。若矢量方向与导引线方向相切，则系统将提示错误信息。
- 另一条曲线：若选择该选项，定义平面上的曲线或实体边缘线作为平滑曲面的方位控制线。
- 一个点：若选择该选项，则可以在“点构造器”对话框中定义一点，使该点和引导线一起控制截面线的扫掠方向和尺寸大小。

- 强制方向：若选择该选项，系统要求用户选取强制方向来固定截面方向，使其截面线与导引线保持平行。

3）缩放方法。当截面线串沿着单一引导线串移动时，还需要定义曲面的比例变化。比例变化用于设置截面线在通过导引线时，截面线尺寸的放大与缩小比例。UG NX8.0 提供了 6 种缩放方法，分述如下。

- 恒定：选择该选项，可以在“比例因子”文本框中输入截面与产生曲面的缩放比例。其缩放标准以所选择的截面为准，比如：将缩放比率设为 0.5，如图 5-13a 所示，则所创建的曲面大小为截面的一半。
- 倒圆功能：如图 5-13b 所示。若选择该选项，则可定义所产生曲面的起始缩放值与终止缩放值，起始缩放值可以定义所产生片体的第一截面大小，终止缩放值可以定义所产生片体的最后截面大小，其缩放标准以所选择的截面为准。
- 另一曲线：若选择该选项，系统提示选择一条曲线，“选择曲线”按钮被激活，如图 5-13c 所示，所产生的片体将以所指定的另一条曲线为母线沿导引线创建。
- 一个点：若选择该选项，则系统会以一个点来定义产生曲面的缩放比例，如图 5-13d 所示。
- 面积规律：该选项可用面积法则定义片体的比例变化方式，如图 5-13e 所示。
- 周长规律：该选项与“面积规律”功能大致相同，其不同之处仅在于使用周长法则时，曲线 Y 轴定义的终点值为所创建片体的周长，而面积法则定义的为面积大小，如图 5-13f 所示。

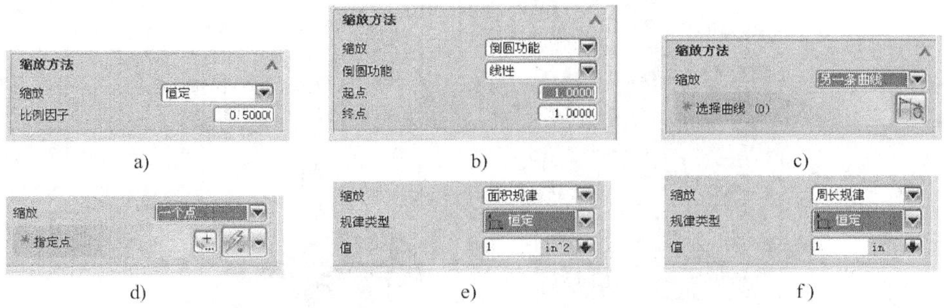

图 5-13　缩放方法

a）恒定　b）倒圆功能　c）另一条曲线　d）一个点　e）面积规律　f）周长规律

【例 5-5】　创建扫掠曲面。

1）打开随书光盘 ch05\ch05_02\eg6\saolue. prt 文件，操作步骤如图 5-14 所示。

2）单击“曲面”工具栏中的“扫掠”按钮，弹出“扫掠”对话框。

3）单击对话框“截面”分组中的“选择曲线”按钮，选择图 5-14 中步骤②箭头所示的截面线串，单击中键确认；单击“引导线”分组中的“选择曲线”按钮，然后依次选择步骤④箭头所示的两条引导线，并分别单击中键确认。单击“确定”按钮，完成扫掠曲面的创建。

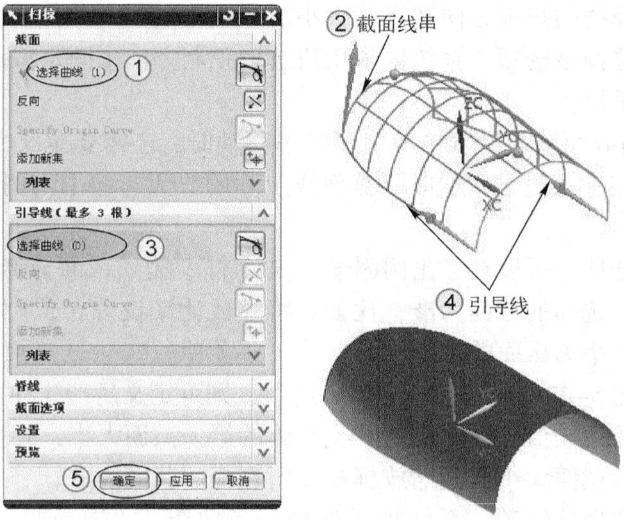

图 5-14 “扫掠”创建曲面

【例 5-6】 通过选择脊线创建扫掠曲面。

1）打开随书光盘 ch05\ch05_02\eg7\saolue1. prt 文件，操作步骤如图 5-15 所示。

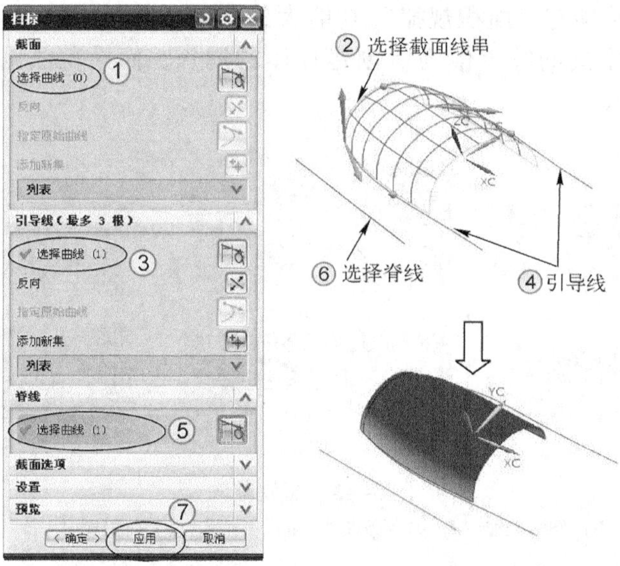

图 5-15 使用“脊线”创建扫掠曲面

2）单击“曲面”工具栏中的“扫掠”按钮，弹出“扫掠”对话框。

3）单击“截面”分组中的“选择曲线”按钮，选择图 5-15 中步骤②箭头所示的截面线串，单击中键确认；单击“引导线”分组中的“选择曲线”按钮，然后依次选择步骤④箭头所示的两条引导线，并分别单击中键确认。

4）对话框中“脊线”分组中的“选择曲线”按钮被激活，选择图 5-15 中步骤⑥箭头所示的直线作为脊线，单击“确定”按钮，完成扫掠曲面的创建。

将视图切换到俯视图方位，如图 5-16 所示，从图中可以看出，脊线控制了扫掠曲面的尺寸大小。

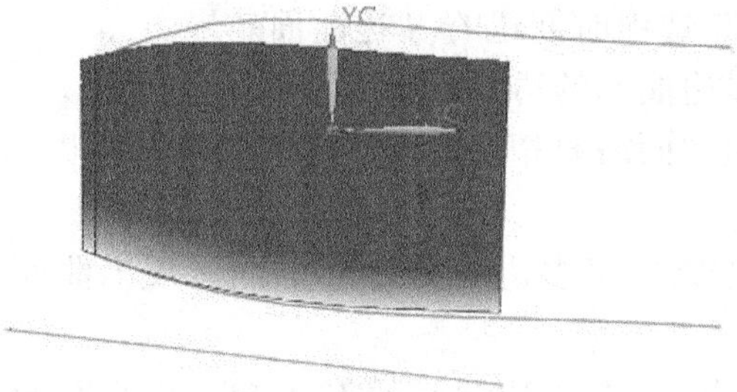

图 5-16　脊线的作用

5.2.4　N 边曲面

“N 边曲面”命令可以通过选择一组封闭的曲线或实体边线来创建曲面。N 边曲面可指定所构曲面与外部边界曲面的连续性，还可通过形状控制选项来调整 N 边曲面的形状。

【例 5-7】 创建 N 边曲面。

1）打开随书光盘 ch05\ch05_02\eg8\N_bian. prt 文件，操作步骤如图 5-17 所示。

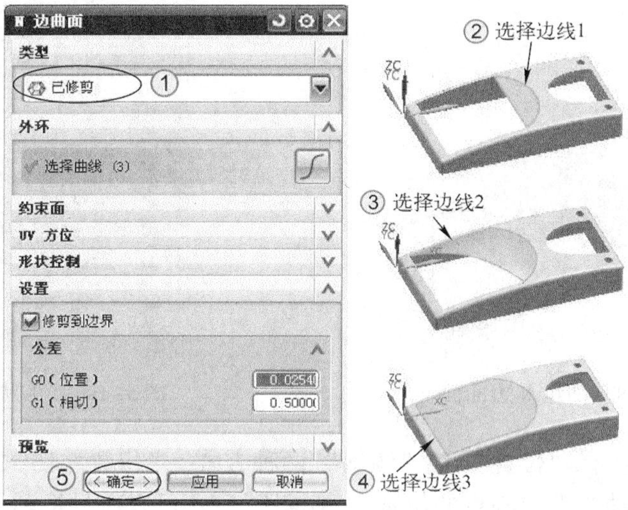

图 5-17　创建 N 边曲面

2）单击“曲面”工具栏中的“N 边曲面”按钮，打开“N 边曲面”对话框，选择该对话框“类型”分组中的“已修剪”选项，依次选择图 5-17 中步骤②③④所示的模型开放区域的 3 条边线，创建 N 边曲面。

“N 边曲面”对话框的其他选项分述如下。

1）“类型”分组。包含“已修剪”和“三角形”两种类型。

- 已修剪：根据选择的封闭曲线创建单一曲面，曲面可以覆盖所选曲线或边的封闭环内的整个区域。

- 三角形：在组成轮廓的每一条边线与公共的中心点之间形成独立的三角形区域面，整个多边曲面都是由这样的多个三角形组成，三角形的数量由边数决定，如图 5-18 所示为应用“三角形”选项时创建的 N 边曲面效果。

2）外环。选择产生多边曲面的边界轮廓。

3）约束面。选择多边曲面需要相切或曲率连续的外部边界面。

4）UV 方位。

- 脊线：选择一个脊线来定义多边曲面的 V 方向，仅当曲面“类型”为“已修剪”时适用。
- 矢量：通过一个矢量来定义多边曲面的 V 方向，仅当曲面“类型”为“已修剪”时适用。
- 面积：通过指定长方形两个对角点来定义多边曲面的 UV 方向，仅当曲面“类型”为“已修剪”时适用。

5）形状控制。曲面类型选择“三角形”补片时，系统可以对曲面的中心进行控制，通过拖动滑块来调节所构曲面的形状，如图 5-19 所示。

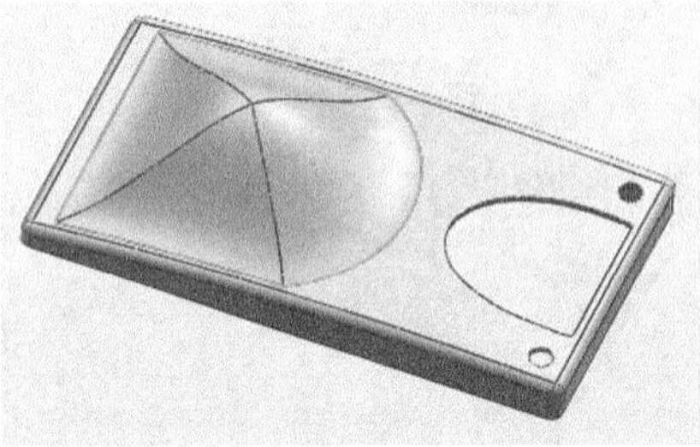

图 5-18　创建 N 边曲面

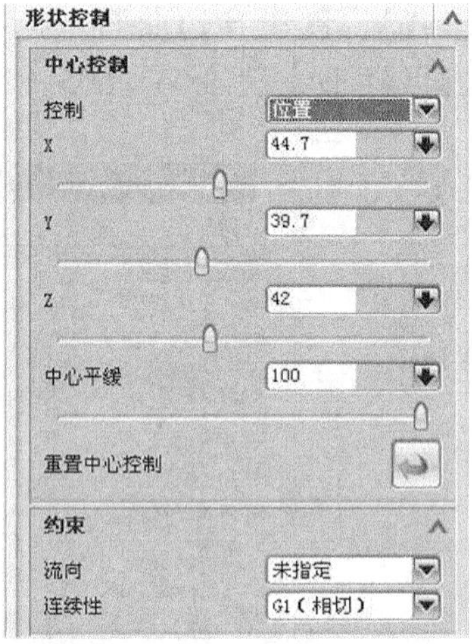

图 5-19　“形状控制”分组

- 中心控制方式：有“位置”和“倾斜”两种方式。“位置”方式可以通过拖动 X、Y 或 Z 滑块来移动曲面中心点的位置；“倾斜”方式可以通过拖动 X 或 Y 滑块来倾斜曲面中心所在的 X、Y 平面，而中心点的位置不变。
- 中心平缓：可通过滑块调整曲面中心的平坦度。
- “约束”的流向有 4 种，即“未指定”“垂直”“等 U/V 线”和“相邻边”。

未指定：所得曲面 UV 参数和中心点等距。

垂直：所得曲面 V 方向的等参数线开始于外部的边并垂直于该边的方向。

等 U/V 线：所得曲面 V 方向的等参数线开始于外面的边并沿着外部表面的 UV 方向。

相邻边：所得曲面 V 方向的等参数线将沿着约束面的侧边。

5.2.5 有界平面

“有界平面”命令可创建由一组首尾相连的平面曲线封闭的平面片体。所有曲线必须共面，且形成封闭形状。

【例5-8】 创建有界曲面。

1）打开随书光盘ch05\ch05_02\eg9\youjie.prt文件。

2）单击“曲面”工具栏中的“有界平面”按钮，打开如图5-20所示的“有界平面”对话框，选择如图5-21所示模型底部的4条边线，创建有界平面，如图5-22所示。

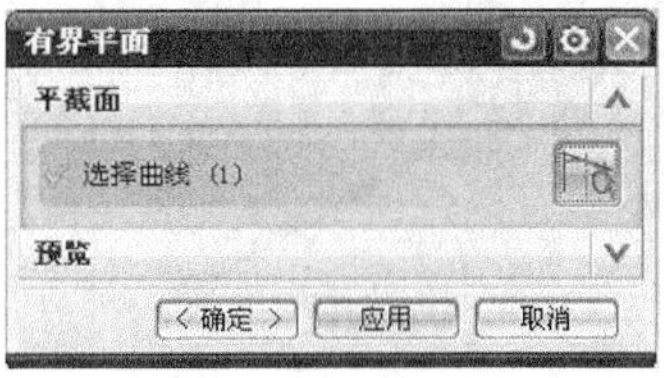

图5-20 有界平面对话框

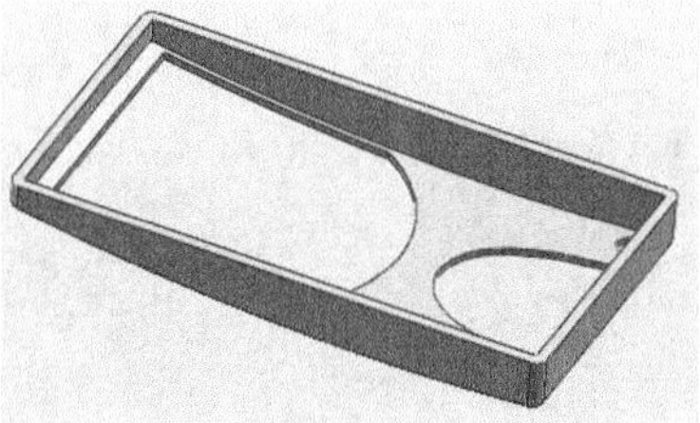

图5-21 选择边线

图5-22 创建有界平面

5.2.6 创建拉伸和回转曲面

1. 创建拉伸曲面

选择非封闭曲线或实体的边，利用拉伸命令可创建曲面。

【例5-9】 拉伸创建曲面。

1）打开随书光盘ch05\ch05_02\eg10\shaver_cover.prt文件。

2）单击“特征”工具栏中的“拉伸”按钮，系统弹出“拉伸”对话框；选择如图5-23a所示的边线1，设置拉伸的矢量方向为“-YC轴”，设置拉伸距离为30，单击对话框的“应用”按钮，创建拉伸曲面1，如图5-23b所示。

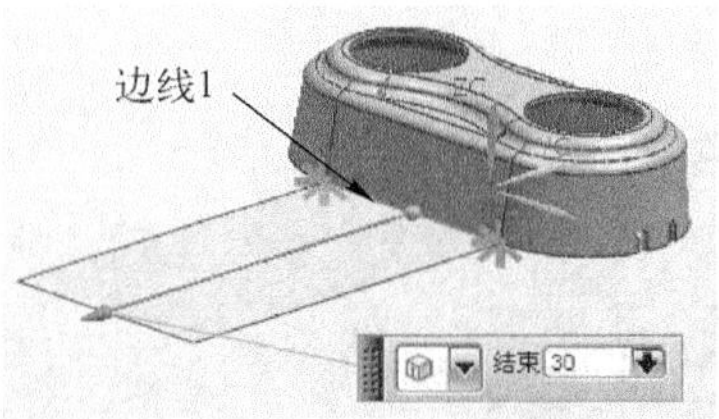

a)

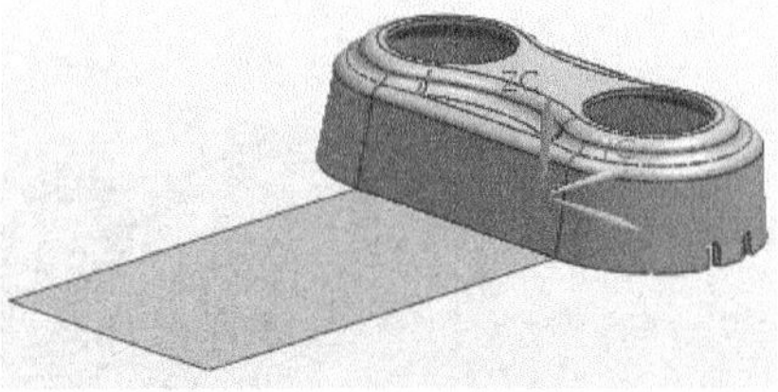

b)

图5-23 创建拉伸曲面1

3）继续选择如图5-24a所示的模型的边线2，设置拉伸的矢量方向为“-YC轴”，创建拉伸曲面2，如图5-24b所示。

4）继续选择如图5-25a所示的模型的边线3，设置拉伸的矢量方向为“+XC轴”，创建拉伸曲面3，如图5-25b所示。

5）继续选择如图5-26a所示的边线，设置拉伸的矢量方向为“-YC轴”，创建拉伸曲面4，如图5-26b所示。

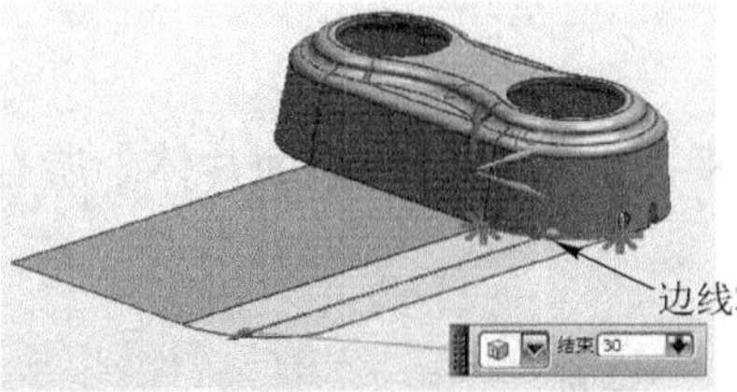

a)

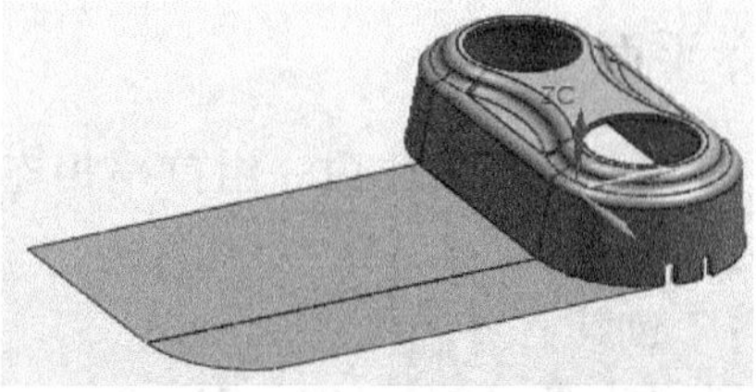

b)

图 5-24　创建拉伸曲面 2

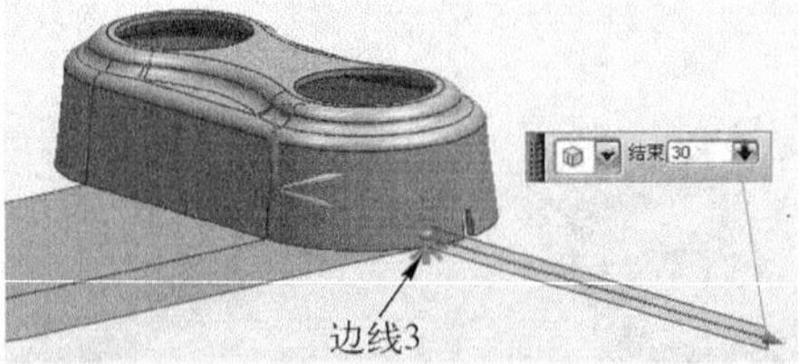

a)

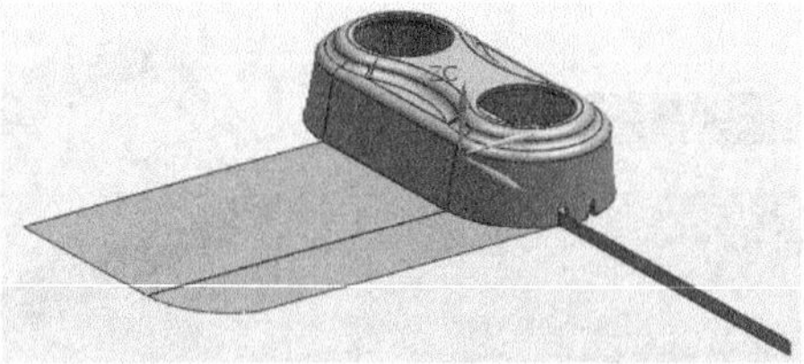

b)

图 5-25　创建拉伸曲面 3

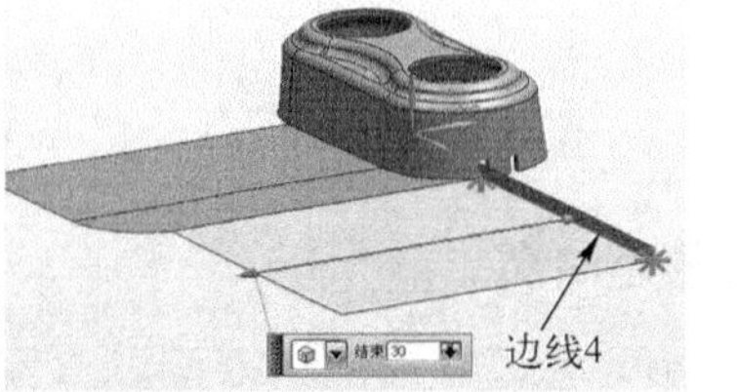

a)

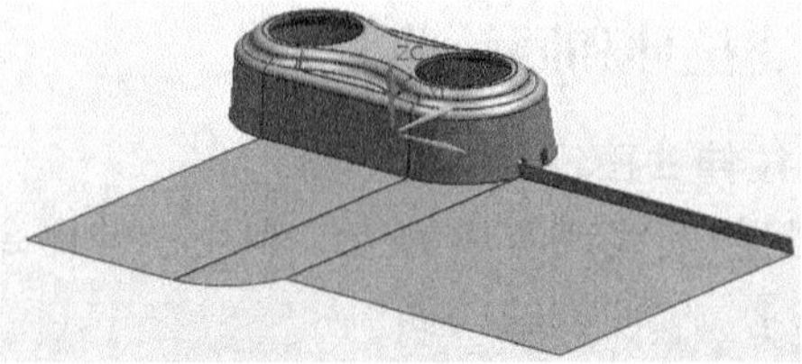

b)

图 5-26　创建拉伸曲面 4

6）按照上述方法，依次选项模型的边线，创建拉伸曲面。创建完成的拉伸曲面如图 5-27 所示。

图 5-27　创建完成的拉伸曲面

2. 创建回转曲面

【例 5-10】　回转创建曲面。

1）打开随书光盘 ch05\ch05_02\eg11\huizhuan. prt 文件。

2）单击“特征”工具栏中的“回转”按钮，系统弹出“回转”对话框，如图 5-28 所示；选择截面曲线后再选择“+YC 轴”作为回转矢量，系统提示指定点，通过“点构造器”功能选择“WCS”坐标系原点。单击对话框的“应用”按钮，创建回转曲面，如图5-29所示。

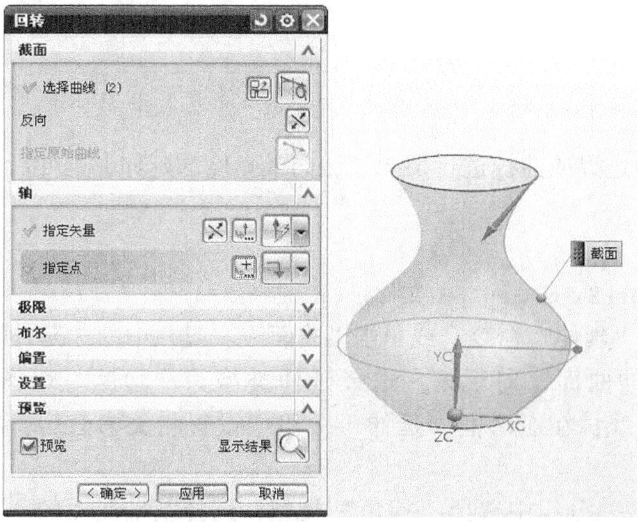

图5-28 “回转”对话框

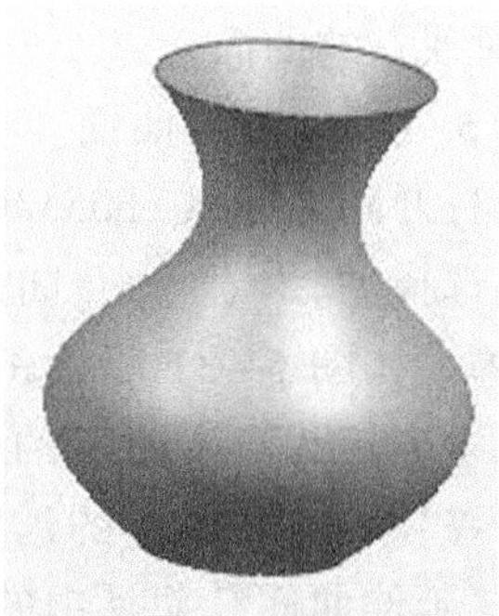

图5-29 创建回转曲面

5.3 由曲面构造曲面

由曲面构造曲面是指在已有的曲面上，通过偏置、延伸、桥接、缝合等方法生成新的曲面。

5.3.1 偏置曲面

“偏置曲面”命令可使所选曲面沿该面的法线方向按一定的距离进行偏置，从而生成新的曲面。用户可修改新建曲面相对于基础面偏置的方法，也可通过公差设置进行控制偏置曲面和基础面的相似程度。

【例5-11】 偏置曲面。

1）打开随书光盘 ch05\ch05_03\eg1\pianzhi.prt 文件，操作过程如图5-30所示。

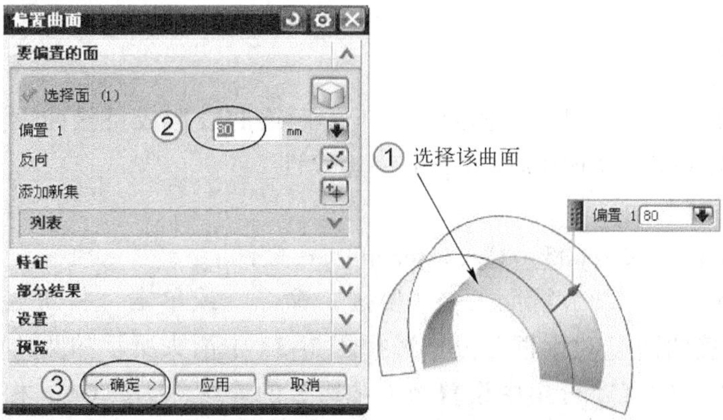

图5-30 创建偏置曲面

2）选择“插入”→“偏置/缩放”→“偏置曲面”命令，或单击“曲面”工具栏中的“偏置曲面”按钮，弹出“偏置曲面”对话框，选择曲面并设置偏置距离为80，单击“确定”按钮，即可生成偏置曲面。

5.3.2 延伸曲面

采用延伸曲面可对已存在曲面的边界或曲线进行切向、法向或角度的延伸，延伸后的曲面是相对独立的曲面。

【例 5-12】 延伸曲面。

1）打开随书光盘 ch05\ch05_03\eg2\yanshen. prt 文件。

2）选择“插入”→“曲面”→“延伸”命令，或单击“曲面”工具栏中的“延伸”按钮，弹出如图 5-31 所示的“延伸曲面”对话框。选择延伸类型为“边”，然后选择图 5-31 中步骤②箭头所示的曲面边线；在对话框“延伸”分组中设置相关参数后，单击“确定”按钮，完成曲面的延伸操作。

在“延伸曲面”对话框的“类型”分组中选择“拐角”类型，选择基础曲面的一个拐角后，可创建“拐角”类型的延伸曲面，如图 5-32 所示。

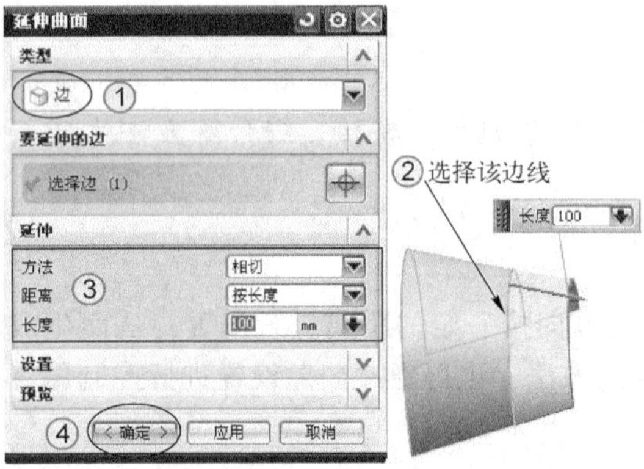

图 5-31 创建延伸曲面（“边”类型）

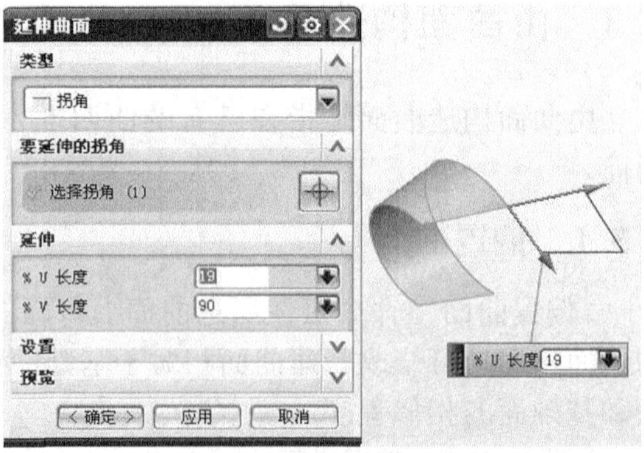

图 5-32 创建延伸曲面（“拐角”类型）

5.3.3 桥接曲面

“桥接曲面”命令可以通过位于两组曲面上的两组曲线形成桥接曲面，所生成的曲面与两边界曲线之间可以指定相切连续性或者曲率连续性。

【例 5-13】 桥接曲面。

1）打开随书光盘 ch05\ch05_03\eg3\qiaojie. prt 文件。

2）选择“插入”→“细节特征”→“桥接”命令，或单击“曲面”工具栏的“桥接”按钮，弹出“桥接曲面”对话框。分别选择图 5-33 中箭头所示的两曲面的边线。

3）在对话框的“约束”分组中设置边 1 和边 2 的连续性为“G1（相切）”，“流向”选择“未指定”类型，单击“确定”按钮，完成桥接曲面的创建，如图 5-33 所示。

在创建桥接曲面过程中，如果曲面出现扭曲，如图 5-34 所示，此时可单击“桥接曲面”对话框“边”分组中“选择边 1”或“选择边 2”下面的“反向”按钮，改变边线的方向，从而改变桥接曲面的形状。

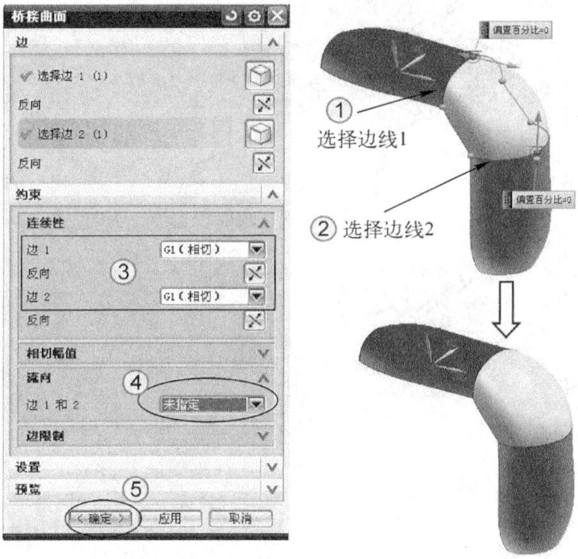

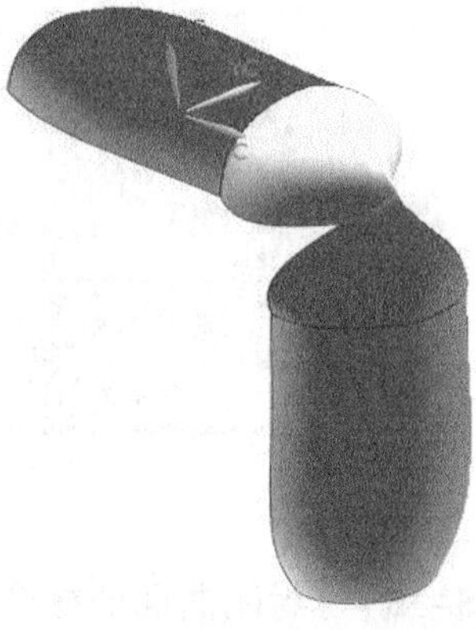

图 5-33 创建桥接曲面

图 5-34 边线方向对桥接曲面的影响

“桥接曲面”对话框中“约束”分组的“流向”控制如果采用“等参数”和“垂直”方式，则生成的桥接曲面效果如图 5-35 和图 5-36 所示。“等参数”选项是指桥接曲面的等参数方向沿着原来基本曲面的等参数方向；“垂直”选项是指桥接曲面的等参数方向与已经选择的边线方向垂直。

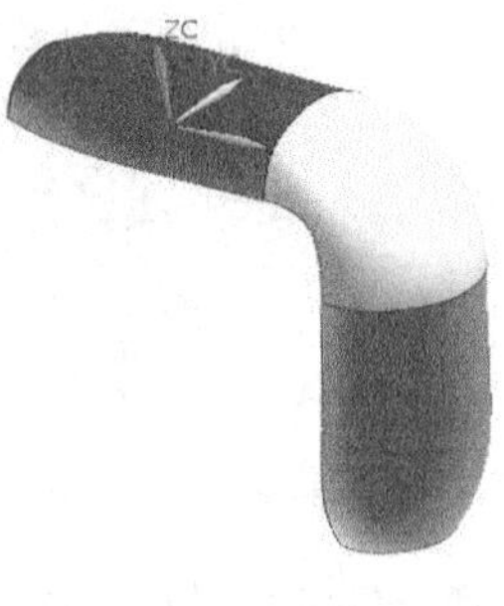

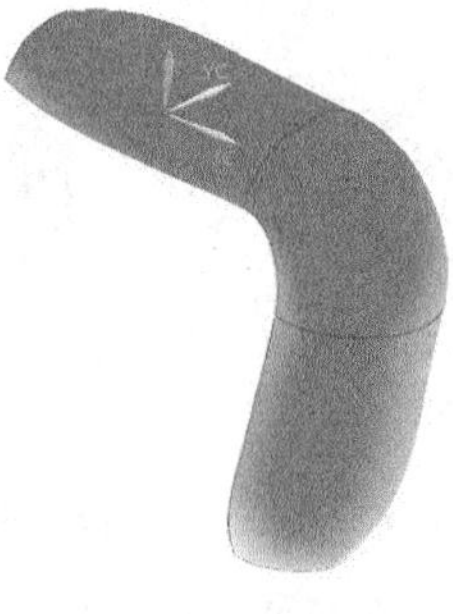

图 5-35 等参数控制

图 5-36 垂直控制

5.3.4 曲面缝合

“缝合”命令可以把两个或者多个曲面缝合成单个新的曲面。如果一组曲面构成了封闭曲面，则利用“缝合”命令可以生成实体。

【例 5-14】 开放曲面的缝合。

1）打开随书光盘 ch05\ch05_03\eg4\Fenghe. prt 文件。

2）选择“插入”→“组合”→“缝合”命令，或单击“曲面”工具栏的“缝合”按钮，弹出“缝合”对话框。选择图 5-37 中模型的任一曲面作为目标体，然后框选其他曲面作为工具体，单击对话框的“应用”按钮创建缝合曲面，即将所有曲面缝合为一个曲面。

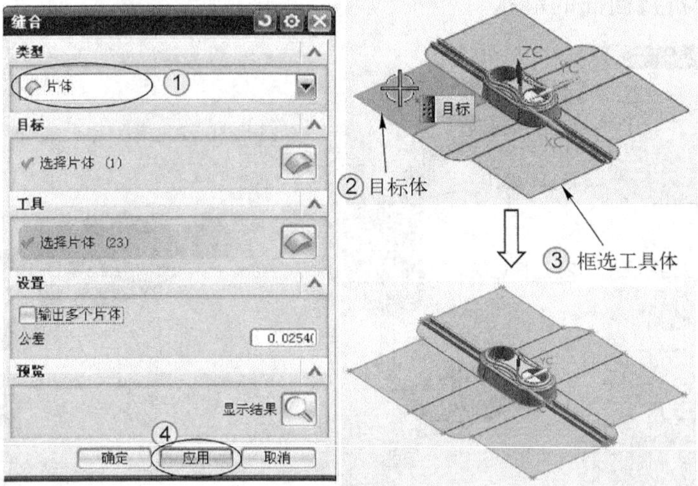

图 5-37　曲面的缝合

【例 5-15】　封闭曲面的缝合。

1）打开随书光盘 ch05\ch05_03\eg5\Fenghe1. prt 文件，如图 5-38 所示。

2）单击“特征”工具栏中的“拉伸”按钮，系统弹出“拉伸”对话框；依次选择如图 5-38 所示曲面边线，设置拉伸距离为 30，设置拉伸方向为“+ZC 轴”，创建拉伸曲面，如图 5-39 所示。

3）单击“曲面”工具栏中的“有界平面”按钮，弹出“有界平面”对话框，选择图 5-39 模型开口区域的 4 条边线，创建有界平面，如图 5-40 所示。

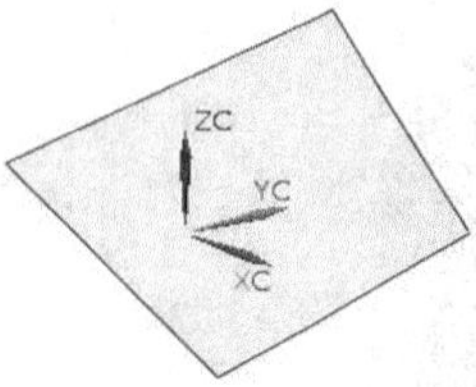

图 5-38　曲面

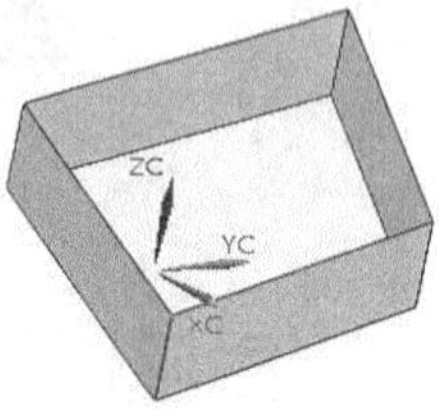

图 5-39　创建拉伸曲面

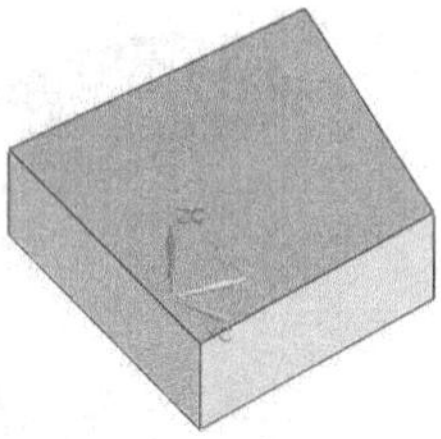

图 5-40　创建有界平面

4）单击“曲面”工具栏中的“缝合”按钮，弹出“缝合”对话框。选择图 5-41 中模型的上表面（刚创建的有界平面）作为目标体，然后框选其他曲面作为工具体，单击对话框的“应用”按钮则将所有封闭曲面缝合在一起，构成实体，如图 5-42 所示。

图 5-41　缝合

图 5-42　缝合为实体

5）选择“视图”→“截面”→“编辑工作截面”命令，或单击“视图”工具栏的“编辑工作截面”按钮，弹出如图 5-43 所示的“视图截面”对话框。在对话框的“剖切平面”分组中单击“设置平面至 X”按钮，其他选项默认，单击“确定”按钮，生成如图 5-44 所示的剖切模型，可观察上一步缝合生成的模型是否为实体。

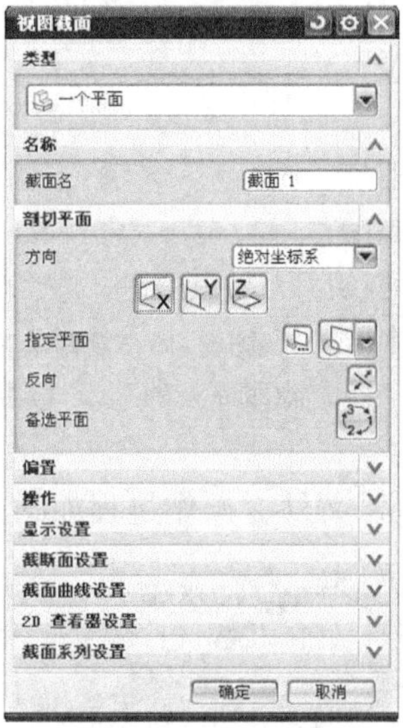

图 5-43 “视图截面”对话框

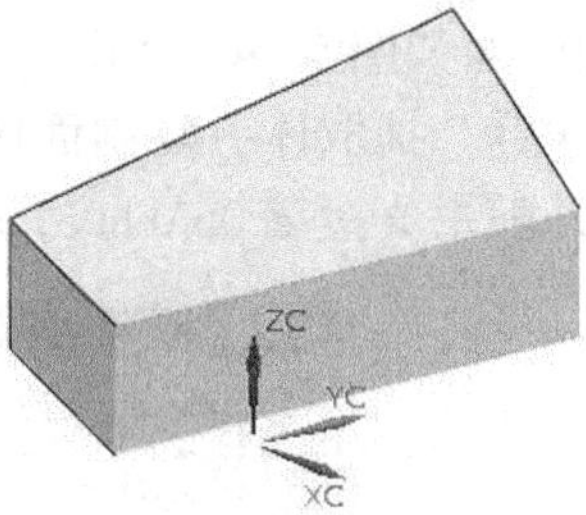

图 5-44 剖切模型

5.3.5 曲面的抽取复制

“抽取体”命令可从一个实体或者片体中抽取曲面来创建片体。抽取独立曲面时，只需单击选择该面即可；抽取区域面时，可通过定义种子面和边界面来创建片体，所创建的片体是从种子面开始向四周延伸到边界面而构成片体。

【例 5-16】 抽取体—复制单个面。

1）打开随书光盘 ch05\ch05_03\eg6\chouquti. prt 文件，操作过程如图 5-45 所示。

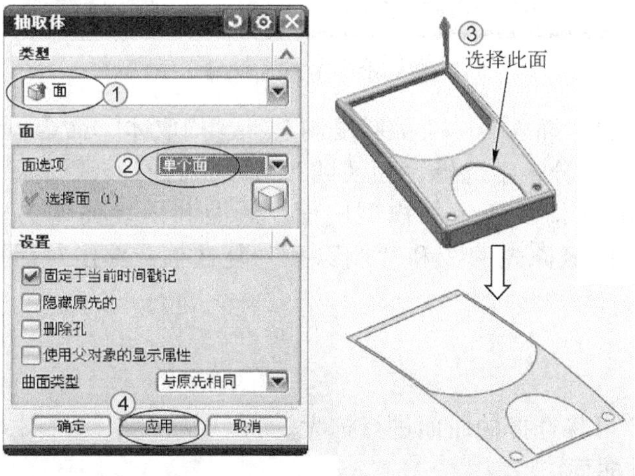

图 5-45 复制单个面

2）选择“插入”→“关联复制”→“抽取体”命令，或单击“曲面”工具栏的“抽取体”按钮（通过工具的定制功能，可将“抽取体”按钮拖到“曲面”工具栏中），弹出“抽取体”对话框。在对话框的“类型”分组中选择“面”选项，在“面”分组中选择“单个面”选项，其他设置默认；选择模型的上表面，然后单击对话框的“应用”按钮完成面的抽取。

3）将模型实体隐藏后，则抽取的面如图 5-45 所示。

在“抽取体”对话框的“设置”分组中，选中“隐藏原先的”复选框，则表示抽取曲面时将隐藏原先的几何体；选中“删除孔”复选框，则在抽取几何体时，系统将自动封闭有孔的表面。将上述两项选中后，抽取的曲面如图 5-46 所示。

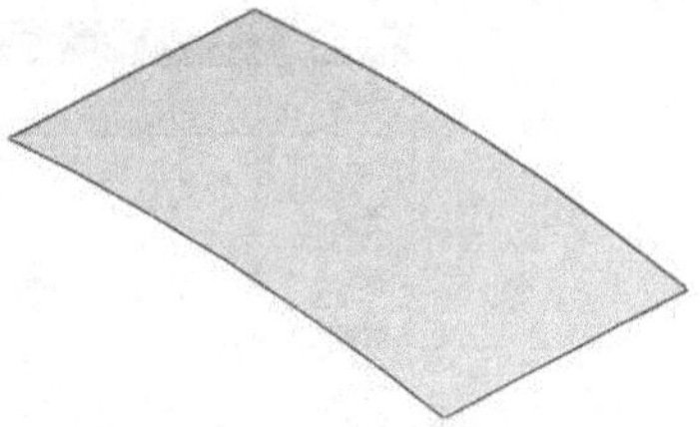

图 5-46　复制单个面（选中“隐藏原先的”及“删除孔”复选框）

【例 5-17】　抽取体—复制面区域。

1）打开随书光盘 ch05\ch05_03\eg7\chouquti1. prt 文件，操作过程如图 5-47 所示。

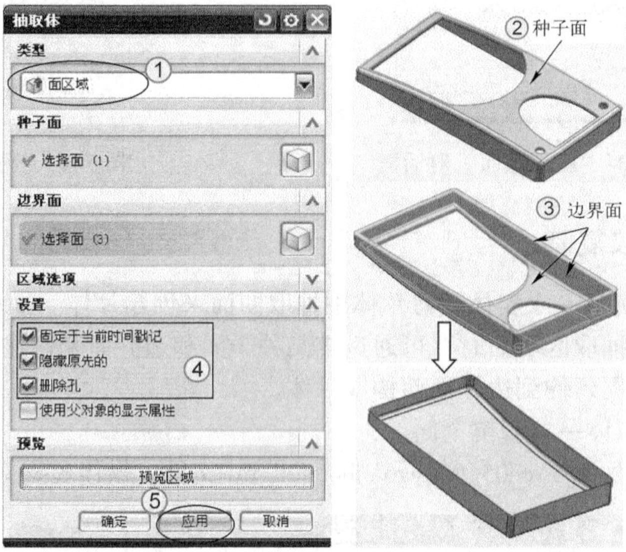

图 5-47　复制面区域

2）选择菜单栏中的“插入”→“关联复制”→“抽取体”命令，弹出“抽取体”对话框。在对话框的“类型”分组中选择“面区域”选项；选择步骤②箭头所示的模型上表面作为种子面，选择步骤③箭头所示的模型底面、侧面和内表面作为边界面；在对话框的“设置”分组中选中“隐藏原先的”和“删除孔”复选框；单击对话框的“应用”按钮完成面区域的抽取复制。

5. 3. 6　扩大曲面

“扩大曲面”命令可将选择的曲面进行扩大。

【例 5-18】　扩大曲面。

1）打开随书光盘 ch05\ch05_03\eg8\kuoda. prt 文件，操作过程如图 5-48 所示。

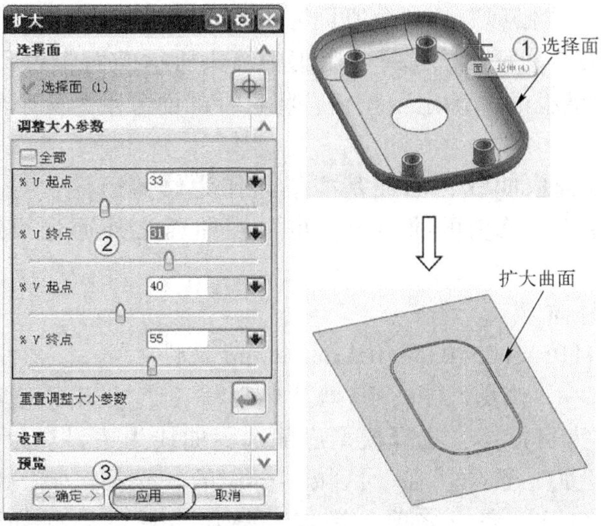

图 5-48　扩大曲面

2）选择“编辑”→“曲面”→“扩大”命令，或单击“编辑曲面”工具栏的“扩大”按钮，弹出“扩大”对话框。选择图 5-48 中模型的底面，然后拖动滑块调整曲面的大小，单击“应用”按钮，生成扩大曲面。

5.3.7　片体的修剪

利用片体、曲线可以对现有曲面进行修剪，以创建新的曲面。片体的修剪主要有“分割面”“修剪片体”和“修剪和延伸”命令，下面将逐一进行介绍。

1. 分割面

“分割面”命令可通过曲线、曲面、基准平面等对现有面进行分割。分割面命令常用于创建部件、图样、模具上的分型边或分型线。

【例 5-19】　分割面。

1）打开随书光盘 ch05\ch05_03\eg9\fenge. prt 文件，操作过程如图 5-49 所示。

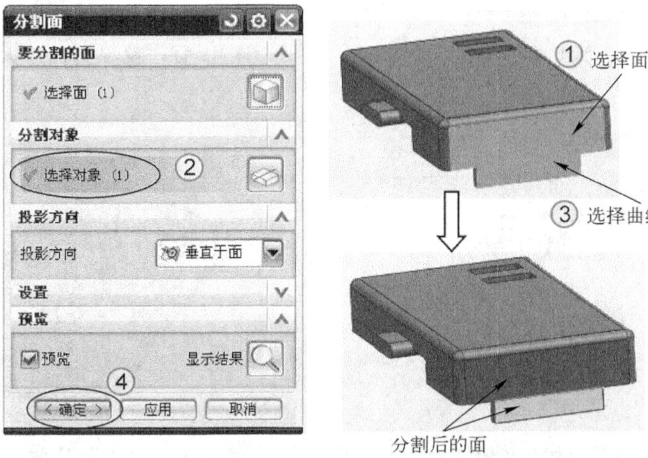

图 5-49　分割面

2）选择“插入”→“修剪”→“分割面”命令，或单击“曲面”工具栏的“分割面”按钮，弹出“分割面”对话框，选择步骤①中箭头所示的面作为要分割的面，选择直线作为分割对象，单击对话框的“确定”按钮，将选择的面分割为两个面。

2. 修剪片体

修剪片体工具可以选取曲线、面或基准平面作为修剪边界，对一个或多个片体进行修剪。修剪边界可以在将要修剪的曲面上，也可在曲面之外通过投影方向来确定修剪的边界。

【例 5-20】 修剪片体。

1）打开随书光盘 ch05\ch05_03\eg10\xiujian. prt 文件。

2）选择“插入”→“修剪”→“修剪片体”命令，打开“修剪片体”对话框。选择图 5-51 所示的片体为目标体，选择模型底面边界曲线为边界对象，在“投影方向”下拉列表中选择“垂直于面”选项，在“区域”分组的“选择区域”中选中“保持”单选按钮，单击“确定”按钮，完成修剪。完成片体修剪后的效果如图 5-52 所示；若在“区域”分组的“选择区域”中选中“舍弃”单选按钮，则修剪片体的效果如图 5-53 所示。

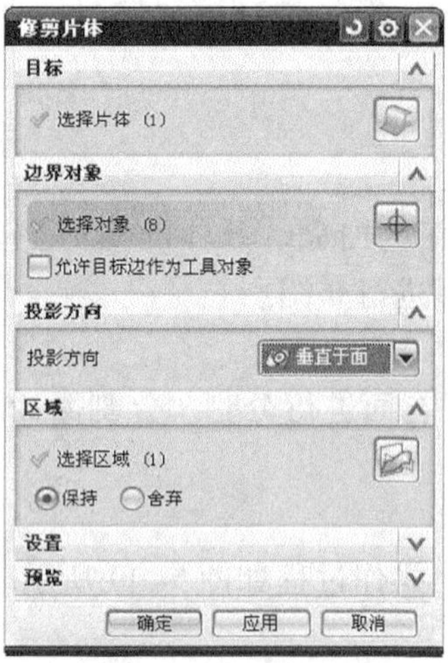

图 5-50 “修剪片体”对话框

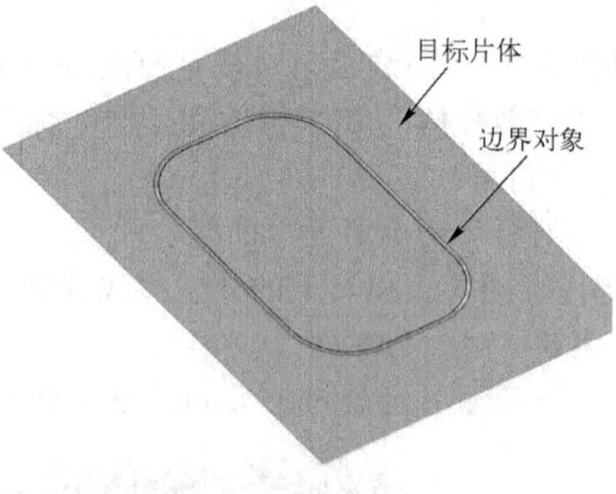

图 5-51 选择目标片体和边界对象

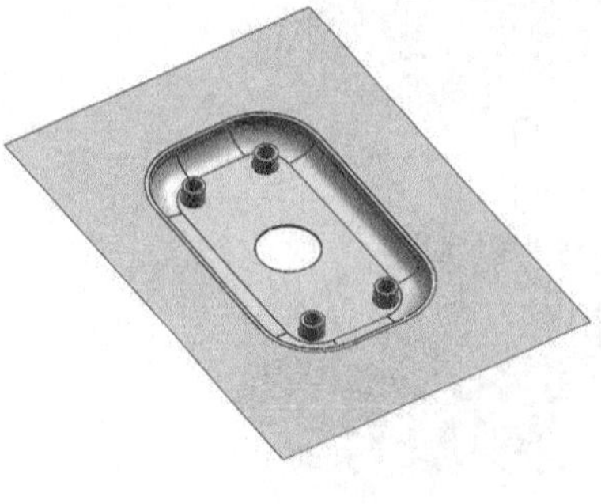

图 5-52 “修剪片体”（保持）

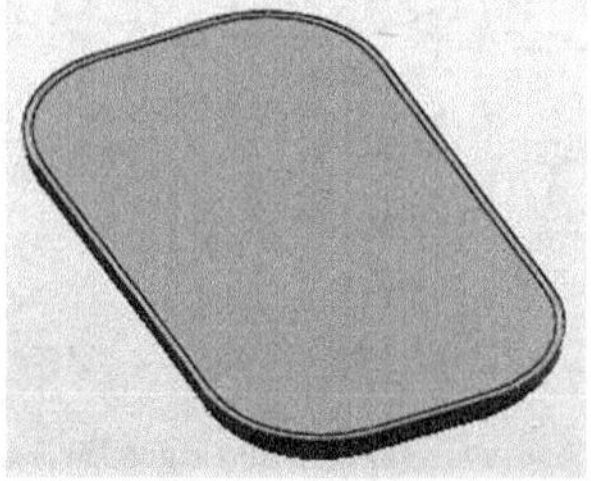

图 5-53 “修剪片体”（舍弃）

3. 修剪和延伸

“修剪和延伸”命令是由边或曲面组成的一组工具对象来延伸或修剪一个或多个曲面。

选择“插入”→“修剪”→“修剪和延伸”命令，系统弹出如图 5-54 所示的“修剪和延伸”对话框。在对话框的“类型”下拉列表中有 4 种修剪和延伸类型：“按距离”“以测量百分比”“直至选定对象”和“制作拐角”。

- 按距离：按一定的距离来创建与原曲面自然曲率相等、相切或镜像的延伸曲面。改类型只能延伸曲面，不会发生修剪。
- 以测量百分比：按新的延伸面为所选边的长度百分比来控制延伸面。该类型不会发生修剪。
- 直至选定对象：修剪曲面至选定的参照对象。该类型可用来修剪曲面，也可用曲面修剪实体。
- 制作拐角：在目标体和工具体之间形成拐角。

【例 5-21】 修剪和延伸。

1）打开随书光盘 ch05\ch05_03\eg11\xjhys. prt 文件。

2）选择“插入”→“修剪”→“修剪片体”命令，打开“修剪和延伸”对话框。在对话框的“类型”下拉列表中选择“按距离”选项，设置延伸的距离为 15；设置“选择边”为 相连曲线，选择图 5-55 所示的一条曲线，则相连曲线均被选中；单击“修剪和延伸”对话框的“应用”按钮，生成延伸曲面，如图 5-56 所示。

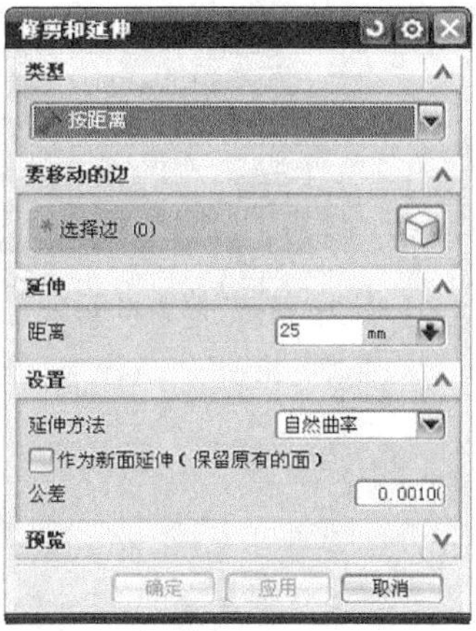

图 5-54 “修剪和延伸”对话框（一）

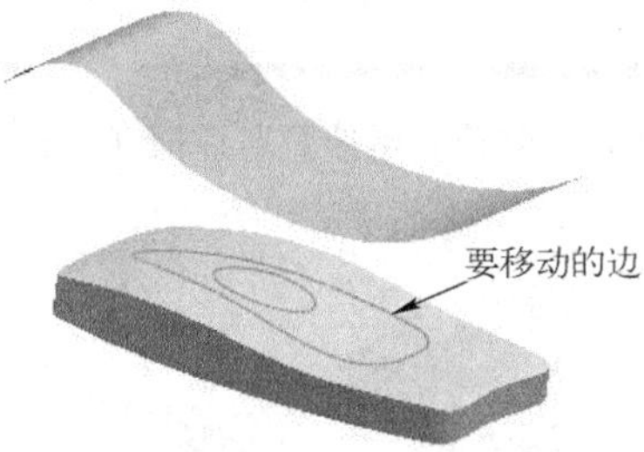

图 5-55 选择边线

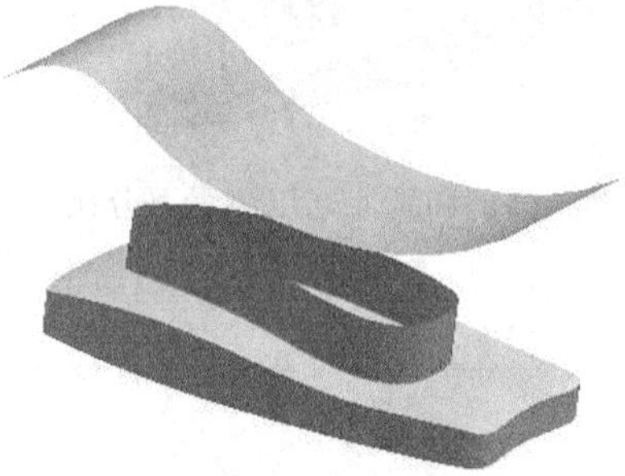

图 5-56 修剪和延伸（按距离）

3）在“修剪和延伸”对话框的“类型”下拉列表中选择“以测量百分比”选项，对话框变为如图 5-57 所示。选择如图 5-55 所示的封闭曲线后，单击对话框“延伸”分组中的“选择边”选项，然后选择如图 5-58 所示的单条曲线，并设置测量百分比为 50，单击对话框的“应用”按钮，创建延伸曲面，如图 5-59 所示。

4）在“修剪和延伸”对话框的“类型”下拉列表中选择“直至选定对象”选项，对话框变为如图 5-60 所示。分别选择如图 5-61 所示的目标边和工具片体，创建的曲面延伸到所选的边界曲面，如图 5-62 所示。

图 5-57 “修剪和延伸”对话框（二）

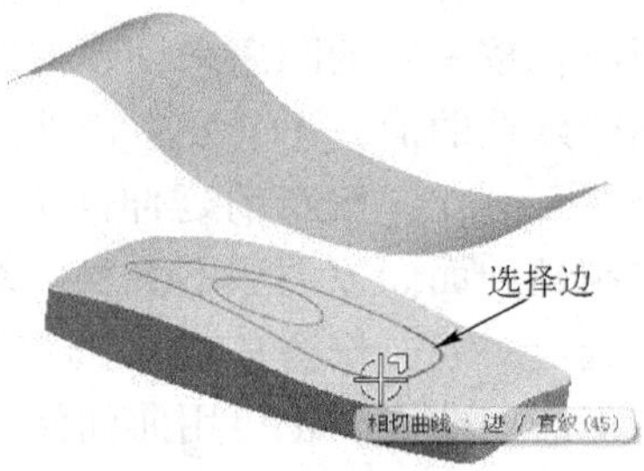

图 5-58 选择边

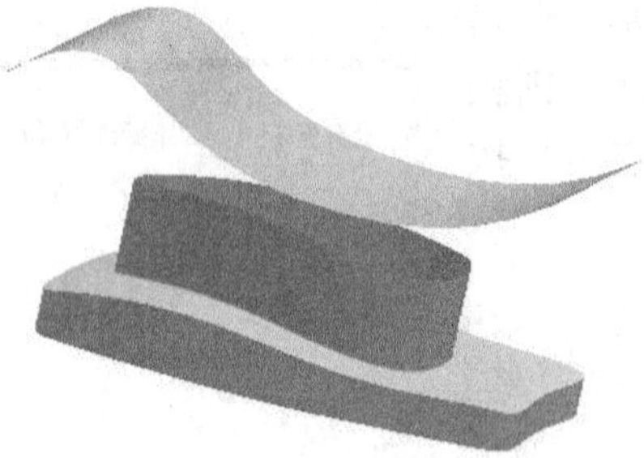

图 5-59 修剪和延伸（以测量百分比）

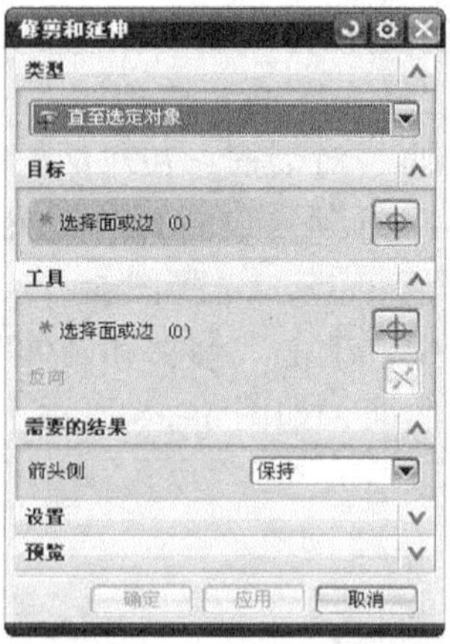

图 5-60 “修剪和延伸”对话框（三）

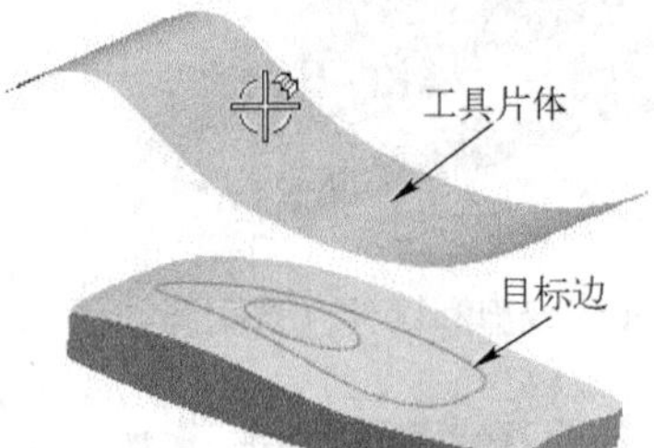

图 5-61 选择目标和工具

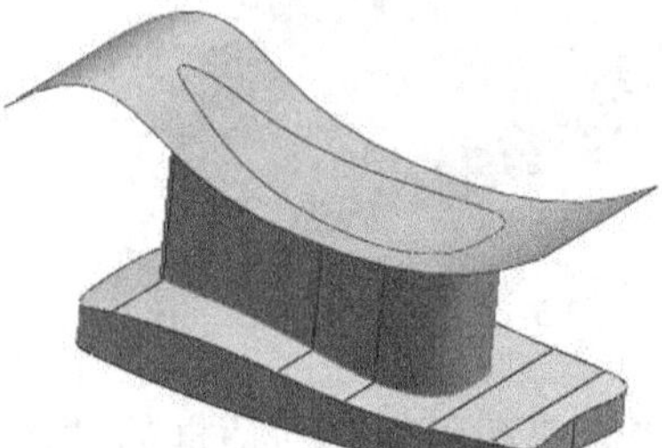

图 5-62 修剪和延伸（直至选定对象）

5.4 曲面的编辑与分析

在基本曲面创建完成后，根据设计需要可对曲面进行编辑操作；在曲面建模过程中经常需要对曲线或曲面进行分析，查看是否达到设计要求。本节将介绍曲面编辑和分析的基本命令。

5.4.1 曲面的编辑

曲面的编辑是对已创建的曲面进行修改。本节主要介绍“移动定义点”“移动极点”“片体边界”“边倒圆”“面倒圆”等命令，“编辑曲面”工具栏如图 5-63 所示。

图 5-63 “编辑曲面”工具栏

1. 移动定义点

“移动定义点”命令是通过移动定义曲面的点来修改曲面。

【例 5-22】 编辑曲面—移动定义点。

1）打开随书光盘 ch05\ch05_04\eg1\yddian. prt 文件，如图 5-64 所示。

2）选择“编辑”→“曲面”→“移动定义点”命令，或单击“编辑曲面”工具栏的“移动定义点”按钮，弹出如图 5-65 所示的“移动定义点”对话框；选择对话框的“编辑原片体”单选按钮，根据系统提示选择如图 5-64 所示的曲面后，曲面显示如图 5-66 所示，此时系统弹出如图 5-67 所示的“移动点”对话框。

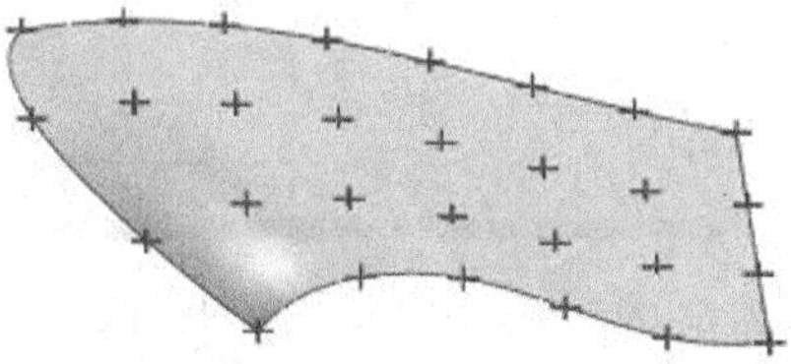

图 5-64 “通过点”创建的曲面

图 5-65 “移动定义点”对话框（一）

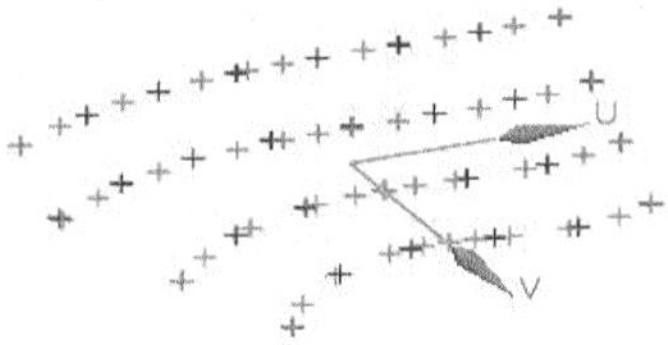

图 5-66 选择曲面

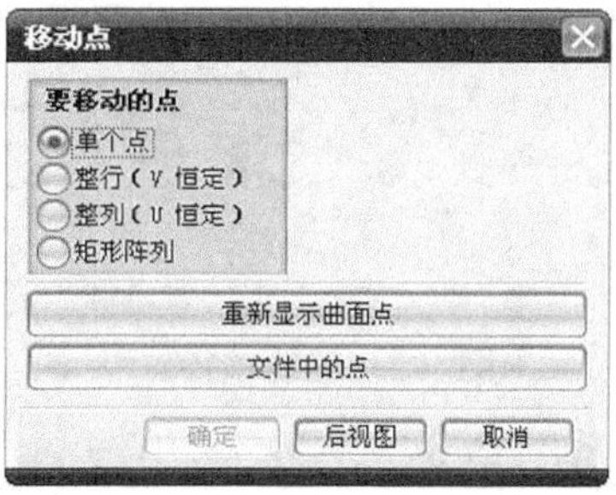

图 5-67 “移动点”对话框

“移动定义点”和“移动点”对话框的选项说明如下。

- 编辑原片体：直接编辑原来的曲面；选项中的“片体”即为曲面。
- 编辑副本：使原来的曲面保持不变，编辑一个副本曲面，即编辑一个复制的曲面；在需要保留原始曲面时，一般采用这种方式对曲面进行编辑。
- 单个点：选择其中一个点进行编辑，选中后系统会用一个小矩形框进行标记。

- 整行（V 恒定）：选择某行上的一个点，则整行点被选中，给定一个位移量，整行的点同时按此值移动。
- 整列（U 恒定）：选择某列上的一个点，则整列点被选中，给定一个位移量，整列的点同时按此值移动。
- 矩形阵列：用光标指定两个对角点，由对角点围成的矩形区域内包含的所有点都按照给定的位移量移动。

3）选择“移动点”对话框的“整行（V 恒定）”单选按钮，选择图 5-66 所示要编辑的行中的一点，则系统自动进行判别，并用一个小矩形框对选择的行中所有点进行标记，如图 5-68 所示。

4）选择完要移动的整行点后，系统弹出如图 5-69 所示的“移动定义点”对话框，在“DZC”文本框中输入 2，单击“确定”按钮，则选中的整行点沿 + ZC 方向被移动，如图 5-70 所示。单击“确定”按钮则重新生成的曲面如图 5-71 所示。

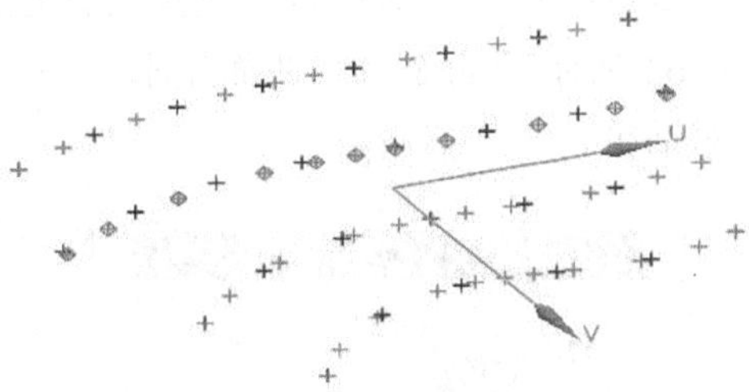

图 5-68　选择整行点

图 5-69　“移动定义点”对话框（二）

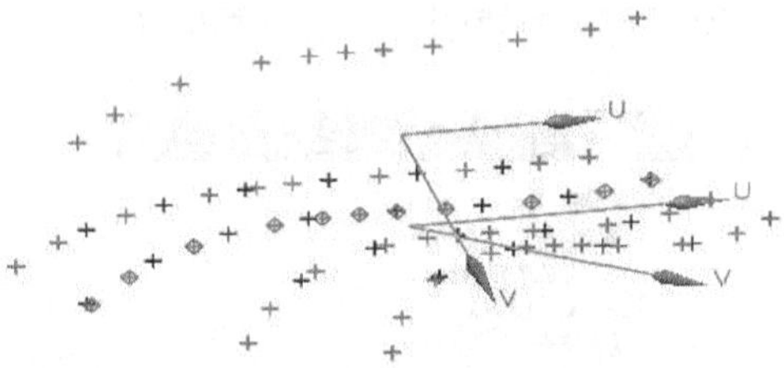

图 5-70　移动整行点

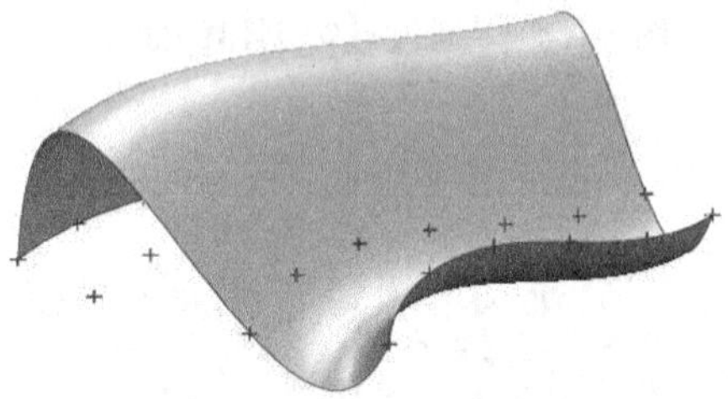
图 5-71　编辑后的曲面

2. “边界”命令

曲面编辑中的“边界”命令可用来移除片体上的孔、移除片体的修剪特征及替换边。

【例 5-23】 编辑曲面—边界。

1）打开随书光盘 ch05\ch05_04\eg2\ptbj. prt 文件，如图 5-72 所示。

2）选择“编辑”→“曲面”→“边界”命令，或单击“编辑曲面”工具栏的“边界”按钮，系统弹出如图 5-73 所示的“编辑片体边界”对话框，单击“移除孔”按钮，系统弹出如图 5-74 所示的“选择要移除的孔”对话框，选择如图 5-72 所示孔的边线后，单击“确定”按钮，片体上的孔被移除，如图 5-75 所示。

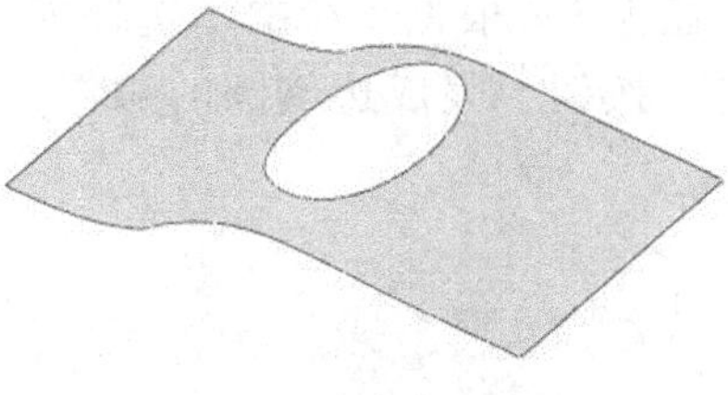

图 5-72　片体

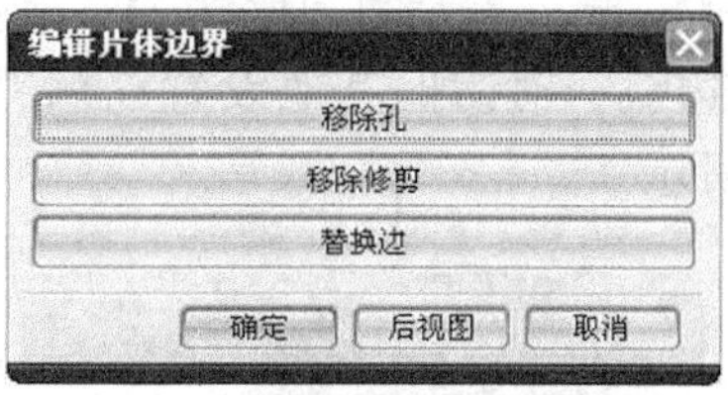

图 5-73　“编辑片体边界”对话框

图 5-74　“选择要移除的孔”对话框

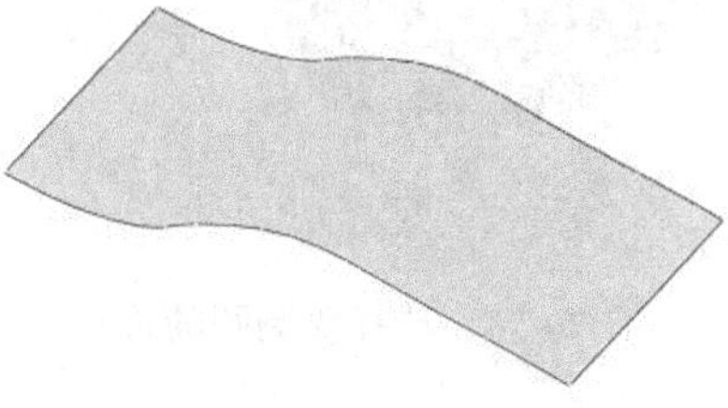

图 5-75　移除孔后的曲面

图 5-73 所示“编辑片体边界”对话框的选项说明如下。

- 移除孔：从曲面上删除孔。
- 移除修剪：从曲面上删除裁剪的边，恢复原来未裁剪的曲面。
- 替换边：此项操作只限于单张曲面，指定要替换的边和边界对象，这个边投影到边界对象上得到的交线将替换原有的边界，用户要确定保留边界的哪一侧，保留的部分为裁剪后的片体。

3. 边倒圆

“边倒圆”命令可在两组曲面或实体表面之间进行倒圆角，使两组曲面以光滑的过渡曲面进行连接。

【例 5-24】 边倒圆。

1）打开随书光盘 ch05\ch05_04\eg3\biandaoyuan. prt 文件，如图 5-76 所示。

2）选择“插入”→“细节特征”→“边倒圆”命令，系统弹出如图 5-77 所示的

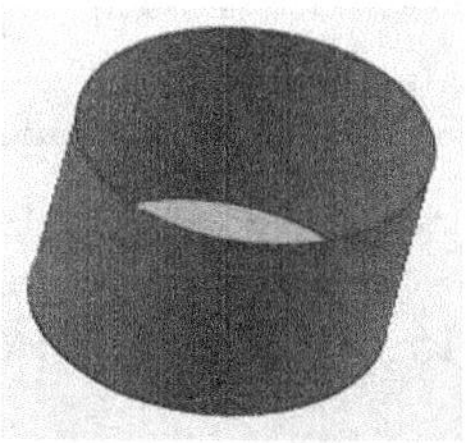

图 5-76　模型

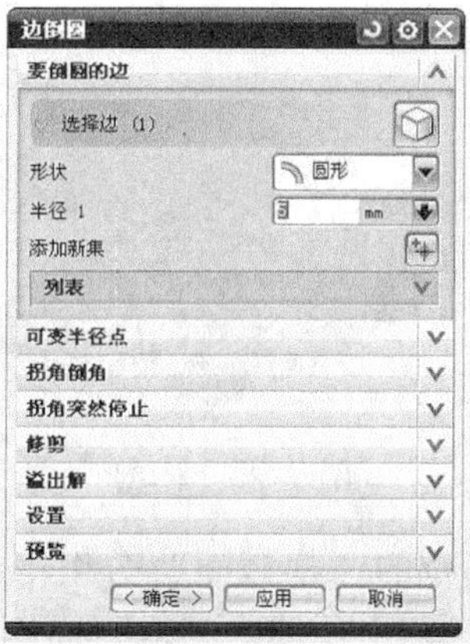

图 5-77　“边倒圆”对话框

“边倒圆”对话框；选择倒圆形状为“圆形”，设置半径为5；根据系统提示选择如图5-78模型的底圆边线，对话框其他设置默认；单击“确定”按钮，完成边倒圆的操作，其效果如图5-79所示。

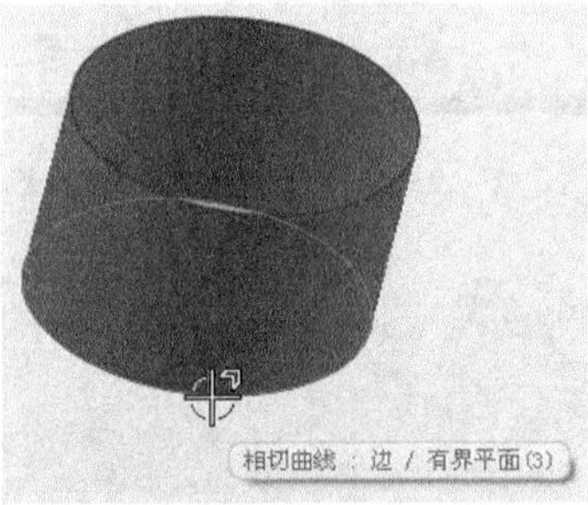

图5-78　选择要倒圆的边

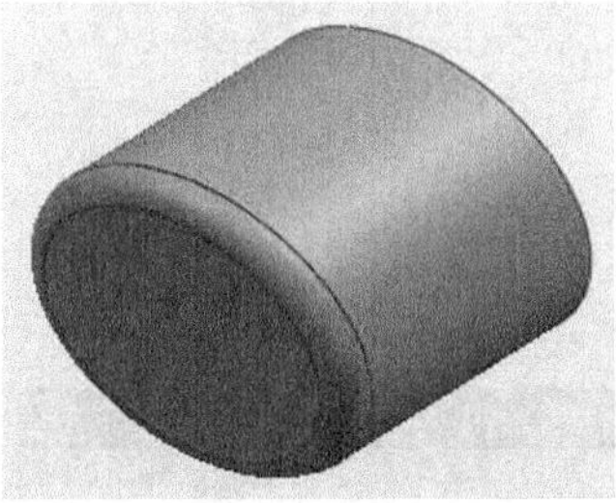

图5-79　边倒圆效果

4. 面倒圆

“面倒圆”命令可在两组或三组片体之间添加相切倒圆面。

【例5-25】 面倒圆。

1）打开随书光盘ch05\ch05_04\eg4\miandaoyuan. prt文件，如图5-80所示。

2）选择“插入”→“细节特征”→“面倒圆”命令，系统弹出如图5-81所示的“面倒圆”对话框；在“类型”下拉列表中选择“两个定义面链”，分别选择图5-82中的两个片体作为面链1和面链2，并注意两个面链的矢量箭头方向指向圆角的圆心方向（可通过单击反向按钮来调整）。

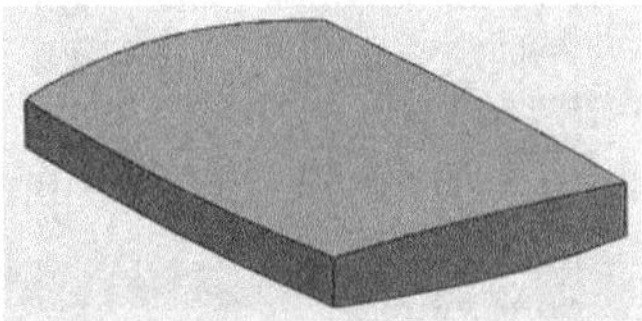

图5-80　模型

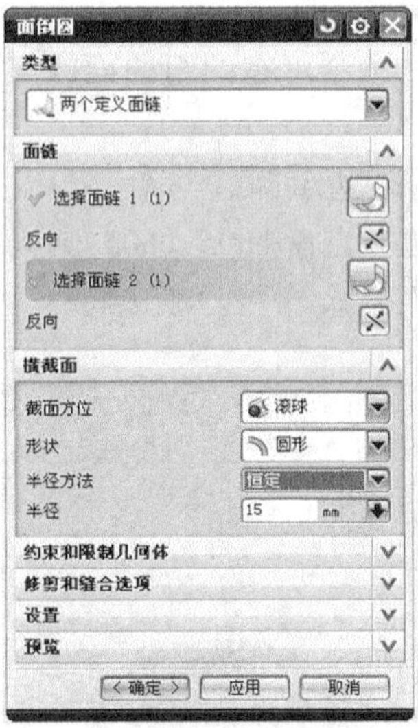

图5-81　“面倒圆”对话框

3）在对话框的“横截面”分组中设定面倒圆半径为15，其他参数默认，单击“应用”按钮，对所选的两个片体之间进行面倒圆，如图5-83所示。

4）按照上述相同的操作方法，对模型其他三组面链之间倒圆角，如图5-84所示。

5）保持对话框的各项设置不变，选择如图5-85所示的模型顶面和侧面作为两组面链，单击对话框的“应用”按钮，则模型顶面和侧面之间进行面倒圆，如图 5-86 所示。

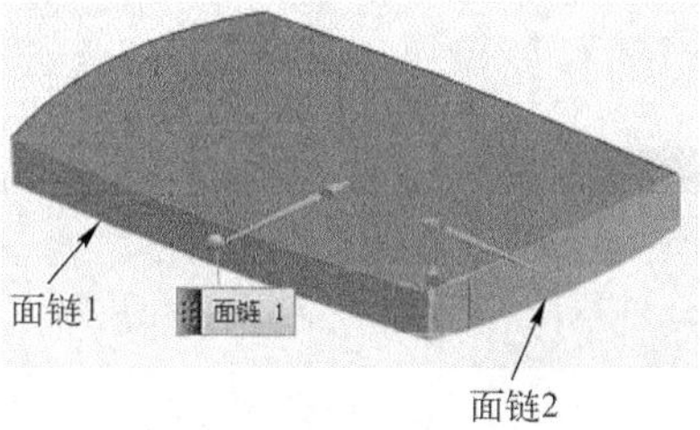

图 5-82　选择面链

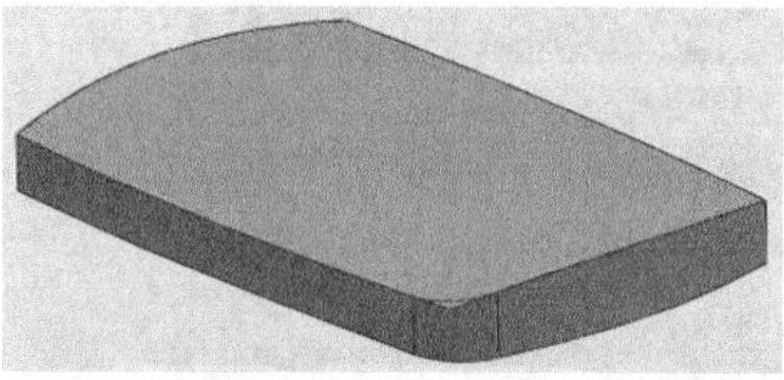

图 5-83　面倒圆（一）

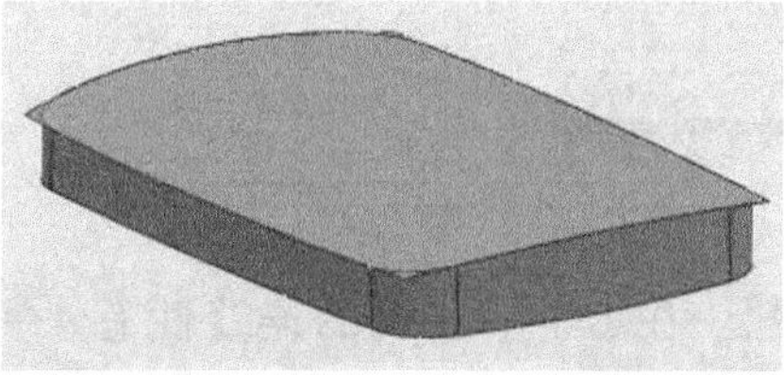

图 5-84　面倒圆（二）

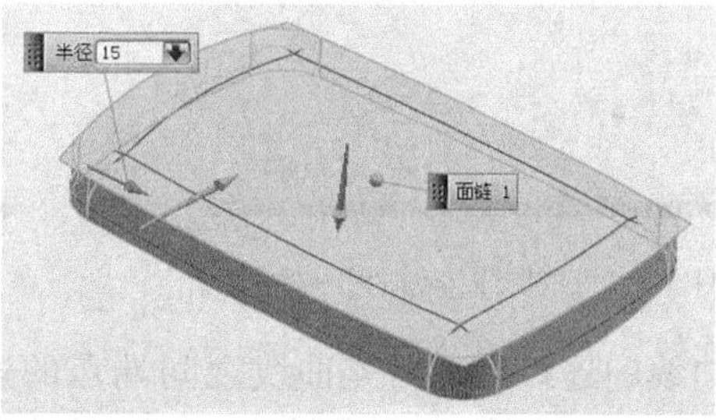

图 5-85　选择面链

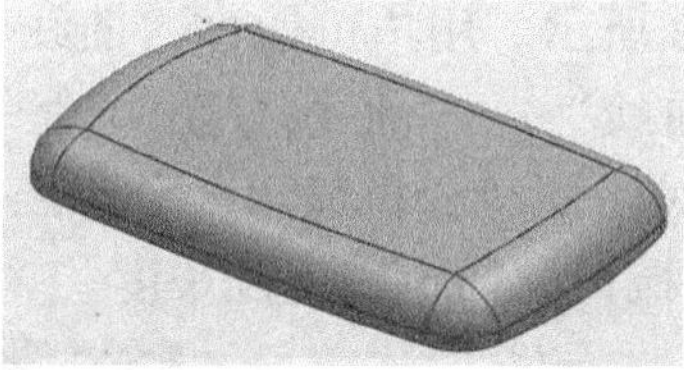

图 5-86　面倒圆（三）

5.4.2　曲线和曲面分析

在曲面建模过程中需要对构建的曲线和曲面的质量进行分析和验证，以保证建立的曲面符合设计要求。本节主要介绍曲线的连续性分析、曲面的连续性分析及曲面厚度分析等内容。“形状分析”工具栏如图 5-87 所示。

图 5-87　“形状分析”工具栏

1. 曲线连续性分析

曲线的连续性分析在创建光顺的曲面时非常重要。利用“形状分析”工具栏中的“曲线连续性分析”按钮及“曲线分析—曲率梳”按钮可检查曲线与参考对象（面、边、曲线或基准平面）之间的连续性。单击“曲线连续性分析”按钮，弹出如图 5-88 所示的“曲线连续性”对话框。选择要分析的曲线及参考对象后，可查看曲线的连续性分析结果，如图 5-89 所示。

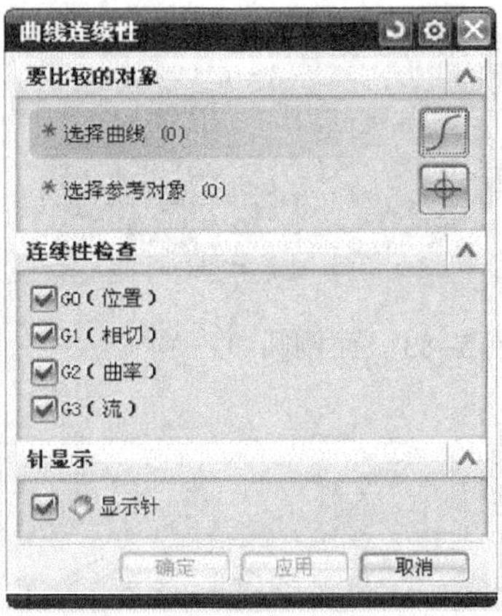

图 5-88 “曲线连续性”对话框

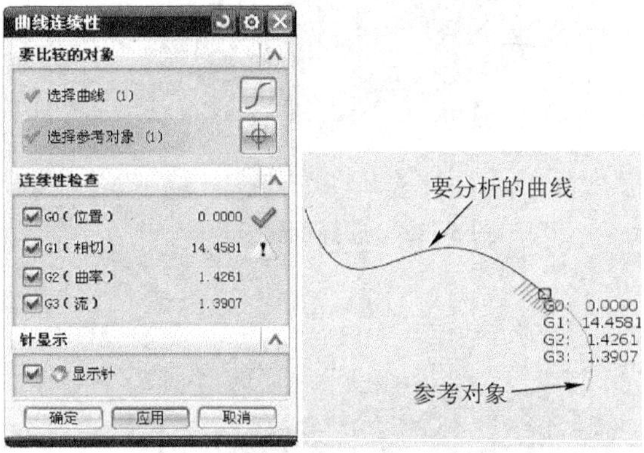

图 5-89 曲线连续性检查

曲线的连续性通常是曲线之间端点的连续性问题，在 UG 中曲线的连续性有 4 种类型：G0 连续、G1 连续、G2 连续和 G3 连续。利用“曲线分析—曲率梳”命令可形象地分析曲线上的曲率半径、曲率反向等参数，并以曲率梳显示出来。曲率梳的梳齿代表曲率半径的大小及垂直曲线的方向，如图 5-90 所示。用户可通过“曲线分析”对话框中的选项设置来调整曲率梳。选择“分析”→“曲线”→“曲线分析”命令，系统弹出如图 5-91 所示的“曲线分析”对话框，通过拖动对话框“分析显示”分组中的“针比例”“针数”和“内部样本”的滑动条，可调整曲率梳梳齿的稀疏程度及长度。

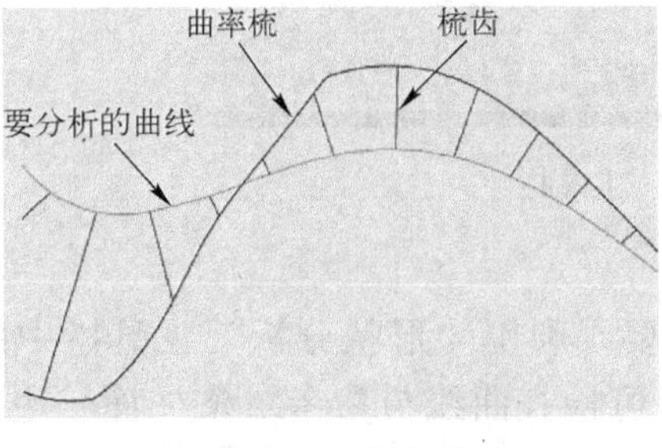

图 5-90 曲率梳

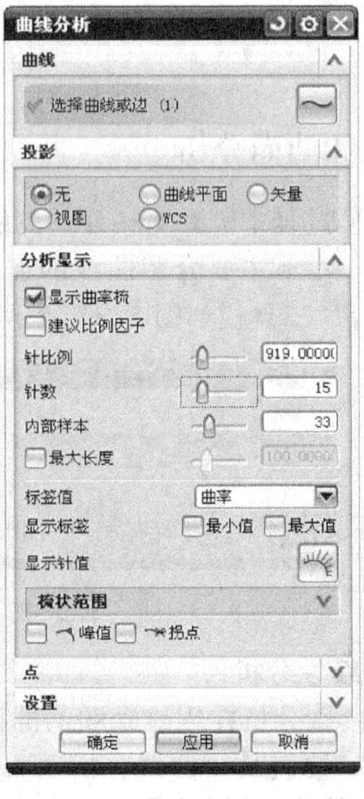

图 5-91 “曲线分析”对话框

下面结合“曲率梳”命令，通过实例介绍曲线的4种连续性（G0、G1、G2、G3）及曲线连续性的检查。

（1）G0（位置连续）

打开随书光盘 ch05\ch05_04\eg5\G0.prt 文件，如图5-92所示。选择曲线1和曲线2后，单击“形状分析”工具栏中的“曲线分析－曲率梳”按钮，两曲线显示曲率梳，如图5-93所示。由图5-93可知，G0连续是两曲线在端点处相连，但连接处的切线方向和曲率都不一致；两曲线连接处的曲率梳外形不连续，有开口，梳齿在端点处不重合。

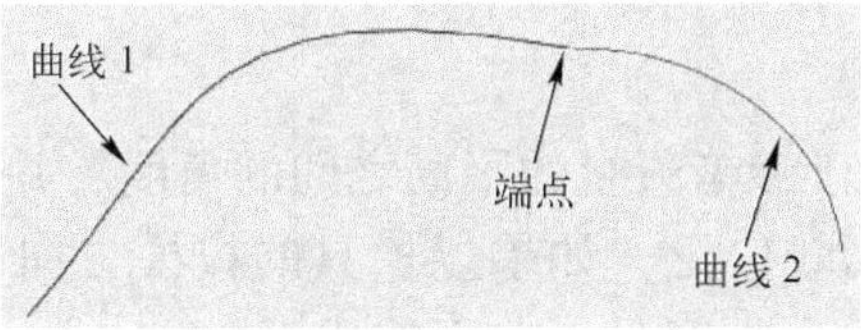

图5-92　两曲线

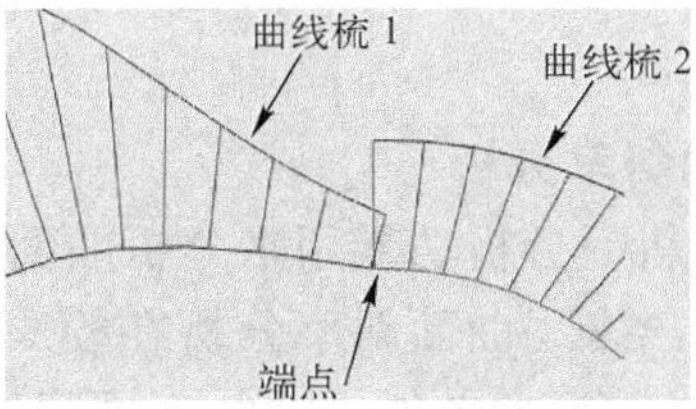

图5-93　G0连续

（2）G1（相切连续）

打开随书光盘 ch05\ch05_04\eg6\G1.prt 文件，选择曲线后，单击“形状分析”工具栏中的“曲线分析－曲率梳”按钮，两曲线显示曲率梳，如图5-94所示。由图5-94可知，曲线G1连续是两曲线端点相连且相切，切线方向一致。两相切曲线的曲率梳的梳齿在连接处共线。

（3）G2（曲率连续）

打开随书光盘 ch05\ch05_04\eg7\G2.prt 文件，选择曲线后，单击“形状分析”工具栏中的“曲线分析－曲率梳”按钮，两曲线显示曲率梳，如图5-95所示。由图5-95可知，G2连续是在G1连续的基础上，两曲线在连接点处的曲率半径相同（可通过选择“分析”→“几何属性”命令查看），两曲线在连接点处的曲率梳的梳齿长度相等且重合，曲率梳的外形连续，无断点。

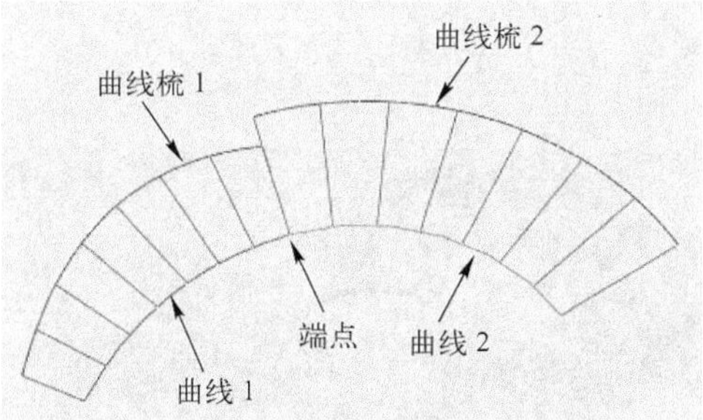

图5-94　G1连续

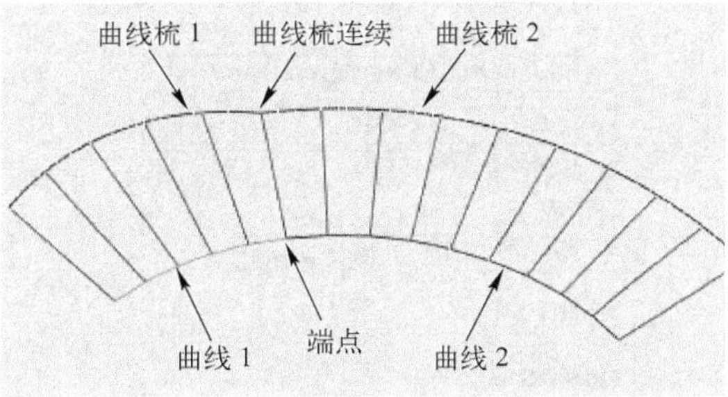

图5-95　G2连续

（4）G3（曲率相切连续）

打开随书光盘 ch05\ch05_04\eg8\G3.prt 文件，选择曲线后，单击“形状分析”工具栏中的“曲线分析－曲率梳”按钮，两曲线显示曲率梳，如图5-96所示。由图5-96可知，

G3 连续是要求两曲线具有 G2 连续，且曲线梳具有相切连续。

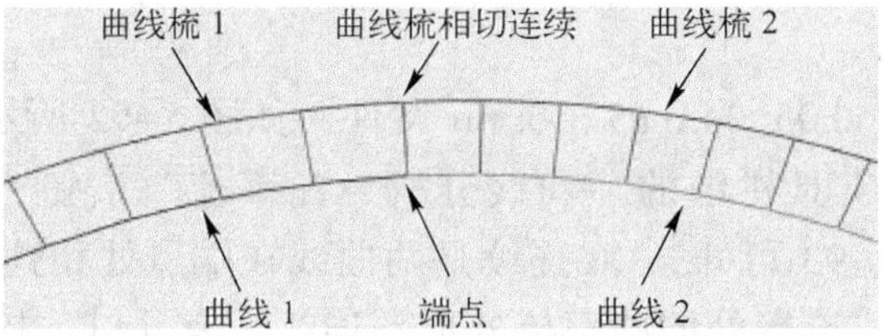

图 5-96　G3 连续

2. 曲面斜率分析

曲面的斜率分析功能用来分析曲面法向与垂直于参考矢量的平面之间的角度，并用不同的颜色显示出来。曲面斜率分析在模具设计中应用较广泛，如果以模具的拔模方向（通常为 +ZC 方向）为参考矢量对曲面进行斜率分析，可分析产品上曲面的拔模性能。

【例 5-26】 曲面的斜率分析。

1）打开随书光盘 ch05\ch05_04\eg9\xielvfx. prt 文件。

2）选择“分析”→“形状”→“斜率”命令，或单击“形状分析”工具栏的“面分析 - 斜率”按钮，弹出“矢量”对话框，选择“+ZC 轴”作为矢量方向，单击“矢量”对话框的“确定”按钮，弹出如图 5-97 所示的“面分析 - 斜率”对话框。

3）选择如图 5-98 所示模型上的一个面，在“面分析 - 斜率”对话框中选择“显示类型”为“云图”，其他参数默认，单击“应用”按钮，则所选曲面的斜率以不同颜色显示，如图 5-99 所示。从图 5-99 可知，所选面的最小拔模角度为 5°，最大为 90°。

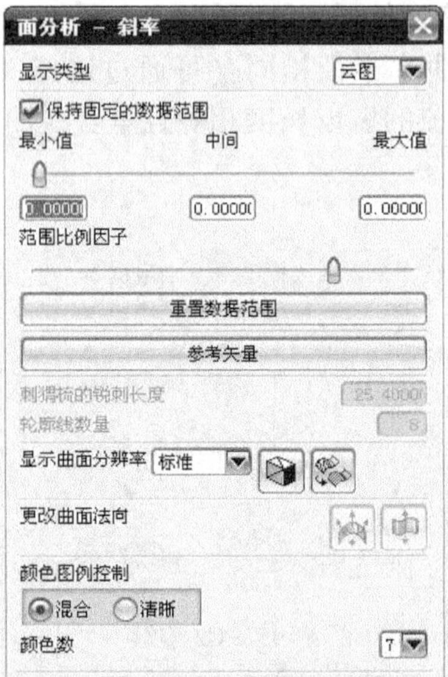

图 5-97　“面分析 - 斜率”对话框

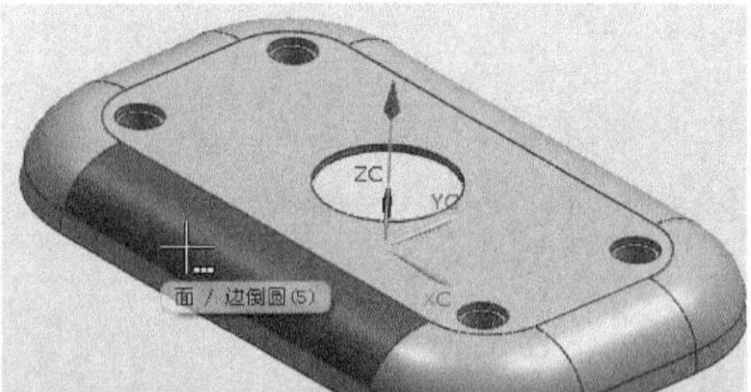

图 5-98　选择面

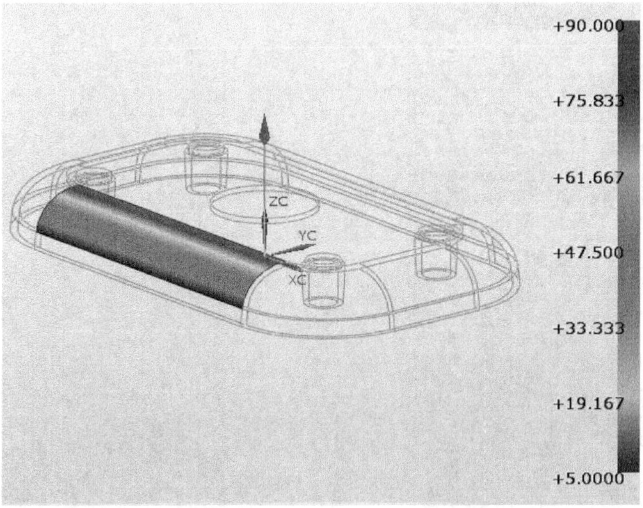

图 5-99　曲面斜率分析结果

3. 检查几何体

“检查几何体”命令可用来查找模型的缺陷，如面相交、片体边界、锐刺\ 切口等。

【例 5-27】　检查几何体。

1）打开随书光盘 ch05\ch05_04\eg10\jcjht. prt 文件，如图 5-100 所示。

2）选择“插入”→“组合”→“缝合”命令，弹出“缝合”对话框。选择图 5-101 所示的曲面作为目标体，然后框选其他曲面作为工具体，单击对话框的“应用”按钮创建缝合曲面，如图 5-102 所示。

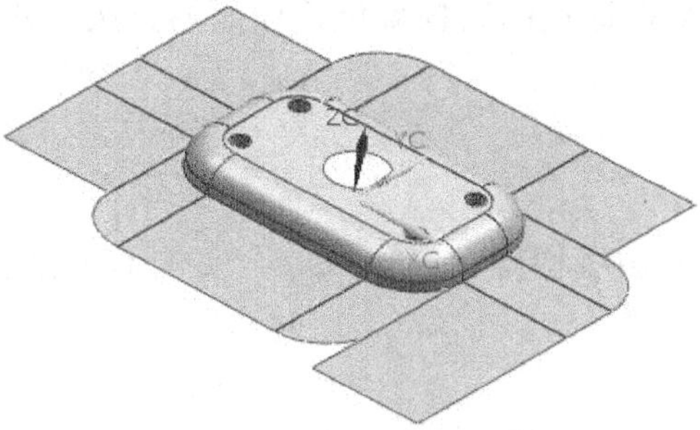

图 5-100　模型

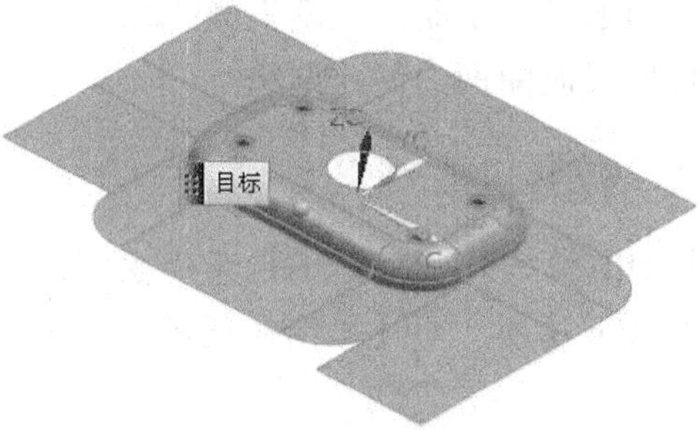

图 5-101　选择缝合的目标体和工具体

3）选择“分析”→“检查几何体”命令，弹出“检查几何体”对话框。框选图 5-102 所示的缝合后的曲面，设置要检查的选项，单击“检查几何体”按钮，系统进行计算并高亮输出结果。在如图 5-103 所示的“检查几何体”对话框中勾选“高亮显示结果”复选框，则分析结果如图 5-104 所示。由图 5-104 可知，模型侧边轮廓线的拉伸片体与模型侧面缝合良好。

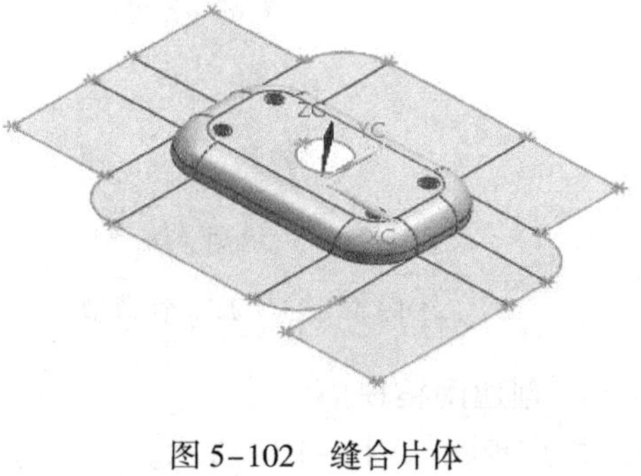

图 5-102　缝合片体

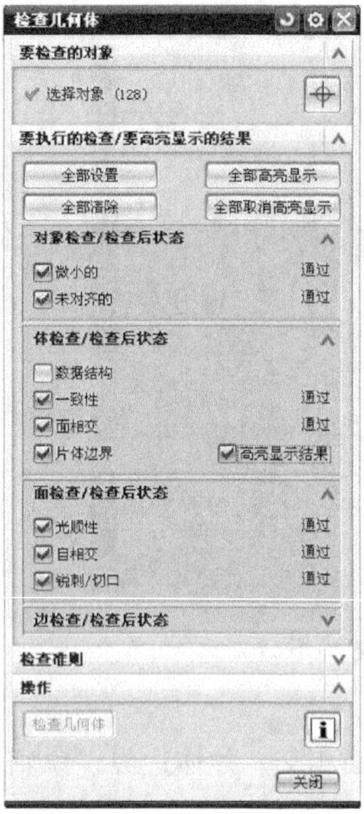

图 5-103 “检查几何体”对话框

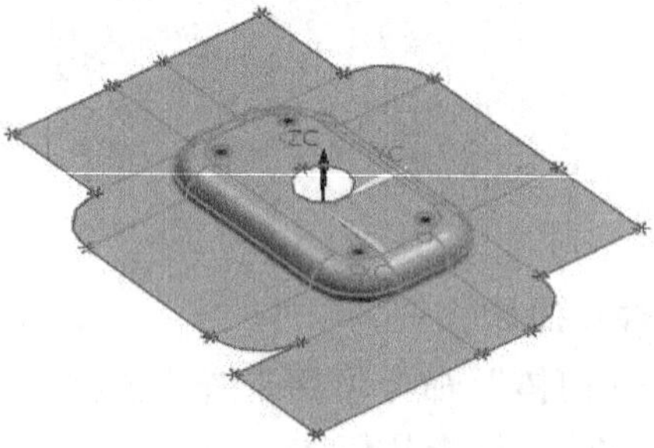

图 5-104 曲面检查结果

5.5 曲面建模综合实例

本节通过 4 个曲面建模实例的练习，使读者掌握通过曲线构架创建曲面的方法，并掌握两曲面间过渡曲面的创建方法。

5.5.1 咖啡壶造型

设计如图 5-105 所示的咖啡壶模型。咖啡壶的曲线构架在第 4 章综合实例 1 中已创建，如图 5-106 所示。下述操作在此基础上进行。

图 5-105 咖啡壶模型

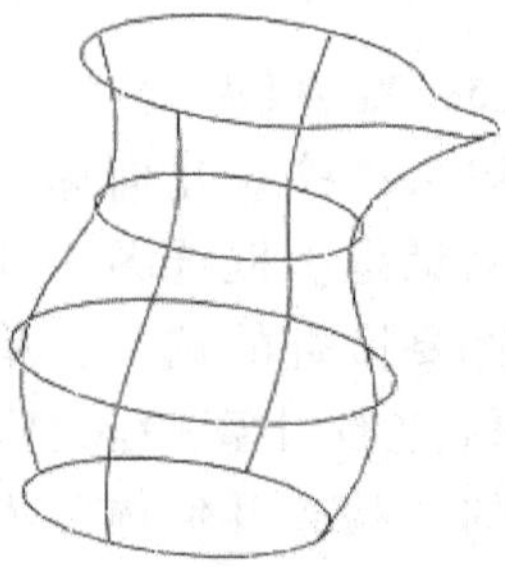

图 5-106 咖啡壶曲线构架

1. 创建网格曲面

操作步骤如图 5-107 所示。

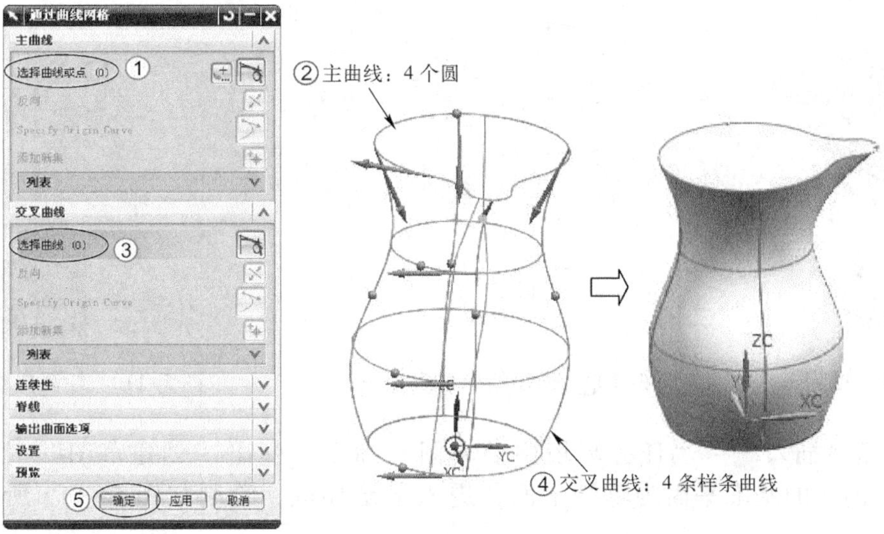

图 5-107　创建网格曲面

1）打开随书光盘 ch04\ch04_05\eg1\CUP. prt 文件。单击“曲面”工具栏中的“通过曲线网格”按钮，弹出“通过曲线网格”对话框。

2）选择主曲线。单击“主曲线”分组中的“选择曲线或点”按钮，分别选择 4 个圆为主曲线，并分别按中键确认。

3）选择交叉曲线。单击“交叉曲线”分组中的“选择曲线”按钮，分别选择 4 条样条曲线为交叉曲线，并分别按中键确认。在选择主曲线和交叉曲线时要注意其矢量方向及位置要一致。

4）在工作区可以预览生成的曲面，单击“确定”按钮，生成通过曲线网格的曲面。由于网格曲面封闭，所以生成的为实体特征。

2. 抽壳

单击“特征操作”工具栏中的“抽壳”按钮，弹出“抽壳”对话框，选择“移除面，然后抽壳”的方式；选择模型的上表面为移除面，抽壳厚度设为 2；单击“确定”按钮，完成抽壳，如图 5-108 所示。

3. 创建壶把特征

1）选择“插入”→“基准/点”→“基准平面”命令，弹出“基准平面”对话框，在“类型”下拉列表中选择“XC - ZC 平面”方式，在“距离”文本框中输入 0，创建基准平面，如图 5-109 所示。

2）选择“插入”→“任务环境中的草图”命令，弹出“创建草图”对话框，选择刚创建的基准平面为草绘平面，进入草绘环境；将视图转换为“前视图”，单击“草图工具”工具栏中的“艺术样条”按钮，绘制如图 5-110 所示的样条曲线（样条曲线的形状和参数读者可自行设计）。

3）选择“插入”→“基准/点”→“基准平面”命令，弹出“基准平面”对话框，在“类型”下拉列表中选择“曲线和点”方式，在图形区捕捉样条曲线的端点，创建基准平面，如图 5-111 所示。

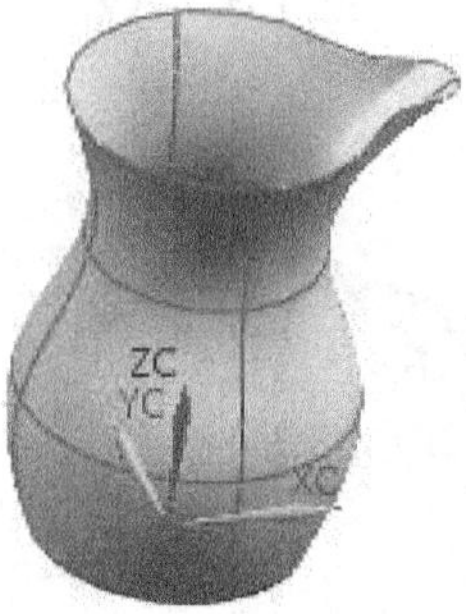

图 5-108　抽壳

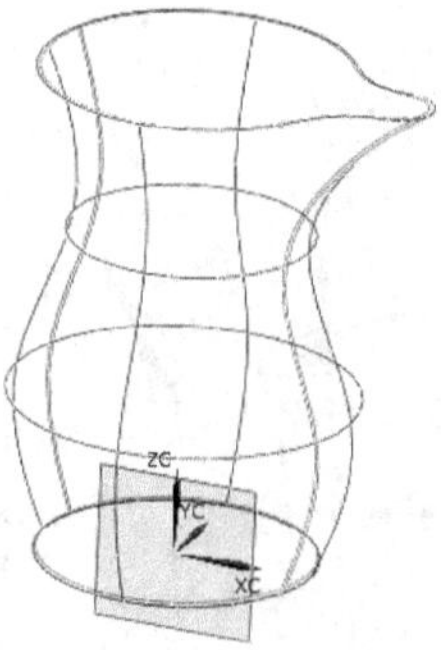

图 5-109　创建基准平面（一）

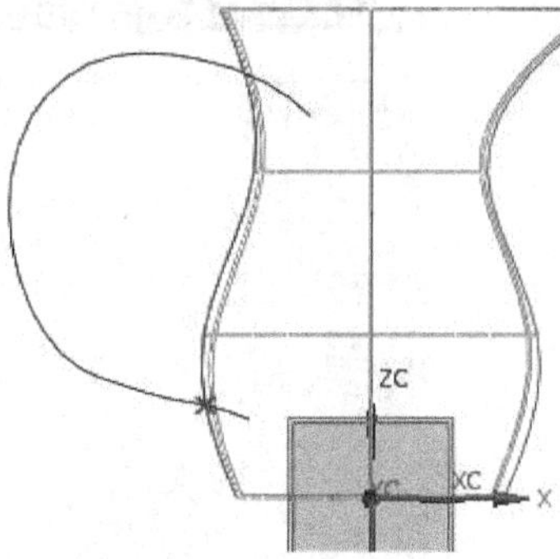

图 5-110　绘制样条曲线

4）选择“插入”→“任务环境中的草图”命令，弹出“创建草图”对话框，选择步骤 3）创建的基准平面为草绘平面，进入草绘环境，绘制如图 5-112 所示的截面草图。

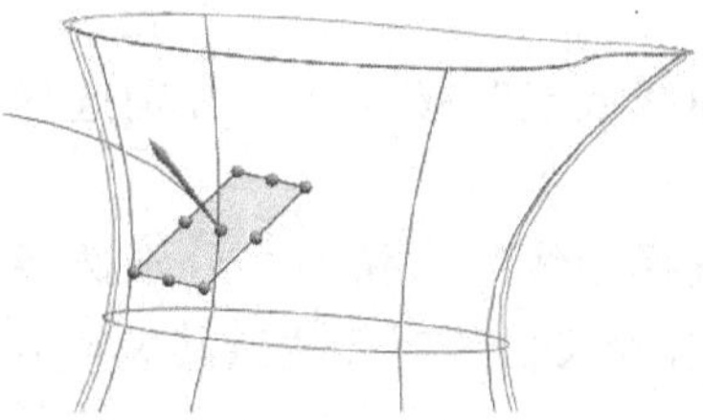

图 5-111　创建基准平面（二）

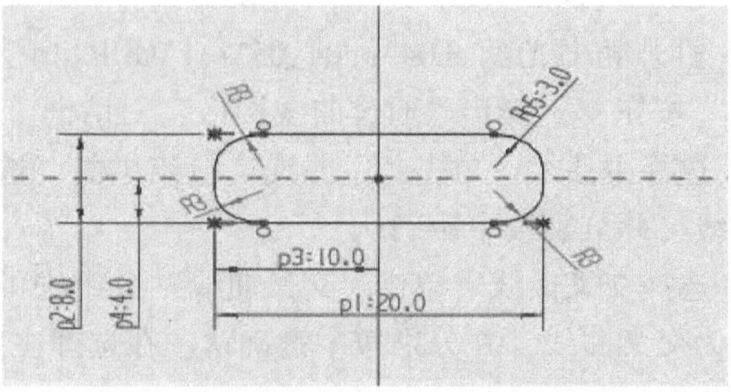

图 5-112　截面草图

5）选择“插入”→“扫掠”→“沿引导线扫掠”命令，弹出“沿引导线扫掠”对话框，选择步骤 4）创建的草图作为截面曲线，选择样条曲线为引导线，单击“确定”按钮，创建如图 5-113 所示的壶把特征。

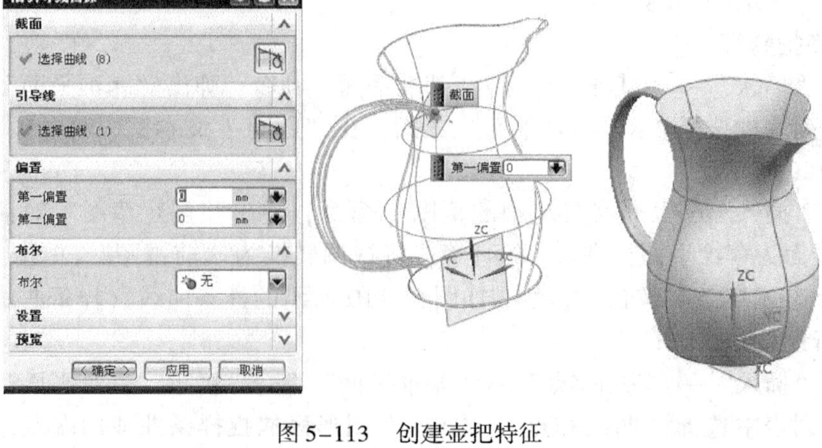

图 5-113　创建壶把特征

6）选择“插入”→“修剪”→“修剪和延伸”命令，弹出“修剪和延伸”对话框，在“类型”下拉列表中选择“直至选定对象”选项；选择壶把为目标体，选择壶身内表面为工具体；确定修剪方向正确后，单击“确定”按钮，完成壶把的修剪，如图 5-114 所示。

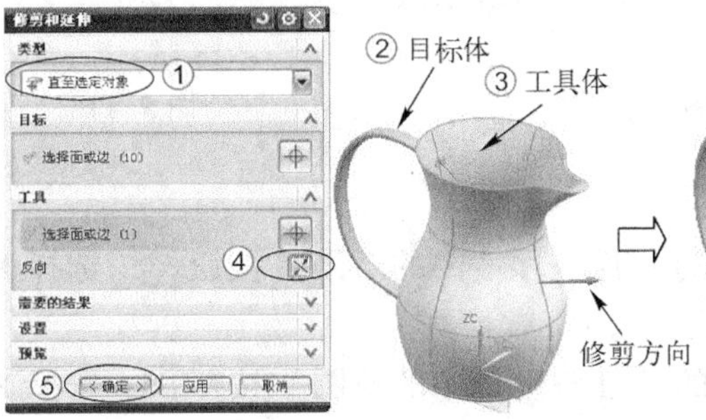

图 5-114　壶把的修剪

4. 倒圆角

1）单击“特征”工具栏的“求和”按钮，选择壶身为目标体，选择壶把为工具体，对二者进行求和。

2）单击“特征”工具栏的“边倒圆”按钮，在壶底创建半径为 10 的圆角特征；在壶把与壶身的连接处创建半径为 2 的圆角特征，如图 5-115 所示。

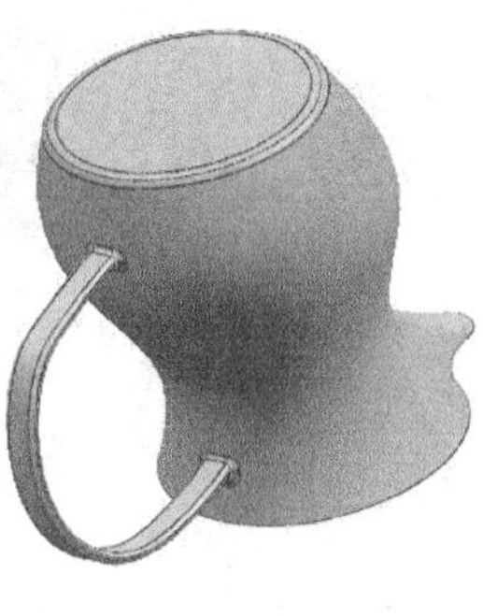

图 5-115　倒圆角特征

5. 保存文件

选择“文件”→“保存”命令，保存所做的工作，完成后的模型见随书光盘 ch05\ch05_05\eg1\CUP. prt。

5.5.2　电吹风曲面造型

创建如图 5-116 所示的电吹风曲面模型。本实例首先创建电吹风风筒曲面，然后创建握把曲面，最后创建二者之间的过渡曲面。

1. 创建风筒曲面

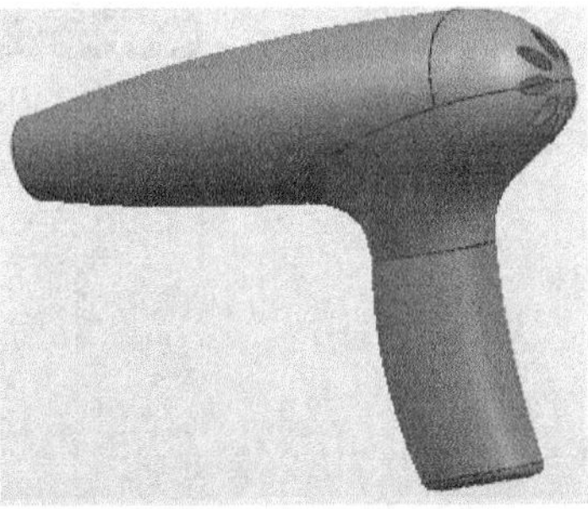

图 5-116　电吹风曲面模型

1）新建一个名为 DCF. prt 的文件，按〈Ctrl + M〉键进入建模环境。单击“特征”工具栏中的“任务环境中的草图”按钮，选择 X - Y 平面作为草绘平面，绘制如图 5-117 所示的草图 1。

2）单击“特征”工具栏中的“回转”按钮，系统弹出“回转”对话框，选择 XC 轴作为回转矢量，并指定“WCS”坐标原点；在“设置”分组的“体类型”中选择“图纸页”选项，单击对话框的“确定”按钮，创建回转特征，如图 5-118 所示。

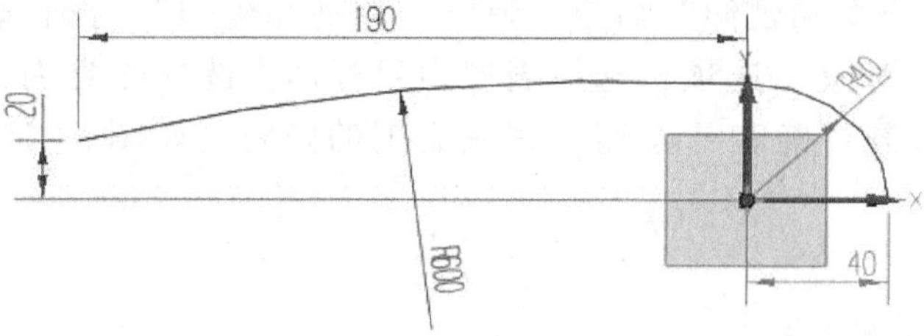

图 5-117　草图 1

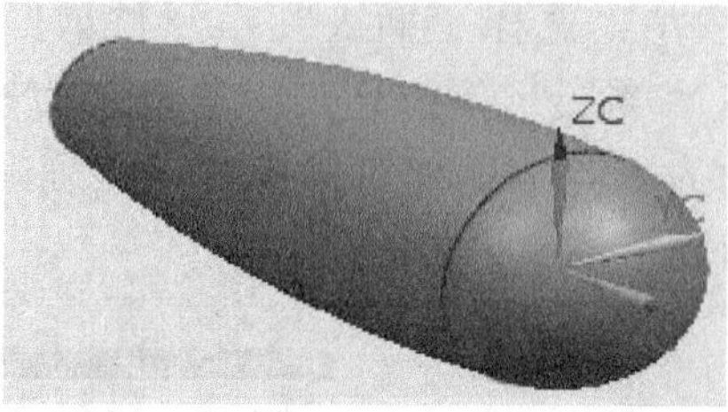

图 5-118　回转创建风筒曲面

2. 创建握把曲面

1）单击“特征”工具栏中的“任务环境中的草图”按钮，选择 X－Y 平面作为草绘平面，绘制如图 5-119 所示的草图 2。

2）单击“特征”工具栏中的“任务环境中的草图”按钮，选择 X－Y 平面作为草绘平面，绘制如图 5-120 所示的草图 3。

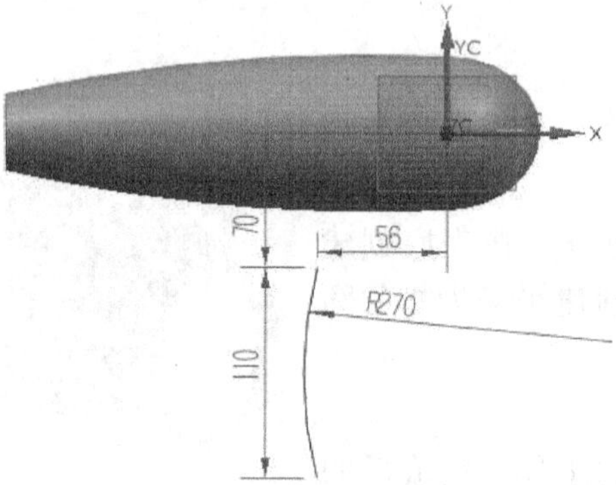

图 5-119　草图 2

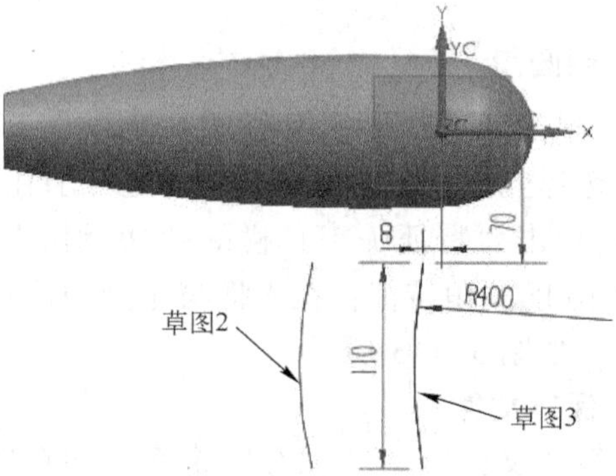

图 5-120　草图 3

3）单击“特征”工具栏中的“基准平面”按钮，弹出“基准平面”对话框，参照图 5-121 选择 XZ 平面作为“参考平面”，“距离”输入“180”，并单击“反向”按钮调整方向，单击对话框的“确定”按钮，创建基准平面 1。

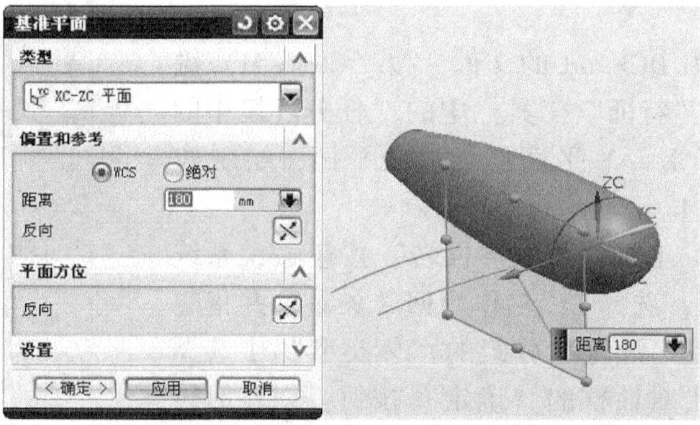

图 5-121　创建基准平面 1

4）捕捉草图 2 和草图 3 中圆弧的端点，插入基准点 1 和 2，如图 5-122 所示。单击“任务环境中的草图”按钮，选择“基准平面 1”作为草绘平面，草图尺寸及约束参照图 5-123，绘制完成后如图 5-124 所示的草图 4。在绘制草图 4 时，可建立一些基准点和辅助线，并确保图 5-123 中的左右两段圆弧通过草图 2 和草图 3 中圆弧的端点，草图绘制完成后可删除绘制的辅助线。

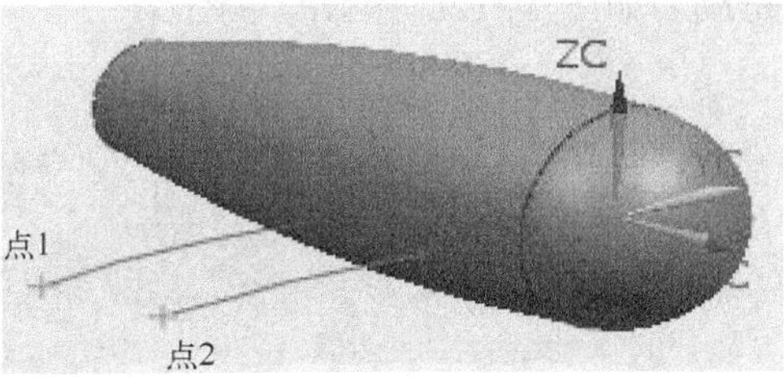

图 5-122　插入基准点 1 和点 2

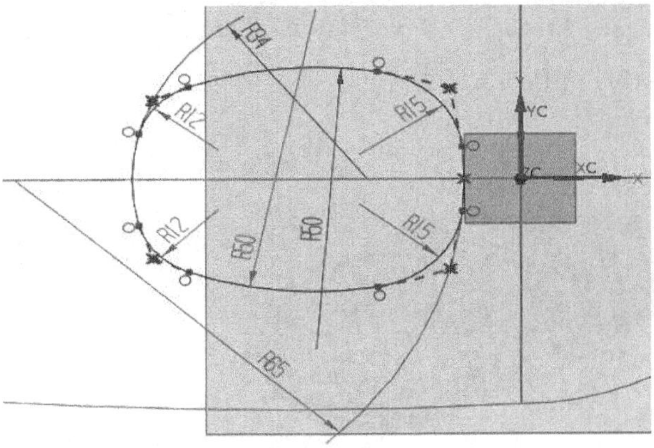

图 5-123　草图 4 的尺寸

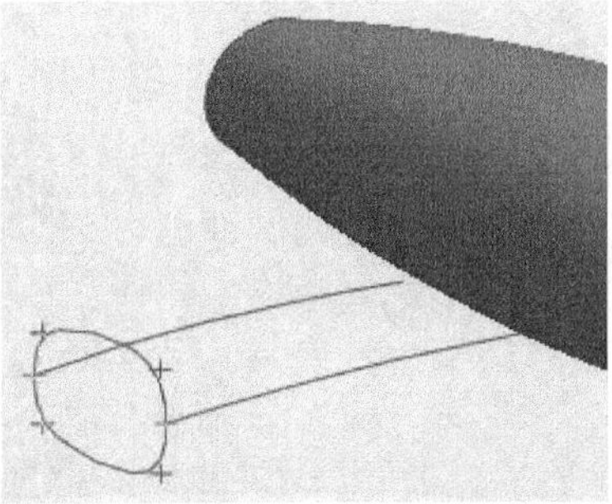
图 5-124　草图 4

5）单击“特征”工具栏中的“基准平面”按钮，弹出“基准平面”对话框，参照图 5-125 选择 XZ 平面作为“参考平面”，“距离”输入“70”，并单击“反向”按钮调整方向；单击对话框的“确定”按钮，创建基准平面 2。

6）隐藏草图 4 及基准点 1 和 2。插入基准点 3 和 4，如图 5-126 所示。单击“任务环境中的草图”按钮，选择“基准平面 2”作为草绘平面，草图尺寸及约束参照图 5-127，绘

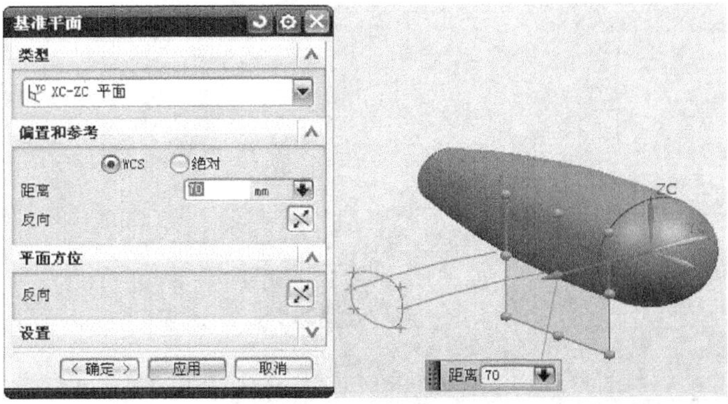

图 5-125　创建基准平面 2

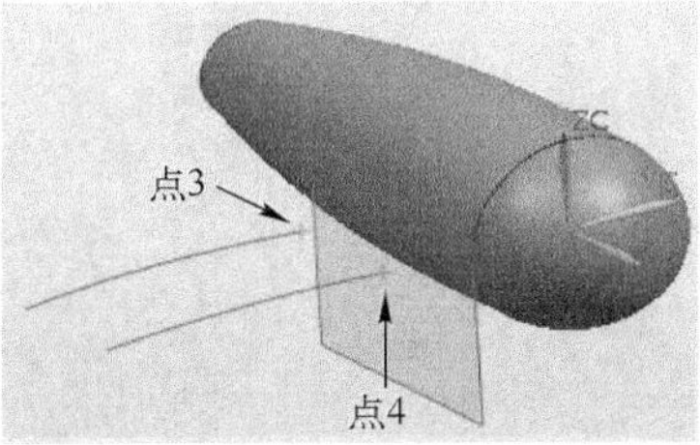

图 5-126　插入基准点 3 和点 4

制完成后如图 5-128 所示的草图 5。

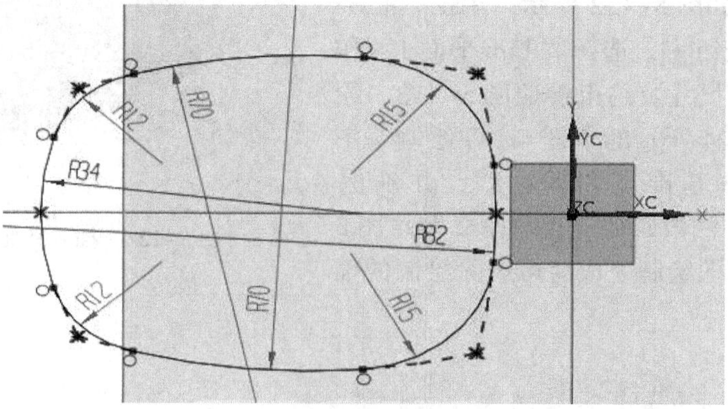

图 5-127　草图 5 的尺寸

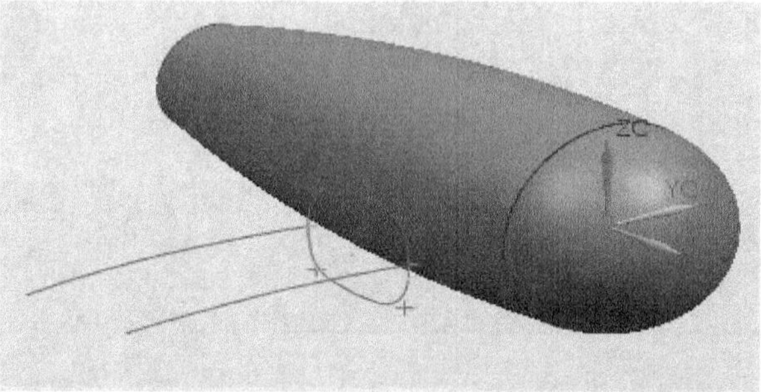

图 5-128　草图 5

7）单击“特征”工具栏中的“基准平面”按钮□，弹出“基准平面”对话框，参照图 5-129 选择步骤 5）创建的“基准平面 2”作为“参考平面”，“距离”输入“55”，并单击“反向”按钮调整方向；单击对话框的“确定”按钮，创建基准平面 3。

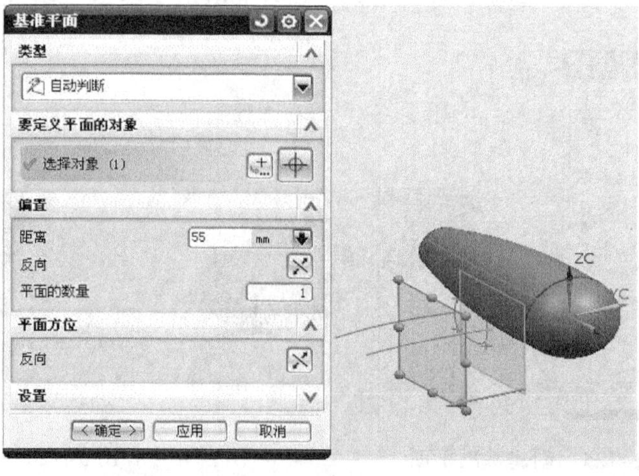

图 5-129　创建基准平面 3

8）单击“任务环境中的草图”按钮，选择“基准平面3”作为草绘平面，草图尺寸及约束参照图5-130，绘制完成后如图5-131所示的草图6。将草图4和草图5显示，如图5-132所示。

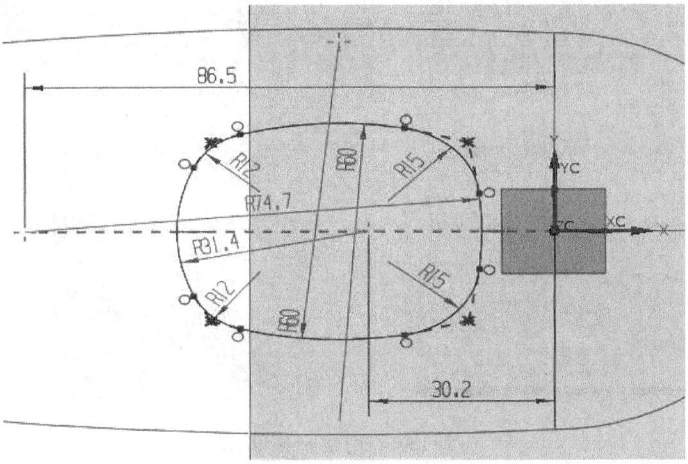

图5-130　草图6的尺寸

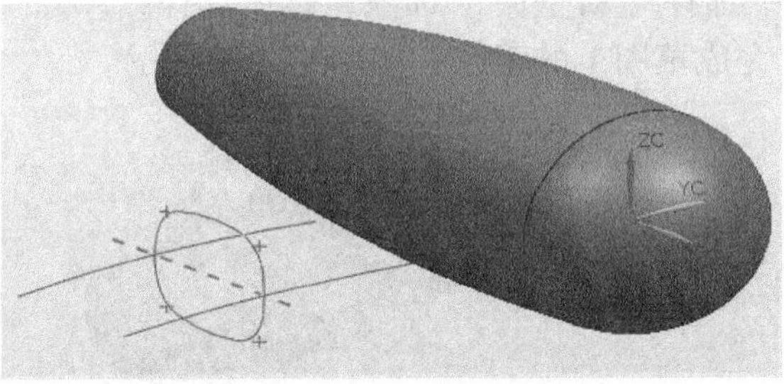

图5-131　草图6

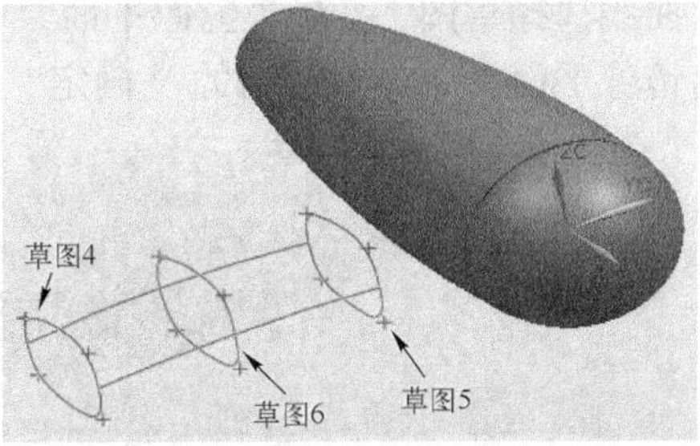

图5-132　显示草图4和草图5

9）选择“插入”→“网格曲面”→“通过曲线网络”命令，或单击“曲面”工具栏中的“通过曲线网络”按钮，弹出“通过曲线网络”对话框。操作步骤如图5-133所示。依次选择草图4、6、5作为主曲线；选择草图2作为第一交叉线串，选择草图3作为第二交叉线串，最后再选择草图2作为交叉线串；在对话框的“连续性”分组中设置“第一主线串”和“最后主线串”均为“G0（位置）”，设置“第一交叉线串”和“最后交叉线串”均为“G0（位置）”；“体类型”选择“片体”；其他参数默认，单击“应用”按钮完成网格曲面1的绘制。

3. 创建电吹风的过渡曲面

1）单击“曲线”工具栏中的“桥接曲线”按钮，弹出“桥接曲线”对话框，参考图5-134选择草图3的一端作为“起始对象”，选择草图1的一端作为“终止对象”；在“桥接曲线”对话框中设置“开始”和“结束”的连续性“约束类型”均为“G2（曲率）”；“位置”的“U向百分比”选择0；“形状控制”分组中的“类型”选择“相切幅值”，“开始”输入1，“结束”输入1。其他选项按默认设置，单击“确定”按钮创建桥接曲线1。

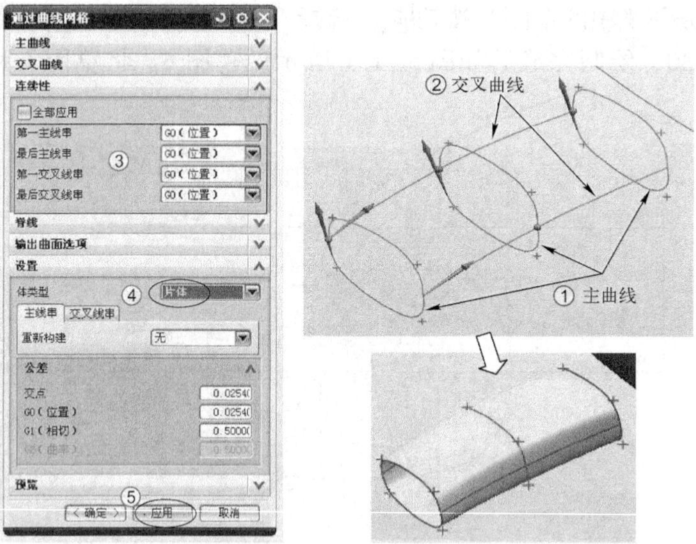

图 5-133　创建网格曲面 1

2）选择“插入”→“来自曲线集的曲线”→“镜像”命令，弹出“镜像曲线”对话框，曲线选择草图 1，在“镜像平面”分组中选择“新平面”选项，然后选择“XZ”平面作为镜像平面，单击对话框的“确定”按钮完成草图 1 的镜像，如图 5-135 所示。

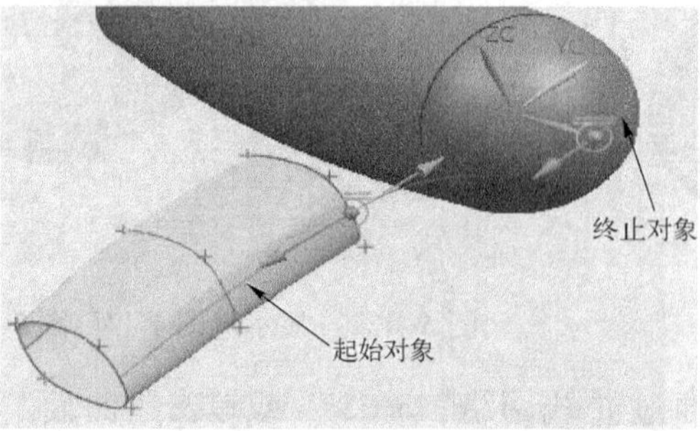

图 5-134　创建桥接曲线 1

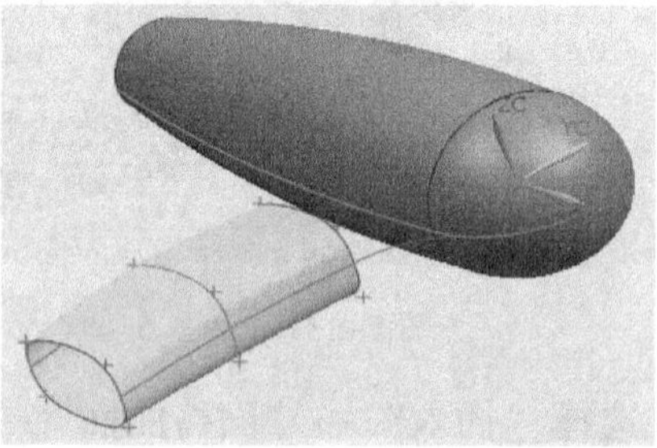

图 5-135　镜像曲线

3）单击“任务环境中的草图”按钮，选择 X－Y 平面作为草绘平面，参考图 5-136 所示的尺寸绘制如图 5-137 所示的草图 7。

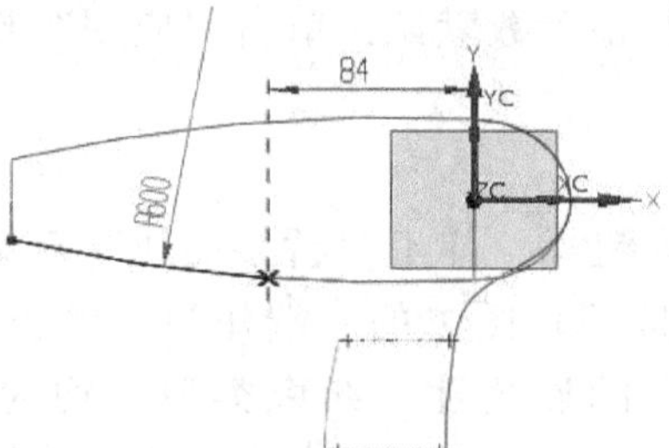

图 5-136　绘制草图 7

图 5-137　草图 7

4）单击“任务环境中的草图”按钮，选择 X－Y 平面作为草绘平面，绘制如图 5-138 所示的草图 8。

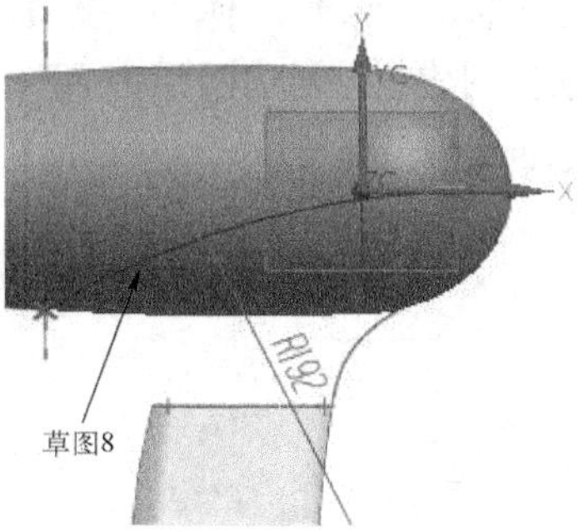

图 5-138　草图 8

5）单击“曲面”工具栏的“修剪片体”按钮，弹出“修剪片体”对话框，参照图 5-139 选择风筒回转曲面作为“目标体”，选择草图 8 作为“边界对象”；在“投影方向”分组中设置“投影方向”为“沿矢量”，并选择“ZC”方向；在“区域”分组中选择“保持”单选按钮，单击“确定”按钮完成修剪片体，如图 5-140 所示。

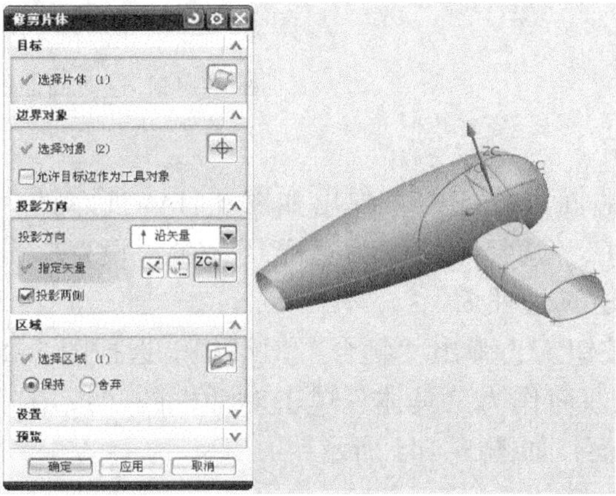

图 5-139　“修剪片体”对话框

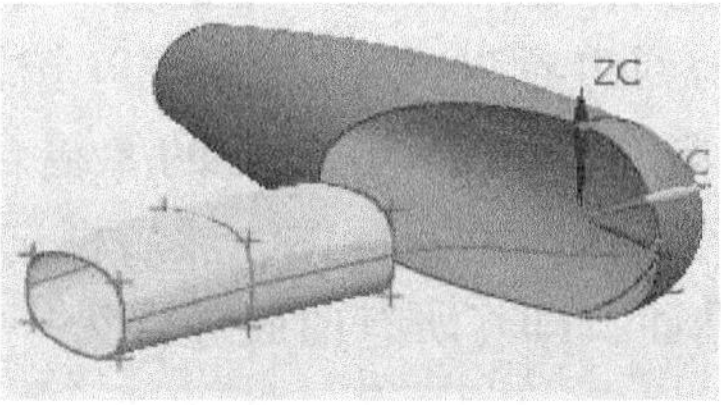

图 5-140　创建修剪片体

6）单击“曲线”工具栏中的“桥接曲线”按钮，弹出“桥接曲线”对话框，参考图 5-141 选择草图 2 的一端作为“起始对象”，选择草图 7 的一端作为“终止对象”；在“桥接曲线”对话框中设置“开始”和“结束”的连续性“约束类型”均为“G2（曲率）”；“位置”的“U 向百分比”选择“0”；“现状控制”分组中的“类型”选择“相切幅值”，“开始”输入“1”，“结束”输入“1”。其他选项按默认设置，单击“确定”按钮创建桥接曲线 2。

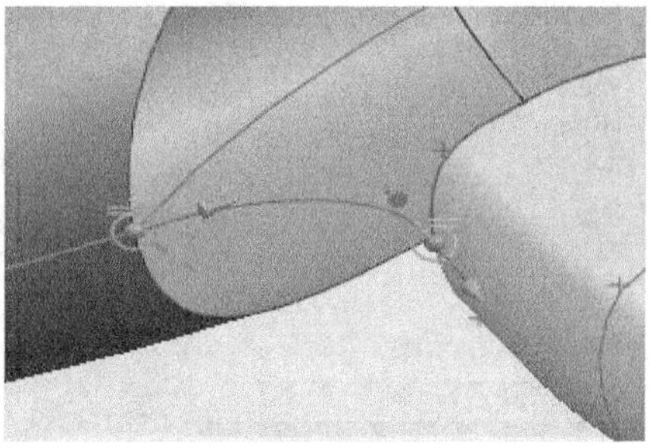
图 5-141　创建桥接曲线 2

7）单击“曲面”工具栏中的“通过曲线网络”按钮，弹出“通过曲线网络”对话框。参考图 5-142 选择桥接曲面 1 为第一“主曲线”，选择桥接曲面 2 作为第二“主曲线”，最后再选择桥接曲面 1 作为最后“主曲线”。选择“修剪片体”的边缘曲线作为第一“交叉曲线”，选择草图 5 作为第二“交叉曲线”。在对话框的“连续性”分组中，设置“第一主线串”和“最后主线串”均为“G0（位置）”；设置“第一交叉线串”为“G2（曲率）”，约束参考面选择“修剪片体”；设置“最后交叉线串”为“G0（位置）”。其他选项默认，单击“确定”按钮，创建网格曲面 2，如图 5-143 所示。

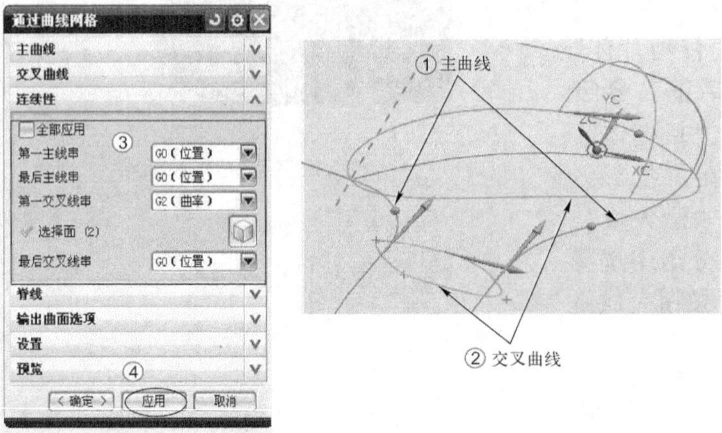

图 5-142　创建网格曲面 2

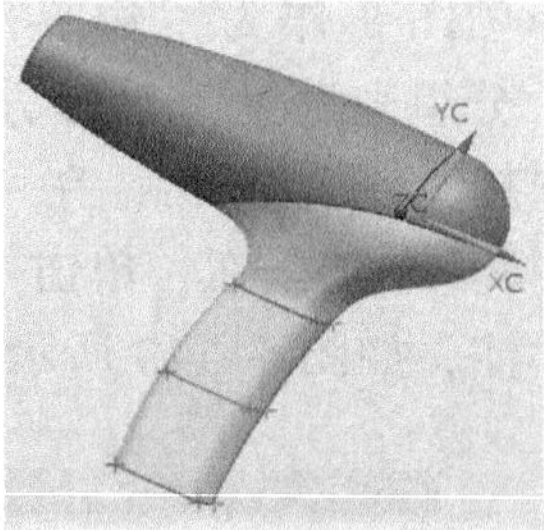

图 5-143　过渡曲面的创建

4. 创建修饰曲面

1）单击“曲面”工具栏中的“N 边曲面”按钮，弹出如图 5-144 所示的“N 边曲面”对话框，在“类型”中选择“已修剪”，选择草图 4 为边界环，在“设置”分组中勾选“修剪到边界”，单击“确定”按钮创建 N 边曲面。

2）单击“曲面”工具栏的“缝合”按钮，弹出“缝合”对话框。选择图 5-140 所示的“修剪片体”为目标体，然后框选其他曲面作为工具体，单击对话框的“应用”按钮创建缝合曲面，即将所有曲面缝合为一个曲面，如图 5-145 所示。

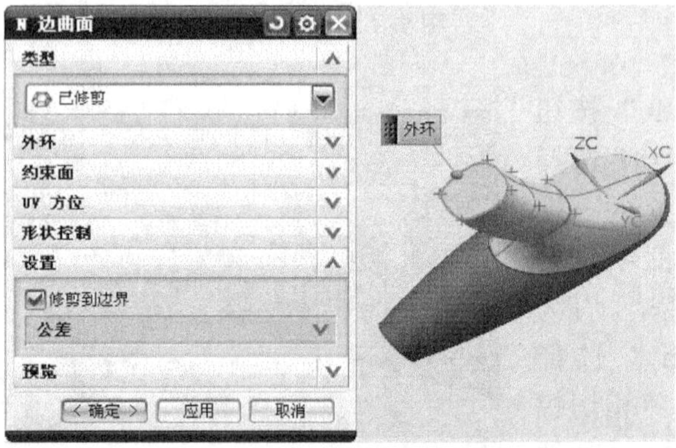

图 5-144　创建 N 边曲面

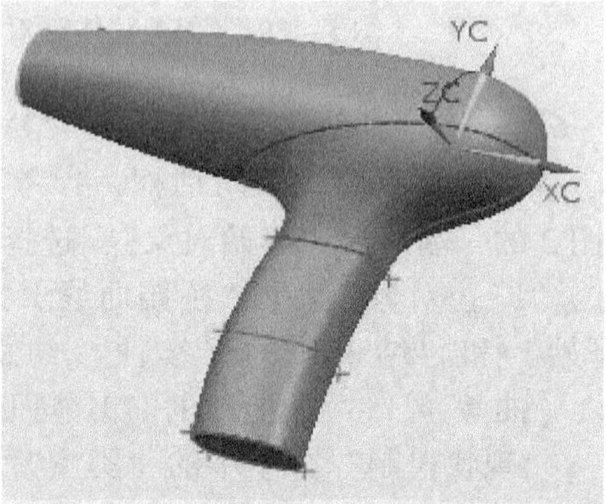

图 5-145　曲面缝合

3）执行“插入”→“细节特征”→“面倒圆”命令，系统弹出“面倒圆”对话框；参考图 5-146 在“类型”下拉列表中选择“两个定义面链”，分别选择“N 边曲面”和“缝合曲面”作为面链 1 和面链 2；在对话框的“横截面”分组中设定面倒圆半径为 5，其他参数默认，单击“应用”按钮，对所选的两个片体之间进行面倒圆。

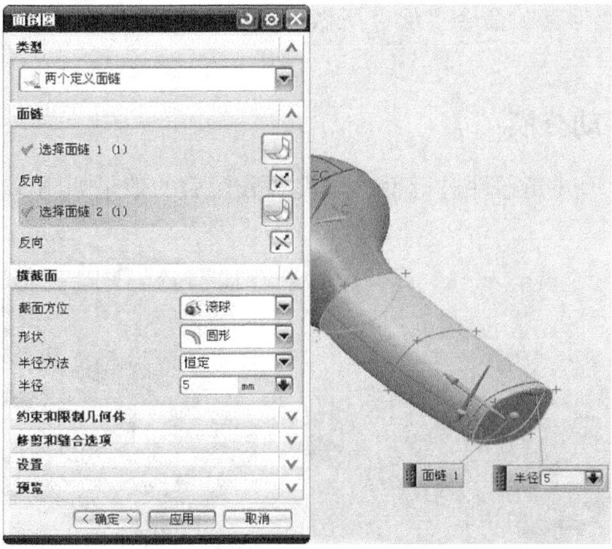

图 5-146　面倒圆

5. 创建进风口

1）单击“任务环境中的草图”按钮，选择X－Y平面作为草绘平面，绘制如图5-147所示的草图9，椭圆长轴为8，短轴4。

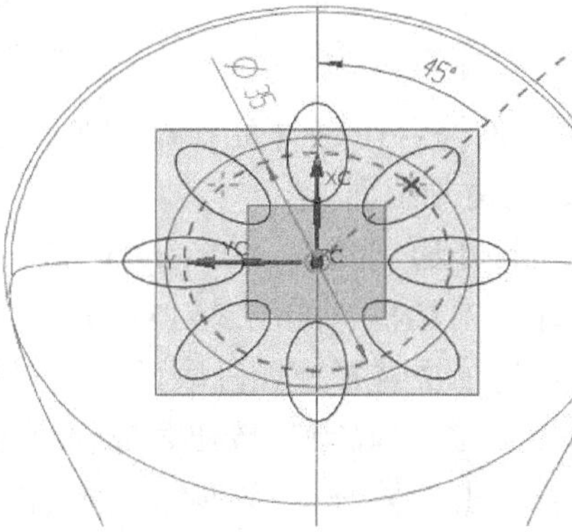

图 5-147　草图 9

2）单击“曲面”工具栏的“修剪片体”按钮，弹出“修剪片体”对话框，参照图5-148选择缝合曲面作为“目标体”，选择草图9作为“边界对象”；在“投影方向”分组中设置“投影方向”为“沿矢量”，并选择“XC”方向；在“区域”分组中选择“保持”单选按钮，单击“确定”按钮完成修剪片体，如图5-149所示。

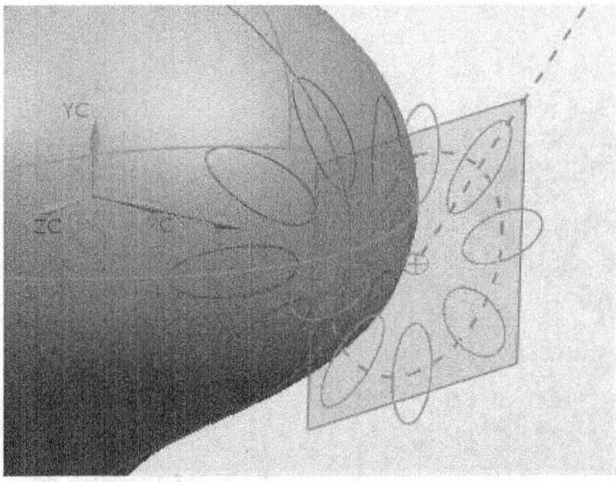

图 5-148　选择目标体和边界对象

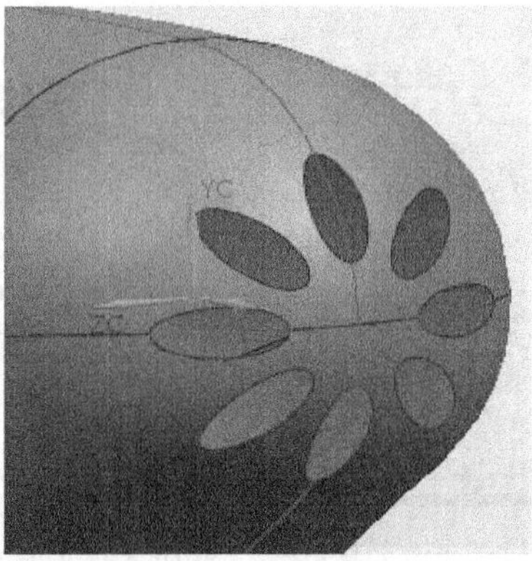

图 5-149　“修剪片体”创建进风口

选择“文件”→“保存”命令，保存所做的工作。完成后的模型见随书光盘 ch05\ch05_05\eg2\DCF. prt。

5.5.3 外壳零件手动分模

对如图 5-150a 所示外壳零件进行手动分模，分模后的效果如图 5-150b 所示。

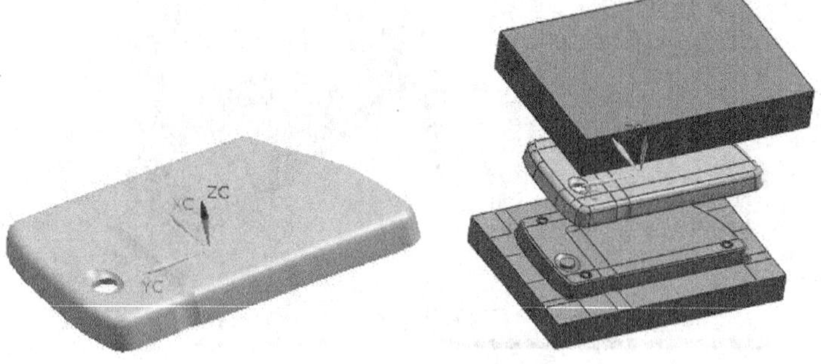

a)　　b)

图 5-150　手动分模

a）模型　b）模具型腔和型芯

本实例综合运用曲面编辑功能及实体编辑功能等，对简单零件进行手动分模。

1. 创建分型面

1）打开随书光盘 ch05\ch05_05\eg3\Fenxing. prt 文件。单击“抽取体”按钮，弹出“抽取体”对话框，如图 5-151 所示。在“类型”中选择“面”，“面选项”选择“单个面”，然后依次选择模型外表面；在对话框的“设置”分组中选中“固定于当前时间戳记”复选框，单击“确定”按钮完成模型外表面的抽取。

2）单击“隐藏”按钮，弹出“类选择”对话框，在“类型过滤器”中选择“实体”，然后选择模型实体将其隐藏，如图 5-152 所示。

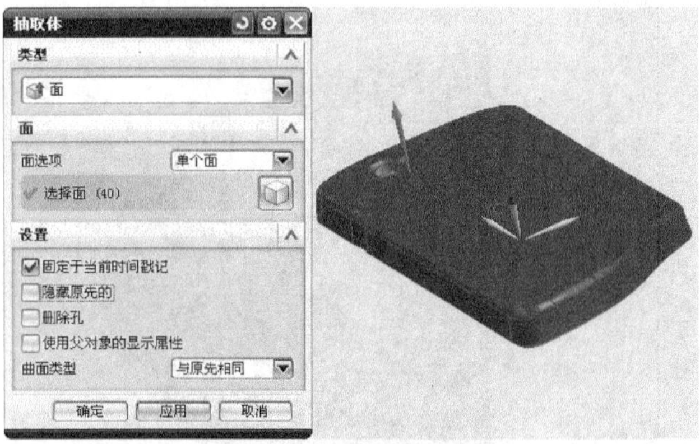

图 5-151　抽取模型外表面

图 5-152　抽取面

3）单击“特征”工具栏中的“拉伸”按钮，系统弹出“拉伸”对话框；选择如图 5-153 所示的抽取曲面的边线，设置拉伸的矢量方向为“－XC 轴”，设置拉伸距离为

30，单击对话框的“应用”按钮，创建拉伸曲面，如图 5-154 所示。

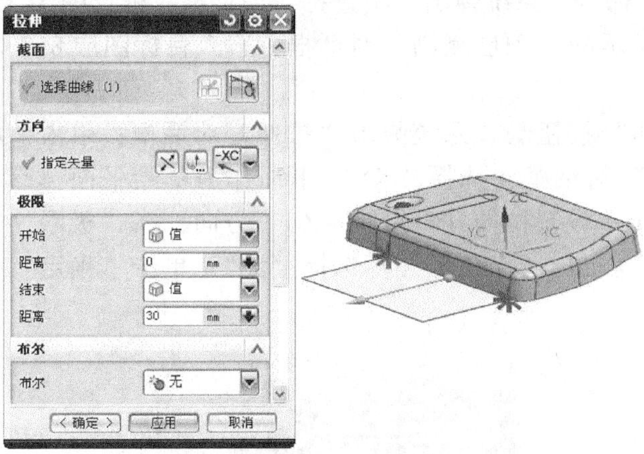

图 5-153 “拉伸”对话框

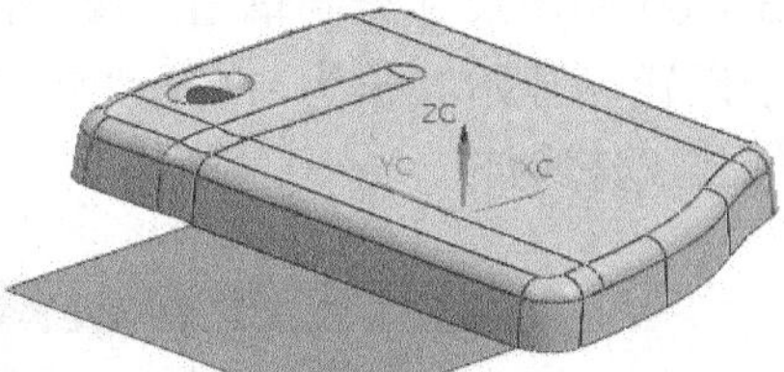

图 5-154 拉伸创建曲面

4）按照步骤 3）操作，依次选择“抽取曲面”的边线，并设置正确的拉伸方向，创建拉伸曲面，如图 5-155 所示。

5）单击“曲面”工具栏中的“N 边曲面”按钮，弹出“N 边曲面”对话框，在“类型”中选择“已修剪”，选择如图 5-156 所示的孔的边界环，在“设置”分组中勾选“修剪到边界”，单击“确定”按钮创建 N 边曲面，如图 5-157 所示。

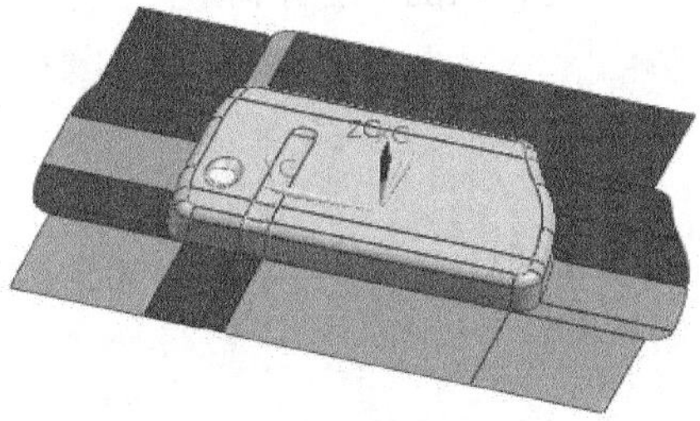

图 5-155 拉伸创建曲面

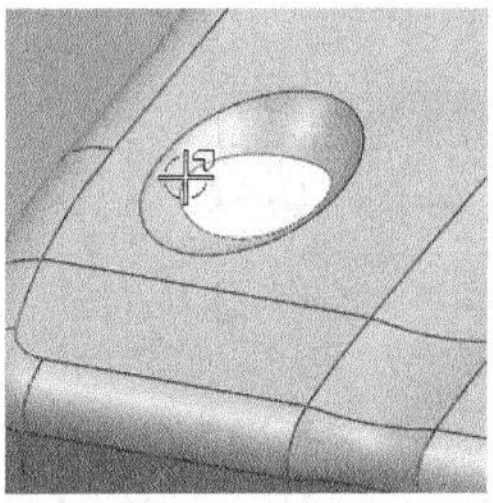

图 5-156 选择孔的边界曲线

6）单击“曲面”工具栏的“缝合”按钮，弹出“缝合”对话框。选择任一曲面为目标体，然后框选其他曲面作为工具体，单击对话框的“应用”按钮创建缝合曲面，即将所有曲面缝合为一个曲面，即为分割工件毛坯的分型面，如图 5-158 所示。

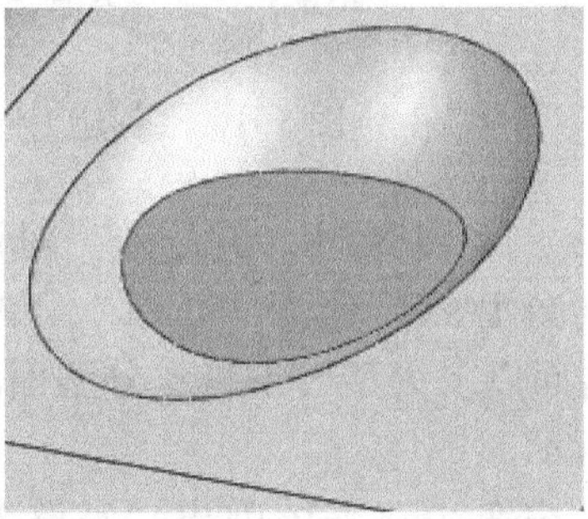

图 5-157 创建“N 边曲面”

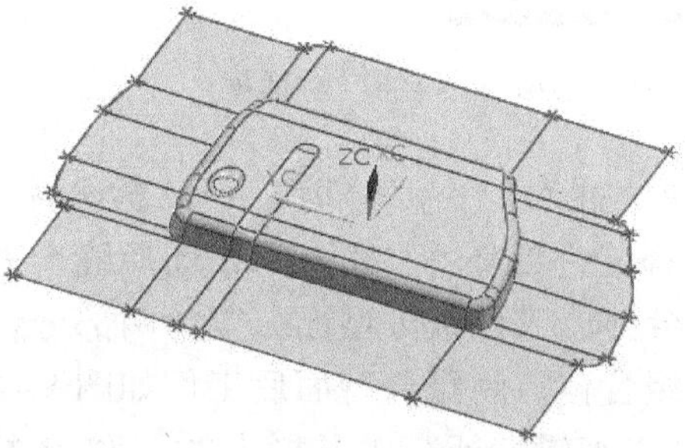

图 5-158 缝合曲面（分型面）

2. 创建型腔部件

1）选择“格式”→“复制到图层”命令，系统弹出“类选择”对话框，框选图 5-158 所示的缝合曲面，在弹出的如图 5-159 所示的“图层复制”对话框中输入目标图层 81，单击“确定”按钮将分型面复制到 81 层。

2）单击“特征”工具栏中的“拉伸”按钮，系统弹出“拉伸”对话框；单击“绘制截面”按钮，系统弹出“创建草图”对话框，选择“XY”平面作为草绘平面，参考图 5-160 所示尺寸绘制草图。参考图 5-161 设置拉伸方向为“+ZC”方向，在“极限”分组中设置“开始”值为 -15，“结束”值为 20；“布尔”运算选择“无”。单击“确定”按钮创建工件实体。

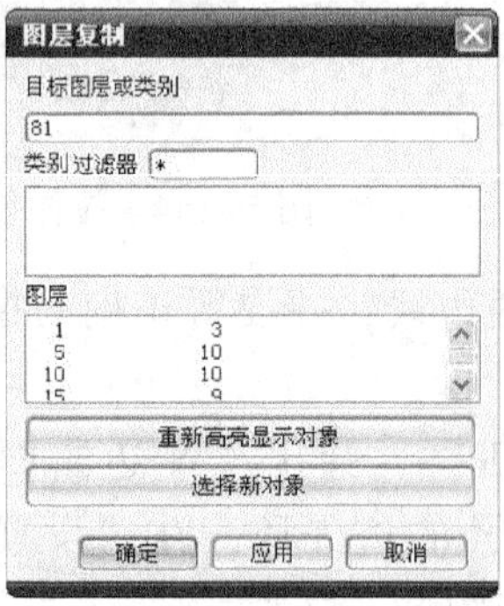

图 5-159 “图层复制“对话框

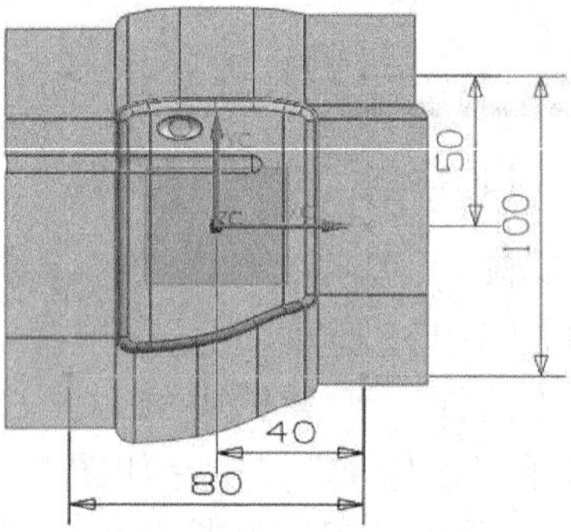

图 5-160 绘制草图

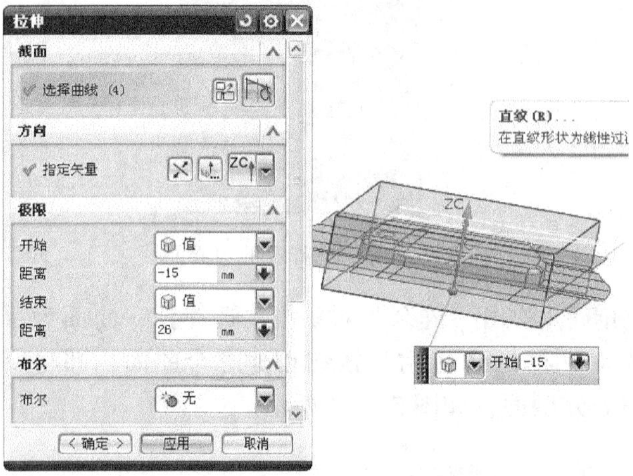

图 5-161 “拉伸”对话框

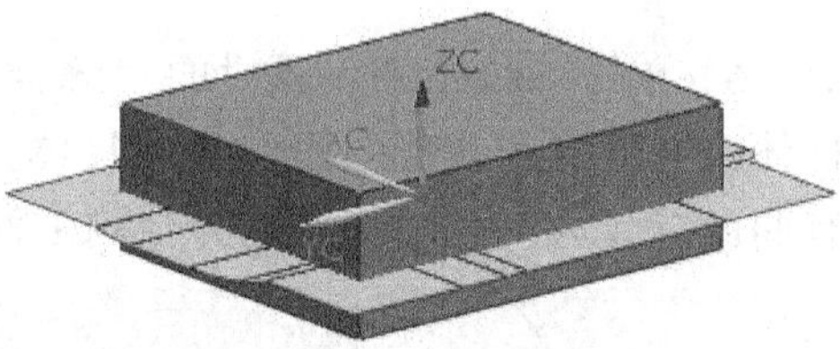

图 5-162 创建工件

3）选择“插入”→“修剪”→“拆分体”命令，系统弹出“拆分体”对话框。参考图 5-163 选择工件毛坯为“目标”，选择缝合曲面（分型面）作为“工具”，单击“应用”按钮创建拆分体，工件被分型面分割为两部分：分型面以上为型腔部件；分型面以下为型芯和产品体的组合体。隐藏分型面后工件如图 5-164 所示。

4）单击“编辑特征”工具栏中的“移除参数”按钮，系统弹出“移除参数”对话框。框选上述步骤创建的拆分体后，系统弹出“移除参数”对话框，单击对话框的“是”

按钮，将拆分体的参数移除。

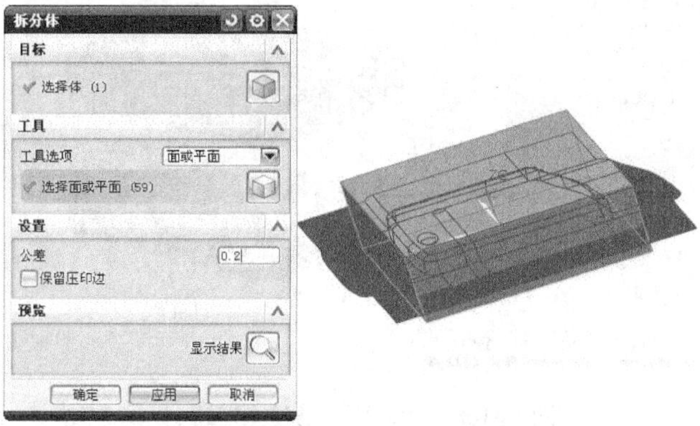

图 5-163 “拆分体”对话框

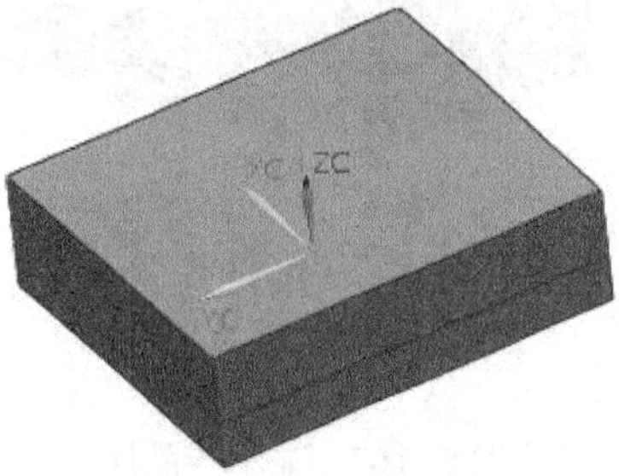

图 5-164 拆分体

5）选择“编辑”→“移动对象”命令，系统弹出“移动对象”对话框，参考图 5-165 选择型腔，在“变换”分组中设置“运动”为“距离”方式，选择“+ZC”方向矢量，距离输入 50；在“结果”分组中选中“移动原先的”单选按钮；在“设置”分组中取消“移动父项”和“关联”复选框的选择。单击“应用”按钮，将型腔部件沿+ZC 方向移动 50，如图 5-166 所示。

图 5-165 “移动对象”对话框

图 5-166 移动型腔部件

3. 创建型芯部件

1）将外壳产品体显示，并将型芯部件颜色改为黑灰色，如图 5-167 所示。

2）单击“特征”工具栏的“求差”按钮，参考图 5-168 选择分割体（分型面以下部分）为“目标”，选中产品体为“刀具”，在“设置”分组中选择“保存工具”复选框，单击“应用”按钮完成型芯的创建，即用产品体减去分割体（分型面以下部分）得到型芯。

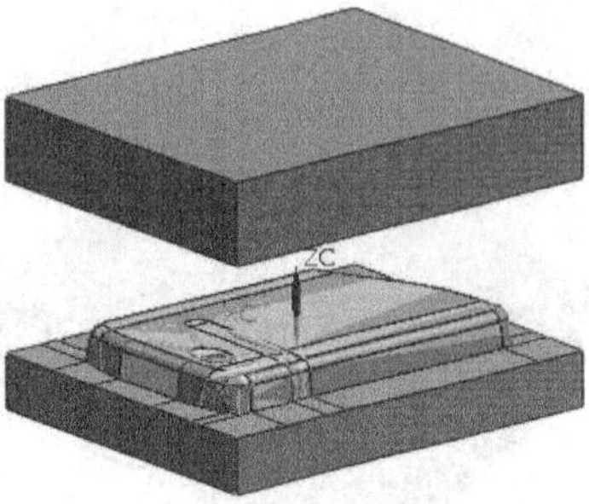

图 5-167　显示产品体

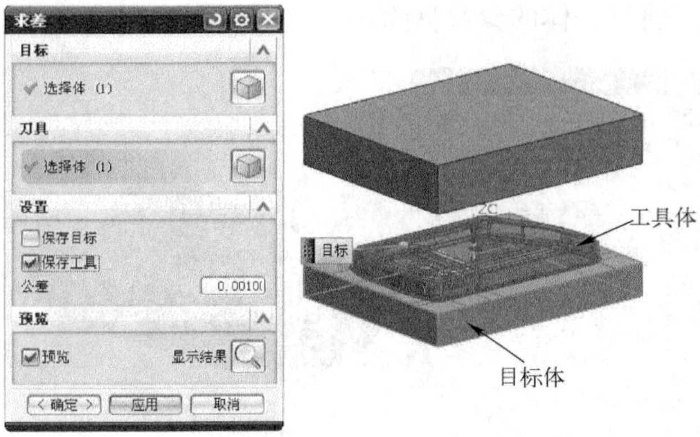

图 5-168　“求差”创建型芯部件

3）选择“编辑”→“移动对象”命令，将创建的型芯部件沿“-ZC”方向移动 50，模具型腔、型芯部件移动后的效果如图 5-169 所示。

4）选择“格式”→“移动至图层”命令，分别将型腔和型芯移动至图层 11 和图层 12。

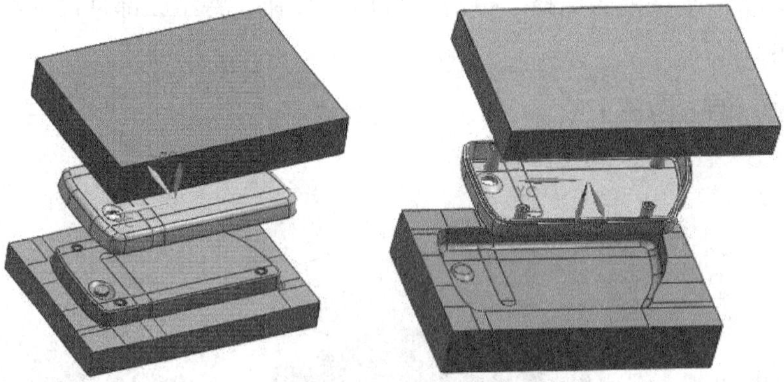

图 5-169　外壳产品模具爆炸图

5.5.4　风扇叶片建模

创建如图 5-170 所示的电风扇旋转叶片的模型。

本实例首先创建电风扇转轴特征，然后创建 3 个叶片，最后将二者做求和运算得到风扇模型。本实例运用了圆柱体、孔、拉伸（减材料）、阵列复制、偏置曲面、抽取曲线、投影曲线、直纹面、曲面加厚、移动对象（复制）等命令进行建模。

图 5-170　电风扇叶片模型

1. 创建风扇叶片轴

1）新建一个名为 fengshan. prt 的文件，按〈Ctrl + M〉键进入建模环境。

2）创建圆柱体。单击“特征”工具栏的“圆柱体”按钮，系统弹出如图5-171所示的“圆柱”对话框。在对话框的“类型”分组选择“轴、直径和高度”；在“轴”分组中单击“指定点”按钮，系统弹出“点”对话框，设置WCS的原点（0，0，0）作为圆柱体的圆心坐标；设置圆柱体直径为50，高度为40。单击“确定”按钮，创建如图5-172所示的圆柱体。

图5-171　“圆柱”对话框

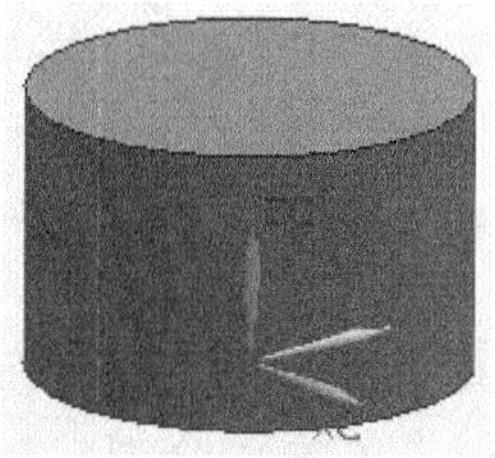

图5-172　创建圆柱体

3）创建孔特征。单击“特征”工具栏中的“孔”按钮，弹出如图5-173所示的“孔”对话框。选择孔的“类型”为“常规孔”，形状为简单孔，设置孔的直径为10，“深度限制”选择“贯通体”，在“布尔”分组中选择“求差”。选择圆柱体的上端面作为孔的放置平面，绘制如图5-174所示的孔的定位点，即在圆柱体中心处创建孔。在“孔”对话框中单击“应用”按钮，完成孔的创建，如图5-175所示。

图5-173　“孔”对话框

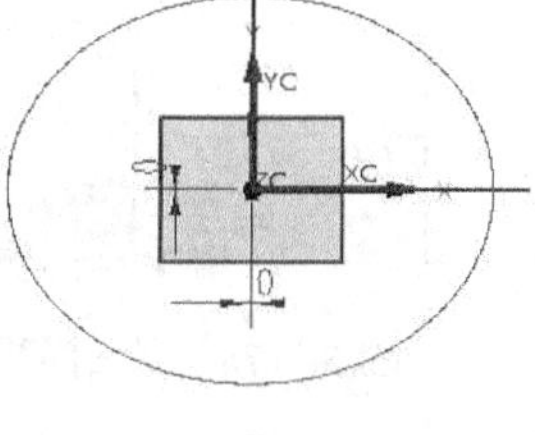

图5-174　创建草图点

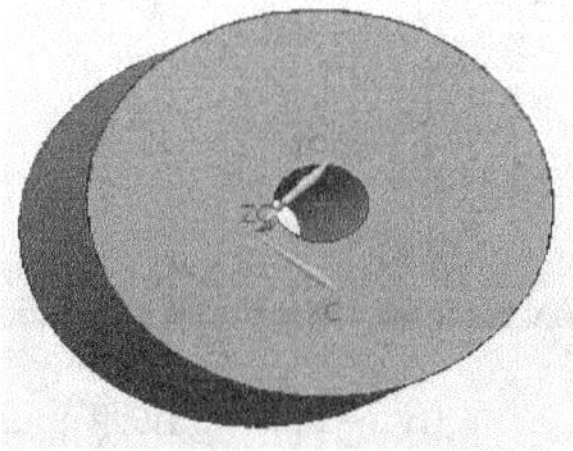

图5-175　创建孔

4）创建基准平面。单击“特征”工具栏中的“基准平面”按钮，系统弹出“基准平面”对话框。参照图5-176选择“类型”为“YC-ZC平面”，距离为0。单击“确定”按钮创建基准平面。

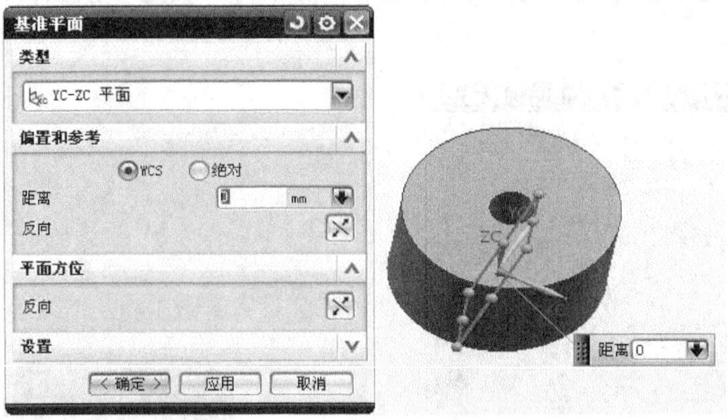

图5-176　创建基准平面

5）创建槽特征。单击“特征”工具栏中的“拉伸”按钮，系统弹出如图5-177所示的“拉伸”对话框；单击“绘制截面”按钮，系统弹出“创建草图”对话框，选择步骤4）创建的基准平面作为草绘平面，绘制如图5-178所示的草图。参考图5-177设置拉伸方向为“+XC”，在“极限”分组中设置“结束”为“对称值”，“距离为”值为10；“布尔”运算选择“求差”。单击“确定”按钮创建槽特征，如图5-179所示。

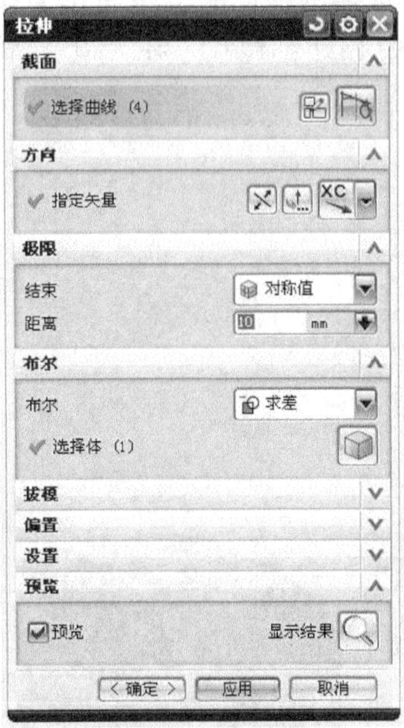

图5-177　“拉伸”对话框（一）

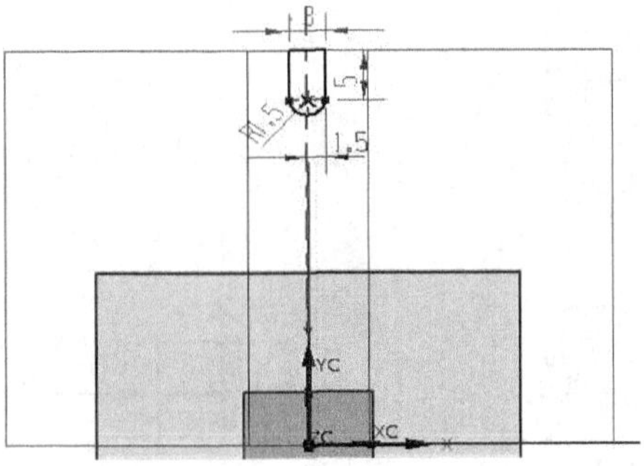

图5-178　绘制草图（一）

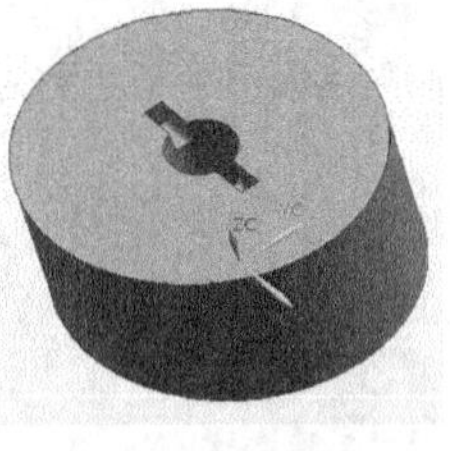

图5-179　创建槽特征

6）倒圆角。单击“特征”工具栏的“边倒圆”按钮，系统弹出如图 5-180 所示的“边倒圆”对话框，设置倒圆半径为 0.2，选择如图 5-181 所示的边线进行倒圆角，如图 5-182 所示。

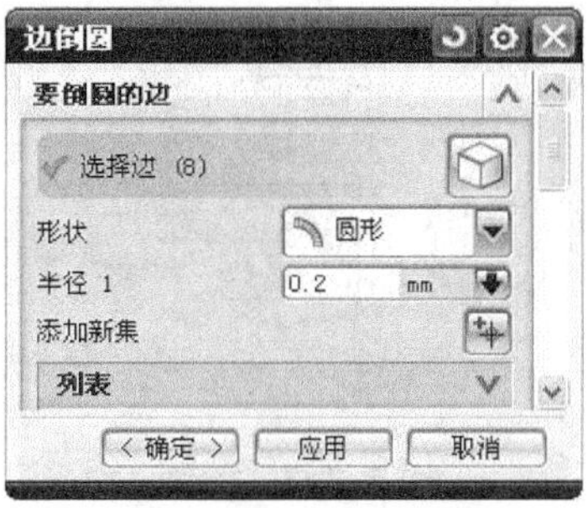

图 5-180 “边倒圆”对话框

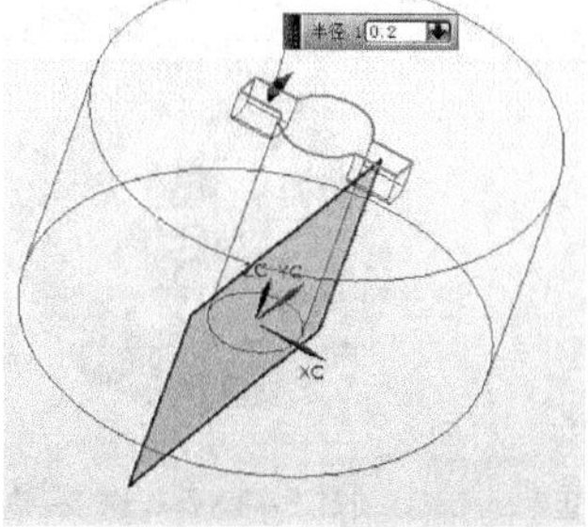

图 5-181 选择边线

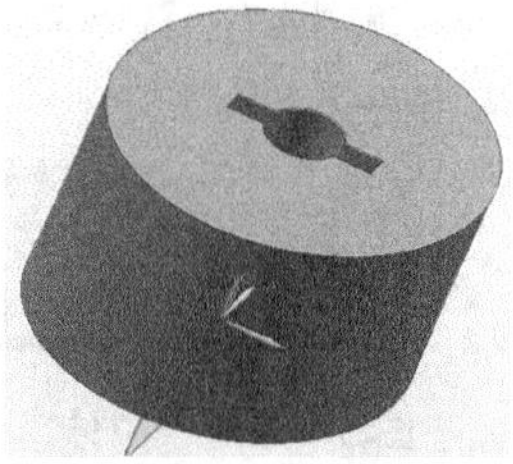

图 5-182 边倒圆

7）拉伸切除材料。单击“特征”工具栏中的“拉伸”按钮，系统弹出如图 5-183 所示的“拉伸”对话框；单击“绘制截面”按钮，选择圆柱体上端面作为草绘平面，绘制如图 5-184 所示的草图。参考图 5-183 设置拉伸方向为“+ZC”方向，拉伸“距离为”值为 36；“布尔”运算选择“求差”。单击“确定”按钮创建拉伸特征，如图 5-185 所示。

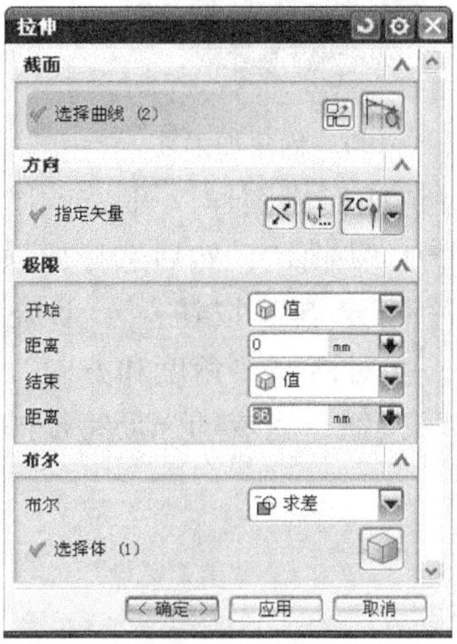

图 5-183 “拉伸”对话框（二）

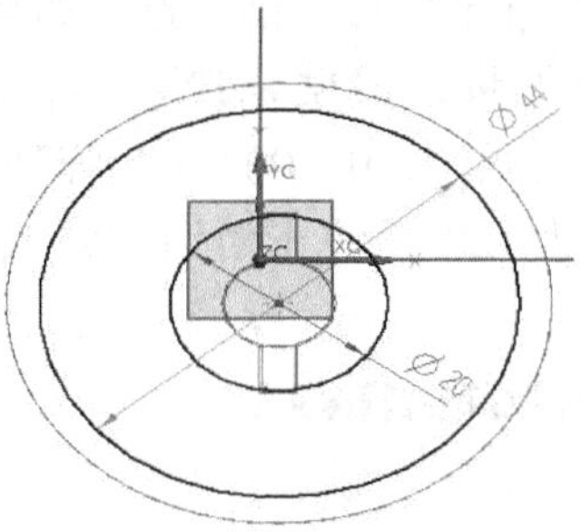

图 5-184 绘制草图（二）

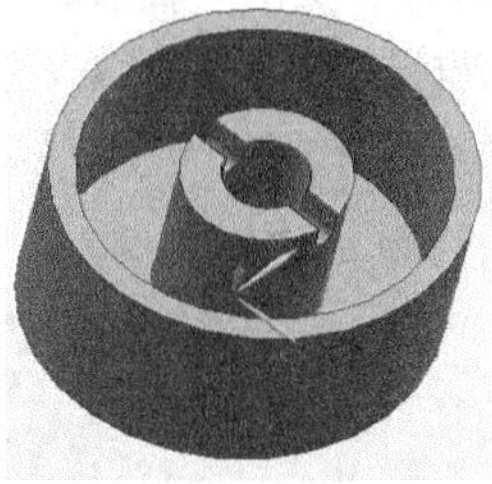

图 5-185 创建拉伸减材料特征

8）创建加强筋。单击“特征”工具栏中的“拉伸”按钮，系统弹出如图 5-186 所示的“拉伸”对话框。单击“绘制截面”按钮，选择如图 5-187 所示圆环面作为草绘平面，绘制如图 5-188 所示的草图。参考图 5-186 设置拉伸方向为“+ZC”方向，拉伸“开始”值为 3；“结束”选择“直至延伸部分”，按系统提示选择如图 5-189 所示的圆槽底面作为拉伸边界面；“布尔”运算选择“求差”。单击“确定”按钮创建加强筋特征，结果如图 5-190 所示。

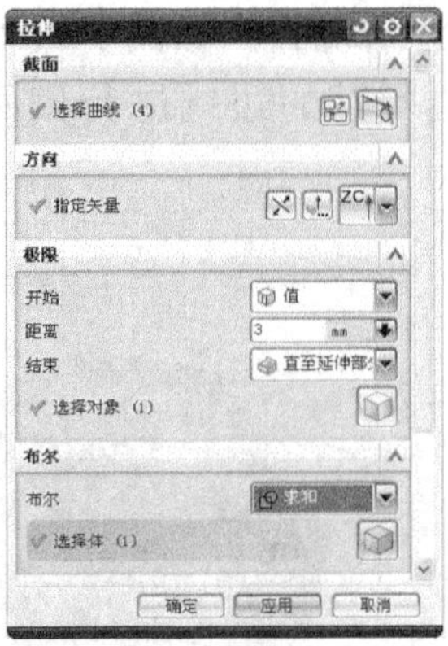

图 5-186 “拉伸”对话框

图 5-187 选择草绘平面

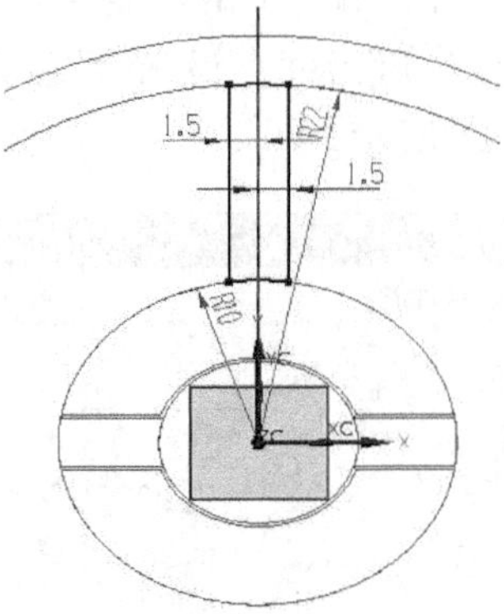

图 5-188 绘制草图（三）

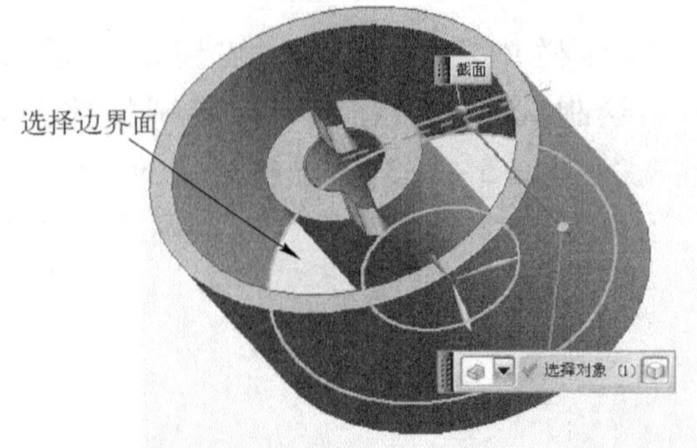

图 5-189 选择边界面

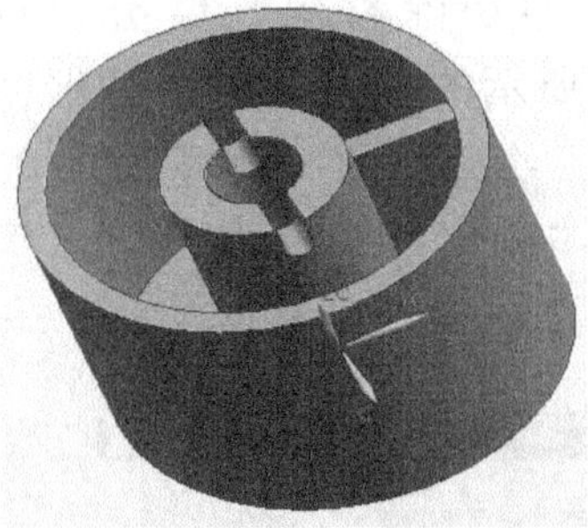

图 5-190 创建加强筋

9）阵列加强筋。选择“插入”→“关联复制”→“对特征形成图样”命令，弹出如图 5-191 所示的“对特征形成图样”对话框。选择布局方式为“圆形”，然后选择加强筋特征。选择“ZC”轴作为阵列矢量，根据系统提示，单击“指定点”按钮，系统弹出“点”对话框，设置 WCS 的原点（0，0，0）作为阵列原点。在对话框“角度和方向”分组中设置阵列数量为 3，节距角为 120°。单击对话框的“确定”按钮，完成加强筋特征的圆形阵列，如图 5-192 所示。

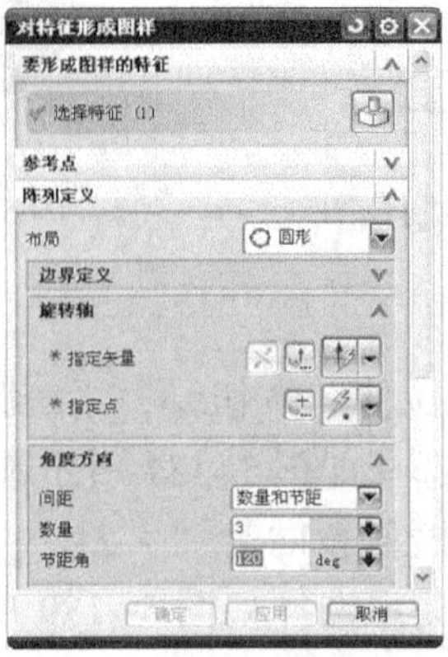

图 5-191 “对特征形成图样”对话框

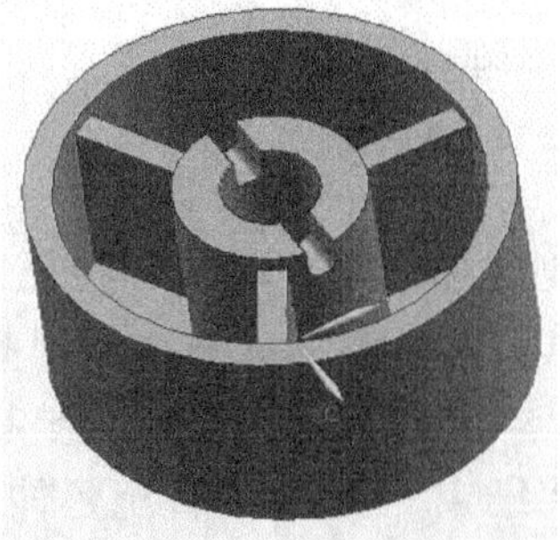

图 5-192 阵列加强筋

10）倒圆角。单击“特征”工具栏中的“边倒圆”按钮，系统弹出“边倒圆”对话框，设置倒圆半径为0.6，对加强筋与圆环槽链接处进行倒圆角，如图5-193所示。

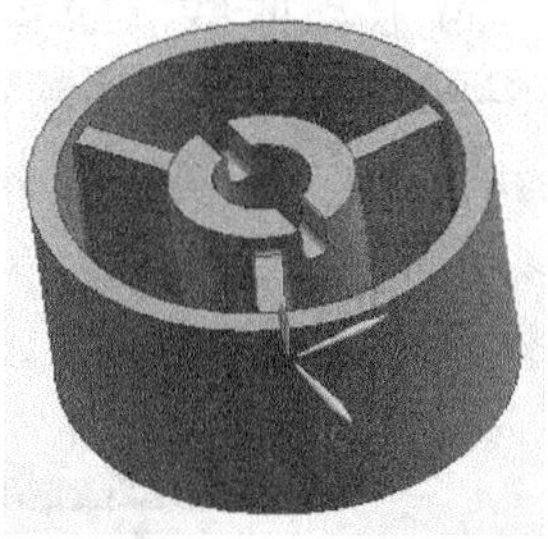

图5-193　边倒圆

2. 创建叶片

1）偏置曲面。选择“插入”→“偏置缩放”→“偏置曲面”命令，系统弹出如图5-194所示的“偏置曲面”对话框。选择如图5-195所示圆柱面，设置偏置距离为150，单击“确定”按钮，创建偏置曲面，如图5-196所示。

图5-194　“偏置曲面”对话框

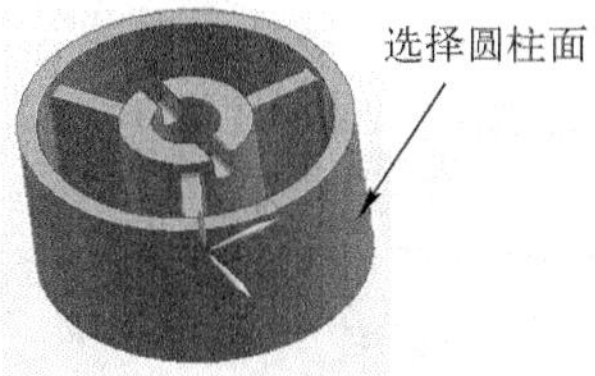

图5-195　选择面

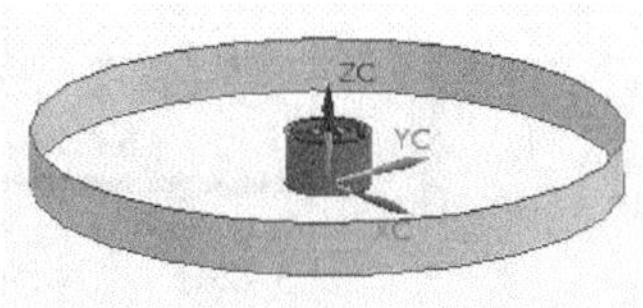

图5-196　创建偏置曲面

2）抽取曲线。单击“曲线”工具栏中的“抽取曲线”按钮，系统弹出如图5-197所示的“抽取曲线”对话框，单击“边曲线”选项，系统弹出如图5-198所示的“单边曲线”对话框。选择如图5-199所示偏置曲面的上下两条边线。单击“抽取曲线”对话框的“确定”按钮，完成两个边线圆的抽取，如图5-200所示。

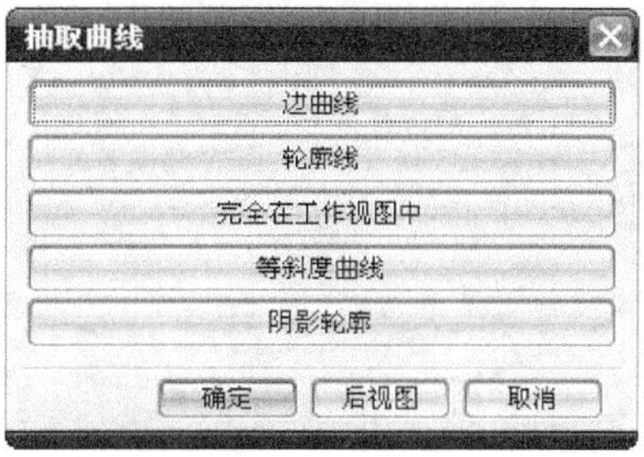

图5-197　“抽取曲线”对话框

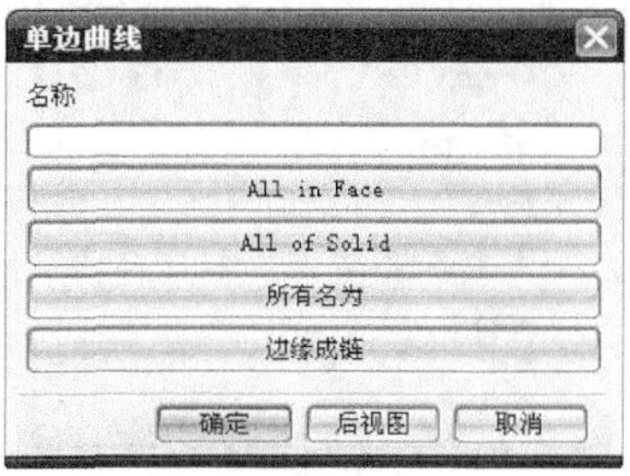

图5-198　“单边曲线”

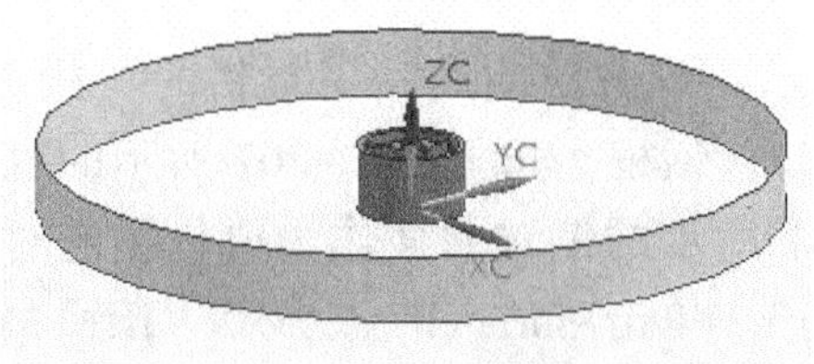

图5-199　选择边线

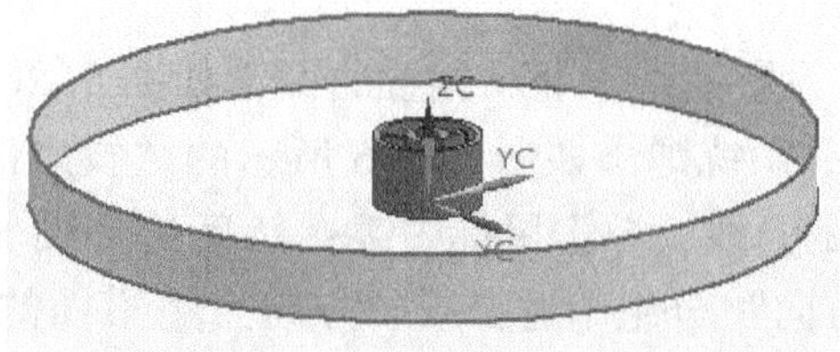

图5-200　抽取曲线

3）移动曲线。隐藏偏置曲面，选择“编辑”→“移动对象”命令，系统弹出如图 5-201 所示的“移动对象”对话框。选择图 5-202 中的曲线 1；在“变换”分组中选择“运动”为“距离”方式，矢量方向为“－ZC”轴，距离为 3；在“结果”分组中选择“移动原先的”选项。单击“应用”按钮，将曲线 1 沿“－ZC”轴移动 3 mm。采用同样的操作，将曲线 2 沿“＋ZC”轴移动 3 mm。

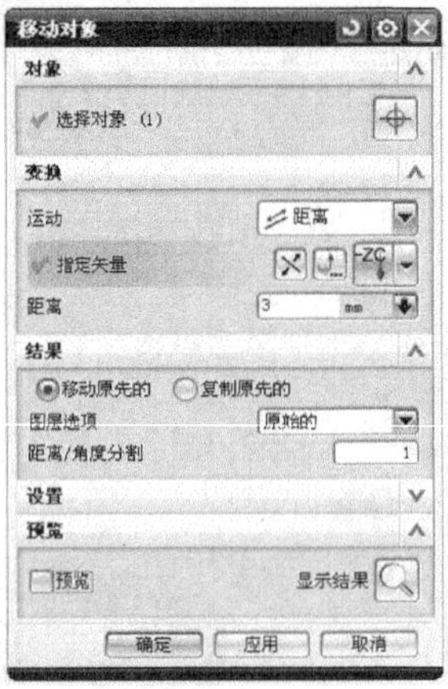

图 5-201 “移动对象”对话框

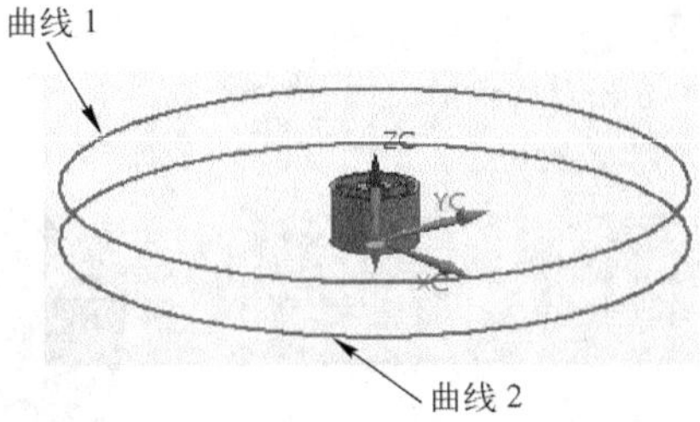

图 5-202 选择曲线

4）创建直线。单击“曲线”工具栏中的“直线”按钮，系统弹出如图 5-203 所示的“直线”对话框。“起点”和“终点”选项中的“点方法”均选择“象限点”。参考图 5-204 选择直线的起点和终点，两点之间相差 90°。单击“确定”按钮，创建直线。

图 5-203 “直线”对话框

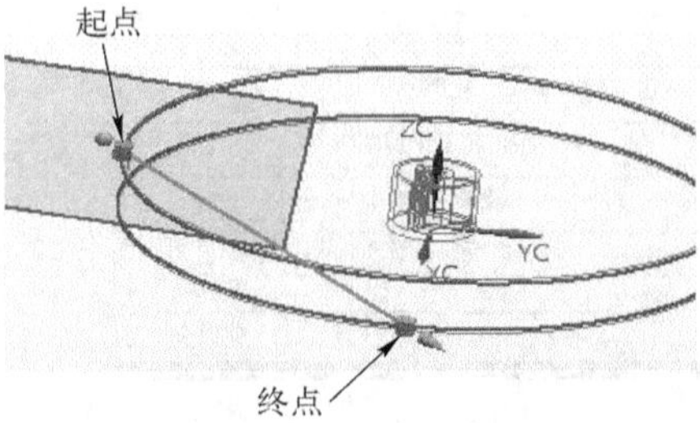

图 5-204 选择起点和终点

5）投影曲线。显示偏置曲面，如图 5-205 所示。单击“曲线”工具栏的“投影曲线”按钮，系统弹出如图 5-206 所示的“投影曲线”对话框。选择图 5-207 所示的直线作为要投影的曲线，单击鼠标中键；然后选择图 5-207 所示的偏置曲面作为要投影的对象。在“投影方向”分组中选择投影方向为“沿面的法向”。单击对话框的“确定”按钮，创建投影曲线 1，如图 5-208 所示。按照同样操作，选择直线作为要投影的曲线，选择直径为 50 的圆柱体外表面作为要投影的对象，创建投影曲线 2，如图 5-209 所示。

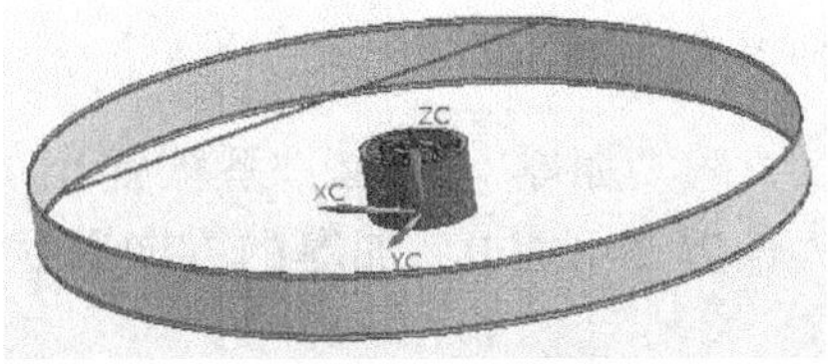

图 5-205　显示偏置曲面

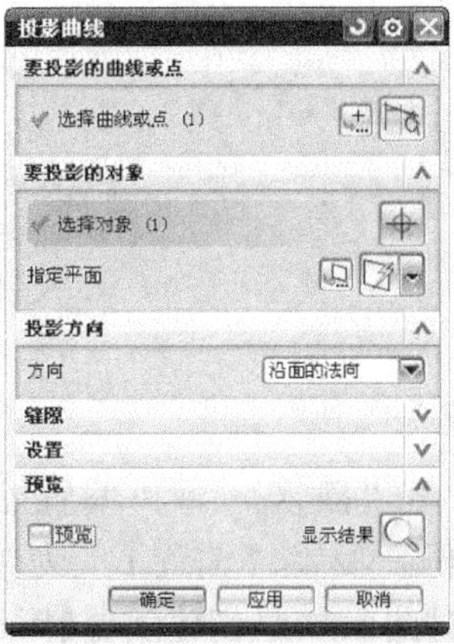

图 5-206　“投影曲线”对话框

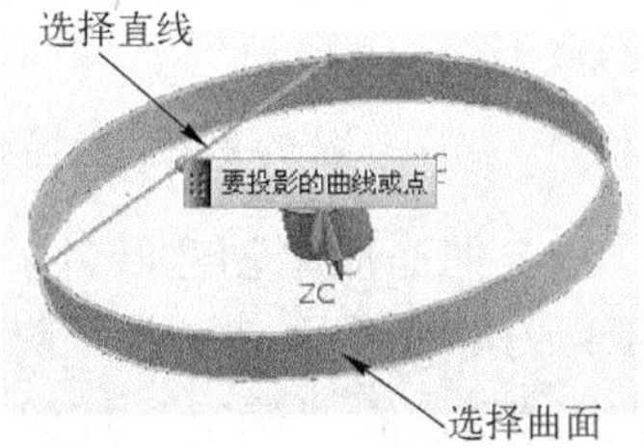

图 5-207　选择直线和偏置曲线

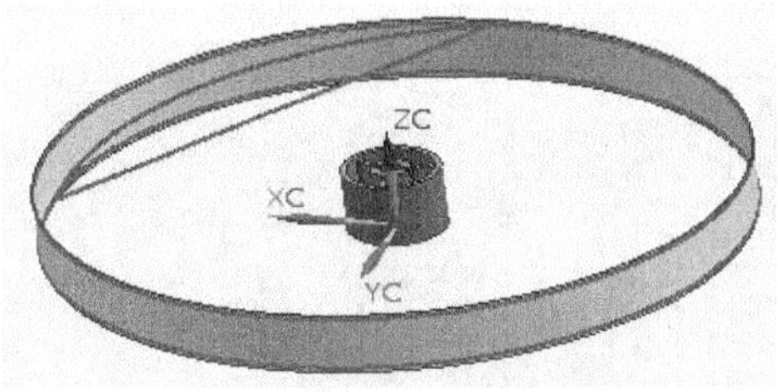

图 5-208　创建投影曲线 1

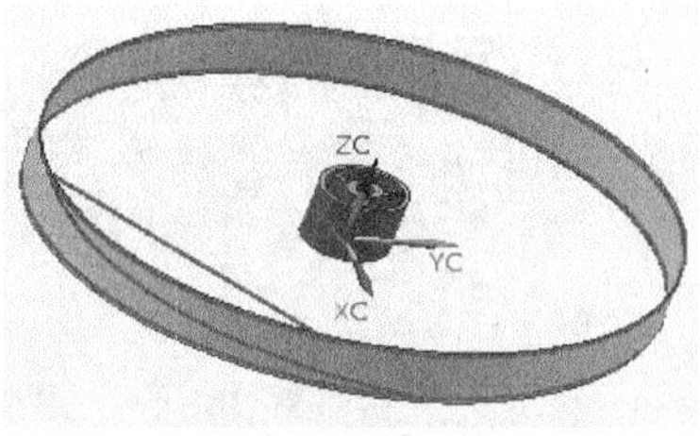

图 5-209　创建投影曲线 2

6）创建直纹面。将圆柱体、偏置曲面、直线、基准平面等特征隐藏，只显示两条投影曲线，如图 5-210 所示。单击“曲面”工具栏中的“直纹”按钮，系统弹出如图 5-211 所示的“直纹”对话框。选择图 5-212 所示的截面线串 1，单击鼠标中键；然后选择截面线串 2，单击对话框的“确定”按钮，创建直纹面，如图 5-213 所示。

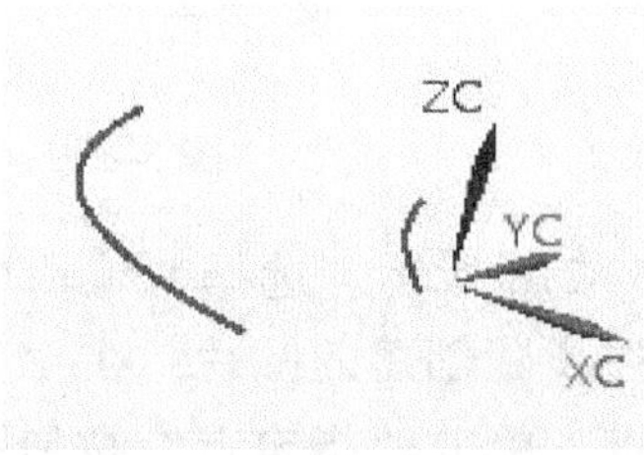

图 5-210　两条投影曲线

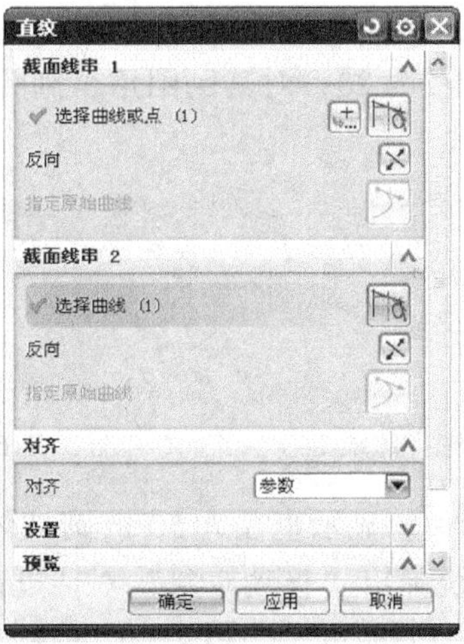

图 5-211　“直纹”对话框

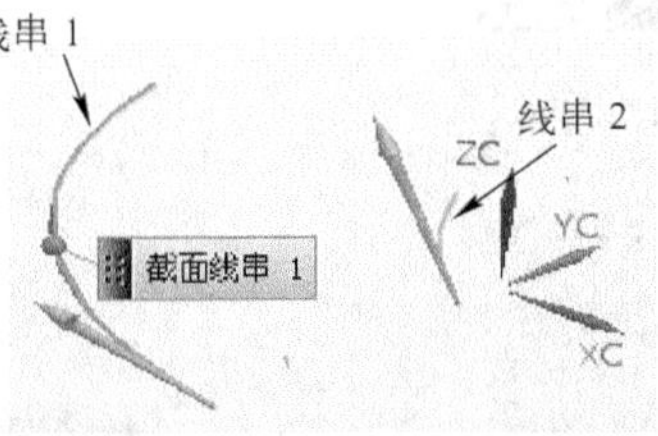

图 5-212　选择截面线串

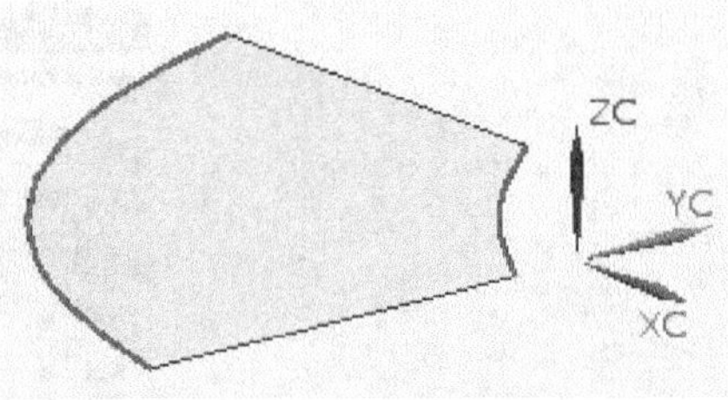

图 5-213　创建直纹面

7）曲面加厚创建叶片。选择"插入"→"偏置缩放"→"加厚"命令，系统弹出如图 5-214 所示的"加厚"对话框。设置"偏置 1"为 2，"偏置 2"为 0，加厚的方向默认。单击对话框的"确定"按钮，对曲面加厚创建实体特征。

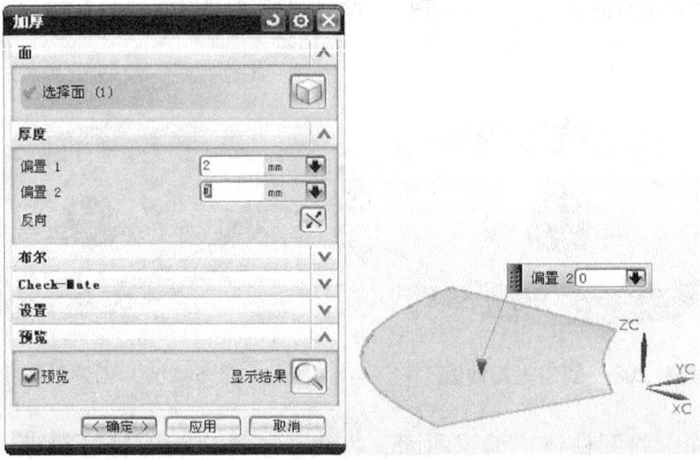

图 5-214　曲面加厚

8）边倒圆。将直纹面和投影曲线隐藏。单击"特征"工具栏中的"边倒圆"按钮，系统弹出"边倒圆"对话框，设置倒圆半径为 50。选择如图 5-215 所示的边线 1 进行倒圆，单击对话框"应用"按钮，创建倒圆角特征。采用同样的操作，选择图 5-216 所示的边线 2，设置圆角半径为 20，对其倒圆角。倒圆后的结果如图 5-217 所示。

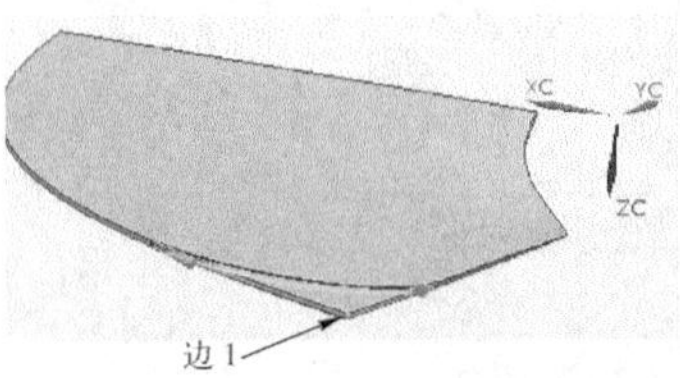

图 5-215　选择边线 1

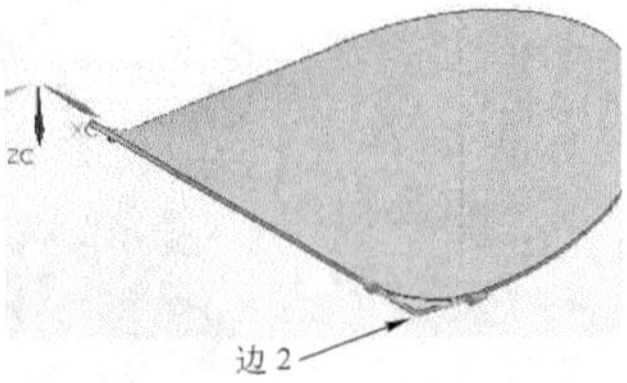

图 5-216　选择边线 2

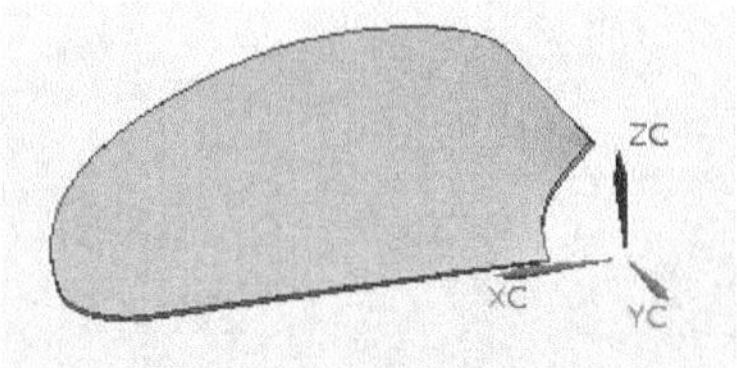

图 5-217　倒圆角

9）复制叶片。显示直径为 50 的圆柱体，如图 5-218 所示。选择"编辑"→"移动对象"命令，系统弹出"移动对象"对话框。选择上述步骤创建的叶片；在"变换"分组中选择"运动"为"角度"，选择"ZC"轴为旋转矢量，单击"指定点"按钮，系统弹出"点"对话框，设置 WCS 的原点（0，0，0）作为移动的轴点；设置角度为 120°。在对话框的“结果”分组中选择“复制原先的”选项，“非关联副本数”为2，如图5-219所示。单击对话框的“确定”按钮，复制两个叶片，如图5-220所示。

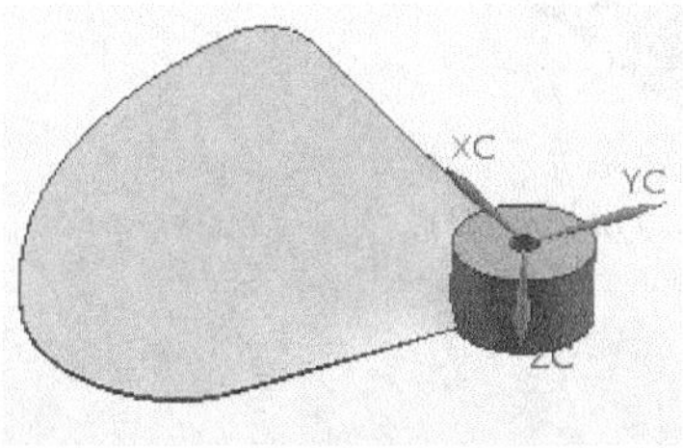

图5-218　显示圆柱体

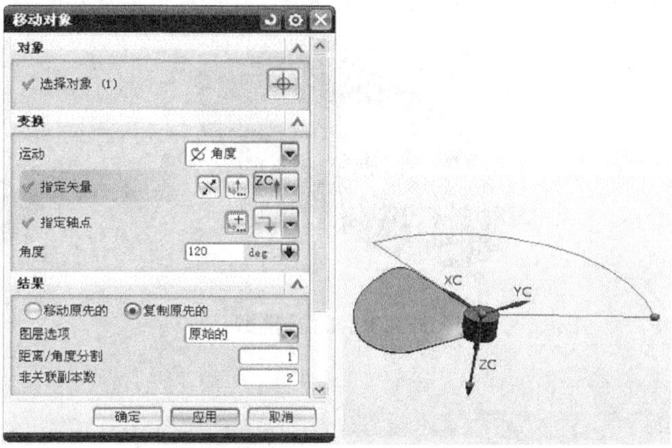

图5-219　“移动对象”对话框

10）布尔求和。单击“特征”工具栏中的“求和”按钮，系统弹出“求和”对话框。选择风扇的旋转轴（ϕ50的圆柱体）为“目标体”，选择三个叶片为“工具体”，将叶片和转轴做“求和”运算，如图5-221所示。

图5-220　复制叶片

图5-221　布尔求和

11）选择“文件”→“保存”命令，保存所做的工作。完成后的模型见随书光盘ch05/ch05_05/eg4/fengshan. prt。

5.6　习题

1. 绘制如图5-222所示的三通管曲面（素材见随书光盘文件ch05\ex\ex1\santongguan. prt）。

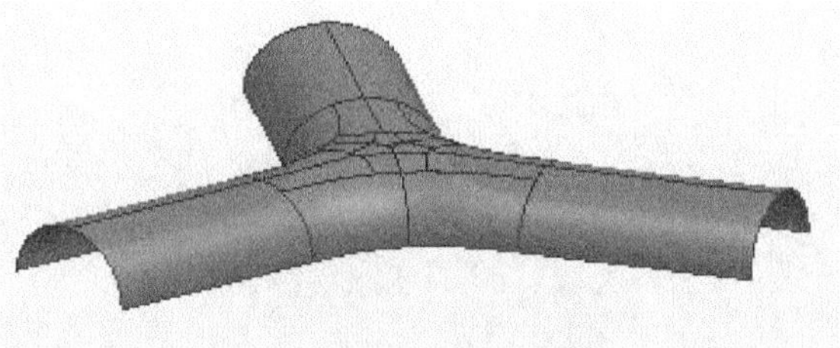

图5-222　三通管曲面

2. 绘制如图 5-223 所示的曲面模型（素材见随书光盘文件 ch05\ex\ex2\qumian1. prt）。

3. 绘制如图 5-224 所示的饮料瓶曲面模型（素材见随书光盘文件 ch05\ex\ex3\bottle. prt）。

图 5-223　曲面模型

图 5-224　饮料瓶

第6章　装配设计

装配模块是UG NX集成环境中的一个应用模块，它可以将产品中的各个零部件快速组合起来，从而形成产品的装配结构。装配设计过程就是在装配中建立部件之间的链接关系，即通过关联条件在部件间建立约束关系，以确定部件在产品中的位置。

本章重点

- 掌握装配导航器的使用
- 掌握常用装配约束条件的使用
- 掌握装配的一般过程
- 掌握装配中组件的阵列方法
- 掌握装配爆炸图的创建

6.1　UG装配概述

装配就是将各种零部件组装在一起，构成完整产品的过程。一般CAD/CAM一体化软件有两种装配模式：多组件装配和虚拟装配。多组件装配是将每个组件的信息复制到装配体中，然后将每个组件放到对应的位置。虚拟装配是建立各组件的链接，装配体与组件是一种引用关系。

UG NX提供了很强的虚拟装配功能，通过关联条件在部件间建立约束关系来确定部件之间的位置。零件在装配中是被引用，而不是复制到装配体中。各级装配文件仅保存该级的装配信息，不保存其子装配及其装配零件的模型信息。整个装配部件保持关联性，如果某部件修改，则引用此部件的装配部件会自动更新，反映部件的最新变化。

6.1.1　进入装配环境

UG NX 8.0进入装配环境有两种方法：一是直接新建装配，二是在打开的部件中新建装配。

1. 新建装配文件

单击工具栏“新建”按钮，打开如图6-1所示的“新建”对话框，选择“装配”模块并输入文件名和文件路径后，单击“确定”按钮，进入如图6-2所示的装配环境，并弹出“添加组件”对话框。

2. 在打开的部件中新建装配

在建模环境下，选择“开始”→“所有应用模块”→“装配”命令，即可进入装配环境。

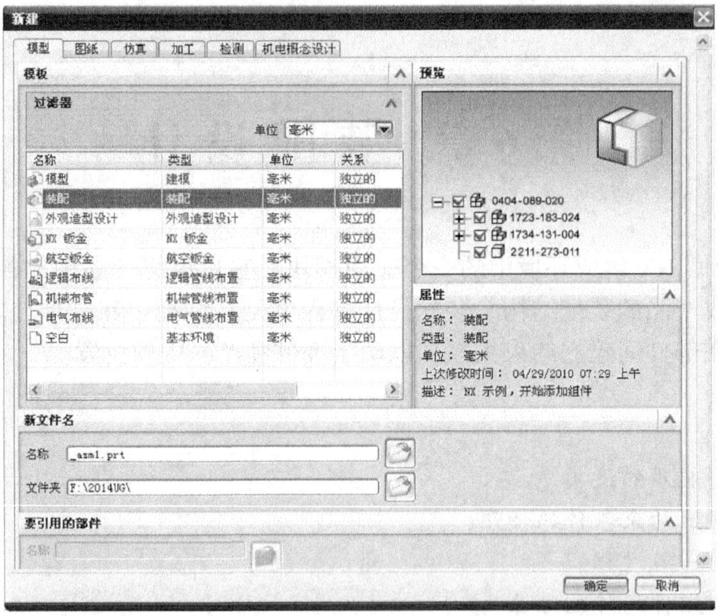

图 6-1　新建装配文件

图 6-2　装配建模环境

进入装配环境后，选择“装配”命令，弹出如图 6-3 所示的“装配”下拉菜单，该菜单包含了进行装配操作的所有命令。在菜单栏或工具栏任意处右击，在弹出的菜单中勾选“装配”，可弹出如图 6-4 所示的“装配”工具栏，该工具栏包含了进行装配操作常用的工具按钮。

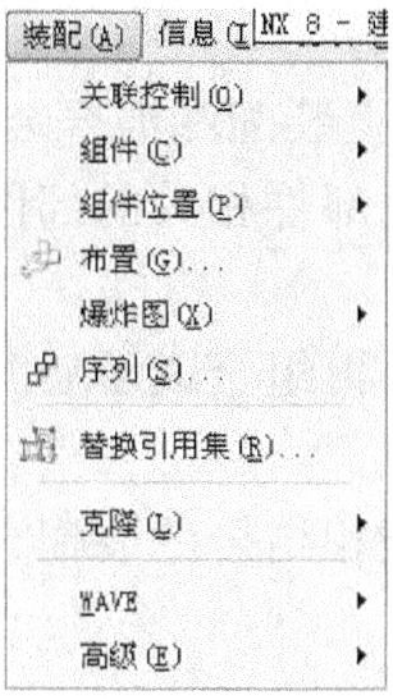

图 6-3 “装配”下拉菜单

图 6-4 “装配”工具栏

6.1.2 装配术语及装配方法

1. 装配中的术语

UG 装配过程中经常用到的术语如下。

- 装配部件：是指由零件和子装配构成的部件。在 UG 中可以向任何一个 prt 文件中添加部件构成装配，因此任何一个 prt 文件都可以作为装配部件。在 UG 装配学习中，零件和部件不必严格区分。
- 组件：是在装配中由单个或多个零件和套件构成的部件。
- 子装配：是在更高一层的装配件中作为组件的一个装配，子装配同样拥有自己的组件。子装配只是一个相对的概念，即任何一个装配件可在更高级装配中用作子装配。
- 单个零件：是指装配外存在的零件几何模型，可添加到一个装配中，也可单独存在，但它本身不能包含下级组件。
- 显示部件：是指当前工作窗口中显示的组件。
- 工作部件：是指在当前窗口中可以进行创建和编辑的组件，可以是显示部件，也可以是包含在显示部件中的任一部件。如果显示部件是一个装配部件，工作部件是其中一个部件，此时工作部件以其自身颜色加强，而其他显示部件变灰以示区别，如图 6-5 所示。通过双击可将部件设为工作部件。

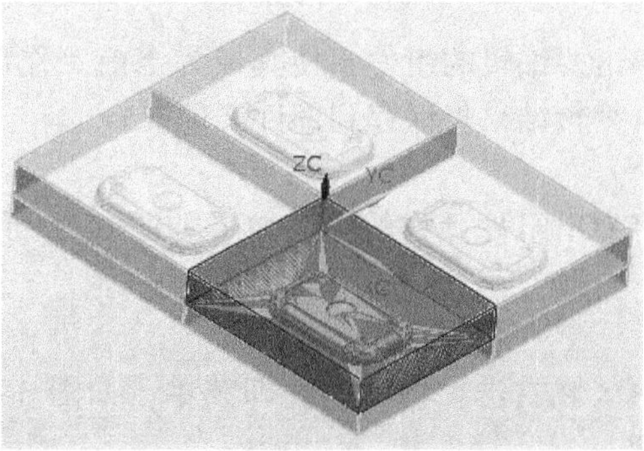

图 6-5 工作部件

2. 装配方法

UG 中常用的创建装配体的方法有自顶向下装配、自底向上装配和混合装配。

- 自顶向下装配：自顶向下装配是指在装配中创建与其他部件相关的部件模型，是在装配部件的顶级向下产生子装配和部件的装配方法。
- 自底向上装配：自底向上装配是先创建部件几何模型，再组合成子装配，最后生成装配部件的装配方法。
- 混合装配：混合装配是指自顶向下装配和自底向上装配相结合的装配方法。

6.2 装配导航器

装配导航器是一种装配结构的图形显示界面，又被称为装配树，如图 6-6 所示。在装配树形结构中，每个组件作为一个节点显示。它能清楚反映装配中各个组件的装配关系，而且能让用户快速便捷地选择和编辑各个部件。例如，用户可以在装配导航器中改变显示部件和工作部件、隐藏和显示组件。

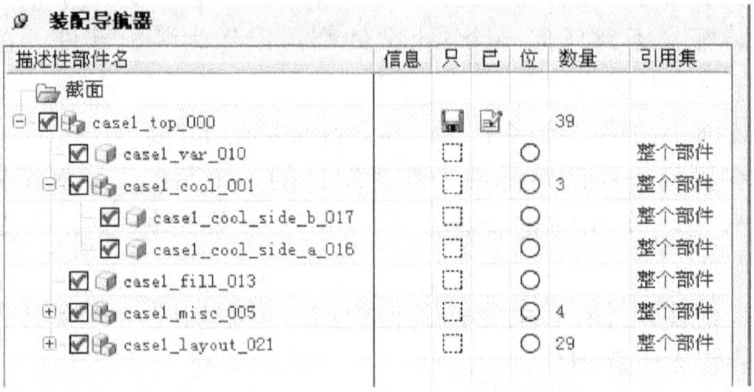

图 6-6　装配导航器

在装配导航器窗口中，第一个节点表示基本装配部件，其下方的每一个节点均表示装配中的一个组件部件，显示的信息有部件名称、文件属性、位置、数量和引用集名称等。

（1）编辑组件

在装配导航器窗口中双击要编辑的组件，使其成为当前工作部件，并以高亮颜色显示。此时可以编辑相应的组件，编辑结果将保存到部件文件中。

（2）组件操作快捷菜单

在组件节点上右击，将弹出组件操作快捷菜单，如图 6-7 所示。利用该快捷菜单可以很方便地管理组件。

（3）立即菜单

在装配导航器内的空白区域右击，将弹出立即菜单，如图 6-8 所示。利用该立即菜单可以对装配导航器进行管理。

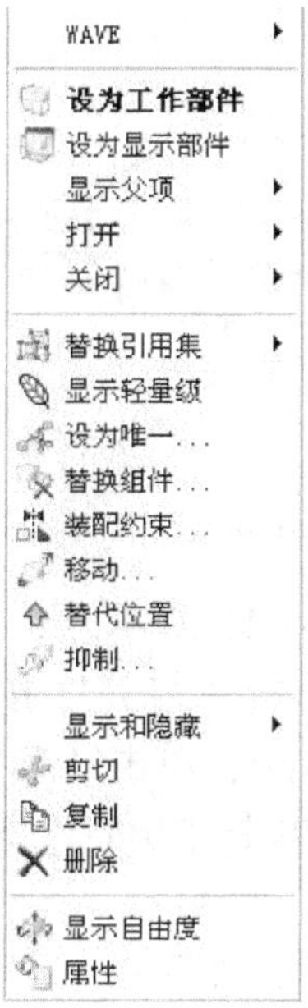

图 6-7　快捷菜单

图 6-8　立即菜单

6.3　装配过程

本节采用自底向上的装配方法，通过实例介绍 UG 装配的一般过程。自底向上的装配方法是首先设计好全部部件，然后将部件作为组件添加到装配体中。

6.3.1　组件的添加与配对

“组件的添加与配对”是指通过“添加组件”命令将设计好的零件模型导入装配中，然后对导入的组件使用配对条件施加约束。配对条件是指组件的装配关系，用于确定组件在装配中的相对位置。对数据库中已存的系列产品零件，标准件以及外购件可通过从底向上的设计方法加入到装配体中来。

1. 添加组件

【例 6-1】 添加组件。

1）选择“文件”→“新建”命令，弹出“新建”对话框。选择“模板”分组类型为“装配”，输入“名称”为 asm1. prt，单击“确定”按钮，自动弹出“添加组件”对话框。

2）添加模板零件（moban. prt），操作过程如图 6-9 所示。在“添加组件”对话框中单击“打开”按钮，弹出“部件名”对话框，选择随书光盘文件 ch06\ch06_03\eg1\moban. prt，单击“确定”按钮，返回“添加组件”对话框。在对话框的“定位”下拉列表中选择“绝对原点”，单击“确定”按钮，即可添加模板部件。

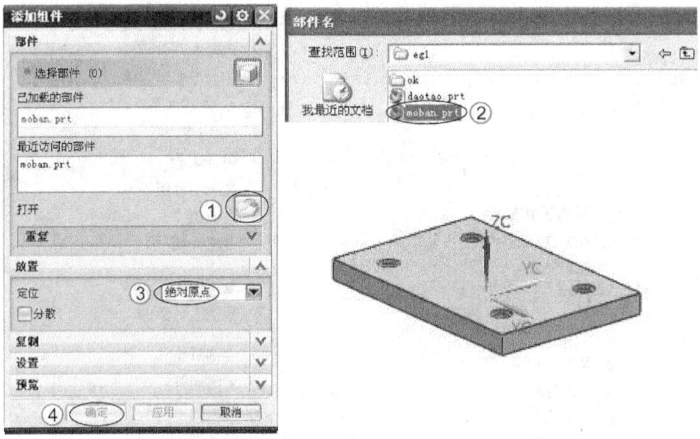

图 6-9　添加组件（moban. prt）

3）添加导套零件（daotao. prt），操作过程如图 6-10 所示。选择“装配”→“组件”→“添加组件”命令，弹出“添加组件”对话框。单击“打开”按钮，弹出“部件名”对话框。选择随书光盘文件 ch06\ch06_03\eg1\daotao. prt，单击“确定”按钮，返回“添加组件”对话框。选择“定位”方式为“通过约束”，单击“确定”按钮，弹出“装配约束”对话框。

4）配对约束。单击“类型”中的接触对齐按钮，然后在“要约束的几何体”分组中单击“接触”按钮，依次选择图 6-10 中步骤⑦⑧所示平面为约束平面。再次单击“自动判断中心/轴”按钮，依次选择图中步骤⑩⑪所示的圆柱面为约束面，单击“装配约束”对话框的“确定”按钮，即可完成组件 daotao. prt 的添加。

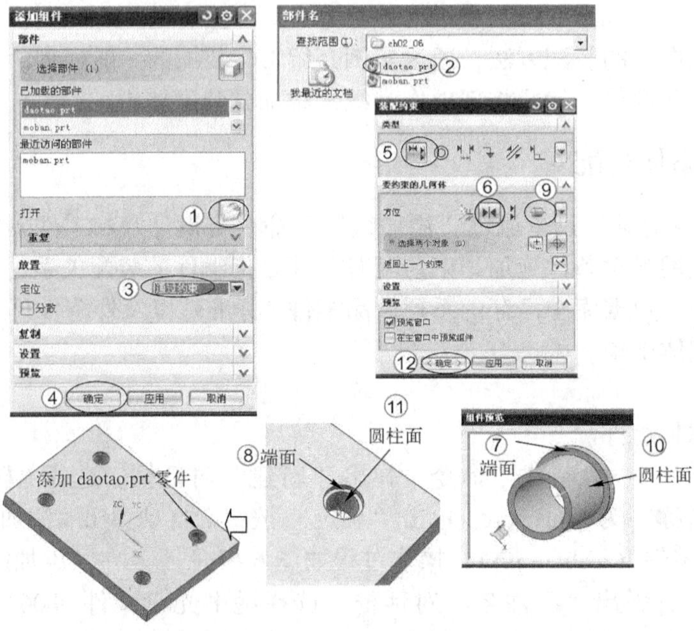

图 6-10　通过约束定位添加组件 daotao. prt

提示：

1）选择的第一个对象是被配对的组件（移动）。选择的第二个对象是基础组件（不移动）。

2）在“装配约束”对话框的“预览”分组中勾选“在主窗口中预览组件”可以了解当前定义的配对约束将如何定位。

从上述步骤可知，添加组件的定位方法如下。

第一个组件采用绝对原点定位方法添加或利用约束“定位”中的“固定约束”。第二个、第三个、…组件采用配对方法（Mate）建立组件间的装配关系。

2. 组件的约束/配对条件

当用户向主模型中添加组件时，需要指定组件与主模型的装配关系，用于确定组件在装配中的相对位置。装配约束条件由一个或多个关联约束组成，每个约束都会限制组件在装配体中的一个或几个自由度。

在添加组件过程中系统会弹出“装配约束”对话框让用户选择合适的约束条件进行装配，另外在“装配”工具栏中单击“装配约束”按钮，系统弹出“装配约束”对话框，如图6-11所示。该对话框有3个分组：“类型”分组、“要约束的几何体”分组和“设置”分组。

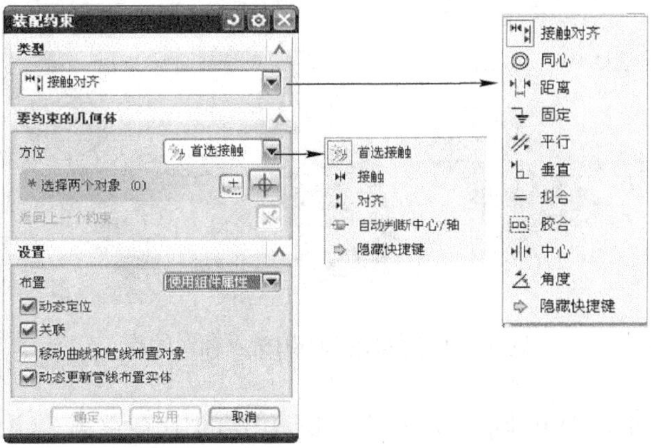

图6-11 “装配约束”对话框

“类型”分组提供了10种装配约束类型，如图6-11所示。

1）接触对齐：约束两个组件使其彼此接触或对齐。当选择该选项后，“要约束的几何体”分组中的“方位”下拉列表中出现4个选项。

- 首选接触：当接触约束和对齐约束都有可能时首选接触约束，当接触约束过度约束装配时将显示对齐约束。
- 接触：约束对象的曲面法向在相反方向上，即“接触”约束可使两个装配部件中的两个平面重合且朝向相反，如图6-12所示。
- 对齐：约束对象的曲面法向在相同方向上，即“对齐”约束可使两个装配部件中的两个平面重合且朝向相同，如图6-13所示。在使用“接触”和“对齐”约束时，两个参照须为同一类型（如平面对平面、点对点）。
- 自动判断中心/轴：定义两圆柱面、两圆锥面或圆柱面与圆锥面同轴约束，即该约束可使两个装配部件中的两个旋转面的轴线重合，如图 6-14 所示。

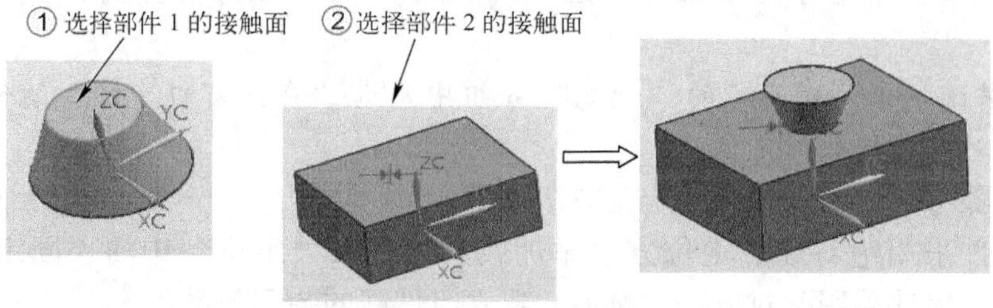

图 6-12 “接触”约束

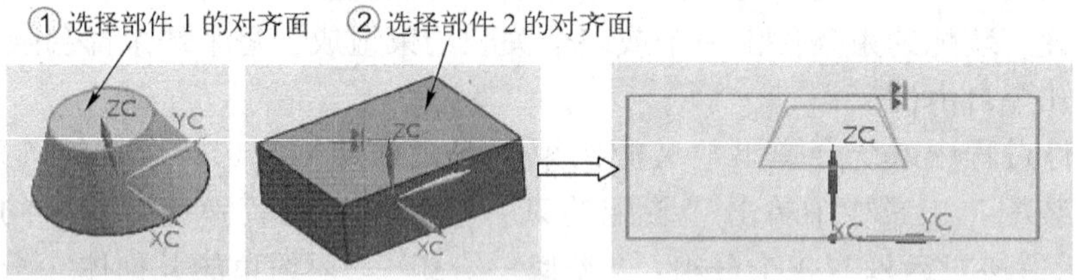

图 6-13 “对齐”约束

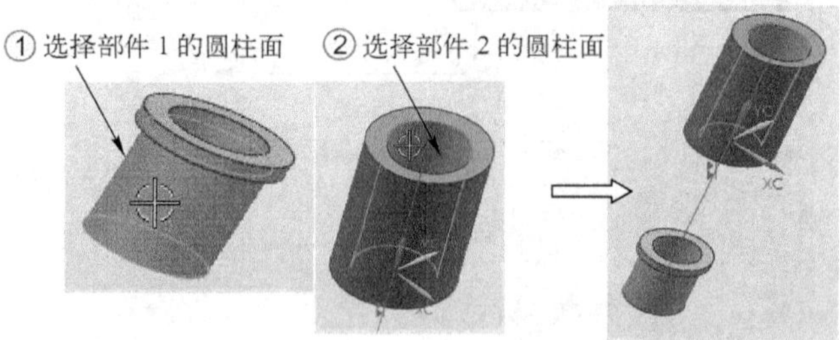

图 6-14 “自动判断中心/轴”约束

2）同心：设定两个组件的圆形边界或椭圆边界的中心重合，并使边界的面共面，如图 6-15 所示。

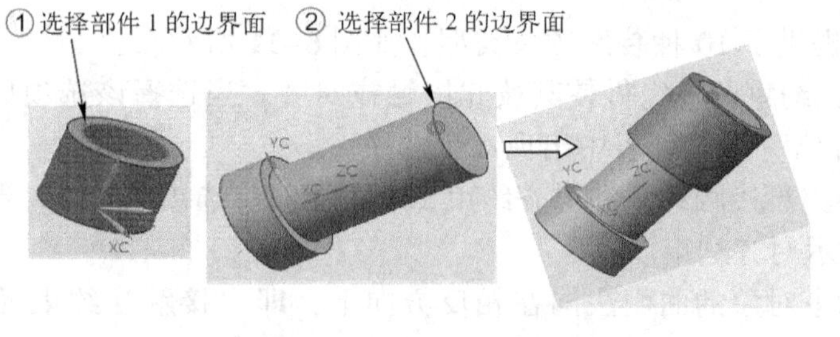

图 6-15 “同心”约束

3）距离：设定两个对象间的最小 3D 距离，使两个装配部件中的两个平面保持一定的距离，如图 6-16 所示。

4）固定：将组件固定于其当前位置，一般用于第一个组件的添加。

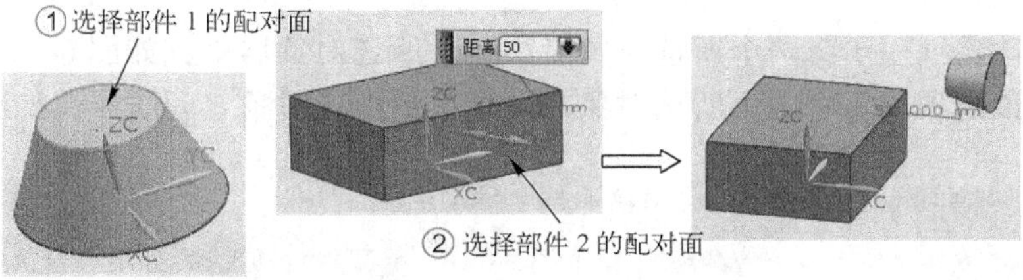

图 6-16 “距离”约束

5）平行：用于使两个对象的矢量方向平行，如图 6-17 所示。

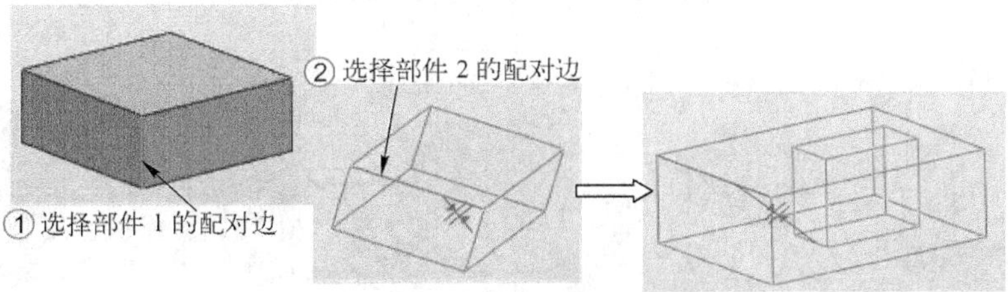

图 6-17 “平行”约束

6）垂直：定义两个目标对象的矢量方向垂直。

7）拟合：定义将半径相等的两个圆柱面拟合在一起。此约束对确定孔中的销或螺栓的位置很有用，如图 6-18 所示。

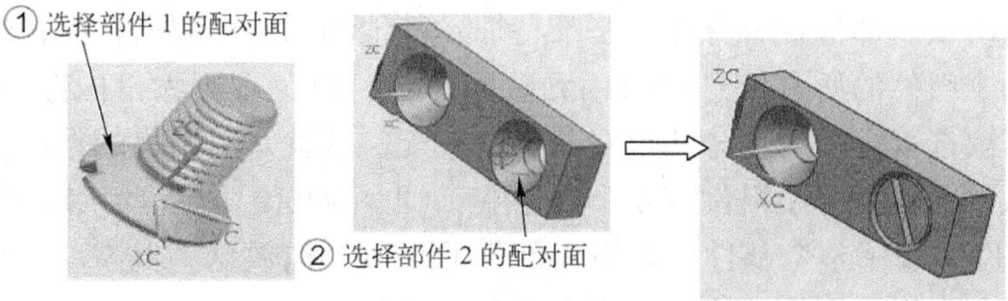

图 6-18 “拟合”约束

8）胶合：将组件焊接在一起，使其为刚体移动。

9）中心：使一对对象之间的一个或两个对象居中，或使一对对象沿另一对象居中。该约束有 3 个子类型，叙述如下。

- 1 对 2：定义在两个所选对象中，使第一个对象居中，如图 6-19 所示。

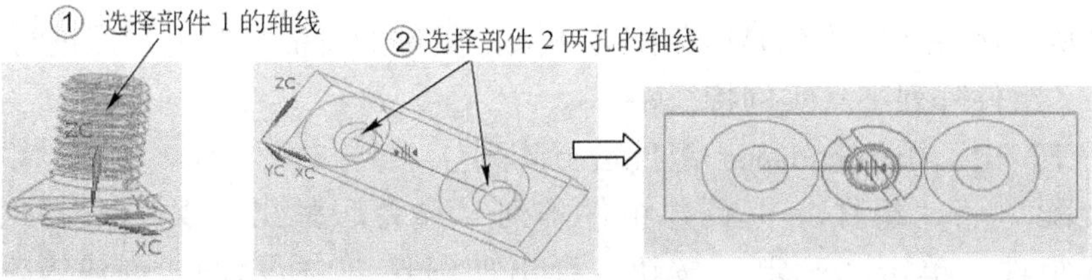

图 6-19 “中心”约束（1 对 2）

● 2 对 1：该选项用于将两个所选对象沿第三个所选对象居中，如图 6-20 所示。
● 2 对 2：该选项用于将两个所选对象在两个其他所选对象之间居中，如图 6-21 所示。

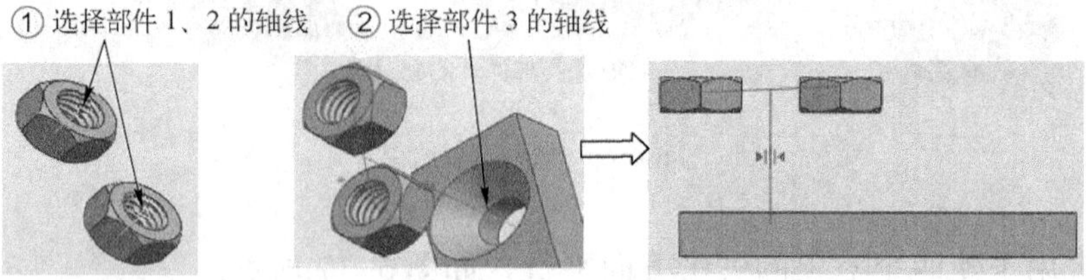

图 6-20 “中心”约束（2 对 1）

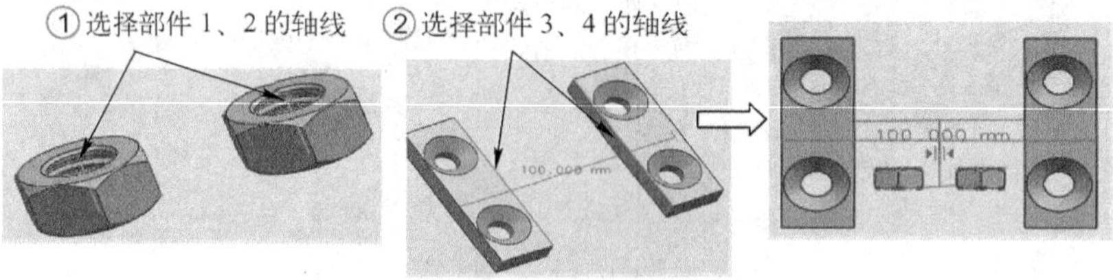

图 6-21 “中心”约束（2 对 2）

10）角度：该约束可使两个装配部件上的线或面建立一个角度，从而限制部件的相对位置关系。

3. 引用集

在创建部件时很多部件含有草图、基准特征及其他辅助图形数据，而在进行虚拟装配时一般不希望将每个组件的所有信息都引用到装配体中，以免占用大量内存空间。因此，UG 允许用户根据需要选取组件的部分几何对象进行装配，这就是引用集的作用。

在系统默认状态下，每个组件有 4 个引用集，即“SOLID”“MODEL”“整个部件”和“空”。“整个部件”表示整个部件，即引用部件的全部几何数据；“空”是不含任何几何数据的引用集，当装配组件引用空集时，则看不到该部件。

6.3.2 组件阵列

装配过程中的组件阵列是一种对应装配约束条件快速生成多个组件的方法，它可以提高装配设计的效率。UG 8.0 提供了 3 种组件阵列方法：“从实例特征”“线型”阵列和“圆形”阵列。

1. 从实例特征

组件的“从实例特征”阵列是以装配体中某一零件的特征阵列为参照进行部件的阵列。

【例 6-2】 组件阵列—从实例特征。

对【例 6-1】中已添加的 daotao 组件进行阵列。

选择“装配”→“组件”→“创建组件阵列”命令，弹出“类”选择对话框，选择添加的 daotao 组件，单击“确定”按钮，弹出如图 6-22 所示的“创建组件阵列”对话框。选择“从实例特征”单选按钮，单击“确定”按钮，完成组件阵列操作，如

图 6-23 所示。

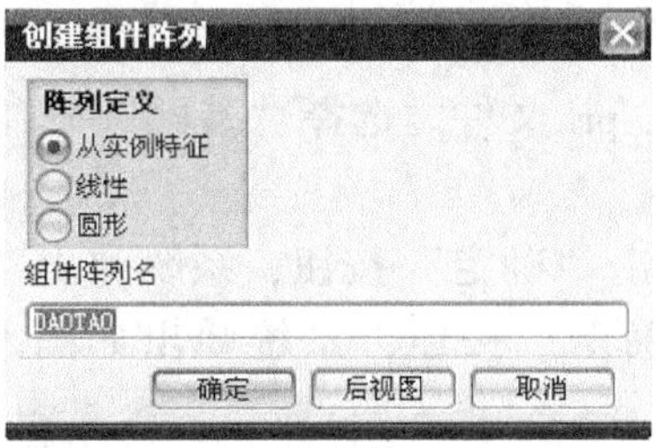

图 6-22 “创建组件阵列”对话框

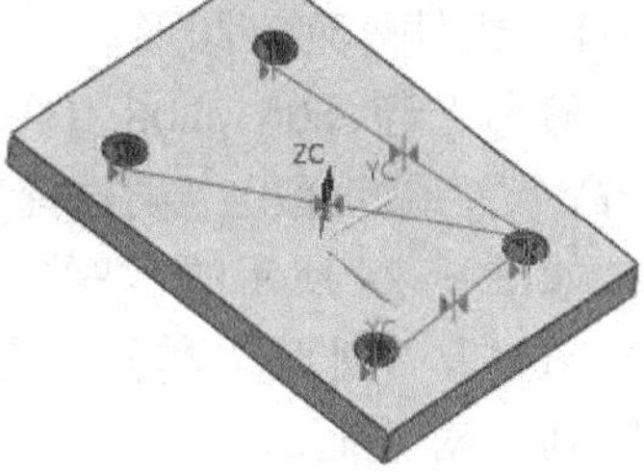

图 6-23 阵列组件

2. 组件“线性”阵列

组件的线性阵列是使用装配中的约束尺寸来创建阵列。

【例 6-3】 组件阵列—线性。

1）打开随书光盘 ch06\ch06_03\eg2\zhenliexx. prt 文件。选择“装配”→“组件”→“创建组件阵列”命令，系统弹出“类选择”对话框。

2）选择如图 6-24 所示的“L 形块”组件，单击“确定”按钮，系统弹出“创建组件阵列”对话框，选择“线性”单选按钮，单击“确定”按钮，系统弹出如图 6-25 所示的“创建线性阵列”对话框。

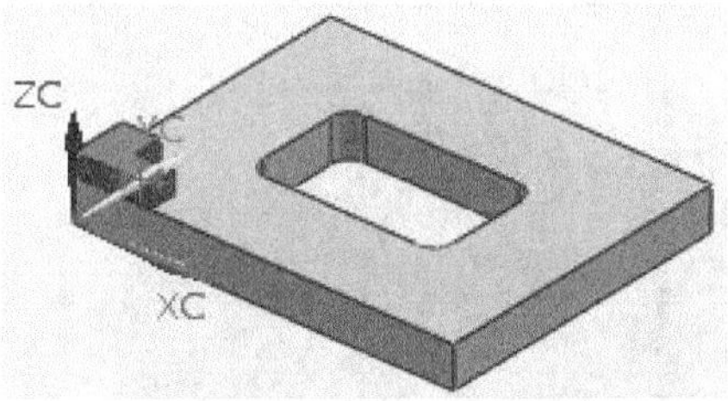

图 6-24 选择组件

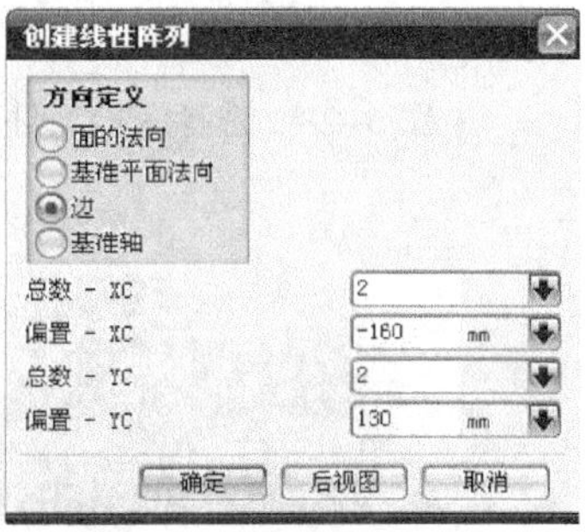

图 6-25 “创建线性阵列”对话框

3）在“创建线性阵列”对话框的“方向定义”中选择“边”单选按钮，然后分别选择如图 6-26 所示的两条边线，设置“总数 - XC”为 2，“偏置 - XC”为 - 160，“总数 - YC”为 2，设置“偏置 - YC”为 130。单击“确定”按钮完成组件的线性阵列，如图 6-27 所示。

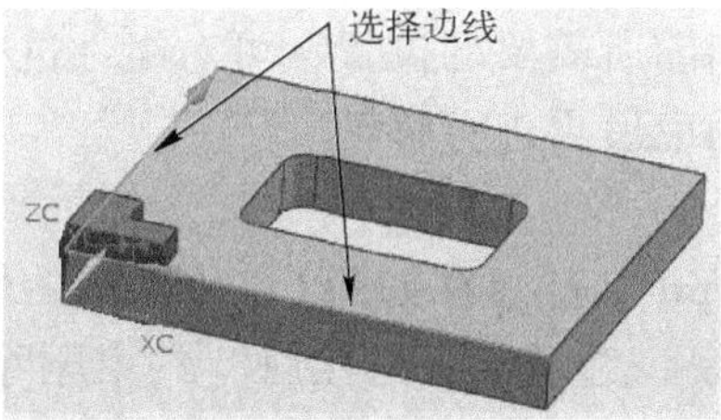

图 6-26 选择边

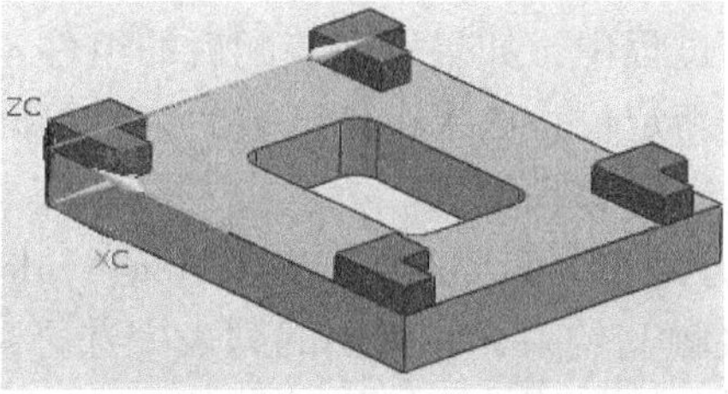

图 6-27 创建线性阵列

3. 组件“圆形”阵列

组件的“圆形”阵列是通过使用绕指定轴平移组件的约束来实现。

【例 6-4】 组件阵列—圆形。

1）打开随书光盘 ch06\ch06_03\eg3\zhenlieyx. prt 文件。选择“装配”→“组件”→“创建组件阵列”命令，系统弹出“类选择”对话框。

2）选择如图 6-28 所示的“螺栓”组件，单击“确定”按钮，系统弹出“创建组件阵列”对话框，选择“圆形”单选按钮，单击“确定”按钮，系统弹出如图 6-29 所示的“创建圆形阵列”对话框。

3）在“创建圆形阵列”对话框的“轴定义”中选择“圆柱面”单选按钮，然后选择如图 6-30 所示圆柱面，设置“总数”为 6，“角度”为 60°；单击“确定”按钮完成组件的圆形阵列，如图 6-31 所示。

图 6-28　选择螺栓组件

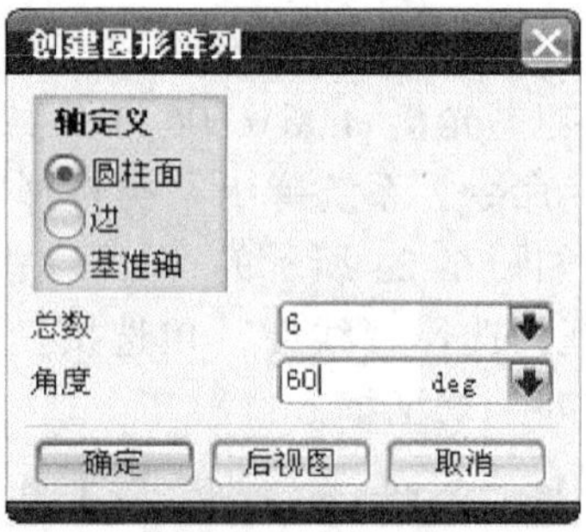

图 6-29　“创建圆形阵列”对话框

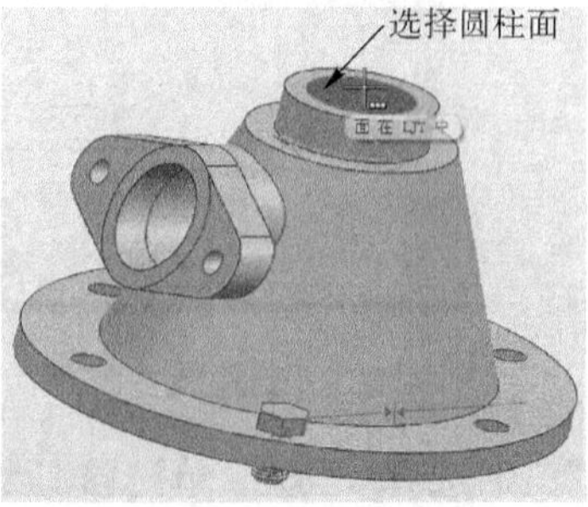

图 6-30　选择圆柱面

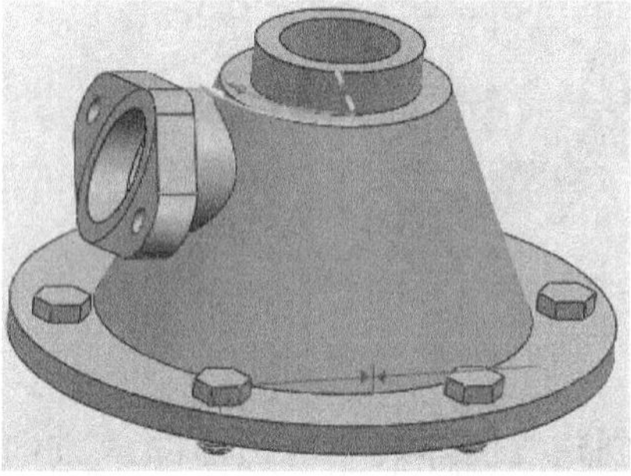

图 6-31　创建圆形阵列

6.3.3　移动组件

在装配过程中，如果发现装配后的组件不在当前所需要的位置，可对组件进行移动以实现组件的重新定位。如果组件已被约束，可删除约束后再进行移动。

【例 6-5】 移动组件。

1）打开随书光盘 ch06\ch06_03\eg4\yidongzj. prt 文件。在如图 6-32 所示的装配导航器中右击“接触”约束，在弹出的列表中选择“删除”选项，将“接触”约束删除。

2）选择“装配”→“组件位置”→“移动组件”命令，或单击“装配”工具栏中的“移动组件”按钮，弹出如图 6-33 所示的“移动组件”对话框。

3）选择如图 6-34 中的螺栓组件，在“移动组件”对话框的“变换”分组中，选择“运动”的方式为“距离”，选择“YC”轴作为运动的矢量，设置距离值为 60；在对话框的“设置”分组中设置“动画步骤”为 60，可观察组件的运动情况；其余选项默认，单击对话框的“应用”按钮，完成组件的移动操作，如图 6-35 所示。

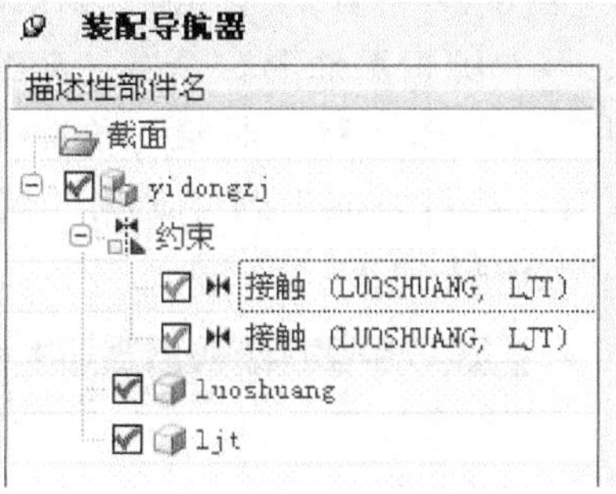

图 6-32　装配导航器

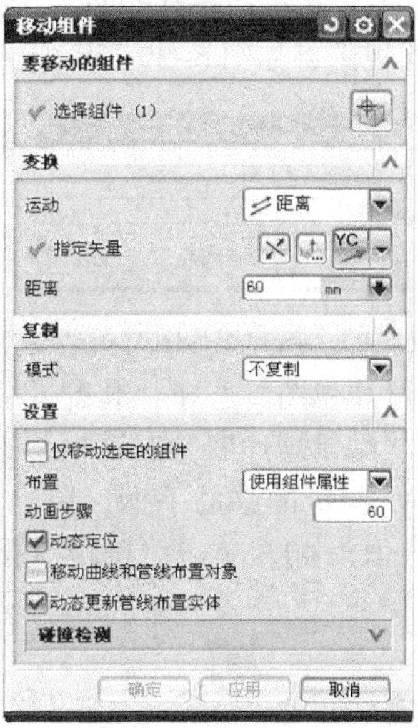

图 6-33　“移动组件”对话框

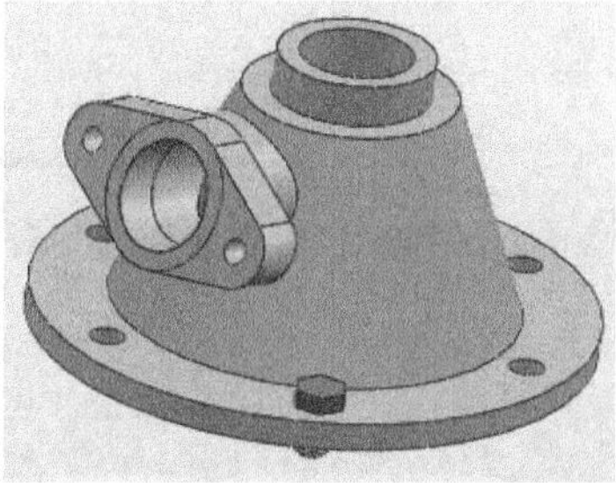

图 6-34　选择螺栓组件

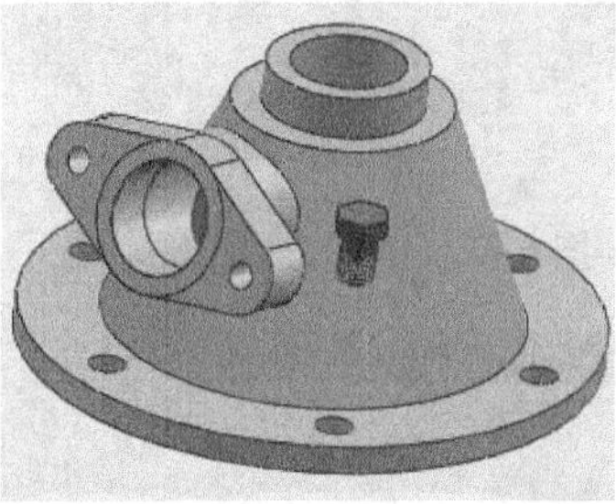

图 6-35　移动后的组件

6.4　装配爆炸图

装配爆炸图是指在装配环境下，将装配体中的组件拆分开来，目的是为了更好地显示整个装配的组成情况。同时可以通过对视图的创建和编辑，将组件按照装配关系偏离原来的位置，以便观察产品内部结构以及组件的装配顺序。

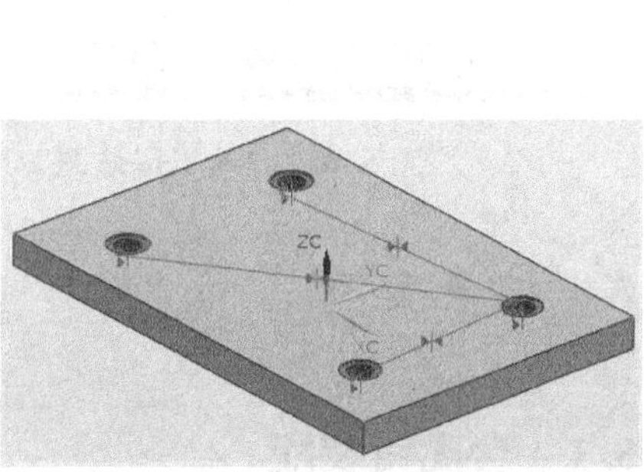

图 6-36　装配组件

【例 6-6】　爆炸视图。

1）打开随书光盘 ch06\ch06_04\eg1\baozhatu. prt 文件，如图 6-36 所示。

2）新建爆炸视图。选择“装配”→“爆炸图”→“新建爆炸图”命令，弹出如图6-37所示的“新建爆炸图”对话框。接受系统默认名称，单击“确定”按钮，完成爆炸图的新建。

3）创建自动爆炸视图。选择“装配”→“爆炸图”→“自动爆炸组件”命令，系统弹出“类”选择对话框，选择所有组件。单击“类”选择对话框的“确定”按钮，系统弹出如图6-38所示的“自动爆炸组件”对话框，输入“距离”值为40，单击“确定”按钮，完成自动爆炸视图，如图6-39所示。

图6-37　“新建爆炸图”对话框

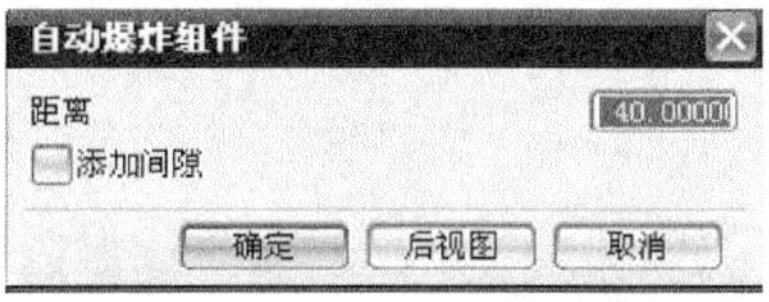

图6-38　“自动爆炸组件”对话框

4）编辑爆炸视图。选择“装配”→“爆炸图”→“编辑爆炸图”命令，系统弹出如图6-40所示的“编辑爆炸图”对话框。选择导套组件后，选择“移动对象”单选按钮，系统显示如图6-41所示的移动手柄；单击Y方向的箭头，则对话框中的“距离”文本框被激活，输入距离值为40，单击“确定”按钮，结果如图6-42所示。

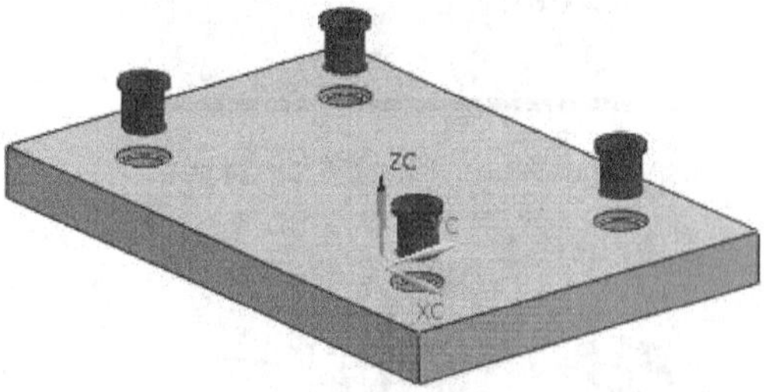

图6-39　爆炸视图

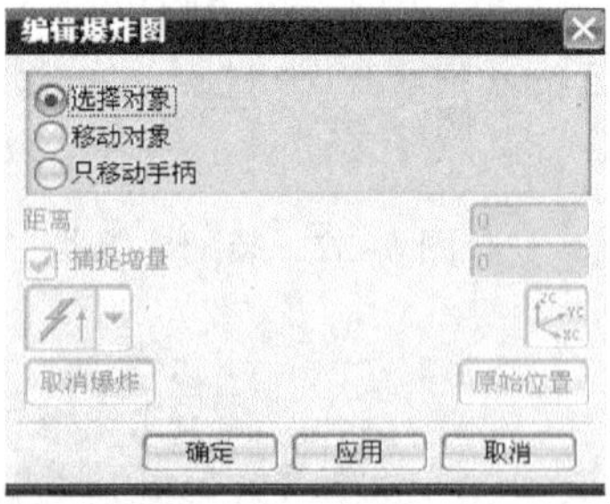

图6-40　“编辑爆炸图”对话框（一）

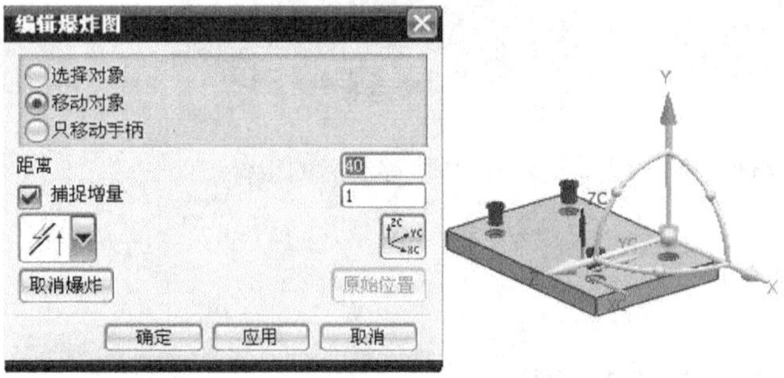

图6-41　“编辑爆炸图”对话框（二）

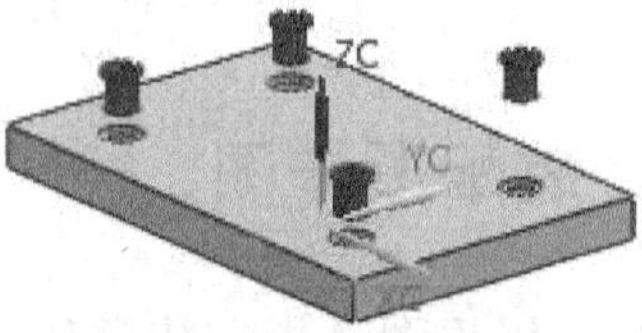

图6-42　移动组件

6.5　综合实例

6.5.1　台虎钳装配

完成如图6-43所示的台虎钳的装配，并创建如图6-44所示的装配爆炸图。

图 6-43　台虎钳

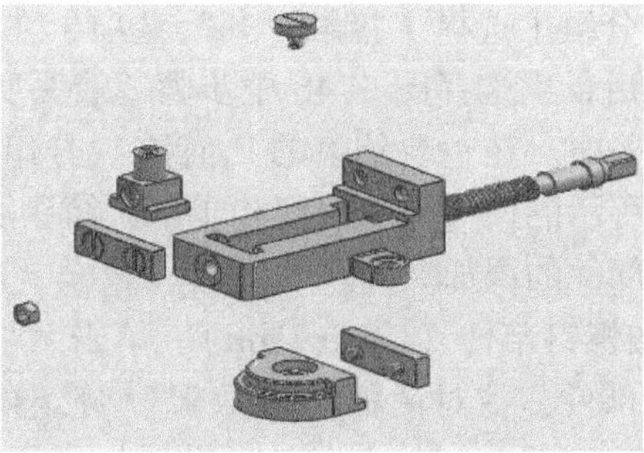

图 6-44　台虎钳装配爆炸图

1. 创建活动钳口子装配体

1）选择“文件”→“新建”命令，弹出“新建”对话框。选择“模板”分组类型为“装配”，输入“名称”为 Huodongqiankou_asm1. prt，单击“确定”按钮，自动弹出“添加组件”对话框。

2）添加活动钳口部件（huodongqiankou. prt）。在“添加组件”对话框中单击“打开”按钮，弹出“部件名”对话框，选择随书光盘文件 ch06\ch06_05\eg1\huodongqiankou. prt，单击“确定”按钮，返回“添加组件”对话框。在对话框的“放置”分组的“定位”中选择“绝对原点”单选按钮，单击“应用”按钮，即可添加活动钳口部件，如图 6-45 所示。“添加组件”对话框不要关闭。

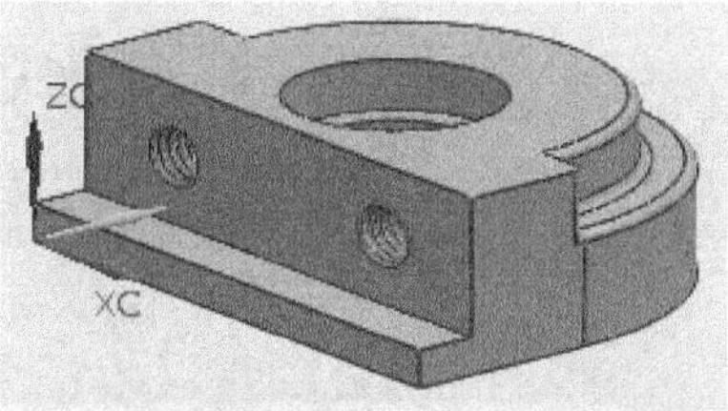

图 6-45　添加活动钳口部件

3）添加钳口板部件（qiankouban. prt）。单击“添加组件”对话框中的“打开”按钮，选择“钳口板”部件，在对话框的“放置”分组的“定位”中选择“通过约束”选项，单击“应用”按钮，弹出“装配约束”对话框，添加约束的操作步骤如图 6-46 所示。

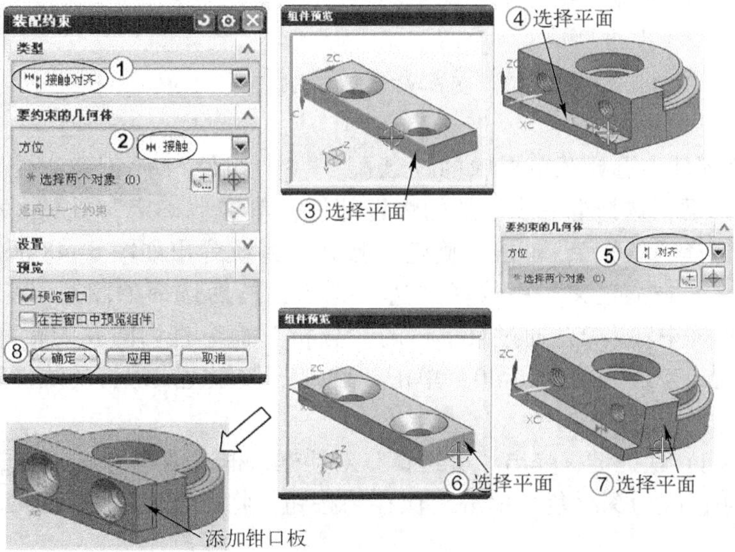

图 6-46　添加钳口板

在“类型”分组中选择“接触对齐”选项，在“要约束的几何体”分组的“方位”中选择“接触”，然后依次选择图6-46中步骤③箭头所示的钳口板的底面和步骤④箭头所示的活动钳口的一个平面。在“要约束的几何体”分组的“方位”中选择“对齐”，然后依次选择步骤⑥箭头所示的钳口板的侧面和步骤⑦箭头所示的活动钳口的侧面。单击“确定”按钮，完成钳口板部件的添加。

4）添加螺钉部件（luoding. prt）。单击“添加组件”对话框中的“打开”按钮，选择“螺钉”部件，在对话框的“放置”分组的“定位”中选择“通过约束”选项，单击“应用”按钮，弹出“装配约束”对话框，添加约束的操作步骤如图6-47所示。在“类型”分组中选择“同心”选项，然后依次选择图6-47中步骤②箭头所示的螺钉头部圆和步骤③箭头所示的钳口板锥孔的边线圆。在“类型”分组中选择“拟合”选项，然后依次选择步骤⑤箭头所示的螺钉头部锥面和步骤⑥箭头所示的钳口板的锥面。单击“确定”按钮，完成螺钉部件的添加。

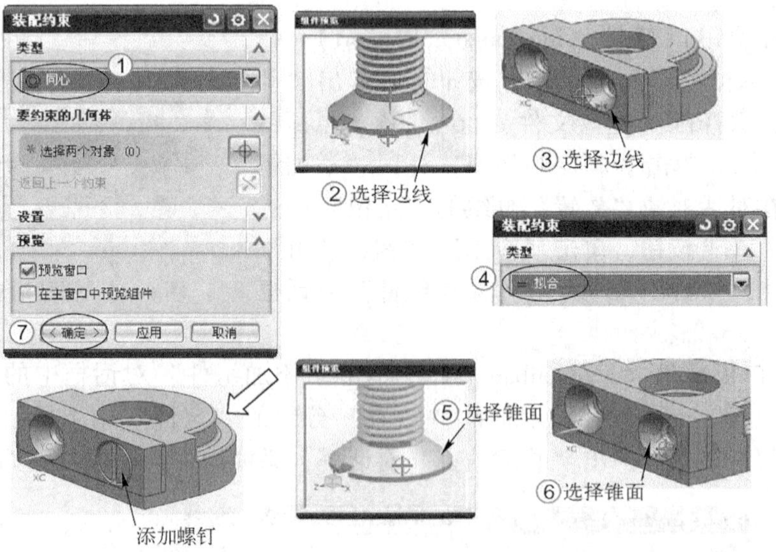

图6-47 添加螺钉

5）阵列螺钉部件。选择菜单栏中的“装配”→“组件”→“创建组件阵列”命令，弹出“类”选择对话框，选择上一步添加的螺钉部件，单击“确定”按钮，弹出“创建组件阵列”对话框。选择“线性”，单击“确定”按钮，系统弹出如图6-48所示的“创建线性阵列”对话框；在“方向定义”中选择“边”选项，然后选择如图6-49所示的边线，在“总数-XC”文本框中输入2；通过菜单栏的“分析”命令查询两孔的距离，如图6-50所示，然后在“偏置-XC”中输入-40；单击“确定”按钮完成螺钉的线性阵列，如图6-51所示。

6）按〈Ctrl+J〉快捷键，弹出“类选择”对话框，框选创建的Huodongqiankou_asm1. prt子装配体，将其颜色改为深绿色。单击“保存”按钮，将子装配体Huodongqiankou_asm1. prt保存。

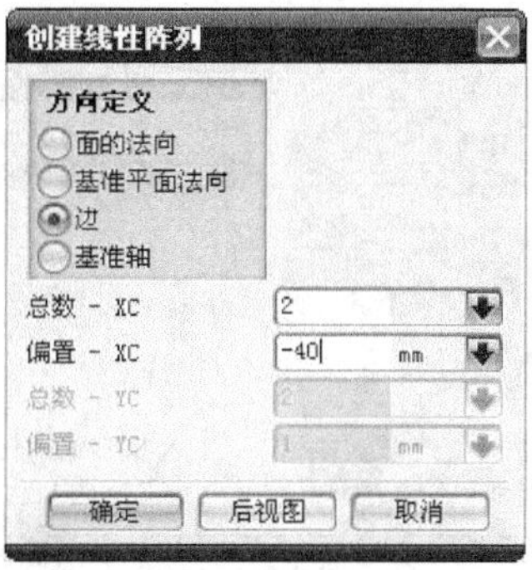

图 6-48 “创建线性阵列”对话框

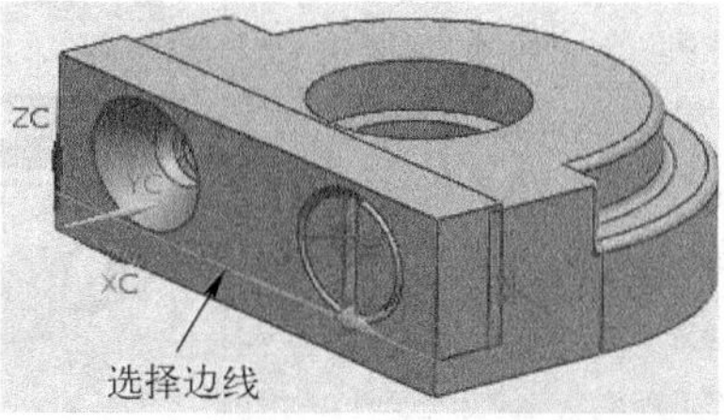

图 6-49 选择边

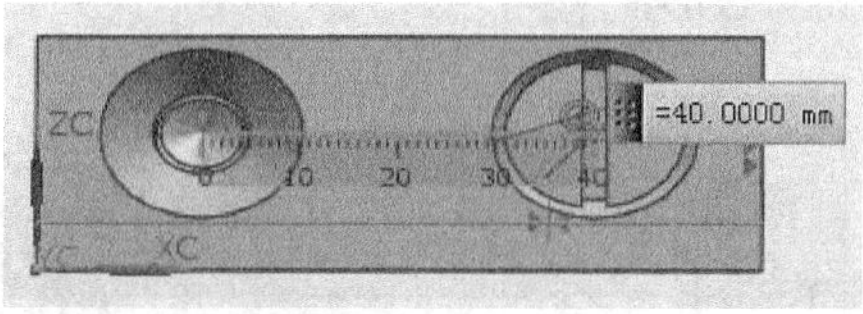

图 6-50 查询两孔的距离

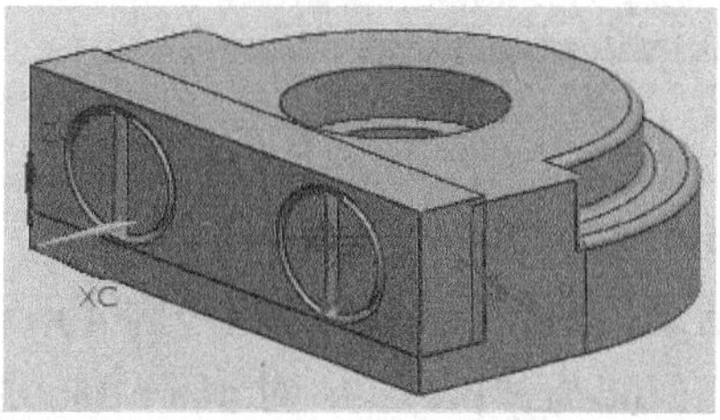

图 6-51 螺钉的阵列

2. 创建台虎钳总装配体

（1）添加钳座部件

1）选择菜单栏中的“文件”→“新建”命令，弹出“新建”对话框。选择“模板”分组类型为“装配”，输入“名称”为 Taihuqian_asm. prt，文件保存路径为随书光盘的 ch06\ch06_05\eg1 文件夹。单击“确定”按钮，自动弹出“添加组件”对话框。

2）在“添加组件”对话框中单击“打开”按钮，弹出“部件名”对话框，选择随书光盘文件 ch06\ch06_05\eg1\qianzuo. prt，单击“确定”按钮，返回“添加组件”对话框。在对话框的“放置”分组的“定位”中选择“绝对原点”选项，单击“应用”按钮，即可添加活动钳口部件，如图 6-52 所示。

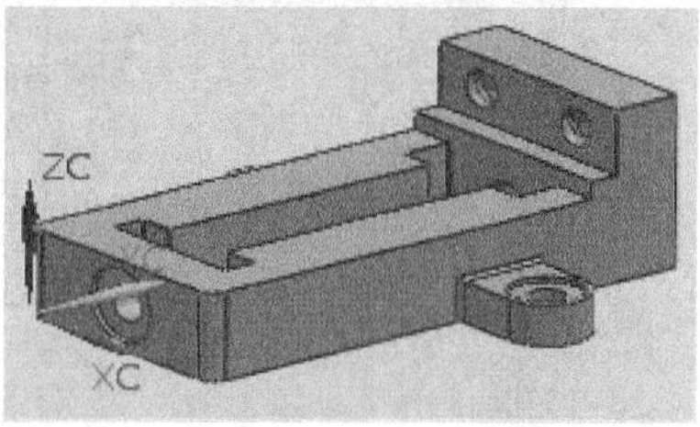

图 6-52 添加钳座部件

（2）添加钳口板部件

单击“添加组件”对话框中的“打开”按钮，选择“钳口板”部件（qiankouban. prt），在对话框的“放置”分组的“定位”中选择“通过约束”选项，单击“应用”按钮，弹出“装配约束”对话框，添加约束的操作步骤如图 6-53 所示。在“类型”分组中选择“接触对齐”选项，在“要约束的几何体”分组的“方位”中选择“首选接触”，然后依次选择图 6-53 中步骤③箭头所示的钳口板的侧面和步骤④箭头所示的钳座的一个侧面。在“类型”分组中选择“同心”选项，然后依次选择步骤⑥箭头所示钳口板锥孔的边线圆和步骤⑦箭头所示钳座上孔的边线圆。单击“确定”按钮，完成钳口板部件的添加。

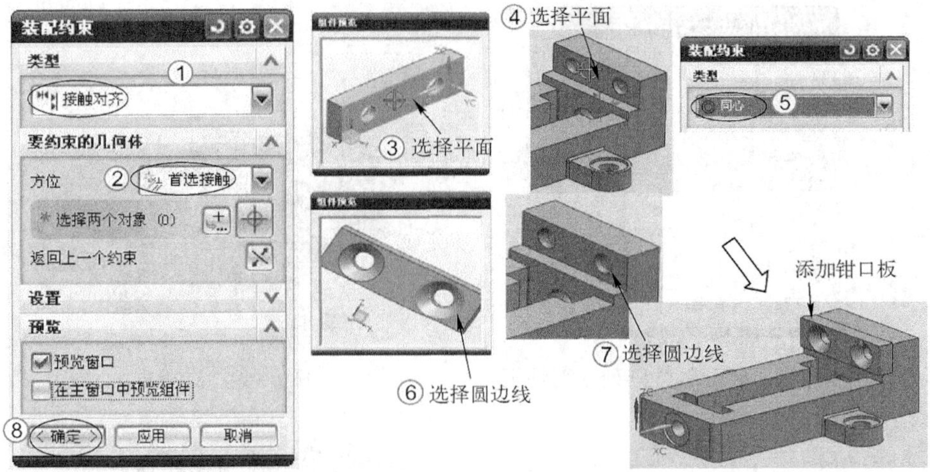

图 6-53　添加钳口板部件

（3）添加螺钉部件

参照活动钳口子装配体装配步骤 4）和 5），添加螺钉部件（luoding.prt）并对其阵列，如图 6-54 所示。

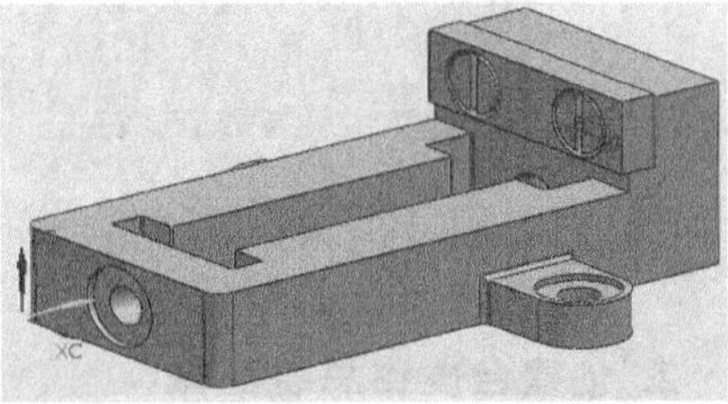

图 6-54　阵列螺钉部件

（4）添加方块螺母部件

1）单击“添加组件”对话框中的“打开”按钮 ，选择“方块螺母”部件（fangkuailuomu.prt），在对话框的“放置”分组的“定位”中选择“通过约束”选项，单击“应用”按钮，弹出“装配约束”对话框，添加约束的操作步骤如图 6-55

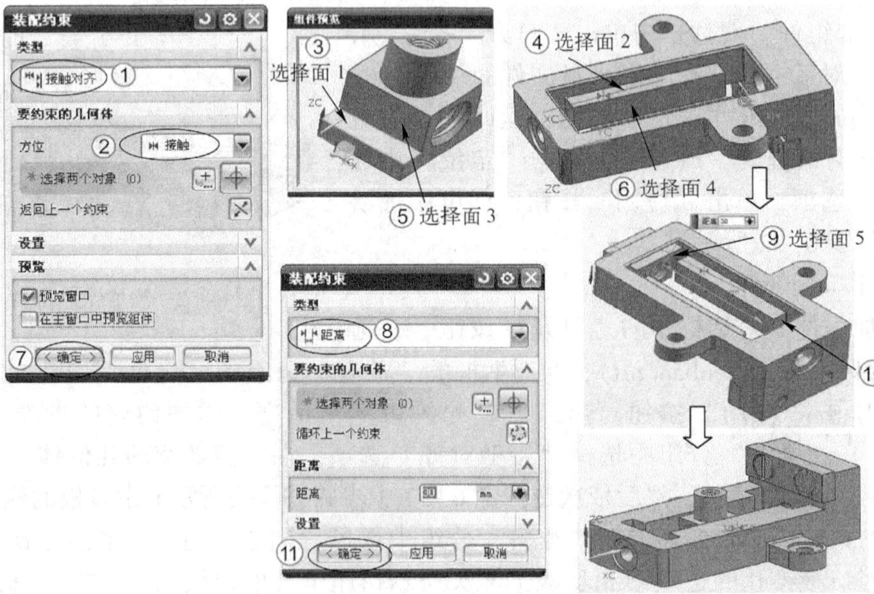

图 6-55　添加方块螺母部件

所示。在“类型”分组中选择“接触对齐”选项，在“要约束的几何体”分组的“方位”中选择“接触”，首先选择图 6-55 中步骤③箭头所示面 1 和步骤④箭头所示面 2；然后选择步骤⑤箭头所示的面 3 和步骤⑥箭头所示面 4；单击“确定”按钮。

2）在“装配约束”的“类型”中选择“距离”选项，然后选择步骤⑨箭头所示的面 5 和步骤⑩箭头所示的面 6；在对话框的“距离”分组中输入 30；单击“确定”按钮，完成方块螺母部件的添加及定位。

（5）添加螺杆部件

单击“添加组件”对话框中的“打开”按钮，选择“螺杆”部件（luogan. prt），在对话框的“放置”分组的“定位”中选择“通过约束”选项，单击“应用”按钮，弹出“装配约束”对话框，添加约束的操作步骤如图 6-56 所示。在“类型”分组中选择“接触对齐”选项，在“要约束的几何体”分组的“方位”中选择“接触”，首先选择图 6-56 中步骤③箭头所示面 1 和步骤④箭头所示面 2；保持“接触对齐”类型不变，在“要约束的几何体”分组的“方位”中选择“自动判断中心轴”选项，然后选择步骤⑥箭头所示的中心线 1 和步骤⑦箭头所示的中心线 2；单击“确定”按钮完成螺杆部件的添加。

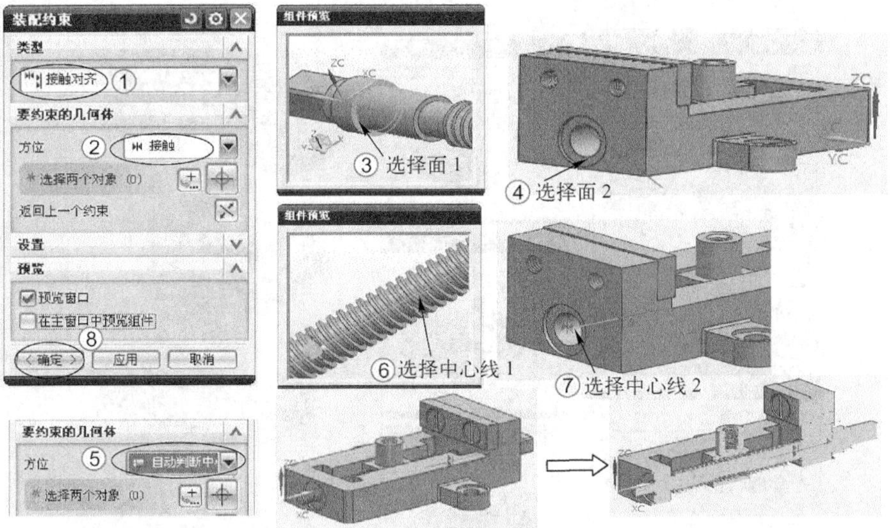

图 6-56　添加螺杆部件

单击“编辑工作截面”按钮，弹出“视图截面”对话框，选择“XZ”截面，可观察装配体的装配状况。

（6）添加螺母部件

单击“添加组件”对话框中的“打开”按钮；选择“螺母”部件（luomu. prt），在对话框的“放置”分组的“定位”中选择“通过约束”选项，单击“应用”按钮，弹出“装配约束”对话框，添加约束的操作步骤如图 6-57 所示。在“类型”分组中选择“接触对齐”选项，在“要约束的几何体”分组的“方位”中选择“接触”，首先选择图 6-57 中步骤③箭头所示面 1 和步骤④箭头所示面 2；保持“接触对齐”类型不变，在“要约束的几何体”分组的“方位”中选择“自动判断中心轴”选项，然后选择步骤⑥箭头所示的中心线 1 和步骤⑦箭头所示的中心线 2；单击“确定”按钮完成螺母部件的添加。

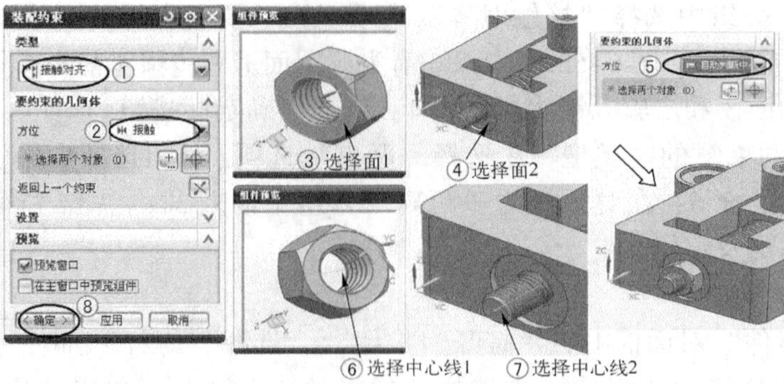

图 6-57 添加螺母部件

（7）添加活动钳口子装配体

1）单击“添加组件”对话框中的“打开”按钮，选择“活动钳口”子装配体（Huodongqiankou_ asm1. prt），在对话框的“放置”分组的“定位”中选择“通过约束”选项，单击“应用”按钮，弹出“装配约束”对话框，添加约束的操作步骤如图 6-58 所示。

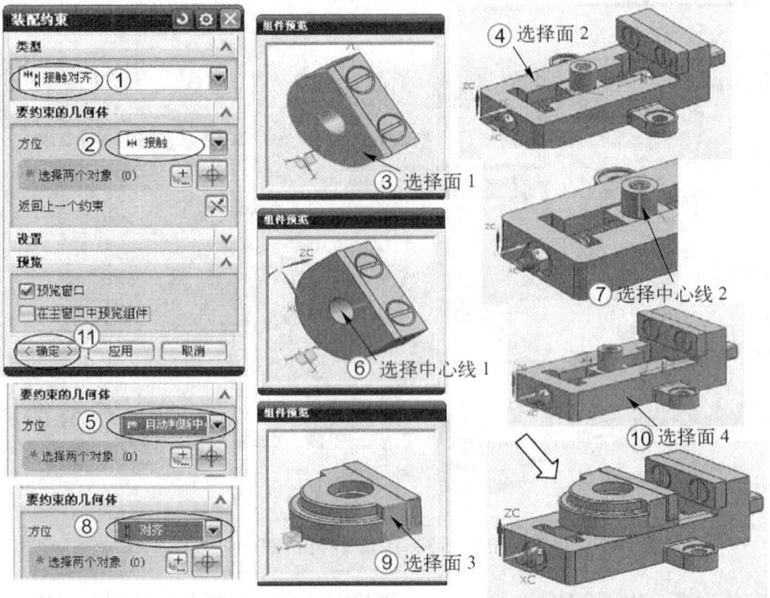

图 6-58 添加活动钳口子装配体

2）在“类型”分组中选择“接触对齐”选项，在“要约束的几何体”分组的“方位”中选择“接触”，首先选择如图 6-58 所示中步骤③箭头所示面 1 和步骤④箭头所示面 2。

3）保持“接触对齐”类型不变，在“要约束的几何体”分组的“方位”中选择“自动判断中心轴”选项，然后选择步骤⑥箭头所示的中心线 1 和步骤⑦箭头所示的中心线 2。

4）保持“接触对齐”类型不变，在“要约束的几何体”分组的“方位”中选择“对齐”选项，然后选择步骤⑨箭头所示的面 3 和步骤⑩所示的面 4；单击“确定”按钮完成活动钳口子装配体的添加。

（8）添加沉头螺钉

单击“添加组件”对话框中的“打开”按钮，选择“沉头螺钉”部件（chentouluoding. prt），在对话框的“放置”分组的“定位”中选择“通过约束”选项，单击“应用”按钮，弹出“装配约束”对话框，添加约束的操作步骤如图 6-59 所示。在“类型”分组中选择“接触对齐”选项，在“要约束的几何体”分组的“方位”中选择“接触”，首先选择图 6-59 中步骤③箭头所示面 1 和步骤④箭头所示面 2；保持“接触对齐”类型不变，在“要约束的几何体”分组的“方位”中选择“自动判断中心/轴”选项，然后选择步骤⑥箭头所示的中心线 1 和步骤⑦箭头所示的中心线 2；单击“确定”按钮完成沉头螺钉部件的添加，如图 6-60 所示。

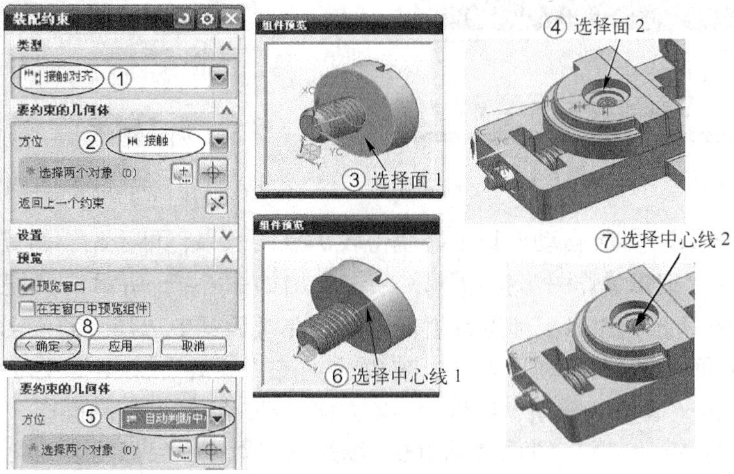

图 6-59　添加沉头螺钉部件

单击“编辑工作截面”按钮，弹出“视图截面”对话框，选择“XZ”截面，可观察台虎钳总装配体的装配状况，如图 6-61 所示。

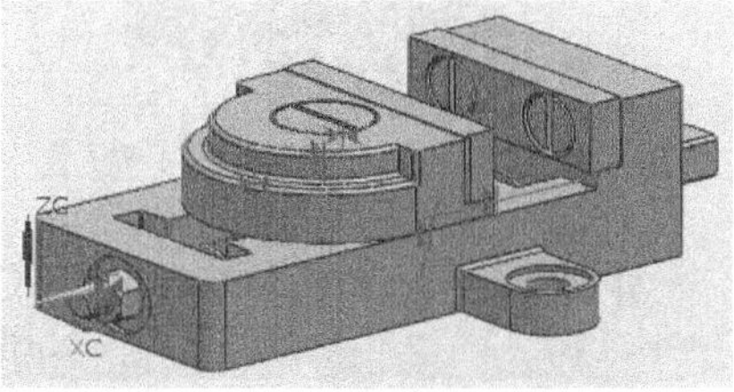
图 6-60　台虎钳装配体

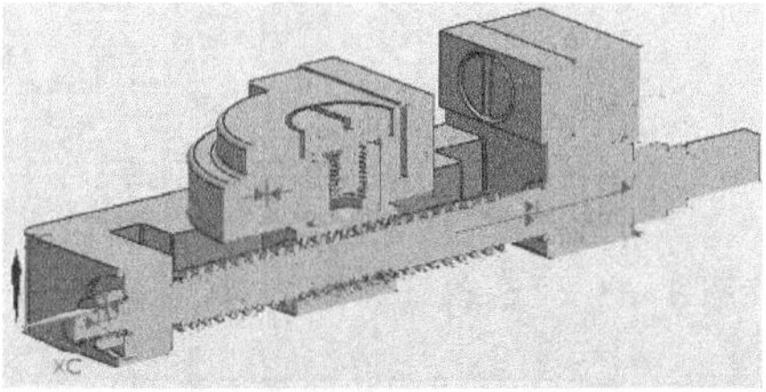
图 6-61　台虎钳截面图

3. 创建台虎钳装配爆炸图

1）新建爆炸视图。单击“装配”工具栏中的“爆炸图”按钮，弹出如图 6-62 所示的“爆炸图”工具栏。单击工具栏的“新建爆炸图”按钮，弹出“新建爆炸图”对话框。将名称修改为 Explosion_Taihuqian，单击“确定”按钮，完成爆炸图的新建。

2）创建自动爆炸视图。单击“爆炸图”工具栏中的“自动爆炸组件”按钮，系统弹出“类”选择对话框，框选所有组件，单击“类”选择对话框的“确定”按钮，系统弹出如图 6-63 所示的“自动爆炸组件”对话框，输入“距离”值为 160，单击“确定”按钮，自动爆炸视图，如图 6-64 所示。

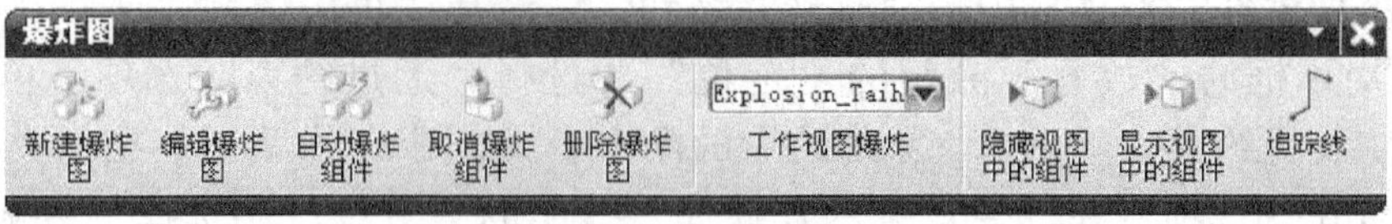

图 6-62 “爆炸图”工具栏

图 6-63 “自动爆炸组件”对话框

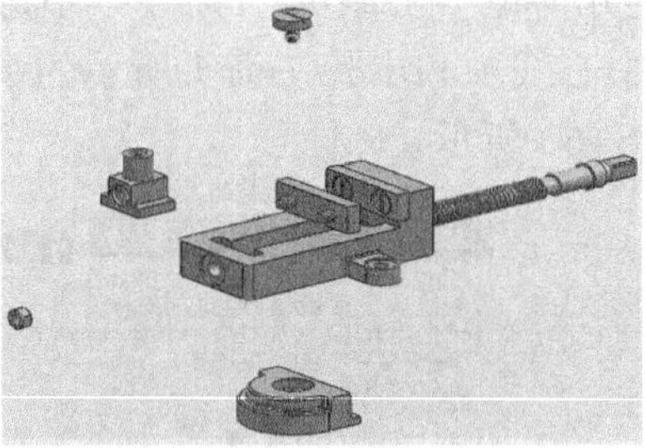

图 6-64 台虎钳装配爆炸图

3）编辑爆炸视图。如果自动爆炸不能获得较满意的效果，可手动编辑爆炸图。单击“爆炸图”工具栏中的“编辑爆炸图”按钮，系统弹出如图 6-65 所示的“编辑爆炸图”对话框。选择如图 6-66 所示的钳口板和螺钉组件，然后在对话框中选择“移动对象”按钮，选择 Z 方向箭头，对话框中的“距离”文本框被激活，在“距离”文本框中输入“－140”，如图 6-67 所示。单击“确定”按钮，组件沿－Z 方向移动 140 按照相同操作，将如图 6-68 所示的钳口板和螺钉组件沿“－Y”方向移动 100，爆炸图编辑完成后如图 6-69 所示。

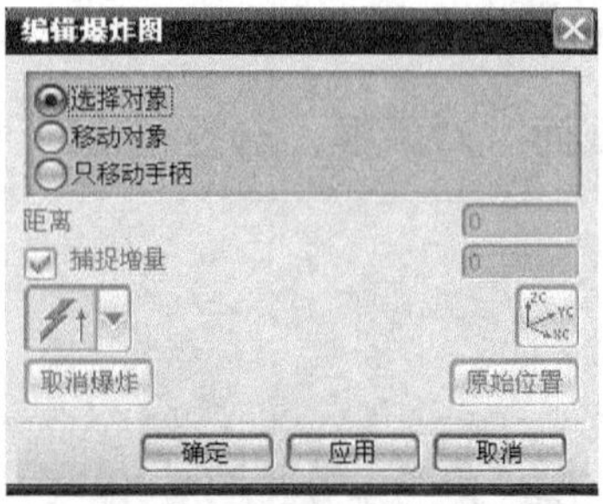

图 6-65 “编辑爆炸图”对话框（一）

图 6-66 选择钳口板和螺钉组件

图 6-67 “编辑爆炸图”对话框（二）

图 6-68 选择钳口板和螺钉组件

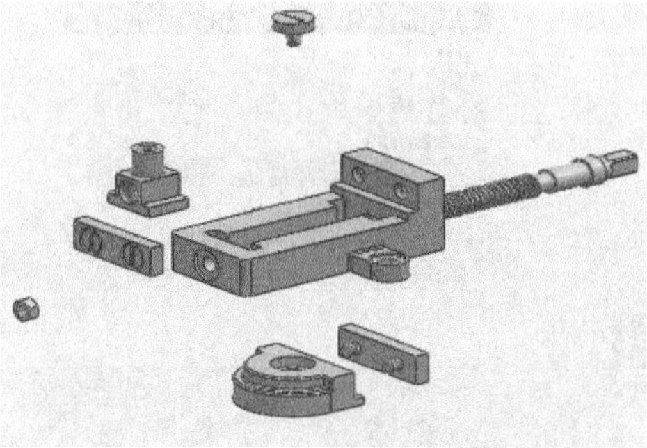

图 6-69　编辑爆炸图

6.5.2　滑轮架装配

完成如图 6-70 所示滑轮架的装配，并创建如图 6-71 所示的装配爆炸图。

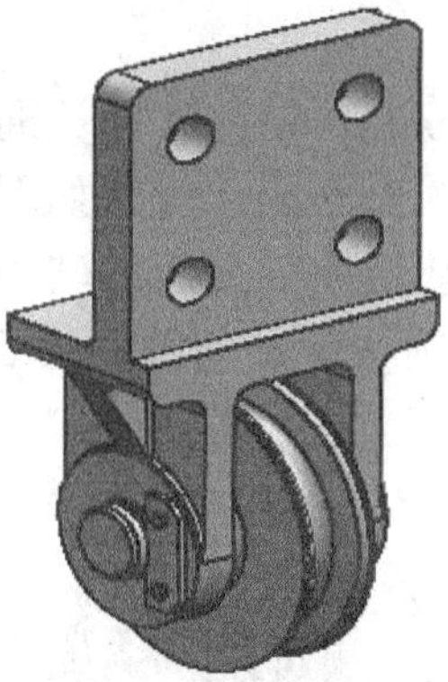

图 6-70　滑轮架装配体

图 6-71　装配爆炸图

1. 创建滑轮子装配体

（1）新建装配体

选择菜单栏中的“文件”→“新建”命令，弹出“新建”对话框。选择“模板”分组类型为“装配”，输入“名称”为 hualun_asm. prt，文件存放路径为随书光盘 ch06\ch06_05\eg2\hualunjia 文件夹，单击“确定”按钮，系统弹出“添加组件”对话框。

（2）添加滑轮部件（hualun. prt）

1）在“添加组件”对话框中单击“打开”按钮，弹出“部件名”对话框，选择随书光盘 ch06\ch06_05\eg2 文件夹中的 hualun、luoding、zhoutao 三个文件，如图 6-72 所示，单击“确定”按钮，返回“添加组件”对话框，并将所选 3 个文件一并打开。

2）在如图 6-73 所示的“添加组件”对话框的“已加载的部件”区域出现 hualun、luoding、zhoutao 三个部件。选中 hualun. prt 部件，在对话框的“放置”分组的“定位”中选择“绝对原点”选项，单击“应用”按钮，即可添加滑轮部件，如图 6-74 所示。

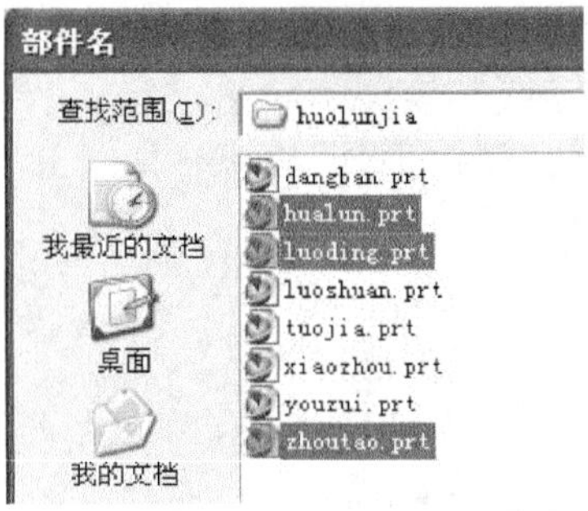

图 6-72 “部件名”对话框

图 6-73 “添加组件”对话框

图 6-74 添加滑轮部件

（3）添加轴套部件（zhoutao. prt）

1）在如图 6-73 所示的“添加组件”对话框中选择 zhoutao. prt，选择“通过约束”选项，单击“应用”按钮，弹出“装配约束”对话框。添加约束的操作步骤如图 6-75 所示。在“类型”分组中选择“接触对齐”选项，在“要约束的几何体”分组的“方位”中选择“自动判断中心/轴”选项，然后依次选择图 6-75 中步骤③箭头所示的轴套中心轴和步骤④箭头所示的滑轮中心轴。

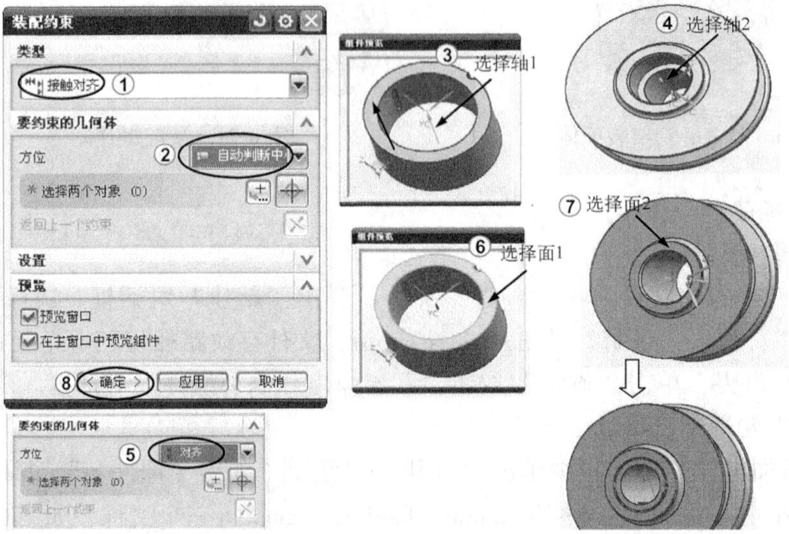

图 6-75 添加轴套部件

2）在“要约束的几何体”分组的“方位”中选择“对齐”，然后依次选择步骤⑥箭头所示的轴套的端面和步骤⑦箭头所示的滑轮轴孔端面。单击“确定”按钮，完成钳口板部件的添加。

（4）添加螺钉部件（luoding. prt）

1）在如图 6-73 所示的“添加组件”对话框中选择 luoding. prt，选择“通过约束”选项，单击“应用”按钮，弹出“装配约束”对话框。添加约束的操作步骤如图 6-76 所示。在“类型”分组中选择“接触对齐”选项，在“要约束的几何体”分组的“方位”中选择“自动判断中心/轴”选项，然后依次选择图 6-76 中步骤③箭头所示的螺钉中心轴和步骤④箭头所示的轴套上的螺纹孔中心轴。

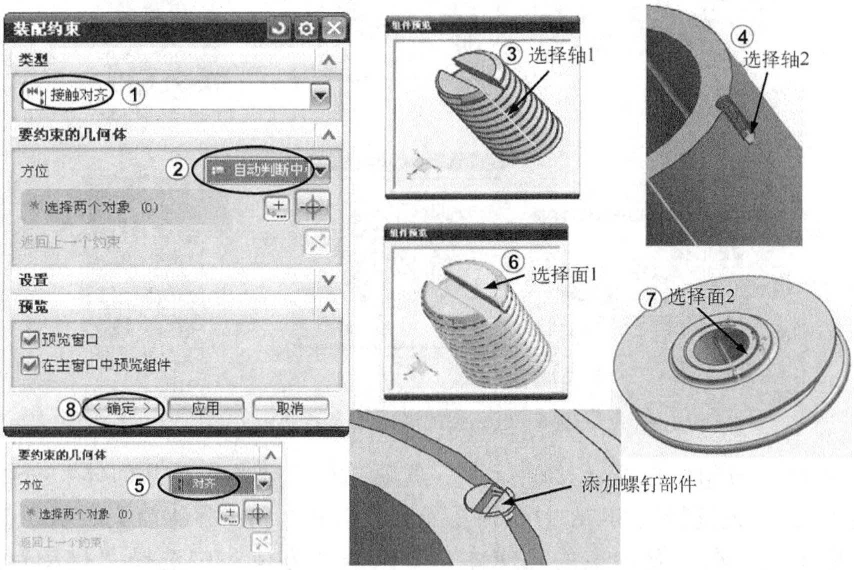

图 6-76　添加螺钉部件

2）在“要约束的几何体”分组的“方位”中选择“对齐”选项，然后依次选择步骤⑥箭头所示的螺钉端面和步骤⑦箭头所示的轴套端面。单击“确定”按钮，完成螺钉部件的添加。

（5）选择“文件”→“保存”命令，保存 hualun_ asm. prt 组件，该组件由 hualun、luoding、zhoutao 三个部件装配组成。

2. 创建滑轮架装配体

（1）新建装配体

选择“文件”→“新建”命令，弹出“新建”对话框。选择“模板”分组类型为“装配”，输入“名称”为 hualunjia_asm. prt，文件存放路径为随书光盘 ch06\ch06_05\eg2\hualunjia 文件夹，单击“确定”按钮，系统弹出“添加组件”对话框。

（2）添加托架部件（tuojia. prt）

在“添加组件”对话框中单击“打开”按钮，弹出“部件名”对话框，选择随书光盘文件 ch06\ch06_05\eg2\tuojia. prt，单击“确定”按钮，返回“添加组件”对话框。在对话框的“放置”分组的“定位”中选择“绝对原点”选项，单击“应用”按钮，即可添加滑轮架部件，如图 6-77 所示。

图 6-77　添加滑轮架部件

（3）添加滑轮子装配体（hualun_asm. prt）

1）单击“添加组件”对话框中的“打开”按钮，选择随书光盘 ch06\ch06_05\eg2\hualun_asm. prt 滑轮子装配体，在对话框的“放置”分组的“定位”中选择“通过约束”选项，单击“应用”按钮，弹出“装配约束”对话框，添加约束的操作步骤如图 6-78 所示。

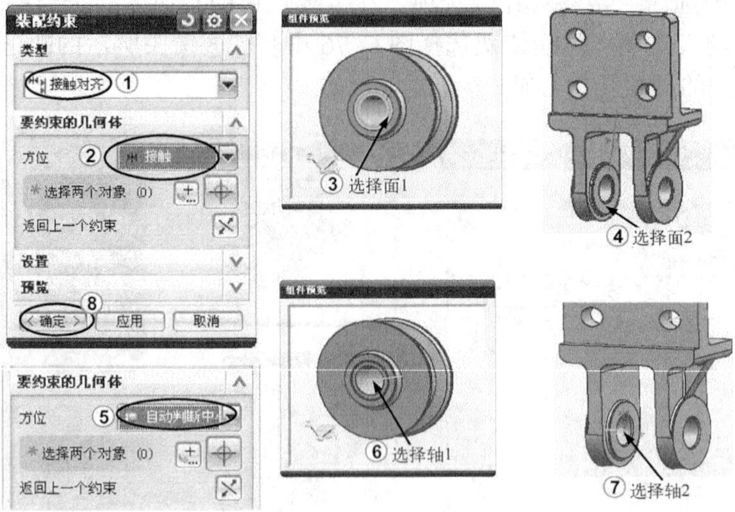

图 6-78　添加滑轮子装配体

2）在“类型”分组中选择“接触对齐”选项，在“要约束的几何体”分组的“方位”中选择“接触”，首先选择图 6-78 中步骤③箭头所示面 1 和步骤④箭头所示面 2；保持“接触对齐”类型不变，在“要约束的几何体”分组的“方位”中选择“自动判断中心/轴”选项，然后选择步骤⑥箭头所示的中心线 1 和步骤⑦箭头所示的中心线 2；单击“确定”按钮完成滑轮子装配体的添加。

（4）移动滑轮子装配体

1）在装配导航器中右击滑轮与托架的两个装配约束（接触和自动判断中心轴），在弹出的快捷菜单中选择“删除”命令，将两个约束删除。

2）单击“装配”工具栏中的“移动组件”按钮，弹出如图 6-79 所示的“移动组件”对话框。选择滑轮子装配体，然后单击对话框的 指定方位 按钮，系统出现如图 6-80 所示的动态坐标系。

图 6-79　“移动组件”对话框

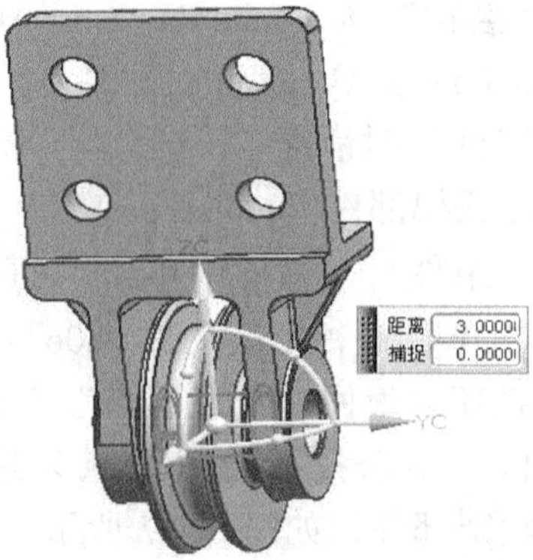

图 6-80　选择运动方位

3）单击动态坐标系的“YC”方向箭头，在文本框中输入3。单击对话框的“确定”按钮，将滑轮子装配体沿“YC”方向移动3 mm。

（5）添加销轴部件（xiaozhou. prt）

1）单击“添加组件”对话框中的“打开”按钮，选择随书光盘 ch06\ch06_05\eg2\xiaozhou. prt 销轴部件，在对话框的“放置”分组的“定位”中选择“通过约束”选项，单击“应用”按钮，弹出“装配约束”对话框，添加约束的操作步骤如图6-81所示。

2）在“类型”分组中选择“接触对齐”选项，在“要约束的几何体”分组的“方位”中选择“接触”，首先选择图6-81中步骤③箭头所示面1和步骤④箭头所示面2；保持“接触对齐”类型不变，在“要约束的几何体”分组的“方位”中选择“自动判断中心/轴”选项，然后选择步骤⑥箭头所示的中心线1和步骤⑦箭头所示的中心线2；单击“确定”按钮完成销轴部件的添加。

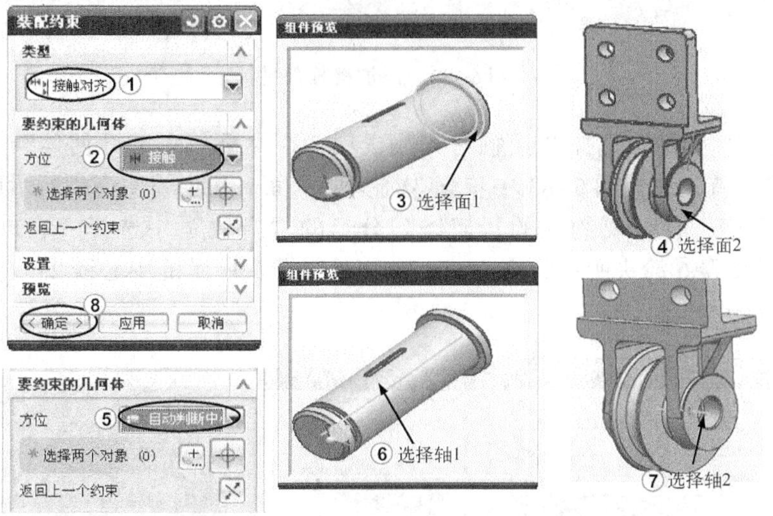

图6-81　添加销轴部件

（6）添加挡板部件（dangban. prt）

1）单击“添加组件”对话框中的“打开”按钮，选择随书光盘 ch06\ch06_05\eg2\dangban. prt 挡板部件，在对话框的“放置”分组的“定位”中选择“通过约束”选项，单击“应用”按钮，弹出“装配约束”对话框，添加约束的操作步骤如图6-82所示。

2）在“类型”分组中选择“接触对齐”选项，在“要约束的几何体”分组的“方位”中选择“接触”，首先选择图6-82中步骤③箭头所示面1和步骤④箭头所示面2；保持“接触对齐”类型不变，在“要约束的几何体”分组的“方位”中选择“自动判断中心/轴”选项，然后选择步骤⑥箭头所示的中心线1和步骤⑦箭头所示的中心线2；单击“确定”按钮完成挡板部件的添加。

（7）添加螺栓部件（luoshuan. prt）

1）单击“添加组件”对话框中的“打开”按钮，选择随书光盘 ch06\ch06_05\eg2\luoshuan. prt 螺栓部件，在对话框的“放置”分组的“定位”中选择“通过约束”选项，单击“应用”按钮，弹出“装配约束”对话框，添加约束的操作步骤如图6-83所示。

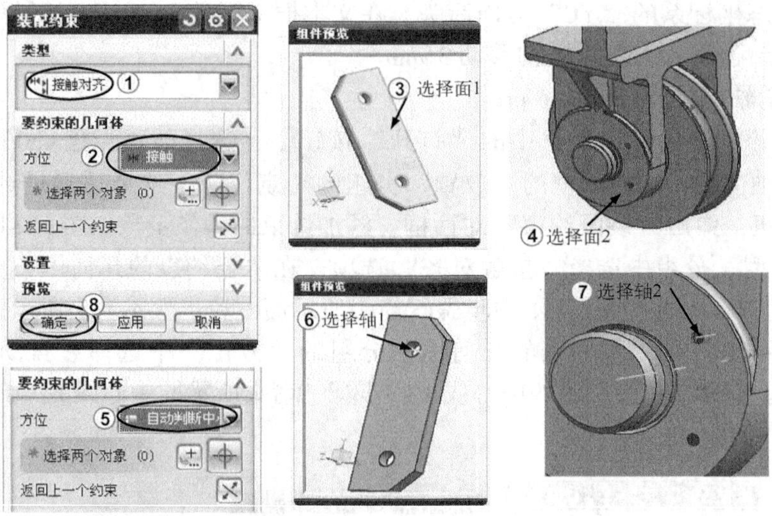

图 6-82　添加挡板部件

2）在“类型”分组中选择“接触对齐”选项，在“要约束的几何体”分组的“方位”中选择“接触”，首先选择图 6-83 中步骤③箭头所示面 1 和步骤④箭头所示面 2；保持“接触对齐”类型不变，在“要约束的几何体”分组的“方位”中选择“自动判断中心/轴”选项，然后选择步骤⑥箭头所示的中心线 1 和步骤⑦箭头所示的中心线 2；单击“确定”按钮完成螺栓部件的添加。

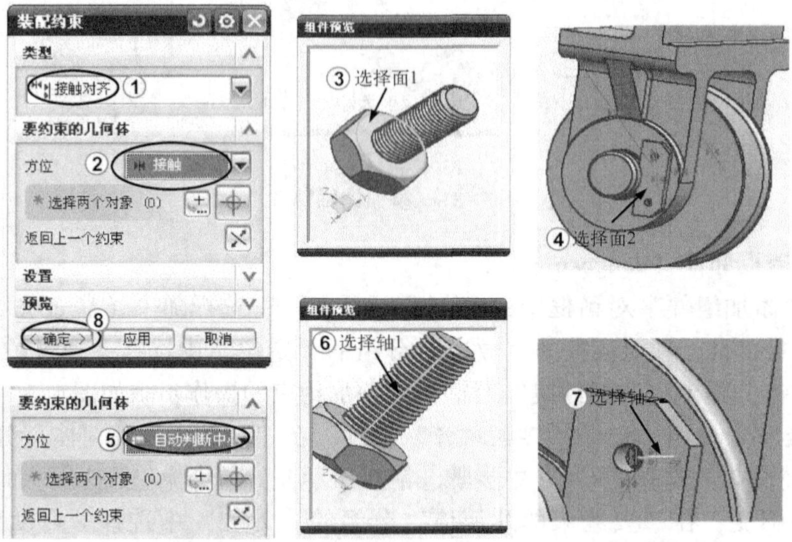

图 6-83　添加螺栓部件

（8）阵列螺栓部件

1）选择“装配”→“组件”→“创建组件阵列”命令，弹出“类”选择对话框，选择上一步添加的螺栓部件，单击“确定”按钮，弹出“创建组件阵列”对话框。

2）在对话框中选择“线性”，单击“确定”按钮，系统弹出如图 6-84 所示的“创建线性阵列”对话框；在“方向定义”中选择“边”选项，然后选择如图 6-85 所示的边线，在“总数 - XC”文本框中输入 2；通过菜单栏的“分析”命令查询两孔的距离为 50，然后在“偏置 - XC”中输入 -50；单击“确定”按钮完成螺钉的线性阵列，如图 6-86 所示。

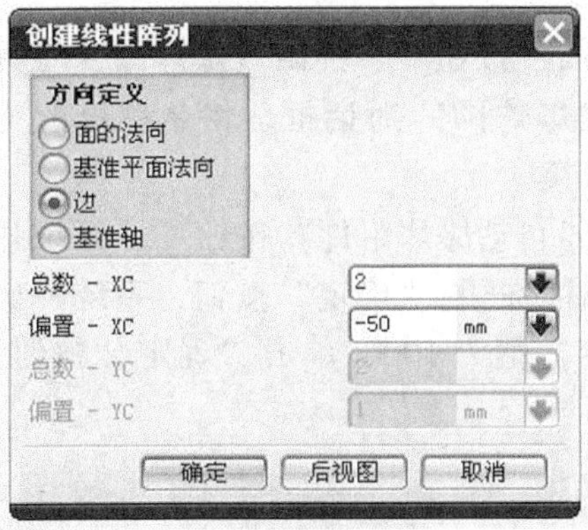

图 6-84 “创建线性阵列”对话框

图 6-85 选择边

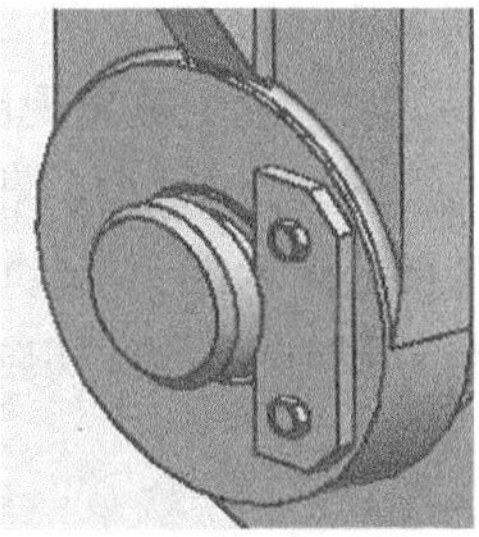

图 6-86 阵列螺钉部件

（9）添加油嘴部件（youzui. prt）

1）单击“添加组件”对话框中的“打开”按钮，选择随书光盘 ch06\ch06_05\eg2\youzui. prt 油嘴部件，在对话框的“放置”分组的“定位”中选择“通过约束”选项，单击“应用”按钮，弹出“装配约束”对话框，添加约束的操作步骤如图 6-87 所示。

2）在“类型”分组中选择“接触对齐”选项，在“要约束的几何体”分组的“方位”中选择“接触”，首先选择图 6-87 中步骤③箭头所示面 1 和步骤④箭头所示面 2；保持“接触对齐”类型不变，在“要约束的几何体”分组的“方位”中选择“自动判断中心/轴”选项，然后选择步骤⑥箭头所示的中心线 1 和步骤⑦箭头所示的中心线 2；单击“确定”按钮完成油嘴部件的添加。

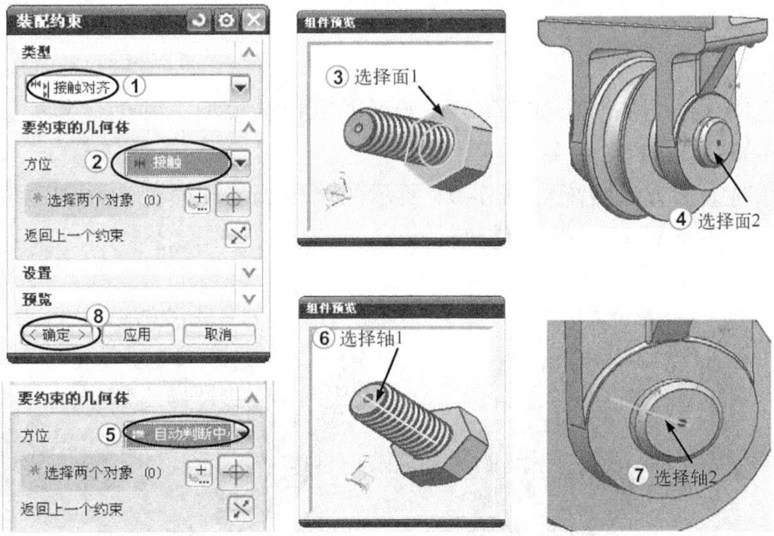

图 6-87 添加油嘴部件

（10）保存文件

选择“文件”→“保存”命令，保存 hualunjia_asm. prt 装配体。滑轮架装配体如图 6-70 所示。

3. 创建滑轮架装配爆炸图

1）新建爆炸视图。单击“装配”工具栏中的“爆炸图”按钮，弹出“爆炸图”工具栏。单击工具栏的“新建爆炸图”按钮，弹出“新建爆炸图”对话框。将名称修改为 Explosion_hualunjia，单击“确定”按钮，完成爆炸图的新建。

2）创建自动爆炸视图。选择“爆炸图”工具栏中的“自动爆炸组件”按钮，系统弹出“类”选择对话框，框选所有组件，单击“类”选择对话框的“确定”按钮，系统弹出如图 6-88 所示的“自动爆炸组件”对话框，输入“距离”值为 100，单击“确定”按钮，生成自动爆炸视图，如图 6-89 所示。

图 6-88 “自动爆炸组件”对话框

图 6-89 滑轮架爆炸图

3）如果采用“自动爆炸视图”命令创建的爆炸图效果不理想，可单击“爆炸图”工具栏中的“编辑爆炸图”按钮对相应部件进行移动操作，以达到较理想的效果。对如图 6-89 所示的爆炸图进行编辑操作后，其效果如图 6-71 所示。

6.6 习题

1. 使用自底向上的方法装配如图 6-90 所示的减速箱模型，并创建装配爆炸图（部件模型见随书光盘 ch06\ex\ex1 文件夹）。

2. 使用自底向上的方法装配如图 6-91 所示的调压阀装配模型，并创建装配爆炸图（部件模型见随书光盘 ch06 \ ex \ ex2 文件夹）。

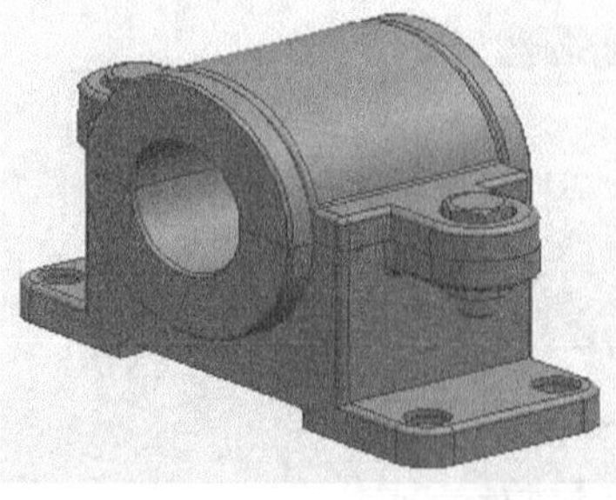

图 6-90 减速器装配模型

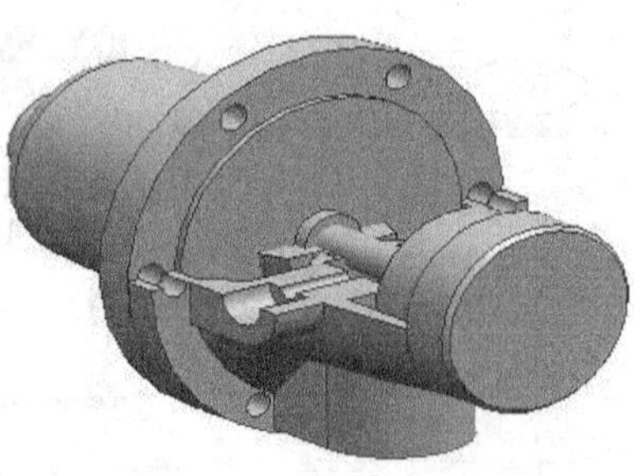

图 6-91 调压阀装配模型

第 7 章　工程图设计

UG 工程图是基于三维模型在制图环境中创建的二维图纸，且图样与三维模型完全相关。对于三维模型的修改，二维工程图会自动更新。本章主要介绍 UG NX 8.0 二维工程图的设计，主要内容包括工程图参数预设置、工程图纸的创建与编辑、视图的创建与编辑、尺寸标注、数据的转换等内容。

本章重点

- 掌握 UG NX 8.0 二维工程制图一般过程
- 掌握各种视图的创建方法
- 掌握视图的编辑
- 掌握工程图的标注
- 掌握 UG 工程图与 AutoCAD 之间的数据转换

7.1　UG NX 8.0 工程图概述

UG 工程图模块可以将实体模型和装配主模型引用到制图模块快速生成二维工程图。由于 UG 软件所绘制的二维工程图是由三维实体模型投影得到，因此，工程图与三维实体模型之间是完全相关的，实体模型的尺寸、形状和位置的改变，都会引起二维工程图的变化。

UG 工程图一般由 3 部分组成，如图 7–1 所示。

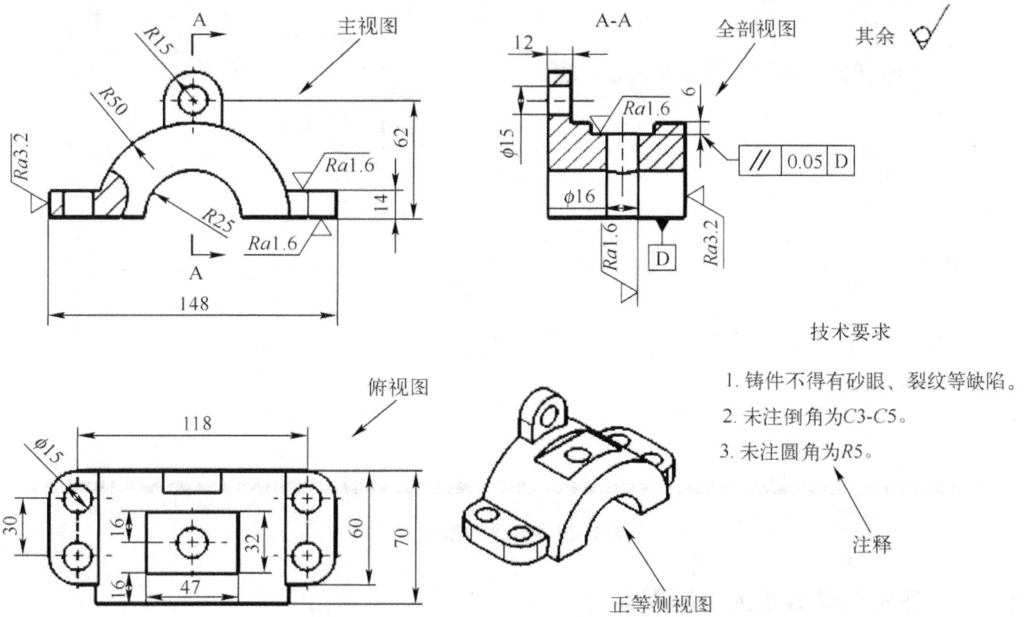

图 7–1　UG 工程图的组成

1）视图：包括基本视图（主视图、俯视图、左视图、右视图、仰视图和后视图）、局部放大图、剖视图、断面图等。

2）尺寸及标注、公差、表面粗糙度及注释：包括形状尺寸、位置尺寸、形位公差、技术要求、表面粗糙度和注释说明等。

3）图框、标题栏和明细栏等。

由于 UG 工程图很多细节的处理，如剖面线、标注、明细栏等不符合我国制图标准，且改动不方便，因此很多情况需要将 UG 工程图转到 AutoCAD 中进行后续处理，使之成为达到符合国标的工程图样。

7.1.1　进入 UG NX 8.0 工程图环境

进入 UG 制图环境可通过如下两种方式。

1. 通过新建图纸文件

打开 UG 软件后，在“标准”工具栏单击“新建”按钮，弹出如图 7-2 所示的“新建”对话框。选择“图纸”选项卡，在“模板”中可选择制图的模板；在“新文件名”分组中可输入图纸的名称及存放路径；在“要创建图纸的部件”分组中打开一个三维模型或装配体后，可进入工程图环境。

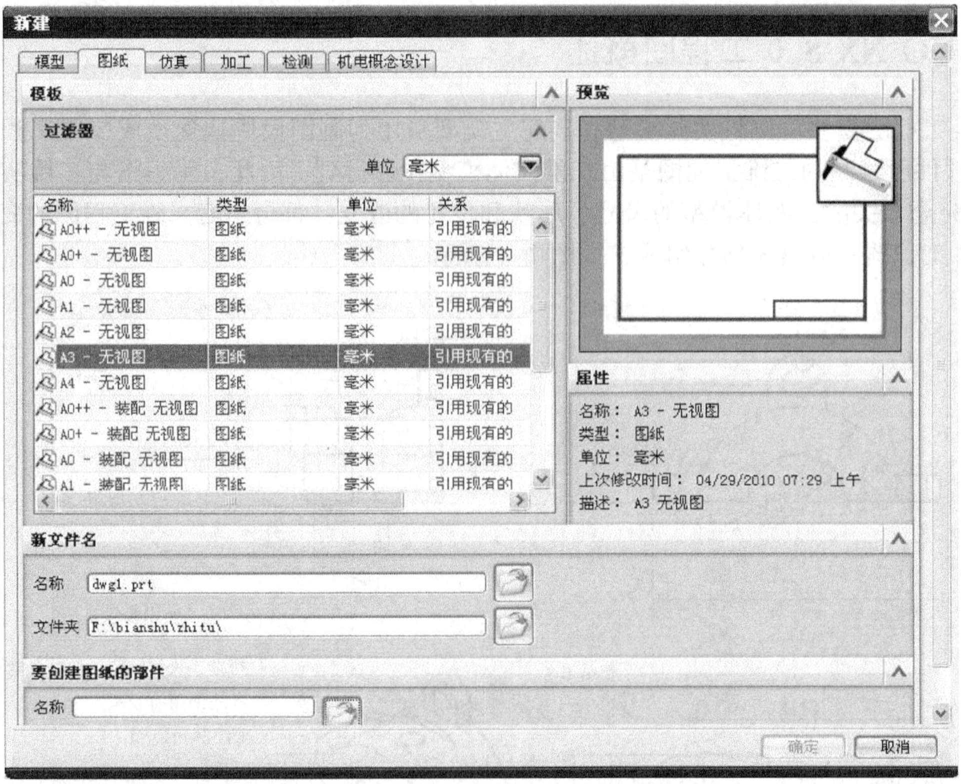

图 7-2　新建图纸文件

2. 从“开始”菜单进入工程图环境

在建模环境中已经创建或打开一个实体模型后，可通过选择“开始”→“所有应用模块”→“制图”命令，进入工程图模块。

下面以实例说明新建一个工程图的步骤。

1）打开随书光盘 Ch07\Ch07_01\eg1\ljt. prt 文件，选择“开始”→“所有应用模块”→“制图”命令，进入制图环境，此时软件的工具栏部分出现与制图相关的一些工具栏。

2）选择“插入”→“图纸页”命令，或单击“图纸”工具栏中的“新建图纸页”按钮，系统弹出如图 7-3 所示的“图纸页”对话框。该对话框提供了 3 种创建图纸的方法：使用模板、标准尺寸和定制尺寸。

- 使用模板：该方式是使用 UG 提供的国际标准图纸模板，图纸单位是毫米，如图 7-3a 所示。
- 标准尺寸：该方式提供了符合我国国标的 A0～A4 的有视图或无视图的图纸模板供用户选择，并可设置绘图比例、单位及投影方式，如图 7-3b 所示。我国规定投影方法为“第一角投影”画法，可在对话框的“设置”分组中进行选择。
- 定制尺寸：该方式允许用户自定义图纸模板，可根据制图需要设置图幅大小。

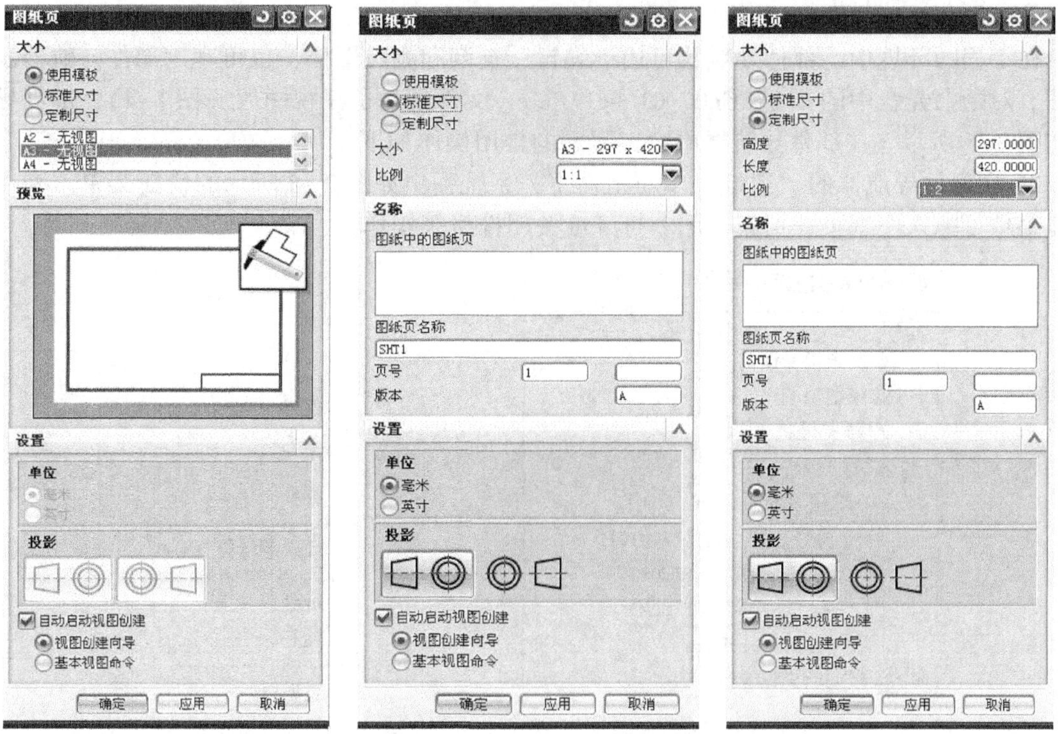

a) b) c)

图 7-3 “图纸页”对话框

a）使用模板 b）标准尺寸 c）定制尺寸

3）选择“标准尺寸”方式，选择 A3 模板，比例 1:1，单位为毫米，用户可选择“视图创建向导”或“基本视图命令”中的一种方式来创建图纸。单击“确定”按钮，可创建模型的视图，如图 7-4 所示。

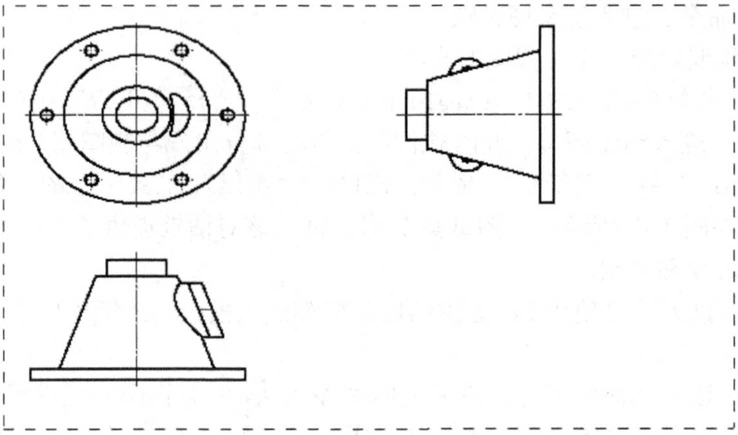

图 7-4　创建零件的三视图

7.1.2　部件导航器

在工程图环境中，部件导航器可用于编辑、查询和删除图样，也可利用部件导航器添加视图。对随书光盘中的 Ch07\Ch07_01\eg1\ljt. prt 文件创建了三视图后（图 7-4），部件导航器如图 7-5 所示。在部件导航器中对工程图的常用操作如下。

1）在部件导航器的“图纸”节点上右击，系统弹出如图 7-6 所示的快捷菜单。利用此快捷菜单可插入图纸页、更新视图、打开或关闭栅格等操作。

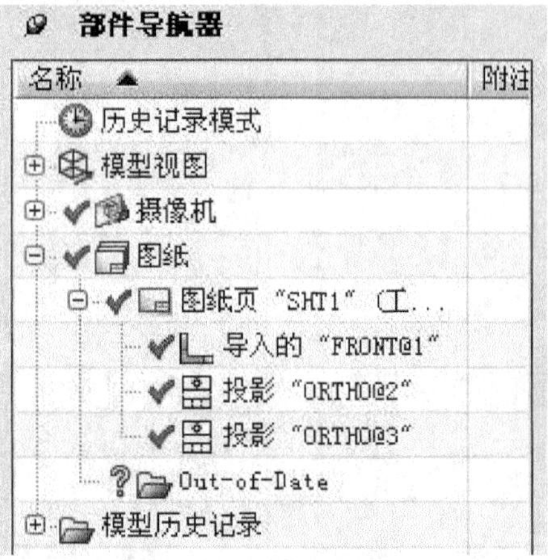

图 7-5　部件导航器

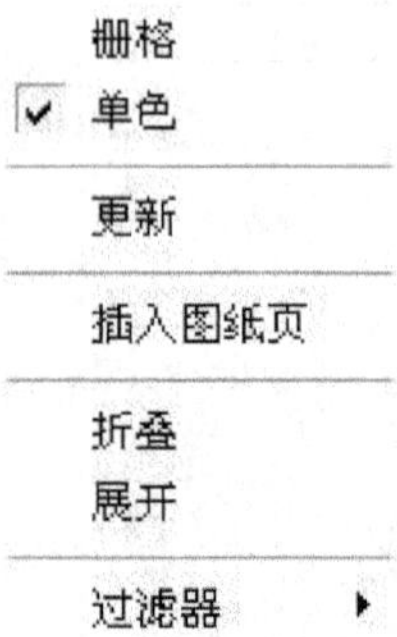

图 7-6　快捷菜单（一）

2）在部件导航器的“图纸页”节点上右击，系统弹出如图 7-7 所示的快捷菜单。该快捷菜单提供了对视图的相关快捷操作；选择“编辑图纸页”选项可对图样进行编辑操作。

3）在部件导航器的某一个已创建的视图节点上右击（如右击“FRONT@ 1”节点），系统弹出如图 7-8 所示的快捷菜单。

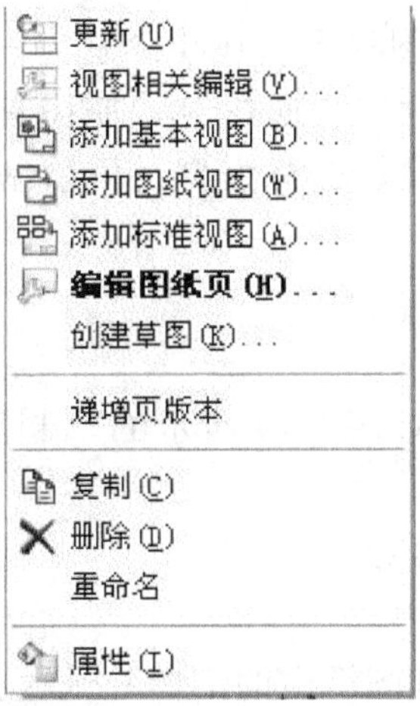

图 7-7　快捷菜单（二）

图 7-8　快捷菜单（三）

7.1.3　图样管理

在工程图环境中可对图样进行创建、打开、删除和编辑等操作。

（1）工程图的创建

新建工程图参考 7.1.1 节。工程图创建的常用基本步骤如下。

1）选择“开始”→“所有应用模块”→“制图”命令，进入制图环境。并设置图幅、单位、比例以及投影角等参数。

2）设置首选项。根据我国制图标准设置绘图环境。

3）打开已经创建好的部件文件或装配模型，也可在创建工程图之前先打开。

4）添加基本视图。包括主视图、俯视图、左视图等。

5）添加其他视图。例如局部放大图、剖视图等。

6）视图布局。包括移动、复制、对齐、删除以及定义视图边界等。

7）视图编辑。包括添加曲线、修改剖视符号、自定义剖面线等。

8）插入视图符号。包括插入各种中心线、偏置点、交叉符号等。

9）标注图样。包括标注尺寸、公差、表面粗糙度、文字注释以及建立明细表和标题栏等。

10）保存或者导出为其他格式（如 AutoCAD）的文件。

（2）工程图编辑

选择“编辑”→“图纸页”命令，或右击部件导航器的图纸，在弹出的快捷菜单中选择“编辑图纸页”命令。

（3）删除图纸

在部件导航器中，在所要删除的图纸名称上右击，在弹出快捷菜单中选择“删除”命令即可；将光标放置在图纸边界虚线部分，当虚线变为红色后右击，在弹出的快捷菜单中选择“删除”命令。

7.2 工程图参数预设置

由于 UG NX 8.0 的工程图采用国际通用的制图标准，在绘图前为了使其尽量符合我国的制图标准，一般需要对工程图的相关参数进行设置。通过对“制图首选项”“视图首选项”“注释首选项”“截面线首选项”中的相关参数进行设置，可绘制符合我国国标的工程图。

7.2.1 制图首选项

选择“首选项”→“制图”命令，系统弹出如图 7-9 所示的“制图首选项”对话框，该对话框中的常用选项的功能介绍如下。

1）“视图”选项卡：用于控制视图中的显示参数。

2）“注释”选项卡：设置注释的各种参数。

3）“断开视图”选项卡：用于控制以后添加到图纸中的剖切线显示。

4）“常规”选项卡：用于设置模型图纸的工作方法。

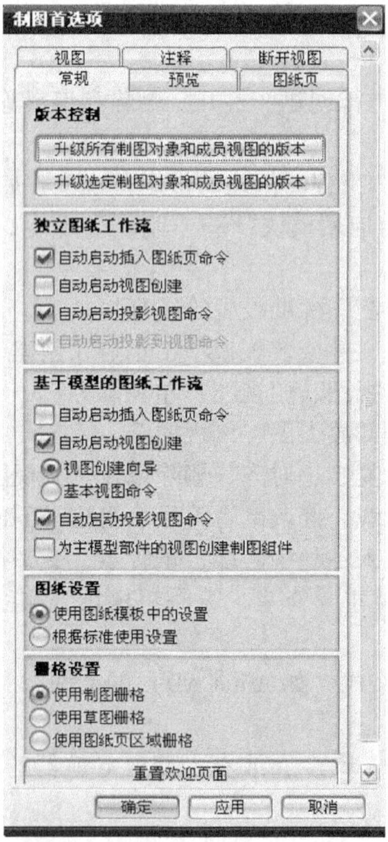

图 7-9 “制图首选项”对话框

7.2.2 视图首选项

执行“首选项”→“视图”命令，系统弹出如图 7-10 所示的“视图首选项”对话框，该对话框提供了 14 个选项卡供用户在绘图前进行设置，下面对常用选项卡做简单介绍。

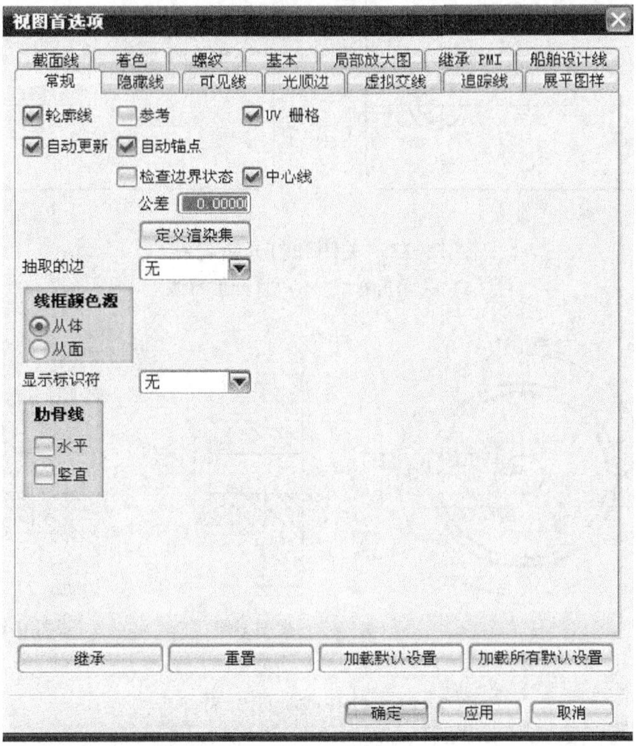

图 7-10 “视图首选项”对话框

1）“截面线”选项卡：用于控制剖视图的剖面线，“截面线”选项卡如图 7-11 所示，图 7-12 所示为关闭折弯线和打开折弯线时的效果对比；图 7-13 所示为将“背景”关闭或打开时的效果对比。

2）“常规”选项卡：用于设置视图的轮廓线、比例、角度、UV 栅格、中心线等细节选项。如图 7-14 所示为“轮廓线”打开或关闭时的效果。

3）“可见线”选项卡：用于设置视图中可见线的颜色、线型、粗细。

4）“光顺边”选项卡：用于设置光顺边缘显示与否及其颜色、线型和粗细。

5）“隐藏线”选项卡：用于设置视图中隐藏线的显示与否及其线型、粗细。

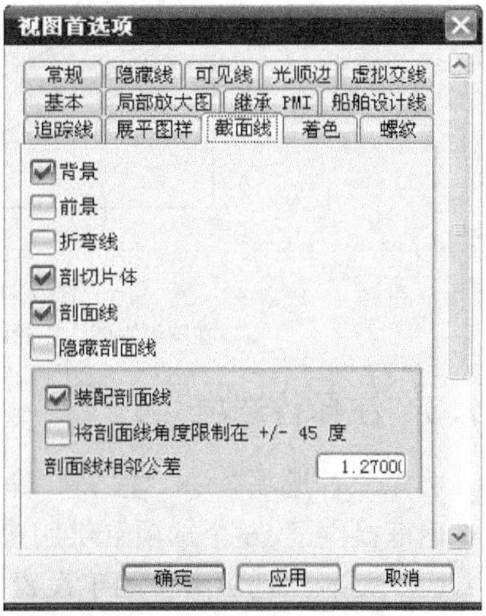

图 7-11 “截面线”选项卡

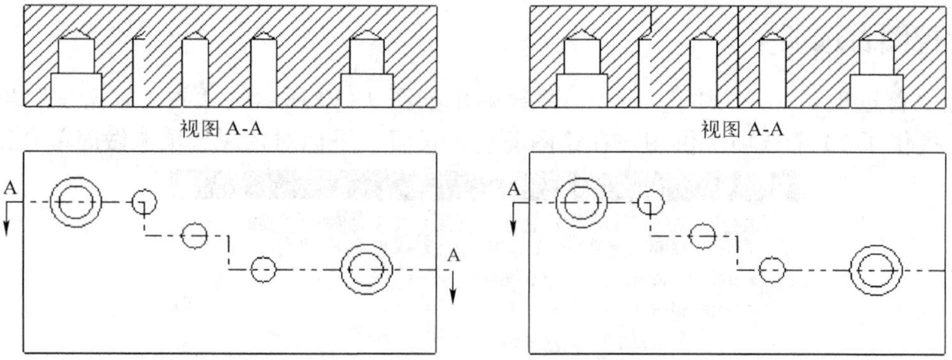

a)　　　　　　　　　　b)

图 7-12　关闭和打开折弯线

a）关闭折弯线　b）打开折弯线

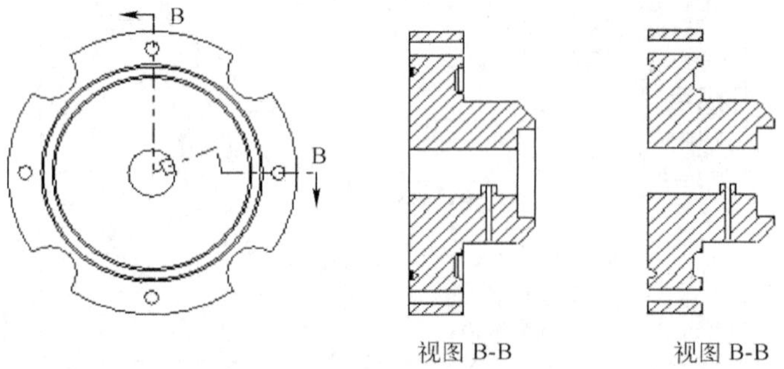

a)　　　　　　b)　　　　　　c)

图 7-13　打开或关闭“背景”

a）零件图　b）将背景设置为“开”　c）将背景设置为“关”

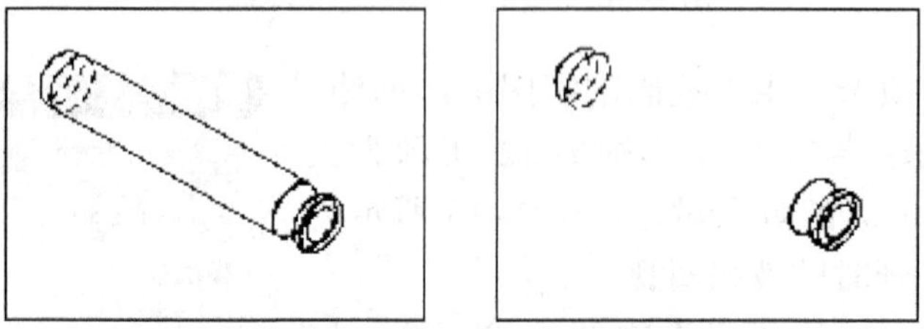

a)　　　　　　　　　　b)

图 7-14　“轮廓线”开或关效果对比

a）在图纸视图中，轮廓线为“开”　b）在图纸视图中，轮廓线为“关”

7.2.3　注释首选项

选择“首选项”→“注释”命令，系统弹出如图 7-15 所示的“注释首选项”对话框，该对话框提供了 16 个选项卡供用户在绘图前进行设置，下面对常用选项做简单介绍。

1）“文字”选项卡：用于设置文字字符大小、颜色、线型等。

2）“尺寸”选项卡：用于设置箭头和直线的格式、精度和公差、尺寸文本角度等。

3）“直线/箭头”选项卡：用于设置指引线、箭头的大小、尺寸等。

4）“符号”选项卡：用于设置“中心线”“形位公差”“表面粗糙度”等符号的参数。

5）“径向”选项卡：用于设置直径和半径尺寸值显示的相关参数。

6）“填充/剖面线”选项卡：用于设置填充区域和剖面线的相关参数。

7.2.4 截面线首选项

选择“首选项”→“截面线”命令，系统弹出如图 7-16 所示的“截面线首选项”对话框，该对话框可以设置视图中的剖切线的显示。

1）“标签”分组：用于设置剖视图的标签号。

2）“尺寸”分组：用于设置剖切线箭头的样式。

3）“设置”分组：用于设置剖切线的标准、颜色和宽度。

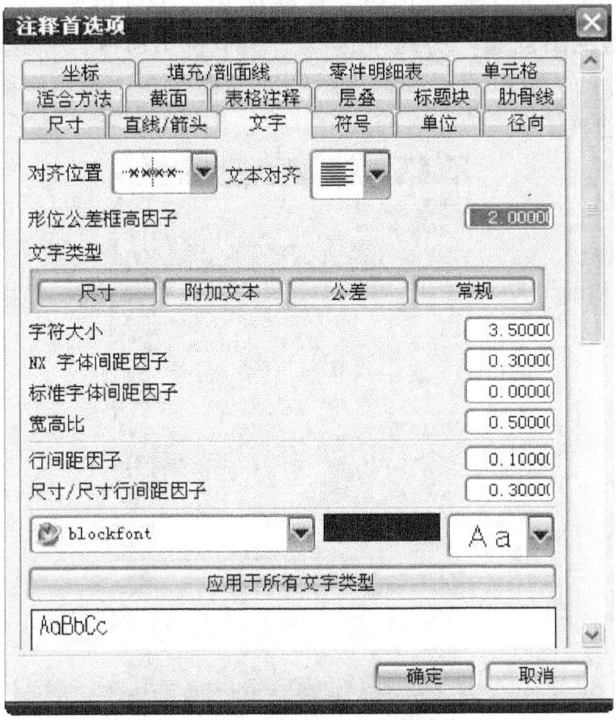

图 7-15 “注释首选项”对话框

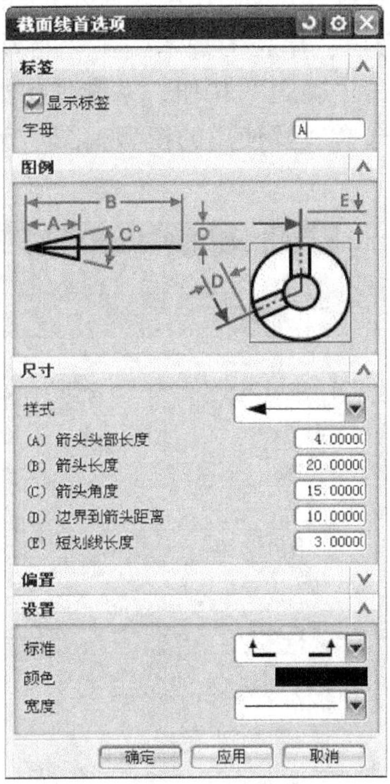

图 7-16 “截面线首选项”对话框

7.3 视图的创建与编辑

视图是用来表达一个零部件或装配体的最基本也是最重要的组成部分，在一个工程图中可以包含多种视图，如基本视图（三视图）、剖视图、局部放大图等，通过这些视图的组合可以表达实体模型的结构。

7.3.1 基本视图

“基本视图”指零部件的各种向视图和轴测图，包括前视图、后视图、左视图、右视图、俯视图、仰视图、正等轴测图和正二测视图。在一个工程图中至少要包含一个基本视图，在绘制工程图时，首先应该添加反映零部件主要形状特征的基本视图。

【例 7-1】 创建如图 7-17 所示零件的基本视图。

1）打开随书光盘 Ch07\Ch07_03\eg1\jibenshitu.prt 文件，并进入建模环境。

2）进入工程图环境。选择“开始”→“所有应用模块”→“制图”命令，进入制图环境。

3）选择“首选项”→“制图”命令，在弹出的“制图首选项”对话框的“视图”选项卡中，将“边界”分组中的“显示边界”取消勾选。

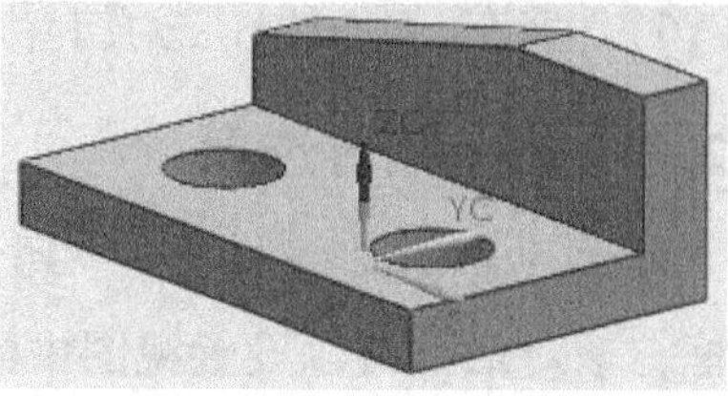

图 7-17 零件模型

4）选择“插入”→“图纸页”命令，或单击“图纸”工具栏中的“新建图纸页”按钮，系统弹出如图 7-18 所示的“图纸页”对话框。选用“标准尺寸”单选按钮，设置比例为 1:1，单位为毫米，在“自动启动视图创建”分组中选择“基本视图命令”单选按钮。单击“确定”按钮，系统弹出如图 7-19 所示的“基本视图”对话框，在“模型视图”分组中选择“要使用的模型视图”为“前视图”。

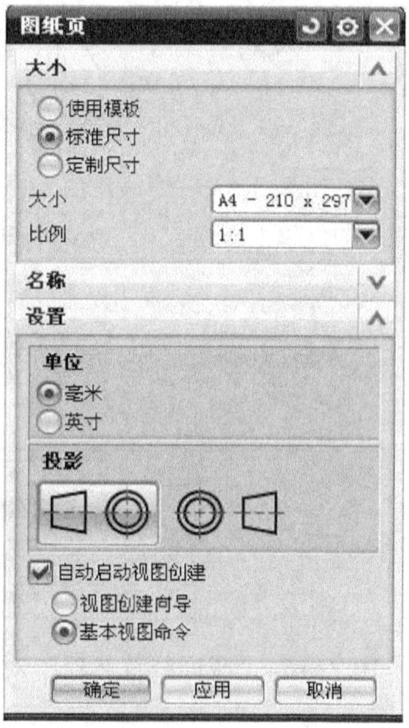

图 7-18 “图纸页”对话框

图 7-19 “基本视图”对话框

5）放置视图。在图形区的合适位置依次单击以放置主视图、俯视图和左视图，单击鼠标中键完成三视图的创建，如图 7-20a 所示。

6）创建正等测视图。选择“插入”→“视图”→“基本”命令，或单击“图纸”工具栏中的“基本视图”按钮，系统弹出“基本视图”对话框。在“模型视图”分组中选择“要使用的模型视图”为“正等测视图”选项。在合适的位置单击，并单击鼠标中键完成视图的放置，如图 7-20b 所示。

说明：绘制的视图线条颜色系统默认为灰色，可通过“视图首选项”对话框中的“可见线”选项卡进行更改。

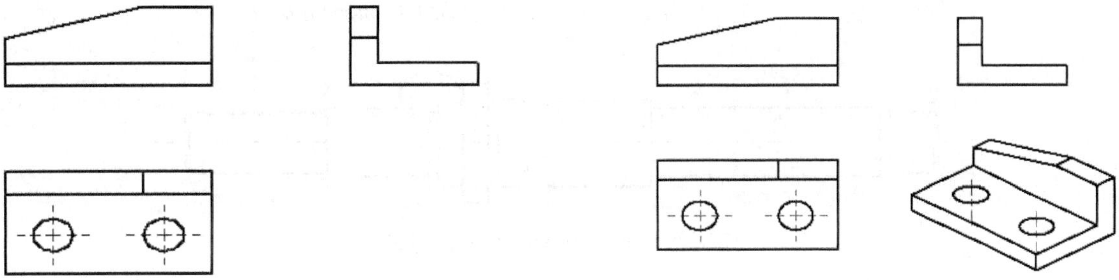

a)　　　　　　　　　　　　　　　　b)

图 7-20　绘制基本视图

a）三视图　b）正等测视图

7.3.2　局部放大图

局部放大图是将零件的局部结构按一定比例进行放大，主要用于表达零件上的细微结构。

【例 7-2】　创建局部放大图。

1）打开随书光盘 Ch07\Ch07_03\eg2\jubufangdatu. prt 文件，并进入建模环境，该零件为一阶梯轴。

2）进入工程图环境。选择“开始”→“所有应用模块”→“制图”命令，进入制图环境。单击“图纸”工具栏中的“新建图纸页”按钮，选用“标准尺寸”模板，设置比例为 1∶1，单位为毫米，在“自动启动视图创建”分组中选择“基本视图命令”单选按钮。单击“确定”按钮，系统弹出“基本视图”对话框，在“模型视图”分组中选择“要使用的模型视图”为“左视图”。

3）在图形区的合适位置单击放置视图，如图 7-21 所示。

4）单击“图纸”工具栏中的“局部放大图”按钮，系统弹出如图 7-22 所示的“局部放大图”对话框，选择“类型”为“圆形”；参照图 7-23 绘制放大区域的边界圆。

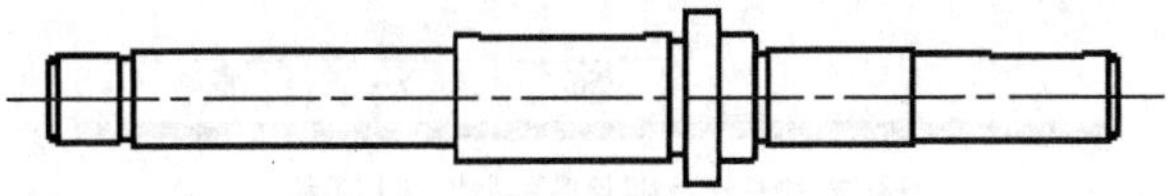

图 7-21　创建阶梯轴的基本视图

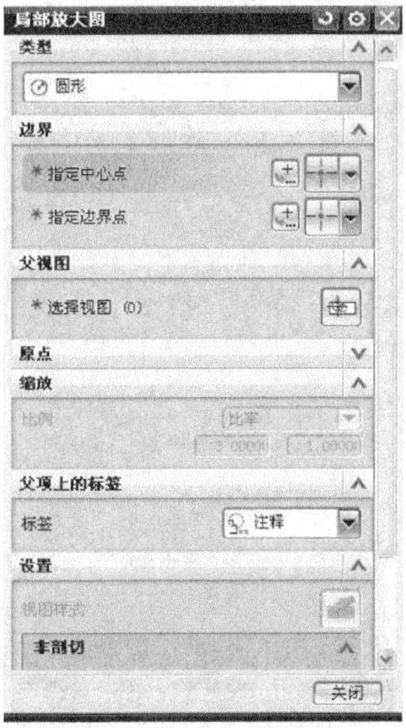

图 7-22　“局部放大图”对话框

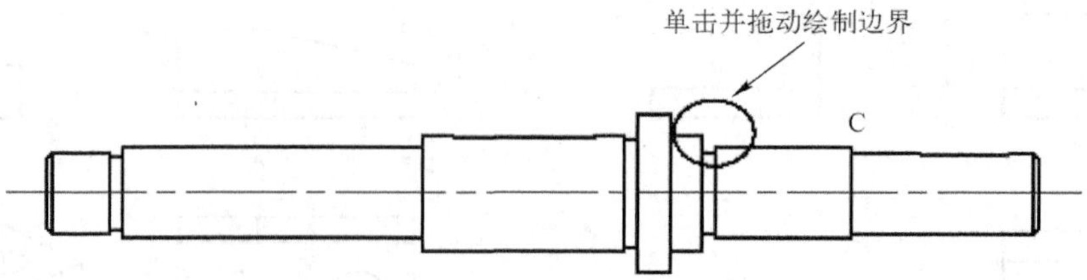

图 7-23　绘制放大视图的边界线

5）在“局部放大图”对话框的“缩放”分组中选择“比率”选项，并设为3∶1。

6）在绘图区合适位置单击以放置局部放大图，如图7-24所示。单击“关闭”按钮。

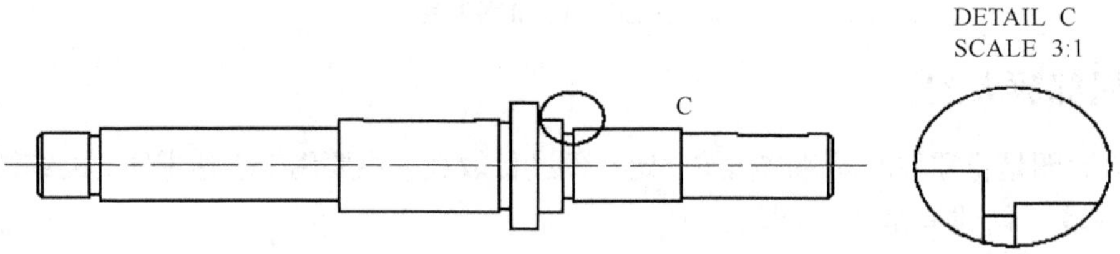

图 7-24　放置局部放大图

7）双击标签，弹出如图7-25所示的“视图标签样式”对话框，可对标签的位置等信息进行设置。双击放大图的边界，弹出如图7-26所示的“视图样式”对话框，可对边界线进行修改。完成的局部放大图如图7-27所示。

图 7-25　“视图标签样式”对话框

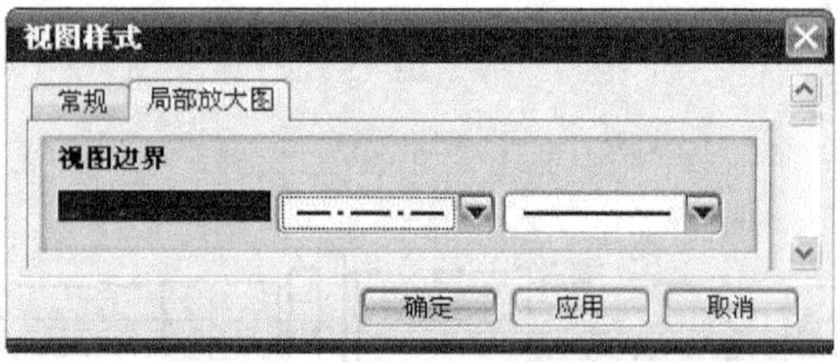

图 7-26　“视图样式”对话框

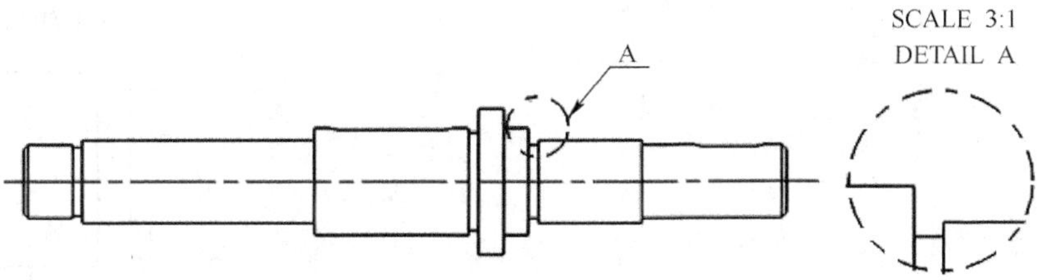

图 7-27　局部放大图

7.3.3　剖视图

对于腔体类和箱体类零件，需要采用剖视图才能清晰准确地表达零件内部的详细结构。UG NX 8.0 提供了全剖、半剖、局部剖、阶梯剖、旋转剖等工具，用户可根据需要进行选择。

1. 全剖视图

【例 7-3】 创建如图 7-28 所示零件的全剖视图。

1）打开随书光盘 Ch07\Ch07_03\eg3\quanpoushitu. prt 文件，并进入建模环境。

2）进入工程图环境。选择“开始”→“所有应用模块”→“制图”命令，进入制图环境。

单击“图纸”工具栏中的“新建图纸页”按钮，选用“标准尺寸”模板，设置比例为 1:1，单位为毫米，在“自动启动视图创建”分组中选择“基本视图命令”单选按钮。单击“确定”按钮，系统弹出“基本视图”对话框，在“模型视图”分组中选择“要使用的模型视图”为“俯视图”。

3）在图形区的合适位置单击放置俯视图，如图 7-29 所示。

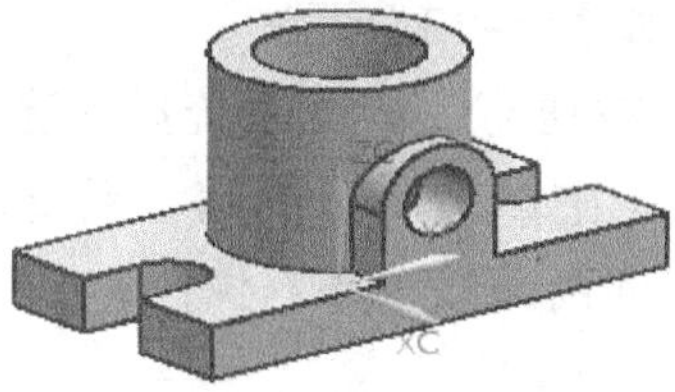

图 7-28　零件实体模型

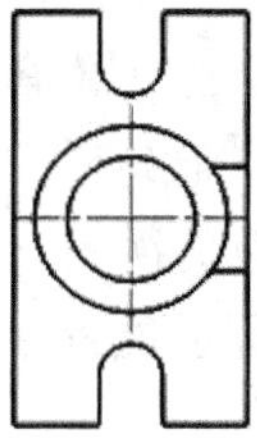

图 7-29　俯视图

4）选择“插入”→“视图”→“截面”→“简单/阶梯剖”命令，或单击“图纸”工具栏中的“剖视图”按钮，系统弹出如图 7-30 所示的“剖视图”对话框，选择如图 7-29 所示的俯视图作为父视图。

5）选择剖切位置。选择如图 7-31 所示的圆，系统自动选中圆心作为剖切位置。

6）在图形区俯视图的上方合适位置单击，以放置剖视图，如图 7-32 所示。

2. 半剖视图

【例 7-4】 创建如图 7-28 所示零件的半剖视图。

1）打开随书光盘 Ch07\Ch07_03\eg4\banpoushitu. prt 文件，并进入建模环境。

图 7-30 “剖视图”对话框

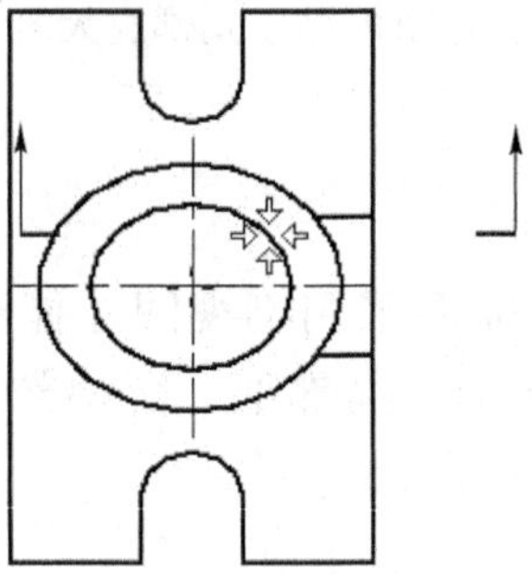

图 7-31 确定剖切位置

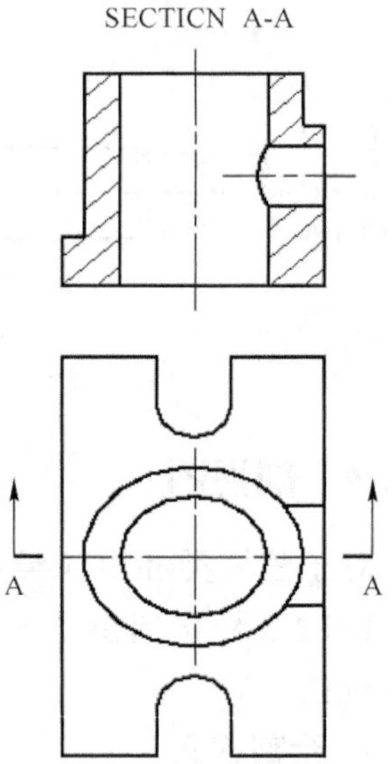

图 7-32 创建剖视图

2）进入工程图环境。选择“开始”→“所有应用模块”→“制图”命令，进入制图环境。

单击“图纸”工具栏中的“新建图纸页”按钮，选用“标准尺寸”模板，设置比例为1:1，单位为毫米，在“自动启动视图创建”分组中选择“基本视图命令”单选按钮。单击“确定”按钮，系统弹出“基本视图”对话框，在“模型视图”分组中选择“要使用的模型视图”为“俯视图”。

提示：可利用“基本视图”对话框中的“模型视图”分组中“定向视图工具”来调整视图放置时的位置。

3）在图形区的合适位置单击放置俯视图，如图 7-33 所示。

4）单击“图纸”工具栏中的“半剖视图”按钮，根据系统提示选择上一步创建的俯视图（图 7-33）作为父视图。首先选择图 7-34 中箭头所示的圆，系统自动捕捉圆心；然后在图 7-35 中箭头所示位置单击，并让投影方向箭头在视图右侧。

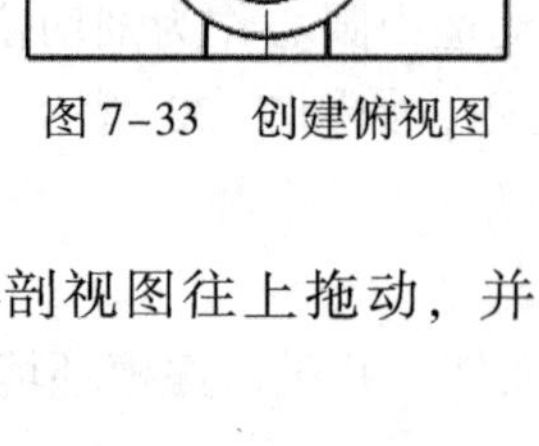

图 7-33 创建俯视图

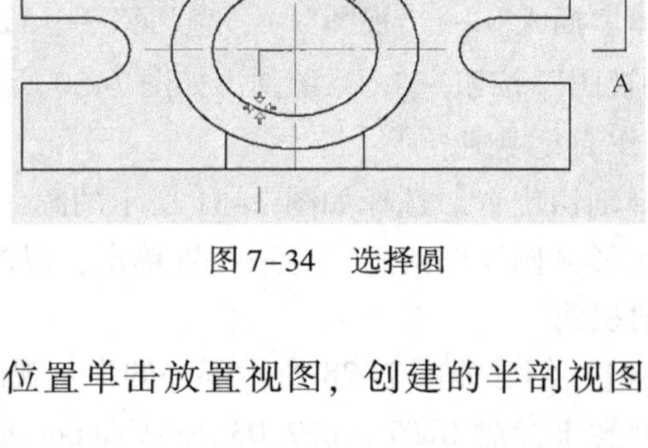

图 7-34 选择圆

5）将半剖视图往上拖动，并在合适位置单击放置视图，创建的半剖视图如图 7-36 所示。

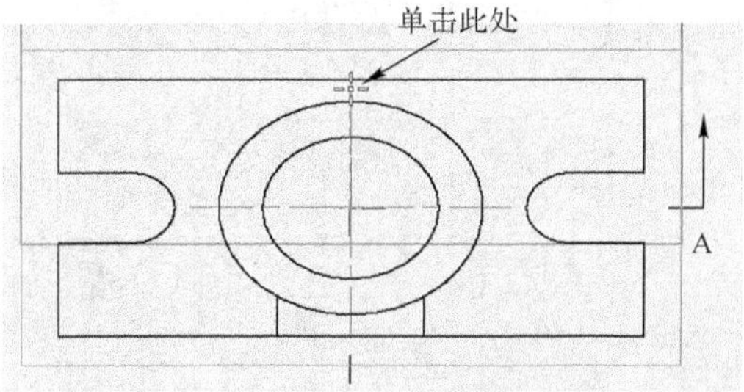

图 7-35　单击选择点

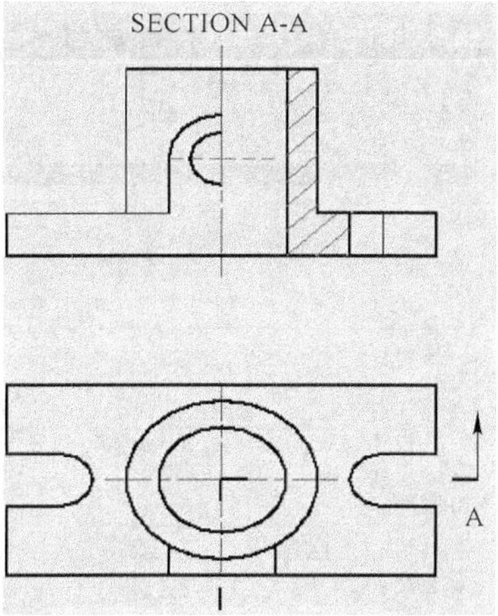

图 7-36　创建半剖视图

3. 阶梯剖视图

【例 7-5】 创建如图 7-37 所示零件的阶梯剖视图。

1）打开随书光盘 Ch07\Ch07_03\eg5\jietipoushitu. prt 文件，并进入建模环境。

2）进入工程图环境。选择“开始”→“所有应用模块”→“制图”命令，进入制图环境。单击“图纸”工具栏中的“新建图纸页”按钮，选用“标准尺寸”模板，设置比例为 1∶1，单位为毫米，在“自动启动视图创建”分组中选择“基本视图命令”单选按钮。单击“确定”按钮，系统弹出“基本视图”对话框，在“模型视图”分组中选择“要使用的模型视图”为“俯视图”。

3）在图形区的合适位置单击放置俯视图，如图 7-38 所示。

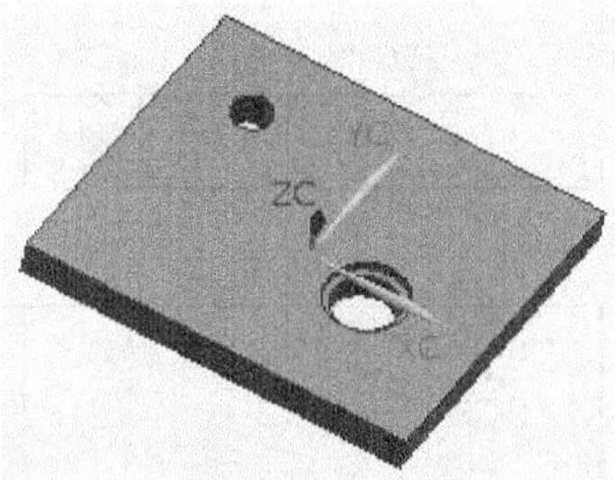

图 7-37　零件

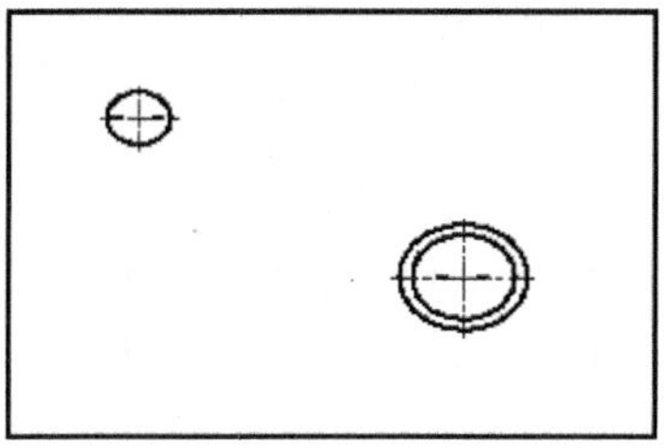

图 7-38　俯视图

4）选择“插入”→“视图”→“截面”→“轴测剖”命令，系统弹出如图 7-39 所示的“轴测图中的全剖/阶梯剖”对话框。选择创建的俯视图为父视图。

5）定义剖切线。

定义投影方向：根据系统提示“定义箭头方向矢量 - 选择对象以自动判断矢量”，在对话框的“剖视图”方向下拉列表中选择“+YC”方向，单击对话框的“应用”按钮。

定义剖切方向：系统提示“定义剖切方向矢量 - 选择对象以自动判断矢量”，在对话框的“剖视图”方向下拉列表中选择“+ZC”方向，单击对话框的“应用”按钮，系统弹出如图 7-40 所示的“截面线创建”对话框。

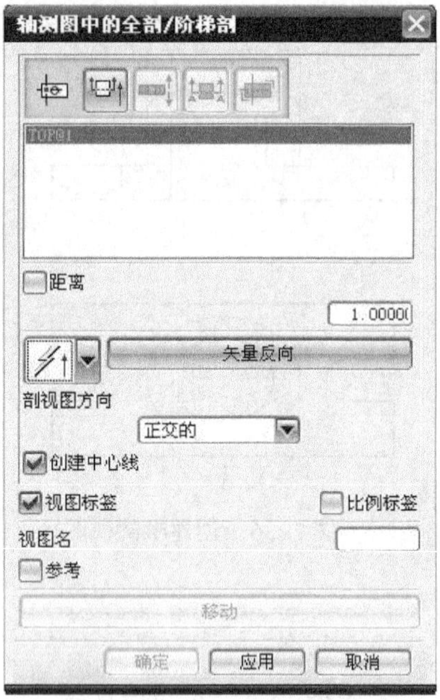

图 7-39 “轴测图中的全剖/阶梯剖”对话框

图 7-40 “截面线创建”对话框

定义剖切位置：根据系统提示“选择对象以自动判断点”，选择“截面线创建”对话框中的“剖切位置”选项，选择点的捕捉方式为“圆心”，依次选择图 7-41 中箭头所示的两个圆，系统自动捕捉圆心。

6）在俯视图上方合适位置放置阶梯剖视图，如图 7-42 所示。单击“轴测图中的全剖/阶梯剖”对话框的“确定”按钮，完成阶梯剖视图的创建。

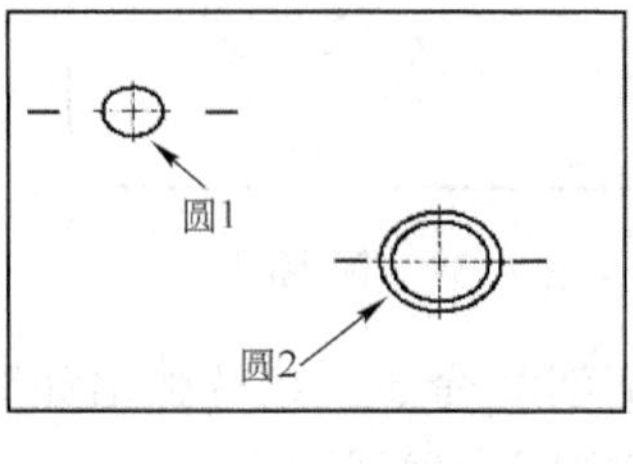

图 7-41 选择圆心

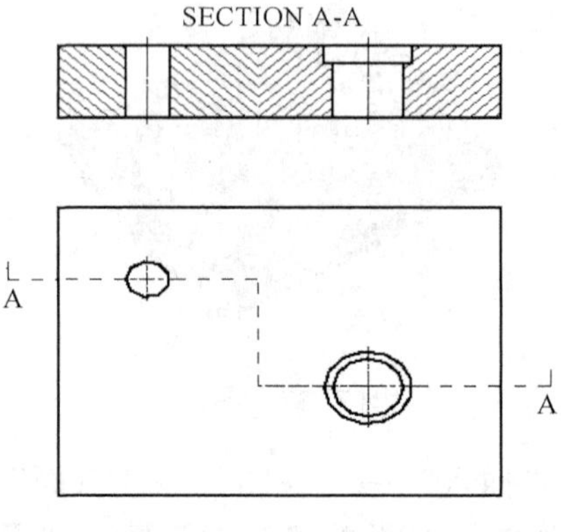

图 7-42 阶梯剖视图

4. 局部剖视图

【例 7-6】 创建如图 7-43 所示阶梯轴零件上键槽的局部剖视图。

1）打开随书光盘 Ch07\Ch07_03\eg6\jubupoushitu. prt 文件，并进入建模环境。

2）单击“静态线框”按钮，将视图调整到线框模式。单击“视图”工具栏中的“右视图”按钮，将视图定向到右视图，如图 7-44 所示。

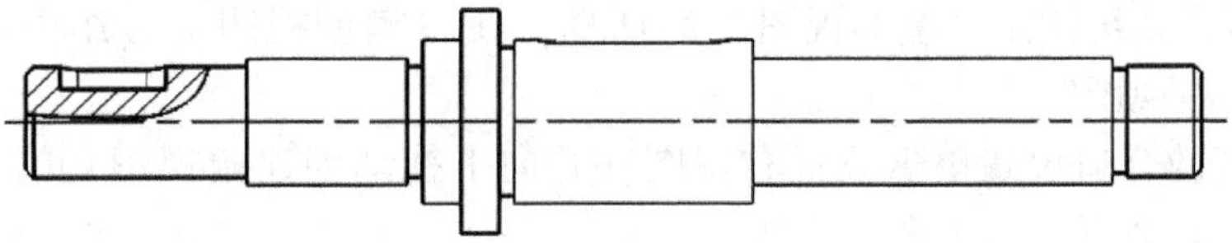

图 7-43　局部剖视图

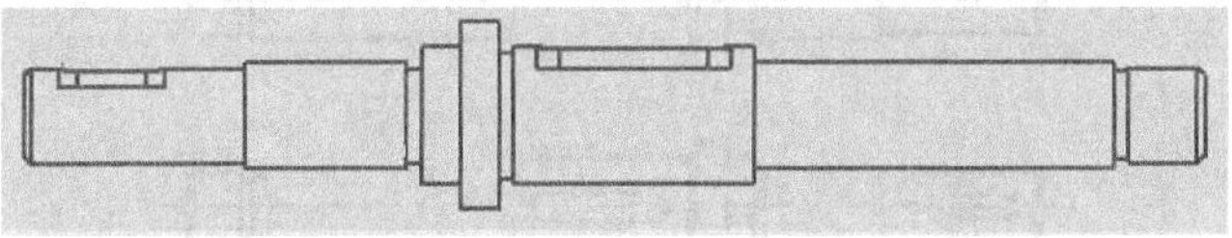

图 7-44　右视图

3）选择“插入”→“曲线”→“艺术样条”命令，弹出如图 7-45 所示的“艺术样条”对话框，勾选“参数化”分组中的“封闭的”复选框，取消“设置”分组中的“关联”复选框的勾选，绘制如图 7-46 所示的样条曲线。

图 7-45　“艺术样条”对话框

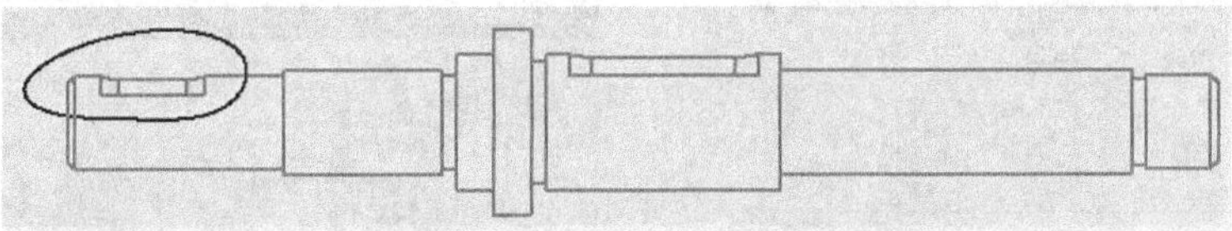

图 7-46　绘制样条曲线

4）进入工程图环境。选择“开始”→“所有应用模块”→“制图”命令，进入制图环境。单击“图纸”工具栏中的“新建图纸页”按钮，选用“标准尺寸”模板，设置比例为1∶1，单位为毫米，在“自动启动视图创建”分组中选择“基本视图命令”单选按钮。单击“确定”按钮，系统弹出“基本视图”对话框，在“模型视图”分组中选择“要使用的模型视图”为“右视图”。

5）在图形区的合适位置单击放置右视图，并向下拖动创建俯视图，单击中键完成视图的创建，如图 7-47 所示。

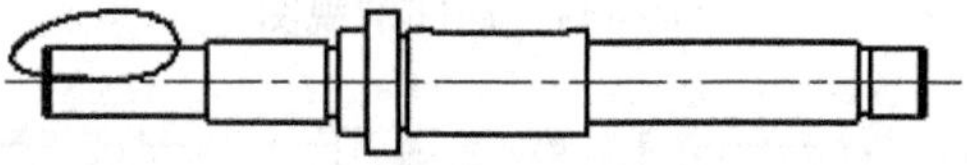

a)

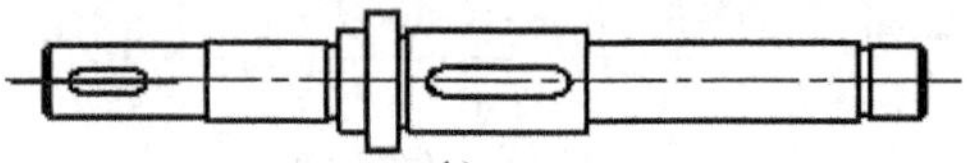

b)

图 7-47　创建右视图和俯视图

a）右视图　b）俯视图

6）编辑视图的关联性。

在部件导航器中右击右视图“RIGHT@ 12”，在弹出的快捷菜单中选择“扩展”命令。

选择“编辑”→“视图”→“视图相关编辑”命令，系统弹出如图 7-48 所示的“视图相关编辑”对话框，单击“模型转换到视图”按钮，系统弹出“类选择”对话框，选择图 7-46 中的样条曲线，单击“类选择”对话框的“确定”按钮，单击“视图相关编辑”对话框的“确定”按钮。

在图形区右击，在弹出的快捷菜单取消“扩展”命令的勾选。

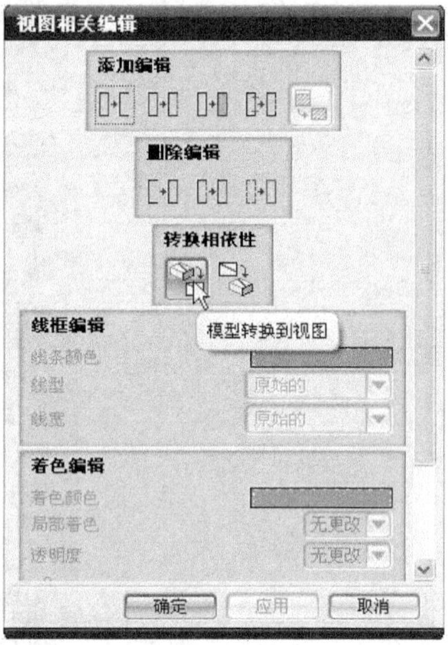

图 7-48　“视图相关编辑”对话框

7）创建局部剖视图。

单击“图纸”工具栏中的“局部剖”按钮，系统弹出如图 7-49 所示的“局部剖”对话框。

根据系统提示“选择一个生成局部剖的视图”，在图形区选择俯视图（ORTHO13），此时“局部剖”对话框变为如图 7-50 所示。

根据系统提示“选择对象以自动判断点”，选择图 7-51中箭头所示的基点，接受系统默认的矢量方向。

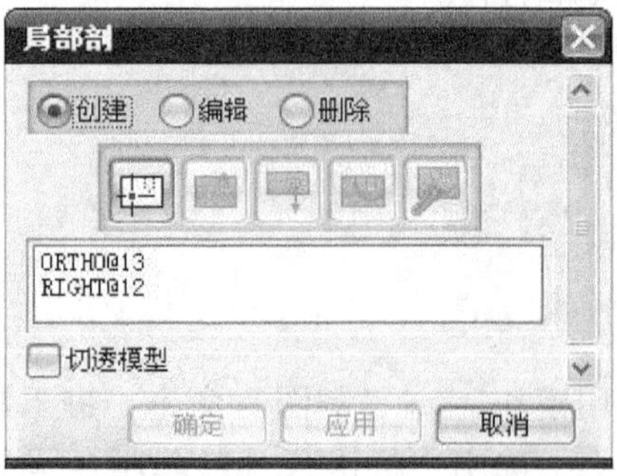

图 7-49　“局部剖”对话框（一）

图 7-50　“局部剖”对话框（二）

单击“局部剖”对话框中的“选择曲线”按钮，选择样条曲线作为剖切线，单击“应用”按钮完成局部剖视图的创建，如图 7-52 所示。

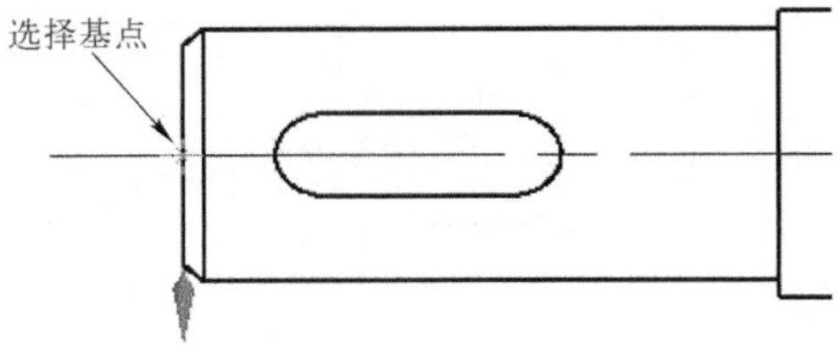

图 7-51　选择基点

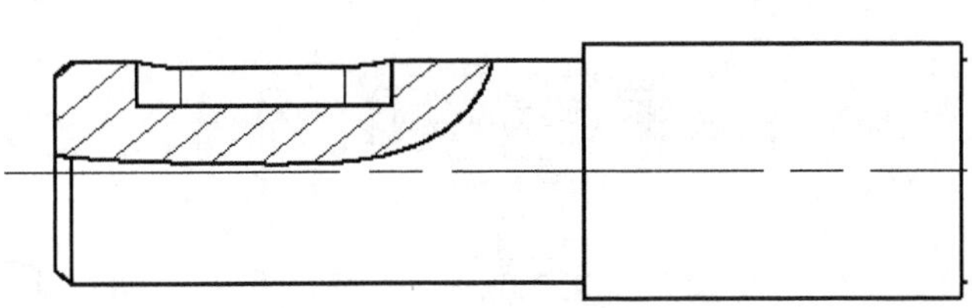

图 7-52　创建局部剖视图

7.3.4　视图的编辑

1. 更新视图

打开一个图纸文件后，选择“编辑”→“视图”→“更新”命令，或单击“更新视图”按钮，系统弹出图 7-53 所示的“更新视图”对话框。选择需要更新的视图，单击“确定”按钮，可对选择的视图进行更新。

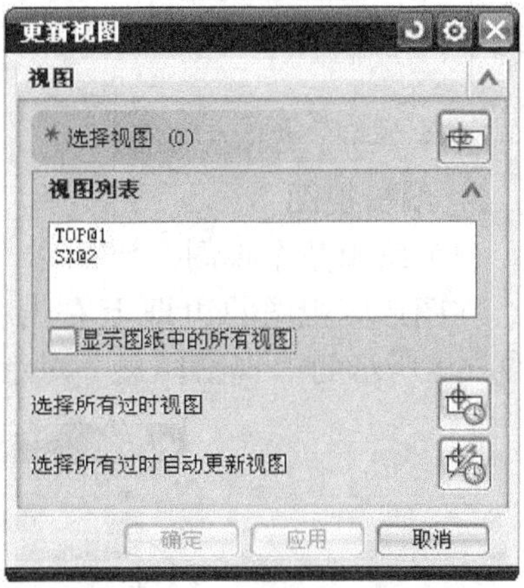

图 7-53　“更新视图”对话框

2. 对齐视图

用户可采用两种方法进行对齐视图的操作。

(1) 鼠标拖动对齐

1) 打开随书光盘 Ch07\Ch07_03\eg7\duiqishitu. prt 文件，如图 7-54 所示。

2) 用鼠标拖动图 7-54 中的左视图的边框并移动，当系统显示对齐约束时，松开鼠标左键，如图 7-55 所示。

(2) 利用“对齐视图”命令对齐视图

1) 打开随书光盘 Ch07\Ch07_03\eg7\duiqishitu. prt 文件，如图 7-54 所示。

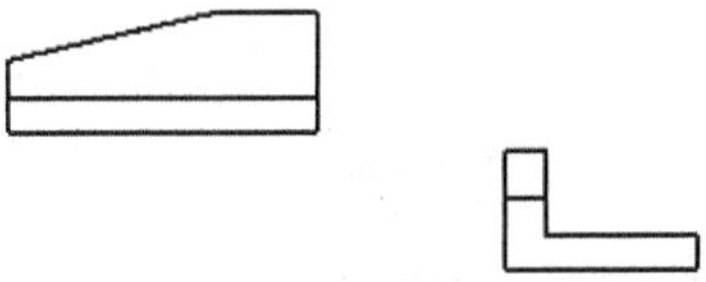

图 7-54　视图

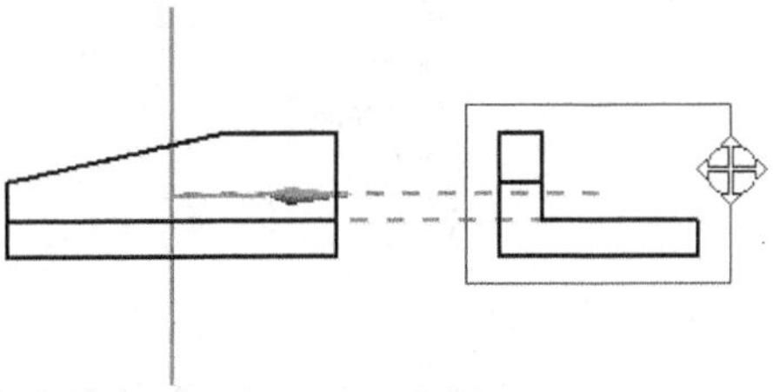

图 7-55　拖动边框

2) 选择“编辑”→“视图”→“对齐”命令，系统弹出如图 7-56 所示的“对齐视图”对话框。单击对话框的“水平”按钮，选择“模型点”选项。

3) 选择如图 7-57 中箭头所示的端点，根据系统提示选择图 7-58 所示的左视图，单击鼠标中键，再单击对话框的“取消”按钮，完成视图的对齐，如图 7-59 所示。

图 7-56 “对齐视图”对话框

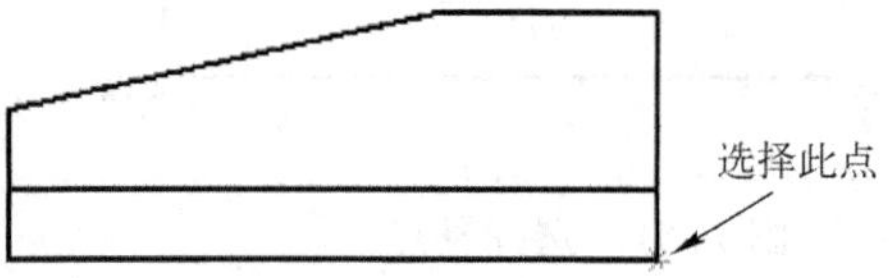

图 7-57 选择点

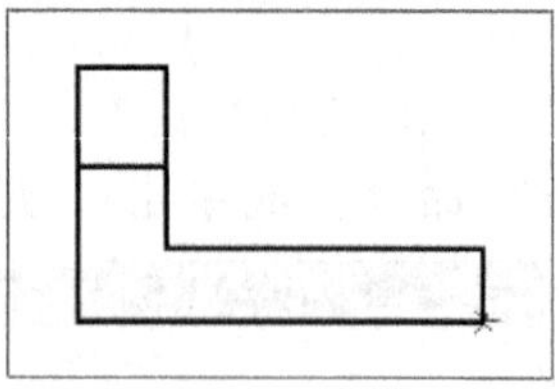

图 7-58 选择左视图

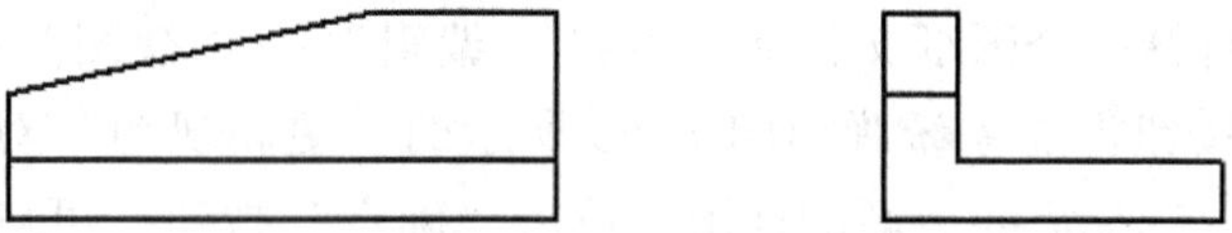

图 7-59 对齐视图

3. 编辑视图

(1) 编辑整个视图

在图形区视图的边框上右击，从弹出的快捷菜单中选择“样式”命令，系统弹出如图 7-60 所示的“视图样式”对话框，利用该对话框的有关选项可对视图进行编辑。

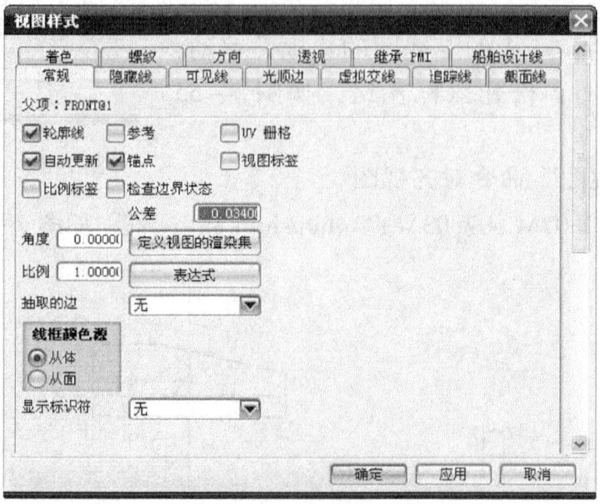

图 7-60 “视图样式”对话框

(2) 编辑视图中的细节

1) 打开随书光盘 Ch07\Ch07_03\eg8\quanpoushitu. prt 文件，如图 7-61 所示。

2) 编辑剖面线。右击剖视图的剖面线，在弹出的快捷菜单中选择“编辑”命令，系统弹出如图 7-62 所示的“剖面线”对话框，利用对话框“设置”分组中的“图样”“距离”“颜色”“宽度”等选项可对剖面线进行编辑。

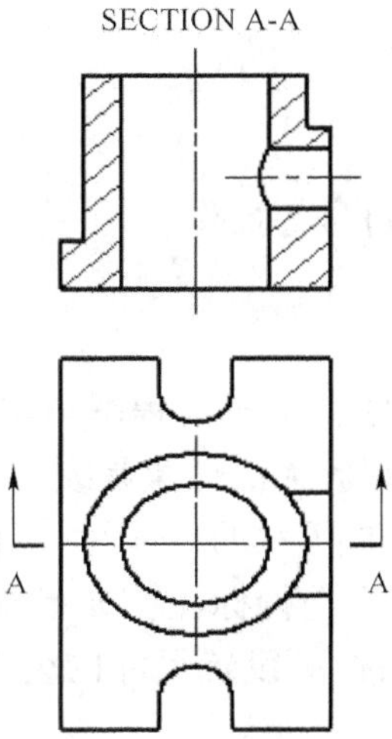

图 7-61　剖视图

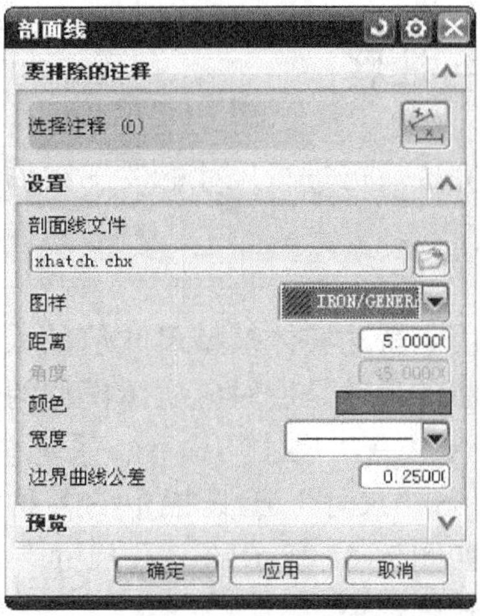

图 7-62　“剖面线”对话框

3）编辑视图标签。右击图 7-61 中剖视图的视图标签“SECTION A－A”，在弹出的快捷菜单中选择“编辑视图标签”命令，系统弹出如图 7-63 所示的“视图标签样式”对话框，利用该对话框的“视图标签”分组的有关选项可设置视图标签的字母格式及大小。

4）编辑截面线。右击图 7-61 中俯视图中的截面线，在弹出的快捷菜单中选择“样式”命令，系统弹出如图 7-64 所示的“截面线型”对话框。利用该对话框的相关设置可对标签、截面线样式等进行编辑。

图 7-63　“视图标签样式”对话框

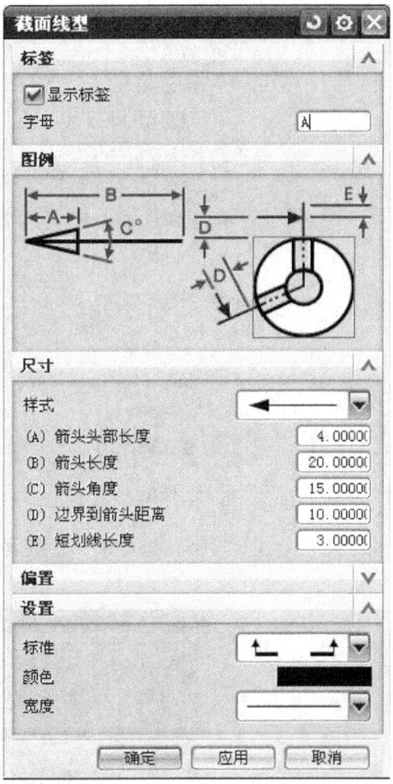

图 7-64　“截面线型”对话框

7.4 标注与注释

视图创建完成后可进行尺寸标注、添加注释、插入符号等操作。

7.4.1 尺寸标注

尺寸标注用于表达实体模型尺寸值的大小。在 UG 中，由于工程图与实体模型相关联，在工程图中标注的尺寸是所对应实体模型的真实尺寸，因此无法任意修改。

选择“插入”→“尺寸”命令，系统弹出如图 7-65 所示的“尺寸”下拉菜单，或通过选择如图 7-66“尺寸”工具栏中的各种尺寸标注方法进行标注，如单击“孔尺寸”按钮，系统弹出如图 7-67 所示的“孔尺寸”，通过该对话框可设置尺寸的公差、小数、标注文字及尺寸样式等选项。

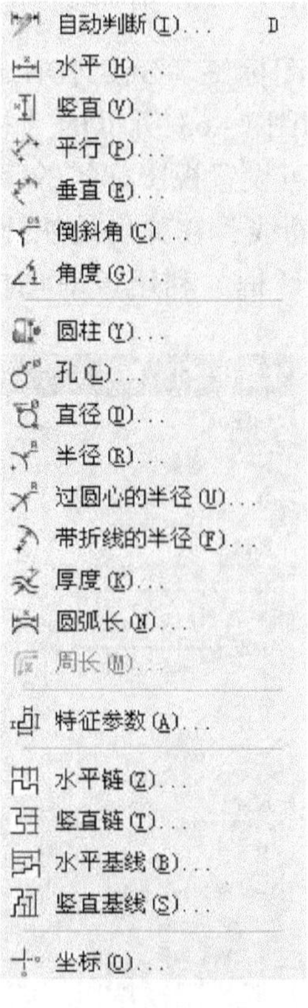

图 7-65 “尺寸”下拉菜单

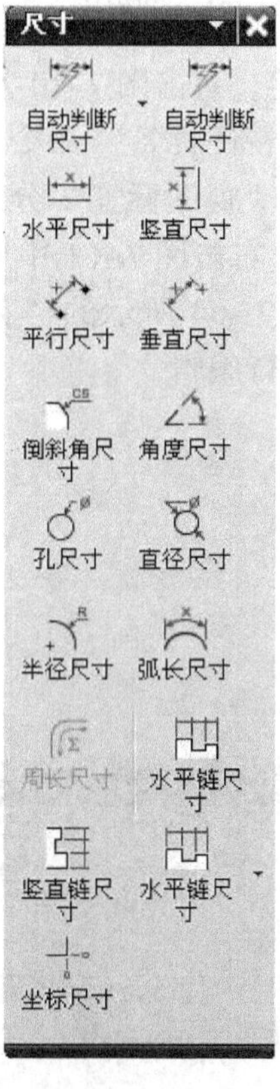

图 7-66 “尺寸”工具栏

图 7-67 “孔尺寸”工具栏

7.4.2 注释

“注释”工具用来创建和编辑工程图的形位公差、技术要求、表面粗糙度等，“注释”工具栏如图 7-68 所示。

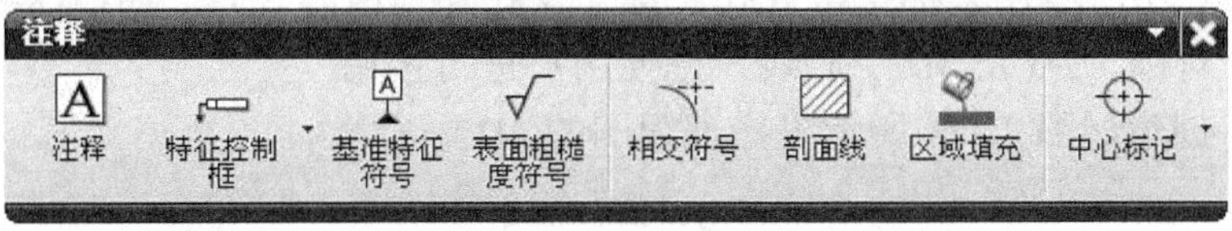

图 7-68 “注释”工具栏

1. 注释编辑器

选择“插入”→“注释”→“注释”命令，或单击“注释”工具栏中的“注释”按钮，系统弹出如图 7-69 所示的“注释”对话框。其中部分按钮及选项说明如下。

1）“原点”分组：“指定位置”是为注释指定参考点位置。参考点位置可通过在视图中任意指定，也可通过单击“原点工具”按钮，在弹出的如图 7-70 所示的“原点工具”对话框中设定注释的原点。

图 7-69 “注释”对话框

图 7-70 “原点工具”对话框

2）“编辑文本”分组：该分组用于编辑注释，其操作类似于 Word 操作。

3）“符号”分组：该分组的“类别”下拉列表主要包括“制图”“形位公差”“分数”“定制符号”“用户定义”等几个选项。

2. 中心线

在工程图中，中心线用来标记常规孔、螺孔及孔阵列中心线等。UG NX 8.0 提供了中心标记、螺栓圆、对称、2D 及 3D 中心线，方便用户进行选用。

【例 7–7】 创建如图 7–71 所示阶梯轴视图的 2D 中心线。

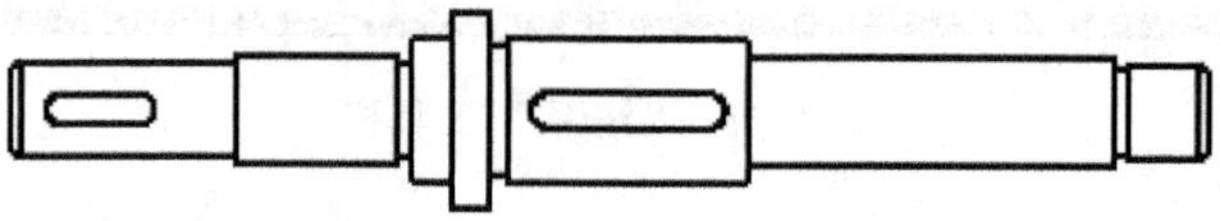

图 7–71　阶梯轴俯视图

1）打开随书光盘 Ch07\Ch07_04\eg1\zhongxinxian. prt 文件。

2）选择“插入”→“中心线”→“2D 中心线”命令，或单击“图纸”工具栏中的“2D 中心线”按钮，系统弹出如图 7–72 所示的“2D 中心线”对话框，在对话框的“尺寸”分组中勾选“单独设置延伸”复选框。

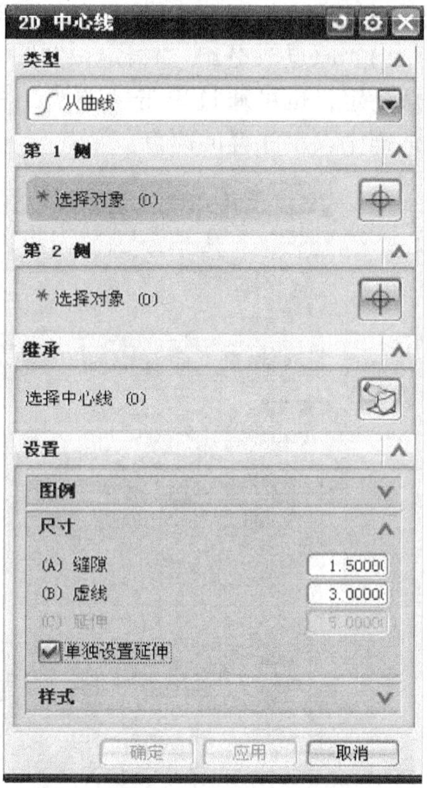

图 7–72　“2D 中心线”对话框

3）依次选择图 7–73 所示的两条边线，此时中心线的两个端点上显示出两个方向箭头，用鼠标往外拖动两个方向箭头，单击对话框的“确定”按钮创建 2D 中心线，如图 7–74 所示。

3. 表面粗糙度符号

【例 7–8】 为图 7–71 所示阶梯轴视图标注表面粗糙度符号。

1）打开随书光盘 Ch07\Ch07_04\eg2\biaomiancucaodu. prt 文件。

2）选择“插入”→“注释”→“表面粗糙度符号”命令，或单击“图纸”工具栏中的“表面粗糙度符号”按钮√，系统弹出如图 7–75 所示的“表面粗糙度”对话框。

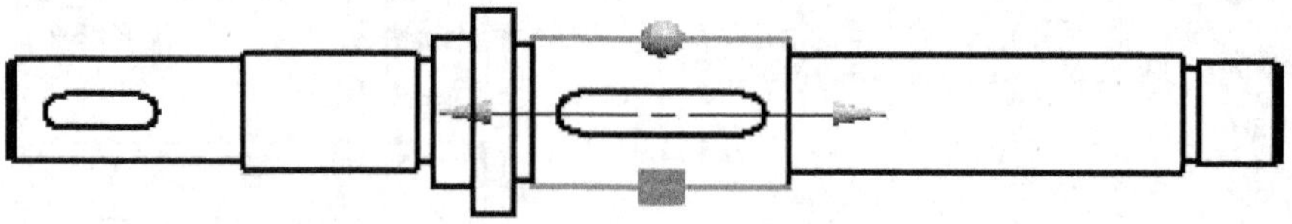

图 7–73　选择两条边线

3）在对话框的“属性”分组的“材料移除”区域单击选择“修饰符，需要移除材料”

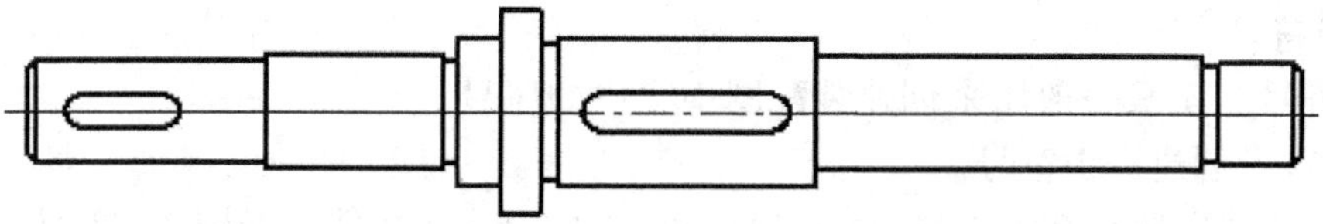

图 7-74　创建 2D 中心线

按钮，在“波纹”文本框中输入 Ra1.6 并按〈Enter〉键；在“设置”分组中单击“样式”按钮，系统弹出如图 7-76 所示的“样式”对话框，将“文字”选项卡中的“宽高比”改为 0.8，将字体改为“Times NewRoman”。

4）用鼠标拖动表面粗糙度符号至合适位置放置，即可在视图上标注粗糙度符号，如图 7-77a 所示。如果需要调整放置角度及文本方向，可在对话框“设置”分组中设置“角度”和勾选“翻转文本”复选框来实现，如图 7-77b 所示。在“表面粗糙度”对话框“指引线”分组的“类型”中选择“标志”，选择需要标注粗糙度符号的线段并拖动鼠标，可在引线上标注粗糙度符号，如图 7-77c 所示。

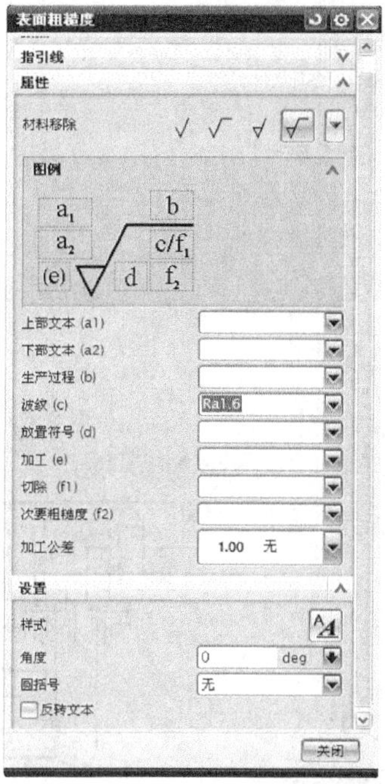

图 7-75　“表面粗糙度”对话框

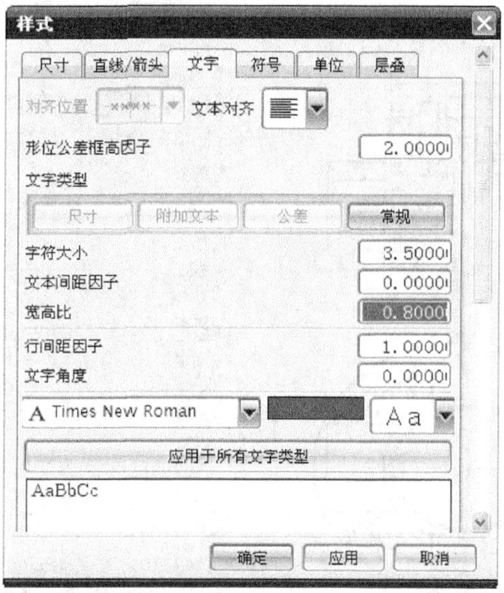

图 7-76　“样式”对话框

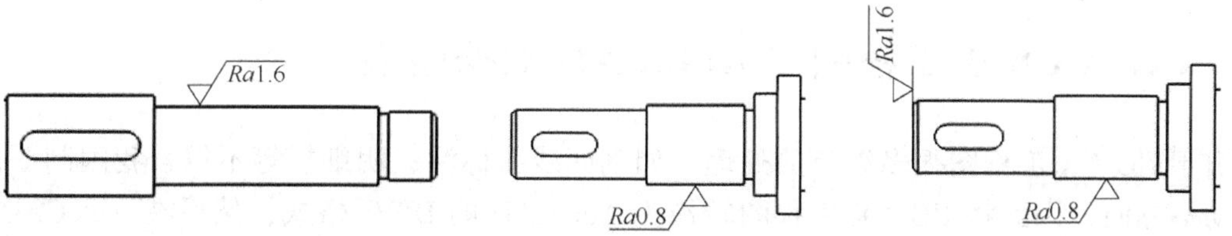

a)　　b)　　c)

图 7-77　标注表面粗糙度符号

4. 标识符号

“标识符号”工具一般用来创建装配图中零件的序号。

【例 7-9】 创建标识符号。

1）打开随书光盘 Ch07\Ch07_04\eg3\biaoshi\dibu1. prt 文件，如图 7-78 所示。

2）选择“插入”→“注释”→“标识符号”命令，或单击“图纸”工具栏中的“标识符号”按钮，系统弹出如图 7-79 所示的“标识符号”对话框。

3）在对话框的“指引线”分组中选择“类型”为“无短划线”选项，在文本框中输入 1；在“设置”分组中设置“大小”为 6。单击“选择终止对象”，在需要放置标识符号的零件上合适位置单击，以放置标识符号。按照同样操作，在文本框中输入 2，可标识第二个零件，如图 7-80 所示。

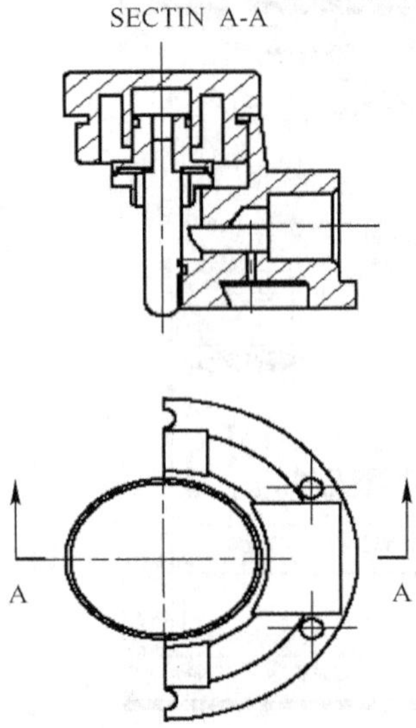

图 7-78　剖视图

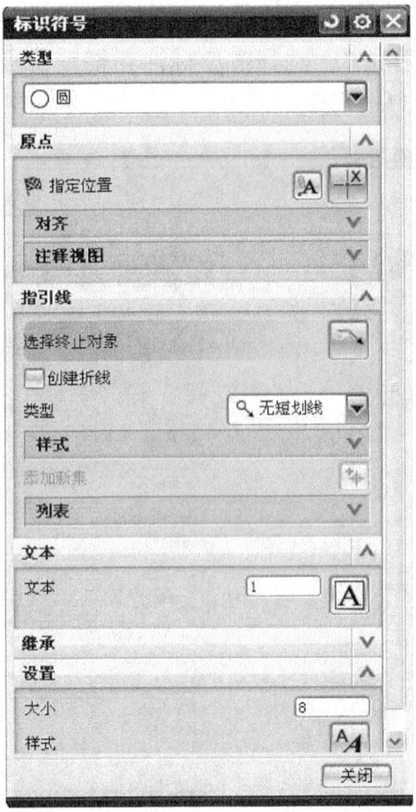

图 7-79　“标识符号”对话框

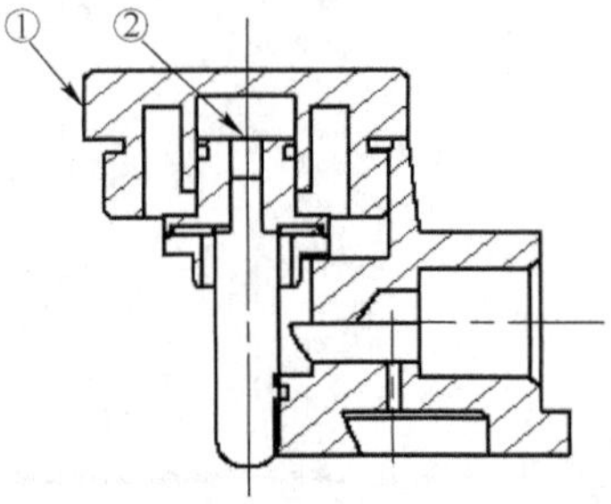

图 7-80　创建标识符号

7.5　UG NX 8.0 工程图与 AutoCAD 数据转换

由于 UG NX 工程图很多细节的处理，如剖面线、标注、明细栏等不符合我国制图标准，且改动不方便，因此将 UG NX 工程图转换为 AutoCAD 的 DWG 格式，然后在 AutoCAD 中打开图纸文件，并进行编辑是一种行之有效的方法。下面以实例介绍 UG NX 工程图转 DWG 格式图纸的一般方法。

【例 7-10】 UG NX 8.0 工程图转 DWG 格式文件。

1）打开随书光盘 Ch07\Ch07_05\jibenshitu.prt 图纸文件，如图 7-81 所示（确保在转换之前，已经创建好部件的 UG 工程图）。

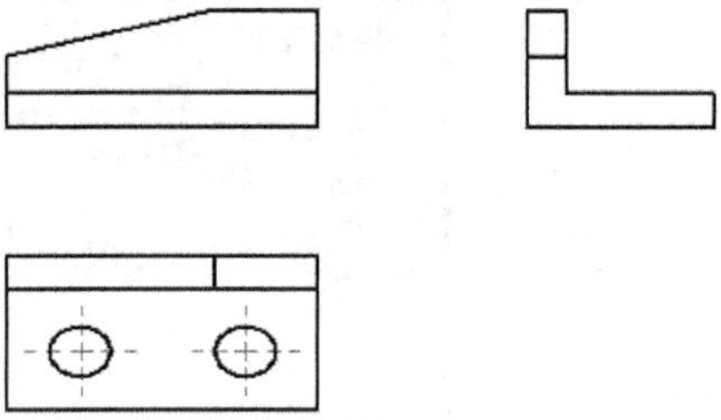

图 7-81 UG 工程图

2）导出 2D 文件。选择“文件”→“导出”→“2D Exchange”命令（图 7-82），系统弹出“2D Exchange 选项”对话框，如图 7-83 所示。在“导出自”分组中选择“现有部件”；在“导出至”分组中，设置“输出至”为“建模”选项；单击“NX 2D PRT 文件”存放路径的“打开”按钮，系统弹出“NX 2D PRT 文件”对话框，使用默认文件名 jibenshitu_2D.prt，存放文件夹为 ch07_05（与 jibenshitu.prt 文件放置于同一文件夹）；单击“OK”按钮，进行导出作业，如图 7-84 所示。

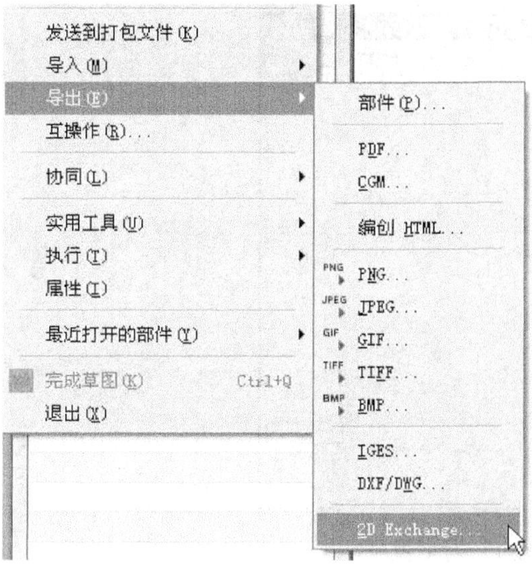

图 7-82 选择“2D Exchange”命令

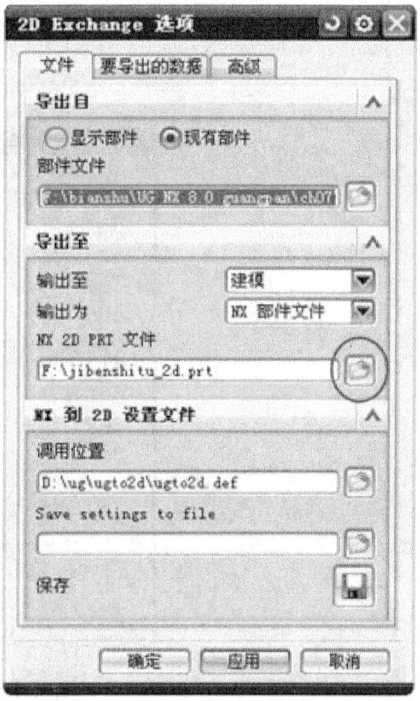

图 7-83 “2D Exchange 选项”对话框

3）打开刚导出的 jibenshitu_2D.prt 文件。选择“文件”→“打开”命令，打开随书光盘 Ch07\Ch07_05\jibenshitu_2D.prt 文件。

4）另存为 DWG 格式文件。选择“文件”→“另存为”命令，系统打开如图 7-85 所示的“另存为”对话框，存放路径仍为 Ch07\Ch07_05，将文件名改为 sanshitu_DWG，保存类型选择“AutoCAD DWG 文件（*.dwg）”，单击“OK”按钮。

5）打开 AutoCAD 软件，打开 ch07_05 文件夹中的 sanshitu_DWG.dwg 文件，如图 7-86 所示。在 AutoCAD 中打开的 sanshitu_DWG.dwg 文件如图 7-87 所示。

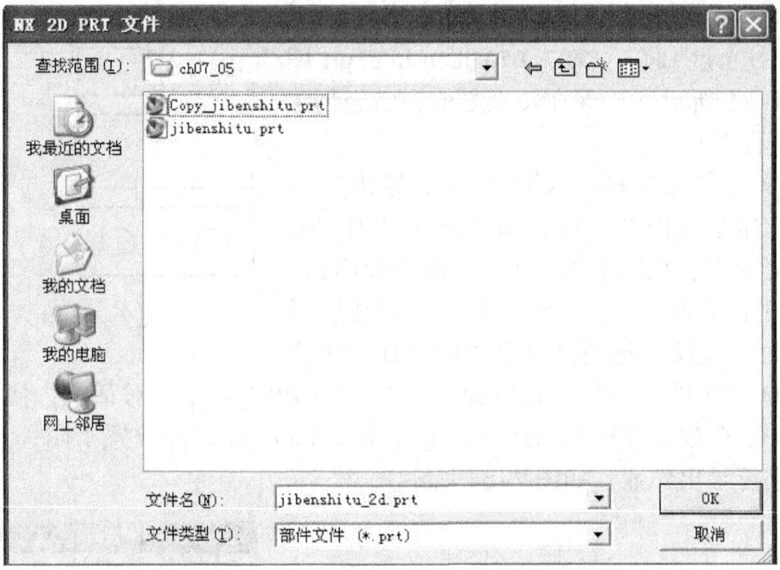

图 7-84　存放路径

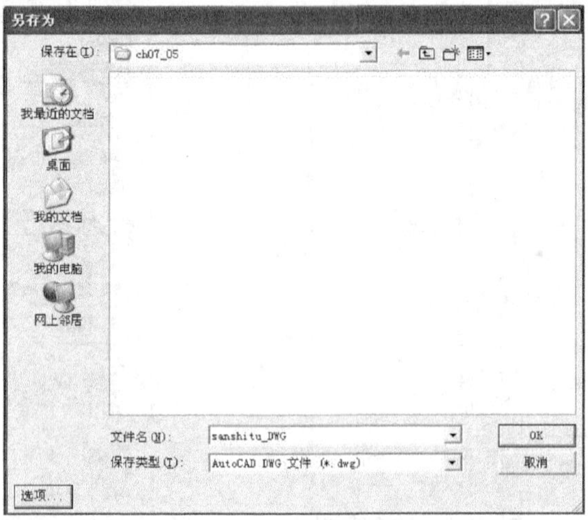

图 7-85　“另存为”对话框

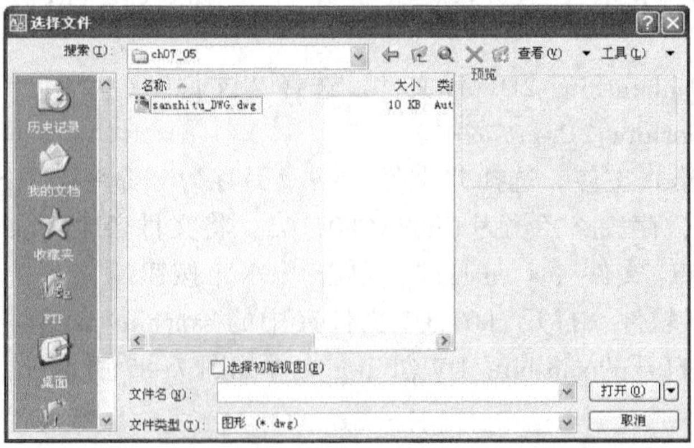

图 7-86　“选择文件”对话框

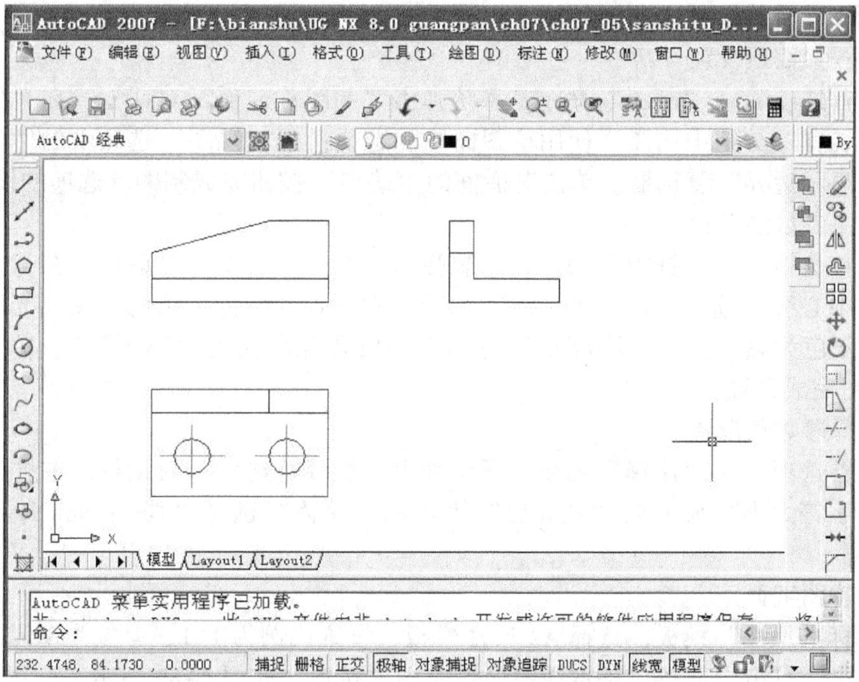

图 7-87　在 AutoCAD 中打开 UG NX 工程图

7.6　综合实例

7.6.1　创建台虎钳工程图

创建如图 7-88 所示的台虎钳工程图。

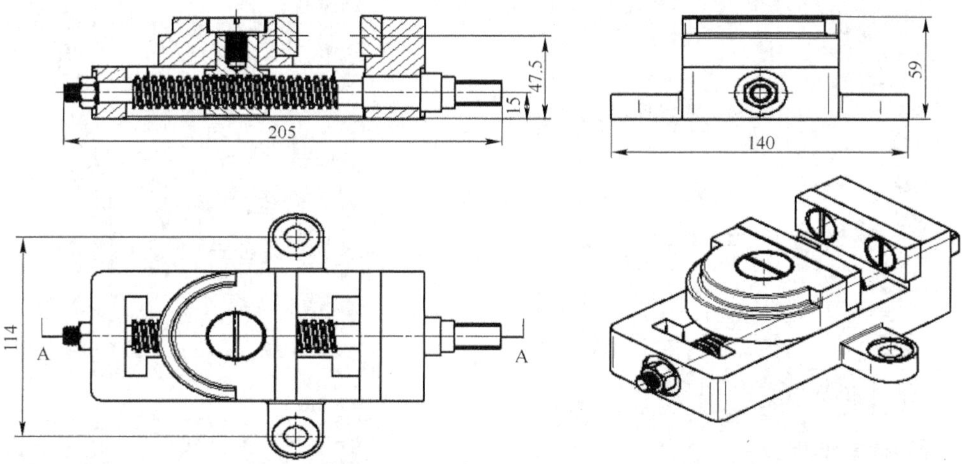

图 7-88　台虎钳工程图

1. 进入 UG 工程图环境

（1）打开文件并进入制图环境

打开随书光盘 ch07\ch07_06\Taihuqian_asm. prt 文件。选择“开始”→“所有应用模

块”→“制图”命令，进入制图环境。

（2）制图参数预设置

选择“首选项”→“制图”命令，系统弹出“制图首选项”对话框。在“常规”选项卡的“栅格设置”分组中选择“使用草图栅格”选项；在“视图”选项卡的“边界”分组取消勾选“显示边界”复选框。单击对话框的“确定”按钮完成制图首选项的设置。

（3）视图参数预设置

选择“首选项”→“视图”命令，系统弹出“视图首选项”对话框。在“常规”选项卡中勾选“中心线”选项；在“可见线”选项卡中设置其颜色为黑色；在“光顺边”选项卡中设置其颜色为黑色；在“隐藏线”选项卡中设置隐藏线为“不可见”。单击对话框的“确定”按钮完成设置。

（4）注释参数预设置

选择“首选项”→“注释”命令，系统弹出“注释首选项”对话框。在“文字”选项卡中设置“字符大小”为3.5，“宽高比”为0.8，“字体”选择“Times New Roman”；其余采用默认设置。

（5）新建图纸页

选用“标准尺寸”模板，选择A2尺寸模板，设置比例为1:1，单位为毫米，在“自动启动视图创建”分组中选择“基本视图命令”单选按钮，如图7-89所示。

2. 创建基本视图

1）单击“图纸页”对话框的“确定”按钮，系统弹出如图7-90所示的“基本视图”对话框，在“模型视图”分组中选择“要使用的模型视图”为“俯视图”；单击“定向视图工具”按钮，弹出如图7-91所示的“定向视图工具”对话框，调整视图放置的“法向”及“X向”矢量，然后在绘图区域的合适位置单击，创建台虎钳的俯视图，如图7-92所示。

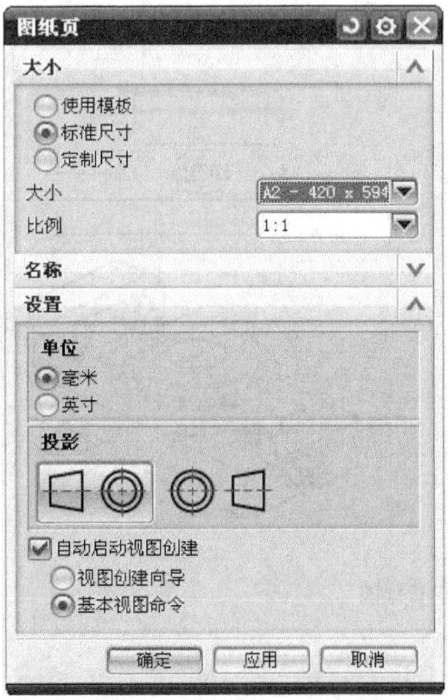

图7-89 “图纸页”对话框

图7-90 “基本视图”对话框

图 7-91 “定向视图工具”对话框

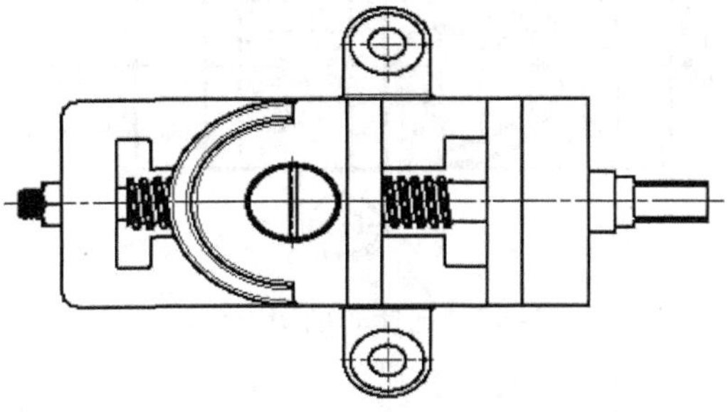

图 7-92 俯视图

2）按照同样操作，创建前视图和左视图，如图 7-93 所示。

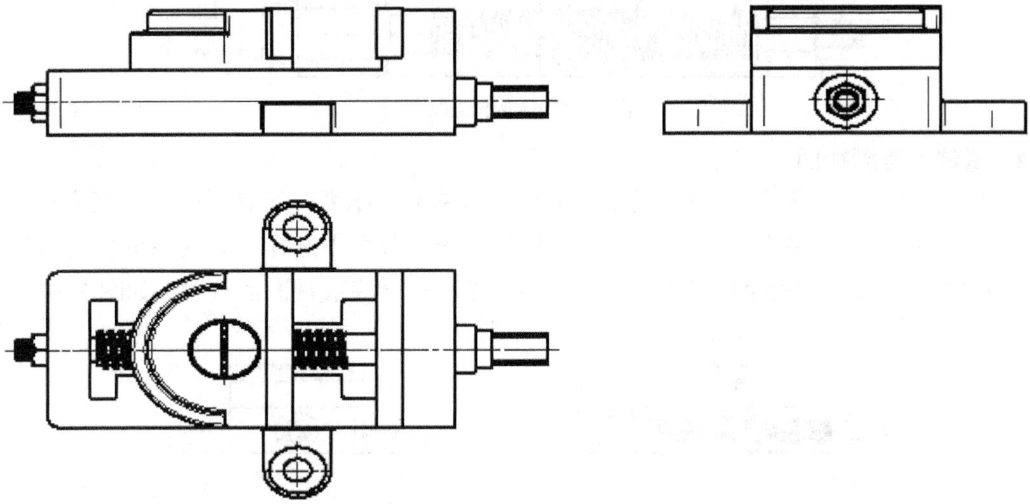

图 7-93 创建台虎钳三视图

3. 创建剖视图

1）将图 7-93 中的前视图删除，在前视图的位置创建全剖视图。

2）单击“图纸”工具栏中的“剖视图”按钮，系统提示选择父视图，选择图 7-92 所示的俯视图作为父视图，系统弹出如图 7-94 所示的“剖视图”工具栏，单击“非剖切组件/实体”按钮，选择图 7-95 所示的螺母、沉头螺钉和螺杆作为非剖切组件。

图 7-94 “剖视图”工具栏

3）选择剖切位置。选择如图 7-96 中箭头所示的圆，系统自动选中圆心作为剖切位置。

4）在图形区俯视图的上方合适位置单击，以放置剖视图，如图 7-97 所示。

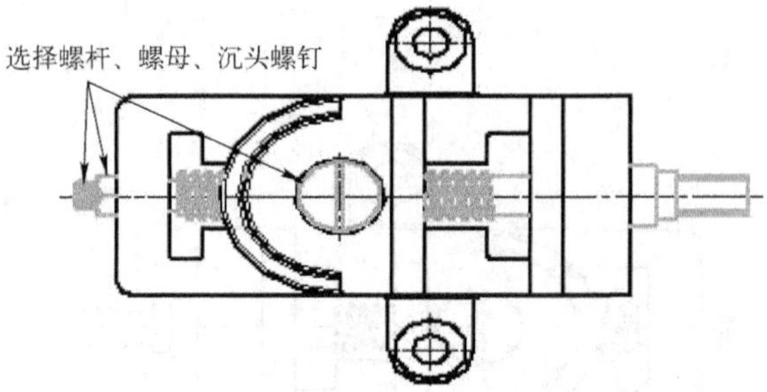

图 7-95　选择非剖切组件

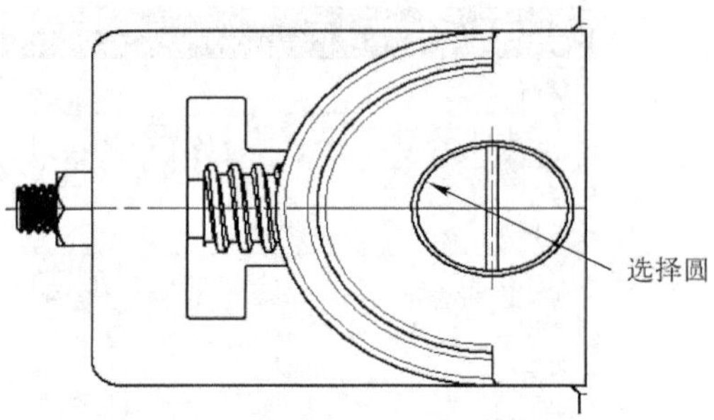

图 7-96　选择圆

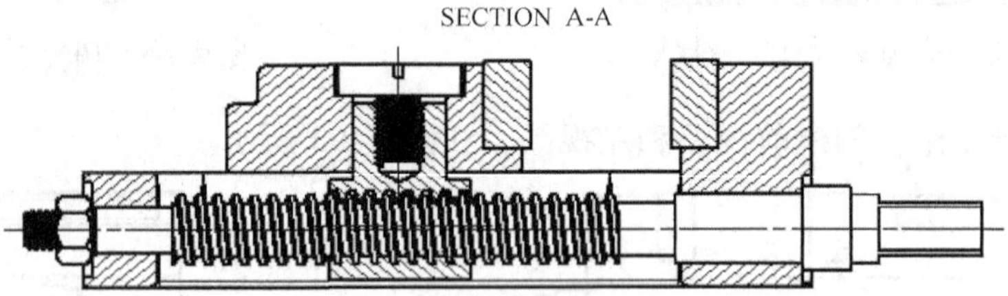

图 7-97　创建剖视图

4. 创建正等测视图

选择“插入”→“视图”→“基本”命令，或单击“图纸”工具栏中的“基本视图”按钮，系统弹出“基本视图”对话框。在“模型视图”分组中选择“要使用的模型视图”为“正等测视图”选项。在合适的位置单击，并单击鼠标中键完成视图的放置，如图 7-98 所示。

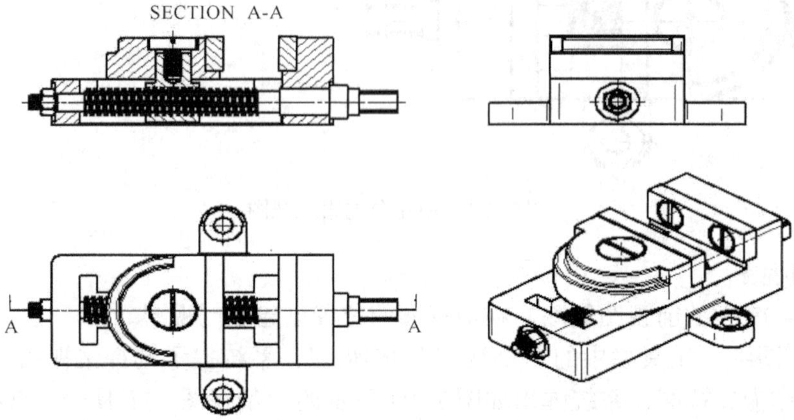

图 7-98　创建正等测视图

5. 视图的编辑

1）通过拖动视图，以调整在图纸空间的位置及对齐视图。

2）右击剖面线，在弹出的快捷菜单中选择“编辑”命令，可编辑剖面线的疏密程度及方向。

6. 视图的标注

（1）添加中心线

1）单击“图纸”工具栏中的“2D 中心线”按钮，系统弹出“2D 中心线”对话框，在对话框的“尺寸”分组中勾选“单独设置延伸”复选框。

2）依次选择图 7-99 所示的两条边线，单击对话框的“确定”按钮创建螺钉的 2D 中心线。同样操作，创建另外一侧的 2D 中心线，如图 7-100 所示。

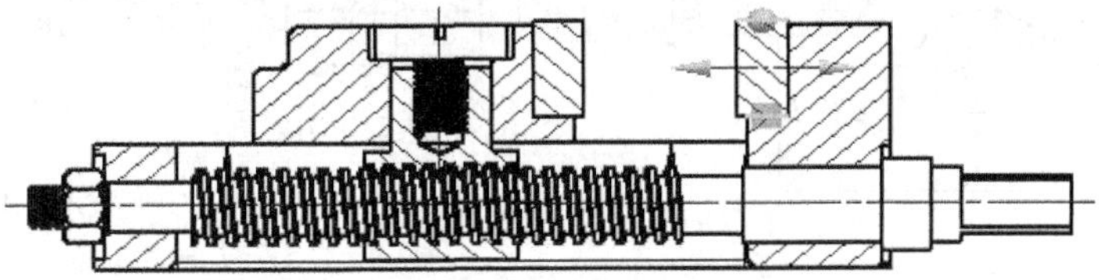

图 7-99　选择边线

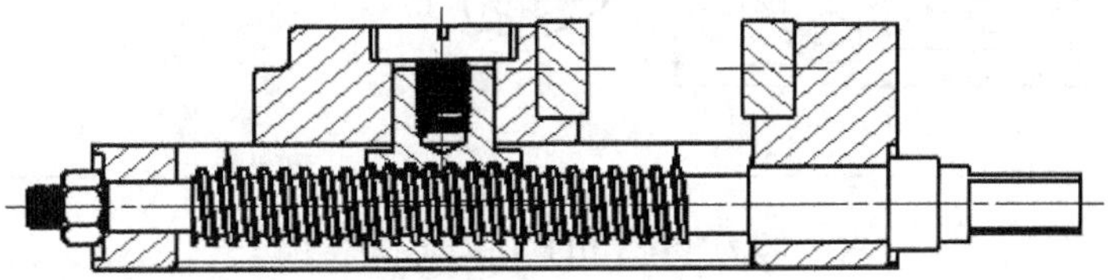

图 7-100　创建 2D 中心线

（2）添加尺寸

选择“插入”→“尺寸”命令，系统弹出“尺寸”下拉菜单。通过“自动判断”命令标注台虎钳装配图的长、宽、高尺寸及各类孔的定位尺寸，如图 7-101 所示。

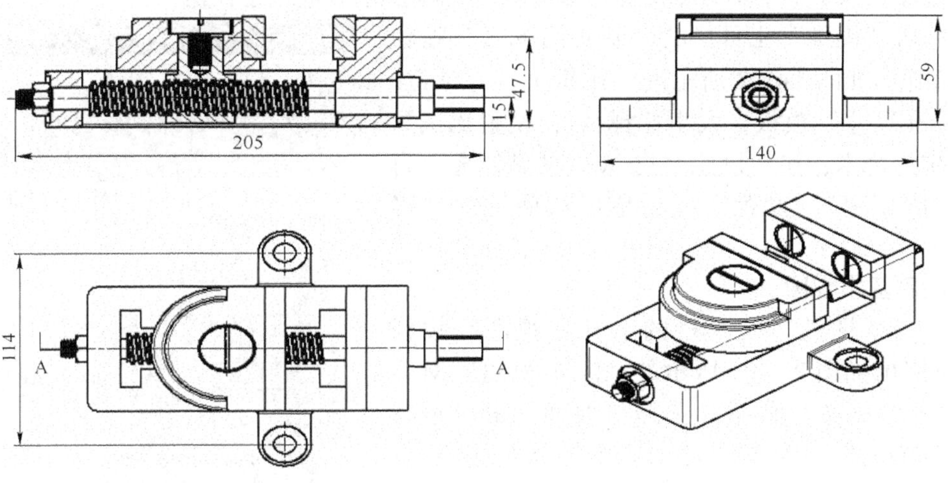

图 7-101　标注尺寸

7. 保存工程图

选择“文件”→“保存”命令，保存创建的工程图。

7.6.2　创建组合体工程图

创建如图 7-102 所示组合体的工程图。

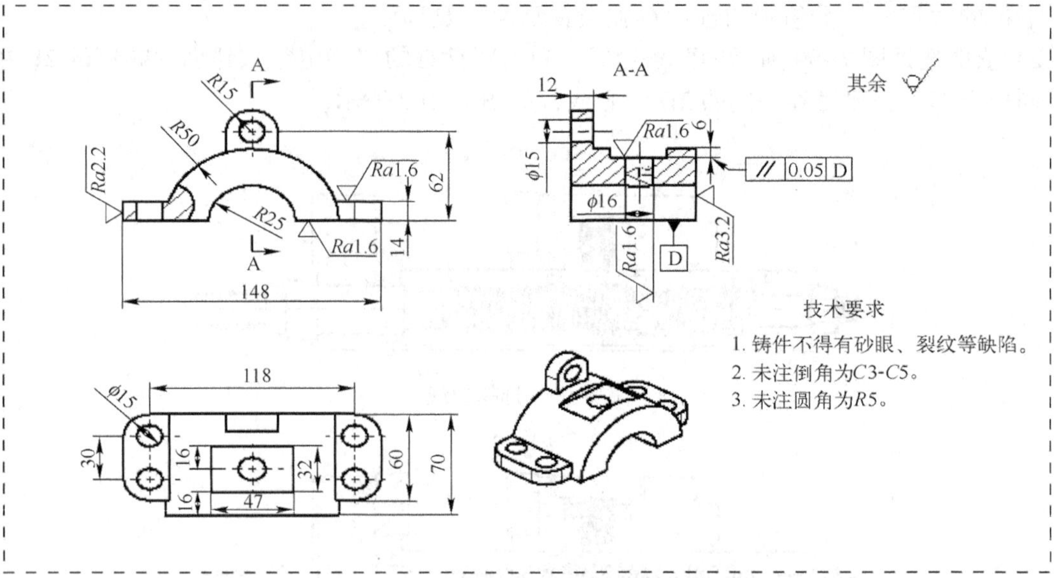

图 7-102　组合体的工程图

设计步骤

1. 进入工程图环境

1）打开文件并进入制图环境。

打开随书光盘 ch07\ch07_06\eg2\zuheti. prt 文件。选择“开始”→“所有应用模块”→“制图”命令，进入制图环境。

2）参照 7. 6. 1 节中步骤 1 的相关设置对本例制图参数进行预设值。

3）单击“图纸”工具栏的“新建图纸页”按钮，系统弹出如图 7-103 所示的“图纸页”对话框。选用“标准尺寸”模板，大小选择 A4；设置比例为 1:2，单位为毫米；在“设置”分组中取消勾选“自动启动视图创建”。设置完成后单击对话框的“确定”按钮。

2. 创建基本视图

1）单击“图纸”工具栏的“基本视图”按钮，系统弹出如图 7-104 所示的“基本视图”对话框。在“模型视图”分组中选择“要使用的模型视图”为“前视图”。单击“定向视图工具”按钮，弹出如图 7-105 所示的“定向视图工具”对话框，调整视图放置的“法向”为“XC”，“X 向”矢量为“YC”。

2）在绘图区域的合适位置单击，创建台虎钳的前视图（主视图）；然后鼠标往下拖动，并应用如图 7-106 所示的视图对齐约束，在前视图下方单击创建俯视图，如图 7-107 所示。

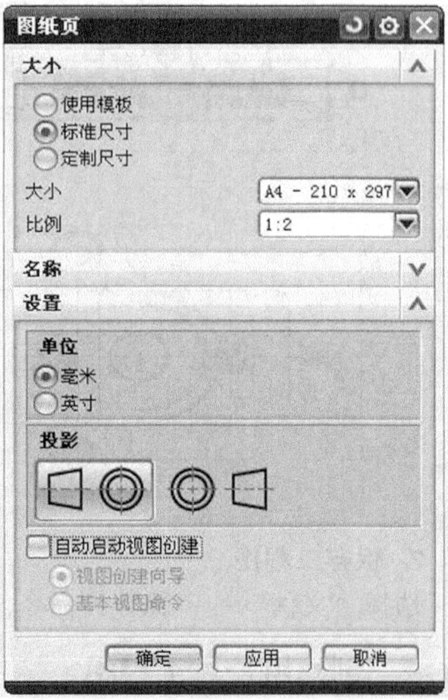

图 7-103　“图纸页”对话框

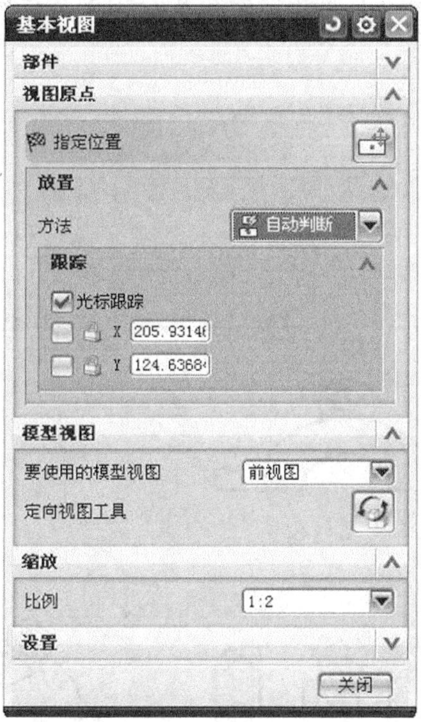

图 7-104 “基本视图”对话框（一）

图 7-105 “定向视图工具”对话框

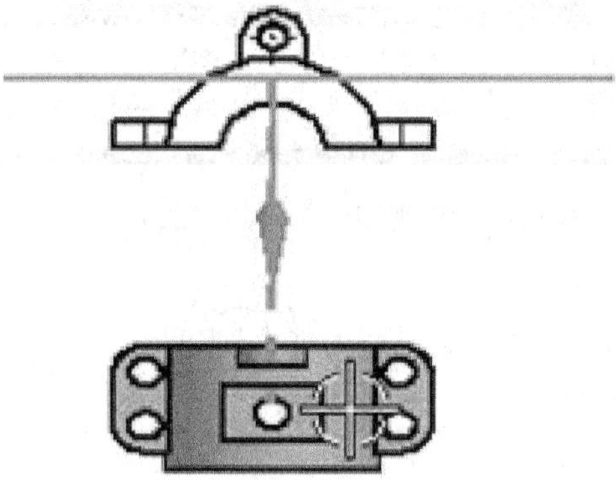

图 7-106 鼠标拖动俯视图

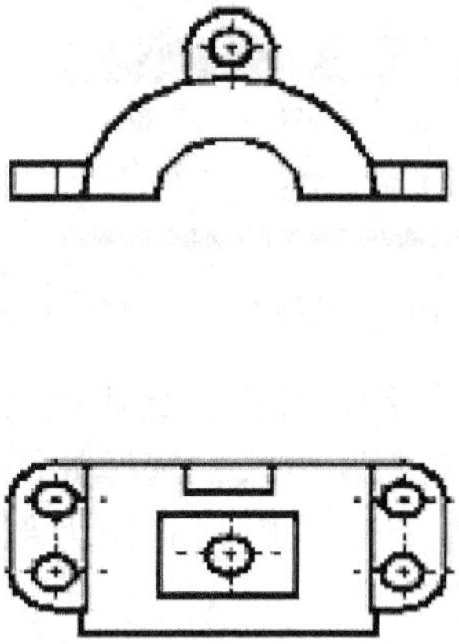

图 7-107 创建前视图和俯视图

3）单击“图纸”工具栏中的“基本视图”按钮，系统弹出如图 7-108 所示的“基本视图”对话框。在对话框的“模型视图”分组中选择“要使用的模型视图”为“正等测视图”选项。在俯视图右侧合适位置单击放置轴测图，并单击鼠标中键完成操作。创建完成的基本视图如图 7-109 所示。

3. 创建剖视图

（1）创建全剖左视图

1）单击“图纸”工具栏中的“剖视图”按钮，系统弹出如图 7-110 所示的“剖视图”工具栏。系统提示选择父视图，选择图 7-109 中的前视图作为父视图，系统弹出如图 7-111所示的“剖视图”工具栏。

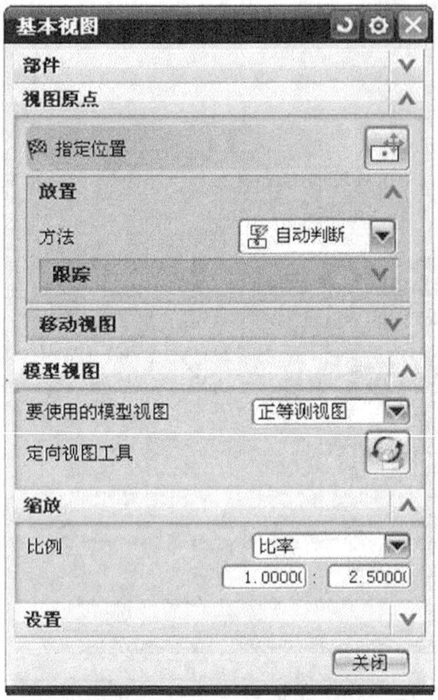

图 7-108 “基本视图”对话框（二）

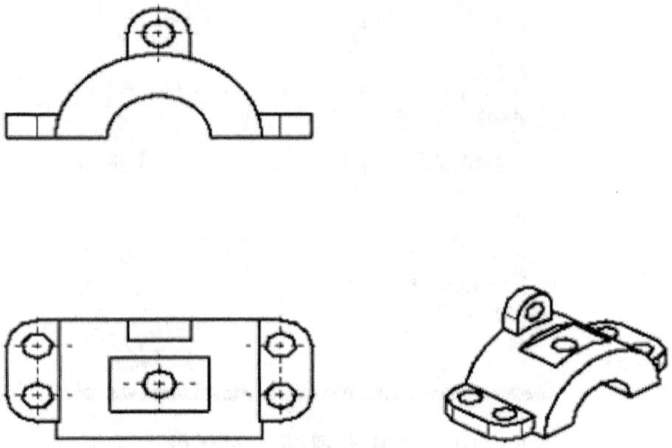

图 7-109 创建完成的基本视图

图 7-110 “剖视图”工具栏（一）

图 7-111 “剖视图”工具栏（二）

2）选择剖切位置。剖切线（铰链线）采用系统默认的自动判断方式，选择如图 7-112 中箭头所示的圆，系统自动选中圆心作为剖切位置，并出现剖视图的预览。

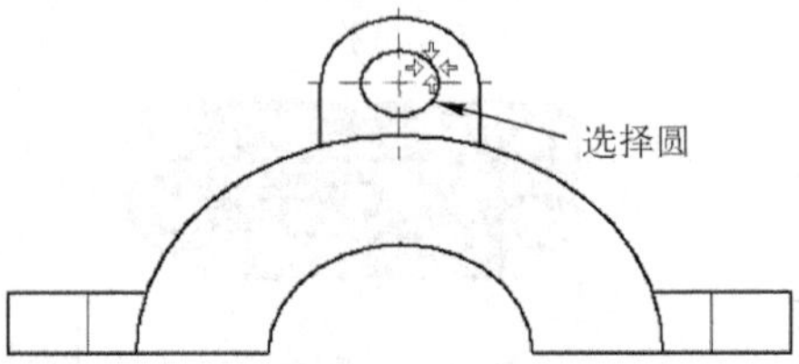

图 7-112 选择圆心

3）拖动剖视图在图形区前视图的右方合适位置单击，以放置剖视图，如图 7-113 所示。放置完成后单击鼠标中键完成剖视图的创建，如图 7-114 所示。

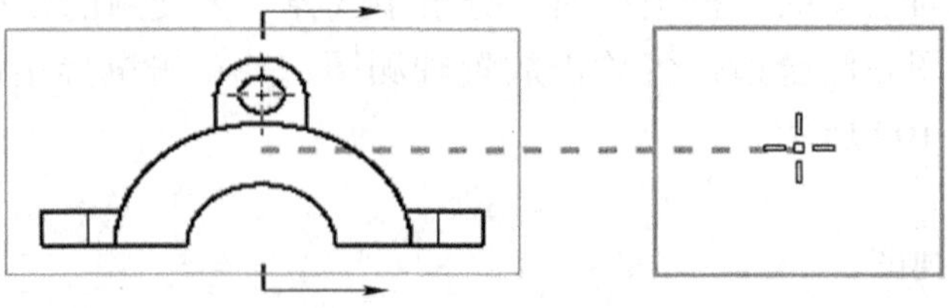

图 7-113 拖动剖视图

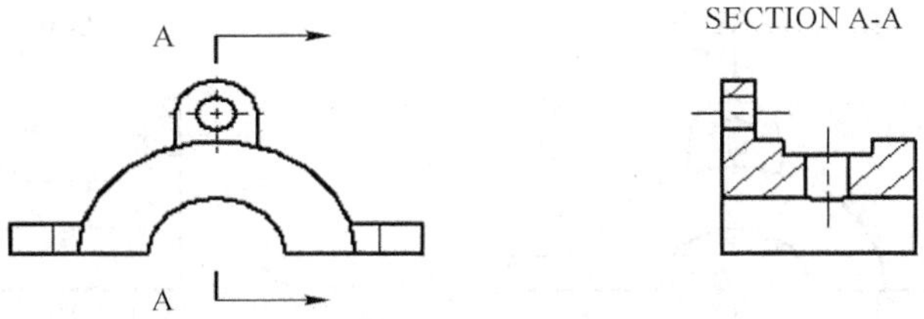

图 7-114　创建全剖左视图

（2）截面线标签、视图标签和剖面线距离的修改

1）右击前视图中的截面线箭头，在弹出的快捷菜单中选择“样式”命令，系统弹出如图 7-115 所示的“截面线型”对话框。参照图中“尺寸”分组中的相关参数进行设置，并用鼠标拖动 A－A 的位置。

2）右击全剖视图上方的视图标签“SECTION A－A”，在弹出的快捷菜单中选择“编辑视图标签”命令，系统弹出如图 7-116 所示的“视图标签样式”对话框。在对话框的“视图标签”分组中，将“前缀”文本框中的“SECTION”删除，其他默认，单击“确定”按钮进行修改。

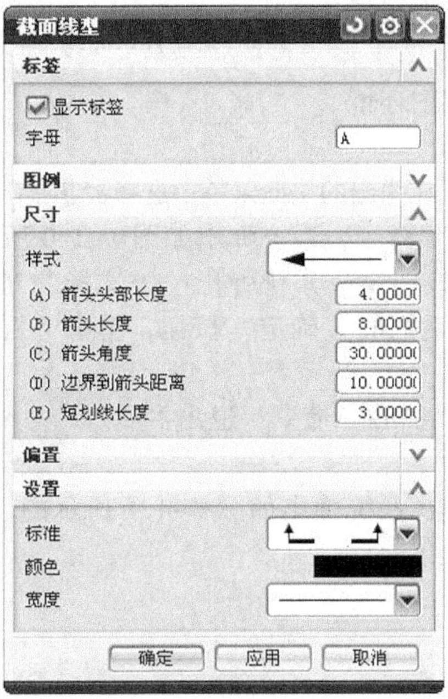

图 7-115　“截面线型”对话框

图 7-116　“视图标签样式”对话框

3）修改剖面线间距。右击剖面线，在弹出的快捷菜单中选择“样式”命令，系统弹出“注释样式”对话框。将剖面线距离由 5 修改为 3。

截面线标签、视图标签和剖面线距离修改完成后如图 7-117 所示。

（3）创建局部剖视图

1）选择“开始”→“建模”命令，从当前制图环境切换到建模环境。

2）单击“静态线框”按钮，将视图调整到线框模式；单击“视图”工具栏中的“右视图”按钮，将视图定向到右视图显示方位，如图 7-118 所示。

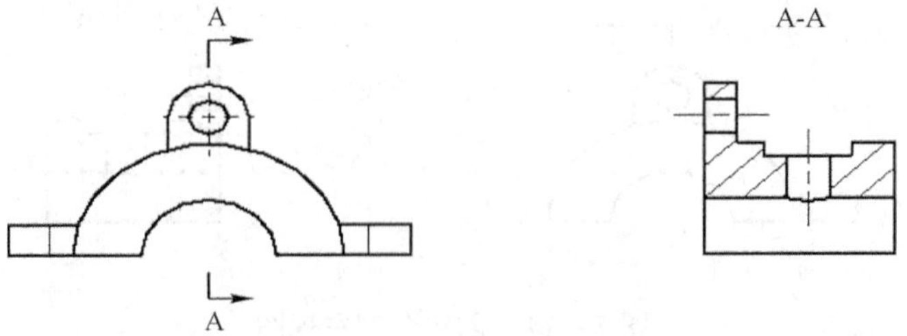

图 7-117　截面线标签、视图标签和剖面线距离修改

3）选择“插入”→“曲线”→“艺术样条”命令，弹出“艺术样条”对话框。“类型”选择“通过点”，勾选“参数化”分组中的“封闭的”选项，将“设置”分组中的“关联”选项取消勾选。“点方法”选择“光标位置”选项，绘制如图 7-119 所示的样条曲线。

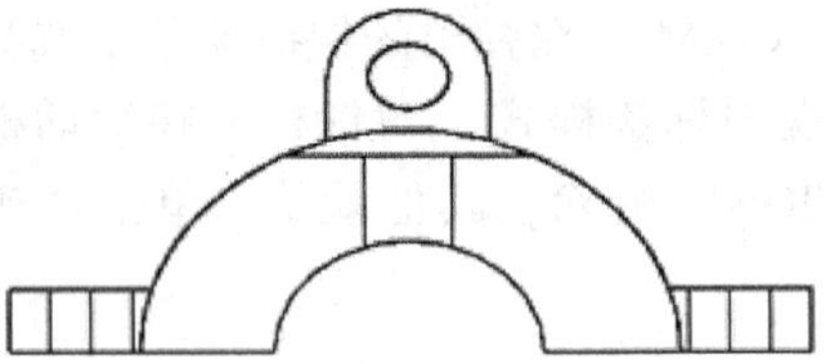

图 7-118　右视图

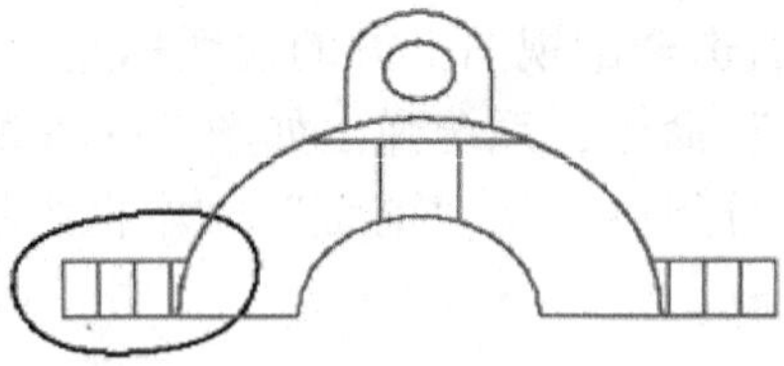

图 7-119　绘制样条曲线

4）选择“开始”→“制图”命令，切换到制图环境。

5）编辑视图的关联性。

在绘图区将鼠标靠近前视图且出现图框时右击，在弹出的快捷菜单中选择“扩展”命令。

选择“编辑”→“视图”→“视图相关编辑”命令，系统弹出如图 7-120 所示的“视图相关编辑”对话框。单击“模型转换到视图”按钮，系统弹出“类选择”对话框，选择图 7-119 所示的样条曲线，单击“类选择”对话框的“确定”按钮，单击“视图相关编辑”对话框的“确定”按钮。

在图形区右击，在弹出的快捷菜单取消勾选“扩展”命令，退出扩展。

6）创建局部剖视图。

单击“图纸”工具栏中的“局部剖”按钮，系统弹出如图 7-121 所示的“局部剖”对话框。

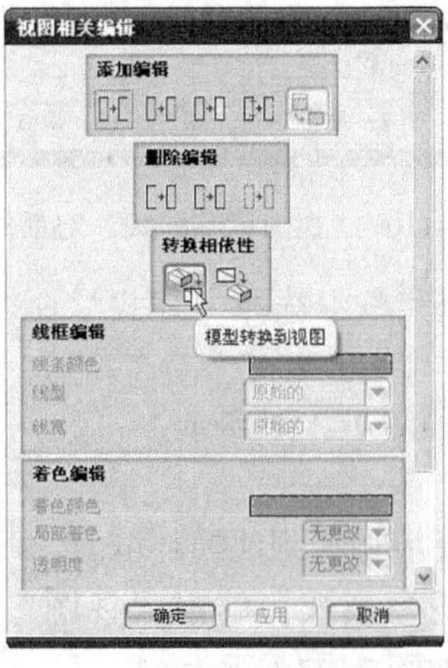

图 7-120　“视图相关编辑”对话框

图 7-121　“局部剖”对话框（一）

根据系统提示“选择一个生成局部剖的视图”，在图形区选择前视图，此时“局部剖”对话框变为如图 7–122 所示。

根据系统提示“选择对象以自动判断点”，捕捉图 7–123 中箭头所示的圆，系统自动选择该圆圆心，接受系统默认的矢量方向，如图 7–124 所示。

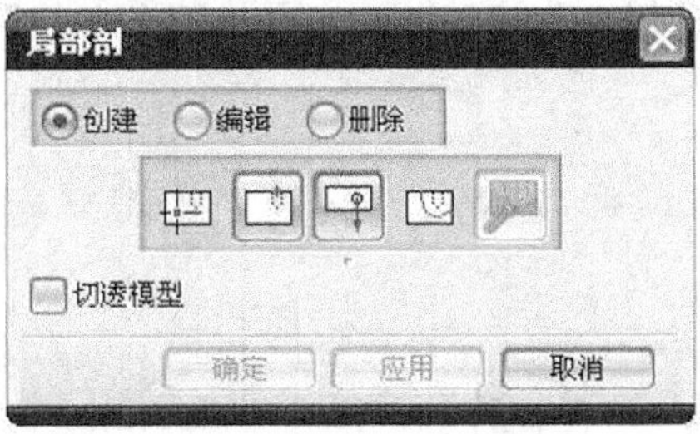

图 7–122 “局部剖”对话框（二）

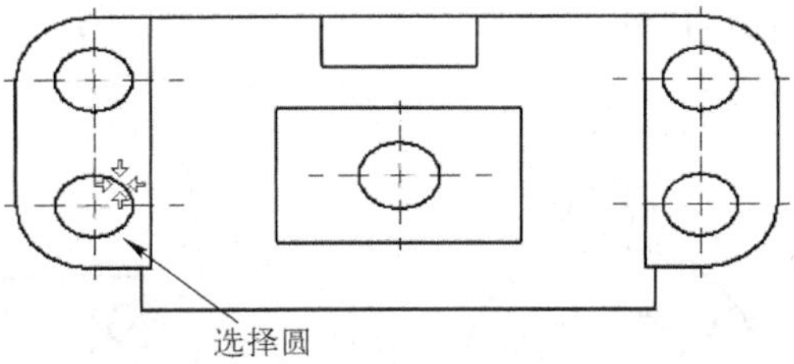

图 7–123 选取基点

单击“局部剖”对话框中的“选择曲线”按钮，选择样条曲线作为剖切线，单击“应用”按钮完成局部剖视图的创建，如图 7–125 所示。

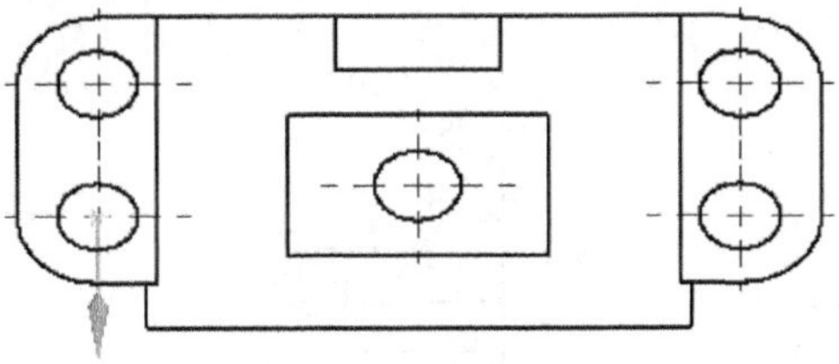

图 7–124 矢量方向

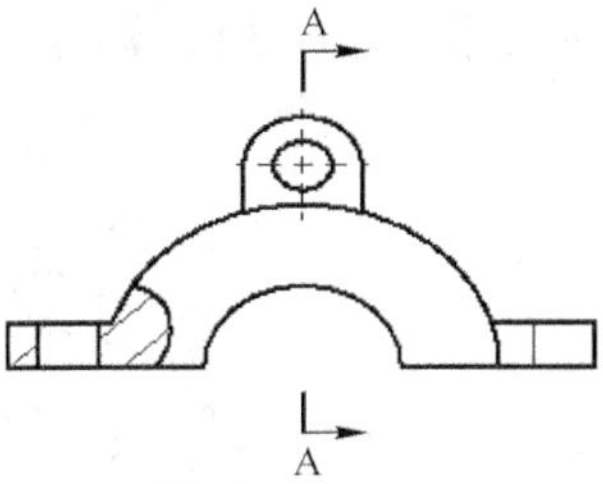

图 7–125 创建局部剖视图

4. 标注尺寸

1）选择“首选项”→“注释”命令，系统弹出如图 7–126 所示的“注释首选项”。在“尺寸”选项卡的“精度和公差”分组，将尺寸数值小数点后位数设为 0。

2）标注水平和竖直尺寸。在工具栏任意位置右击，在弹出的快捷菜单中勾选“尺寸”，系统显示“尺寸”工具栏。单击“尺寸”工具栏的“自动判断尺寸”按钮，标注如图 7–127 所示的尺寸。尺寸标注方法基本同 AutoCAD 软件中尺寸的标注。

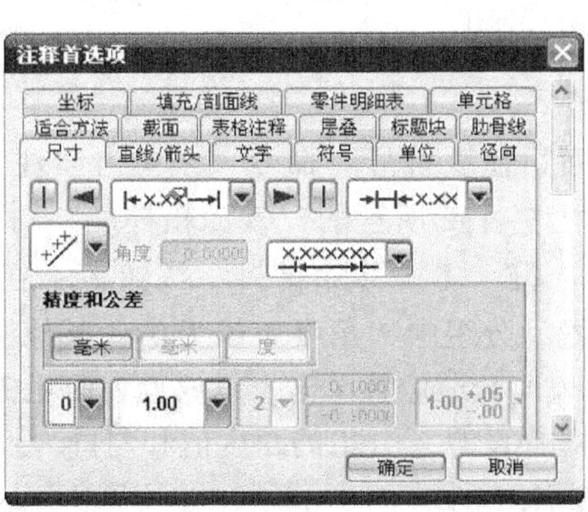

图 7–126 “注释首选项”对话框

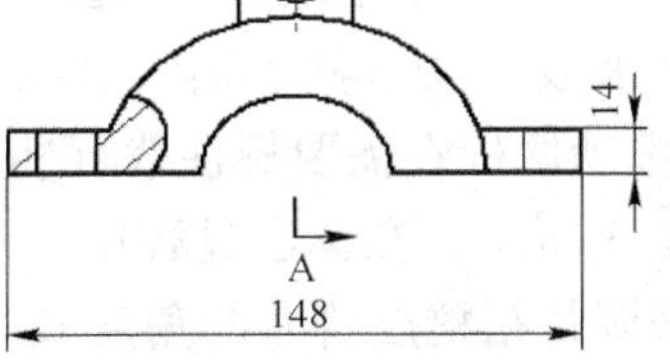

图 7–127 标注水平和竖直尺寸

3）标注半径尺寸。单击“尺寸”工具栏的“半径尺寸”按钮，标注如图 7-128 所示的半径尺寸。

4）标注直径尺寸。单击“尺寸”工具栏的“直径尺寸”按钮，标注如图 7-129 所示的直径尺寸。

5）标注圆柱尺寸。单击“尺寸”工具栏的“圆柱尺寸”按钮，标注如图 7-130 所示的圆柱尺寸。

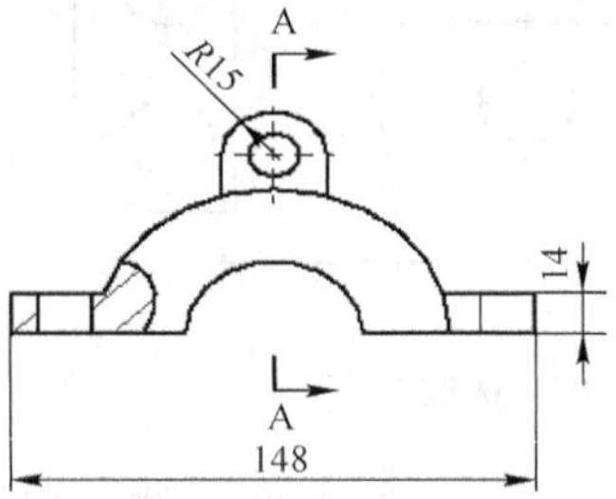

图 7-128　标注半径尺寸

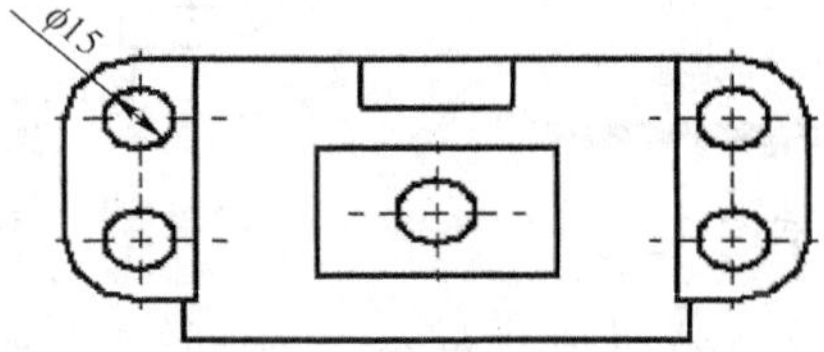

图 7-129　标注直径尺寸

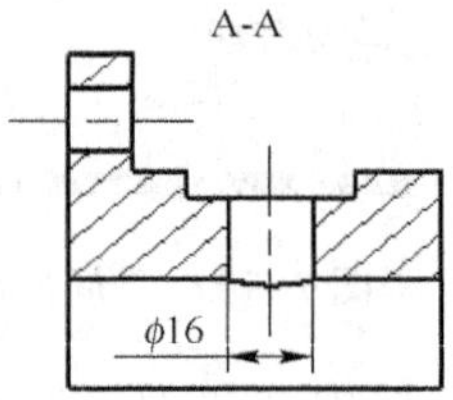

图 7-130　标注圆柱尺寸

6）参照步骤 2）~3)，标注工程图的其他尺寸。尺寸标注完成后如图 7-131 所示。

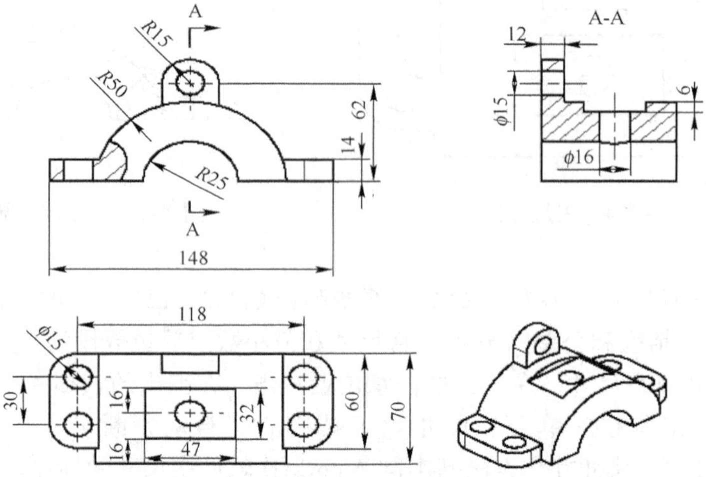

图 7-131　尺寸标注

5. 标注表面粗糙度符号

1）选择菜单“插入”→“注释”→“表面粗糙度符号”命令，或单击“注释”工具栏的“表面粗糙度符号”按钮，系统弹出如图 7-132 所示的“表面粗糙度”对话框。在“属性”分组的“材料移除”选项中选择“修饰符，需要移除材料”按钮；在“图例”区域的“波纹”文本框中输入 Ra1.6；在“设置”分组中“角度”设为 0°；其他保持默认。

2）拖动鼠标在需要标注表面粗糙度的加工表面合适位置单击，以放置表面粗糙度符号，如图 7-133 所示。在标注过程中，可通过对话框“设置”分组的角度值和勾选“反转文本”复选框来调整粗糙度符号的角度及文本，如图 7-134 所示。

3）标注其他表面的粗糙度符号，如图 7-135 所示。

4）在对话框“属性”分组的“材料移除”选项中选择“禁止移除材料”按钮，创建非加工表面的粗糙度符号，将其放置于图纸右上角，如图 7-136 所示。

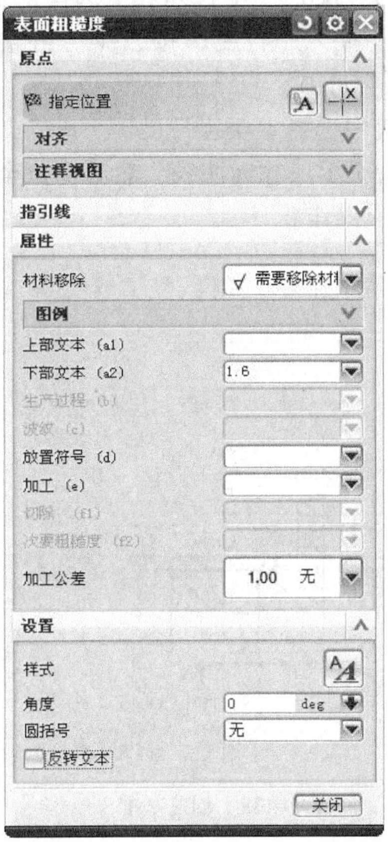

图 7-132 “表面粗糙度”对话框

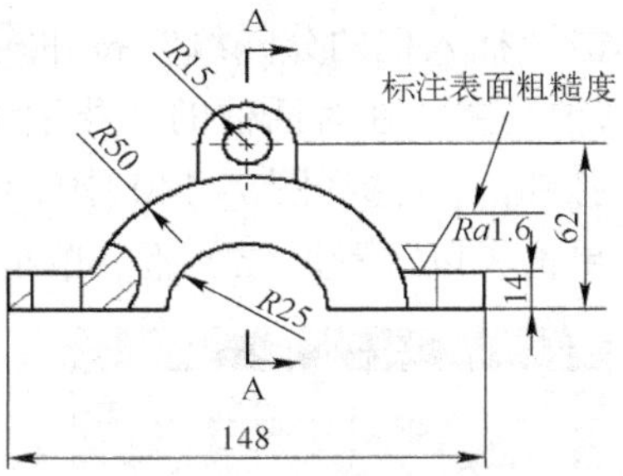

图 7-133 标注表面粗糙度（一）

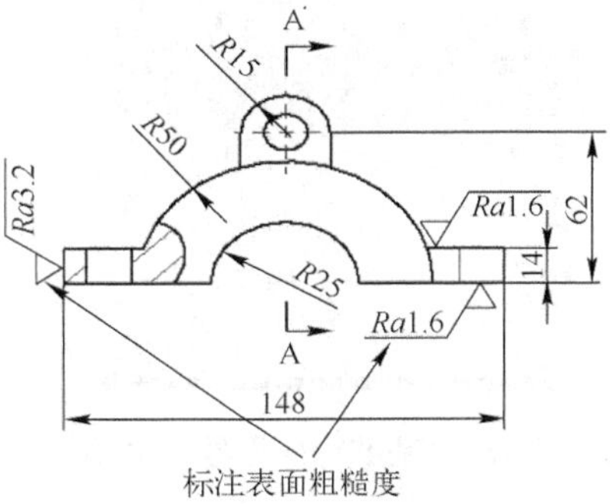

图 7-134 标注表面粗糙度（二）

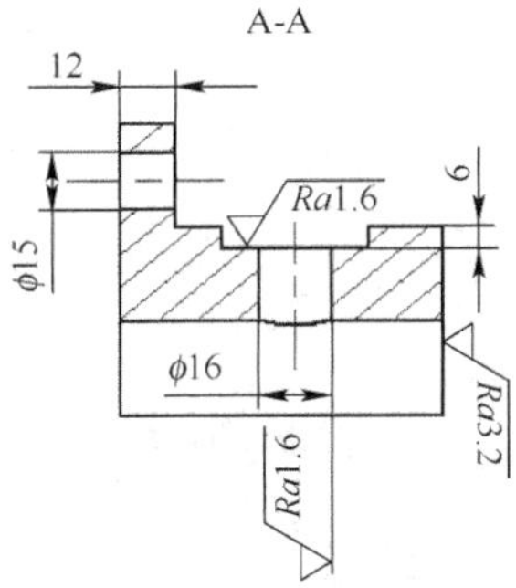

图 7-135 标注表面粗糙度（三）

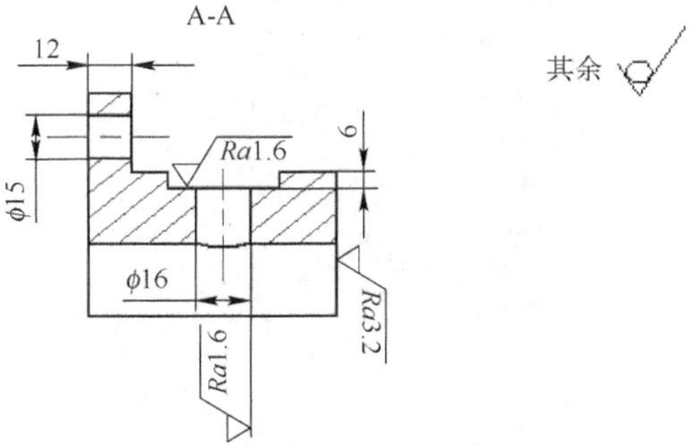

图 7-136 创建非加工表面粗糙度符号

6. 标注形位公差

1）创建基准。单击“注释”工具栏的“基准特征符号”按钮，系统弹出如图 7-137 所示的“基准特征符号”对话框。在对话框的“基准标识符”分组的“字母”文本框中输入字母 D；在“指引线”分组的“类型”下拉列表中选择“基准”类型；单击“选择终止对象”按钮，选择图 7-138 中箭头所示边线，然后在合适位置单击，以放置基准符号。

2）编辑形位公差。单击“注释”工具栏的“创建注释”按钮，系统弹出如图 7-139 所示的“注释”对话框。在对话框“符号”区域的“类别”下拉列表中选择“形位公差”选项，依次单击“插入单特征控制框”按钮和“插入平行度”按钮，并输入公差值 0.05；然后单击“插入框的分隔线”按钮，输入字母 D。

3）放置形位公差。在对话框的“指引线”分组中选择“类型”为“普通”，单击“选择终止对象”按钮，选择图 7-140 中序号①箭头所示尺寸标注线，然后拖拉至序号②箭头所示位置处单击，以放置形位公差。单击中键完成操作。

图 7-137 “基准特征符号”对话框

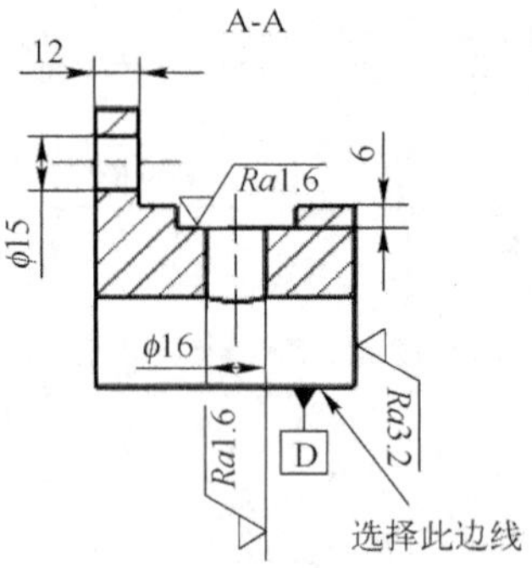

图 7-138 创建基准

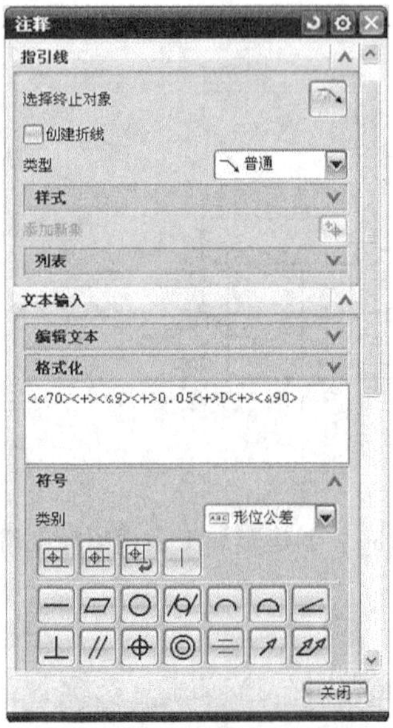

图 7-139 “注释”对话框

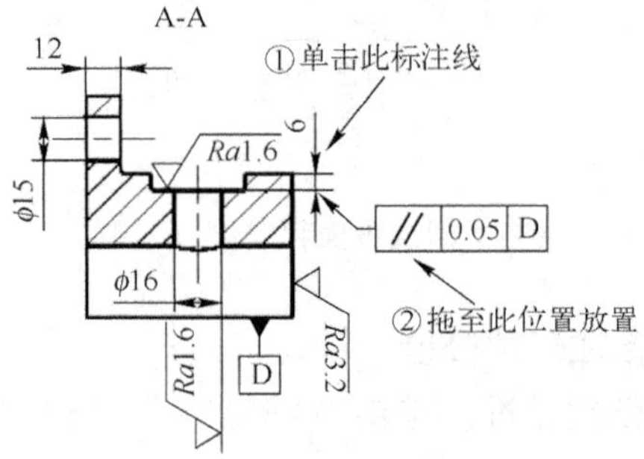

图 7-140 创建形位公差

7. 创建技术要求

1）单击“注释”工具栏的“创建注释”按钮，系统弹出如图 7-141 所示的“注释”对话框。在对话框“符号”区域的“类别”下拉列表中选择“制图”选项，在“格式化”区域的字体下拉列表中选择“chinesef_fs”选项。

2）在光标位置输入“技术要求”，然后在合适位置单击放置文本。注意“技术要求”文字的前后字符不要删掉。

3）将“技术要求”文字删掉，输入“1. 铸件不得有砂眼、裂纹等缺陷。”文本，放置于“技术要求”文本下方。按照同样操作，依次放置“2. 未注倒角为 *C*3 - *C*5。”和“3. 未注圆角为 *R*5。”。技术要求标注完成后如图 7-142 所示。

4）按照同样操作在符号左边标注“其余”文本。

创建完成后的组合体工程图如图 7-102 所示。

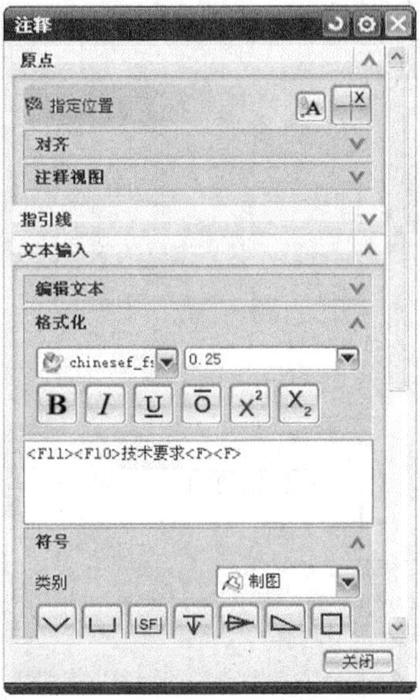

图 7-141 “注释”对话框

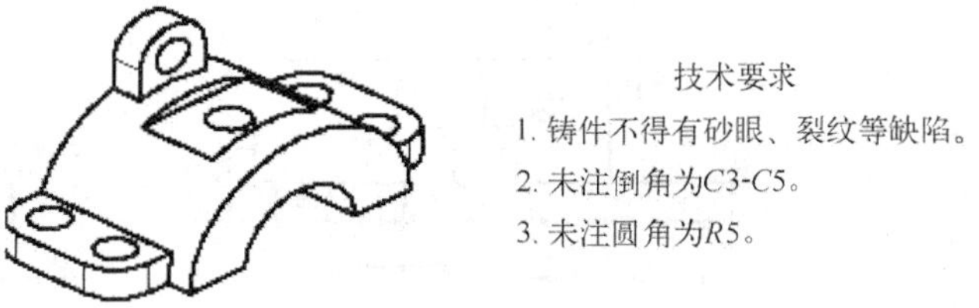

图 7-142 标注技术要求

8. 保存工程图

选择“文件”→“保存”命令，保存创建的工程图。

7.7 习题

1. 绘制如图 7-143 所示零件的工程图，要求至少剖开一个视图（素材见随书光盘文件 ch07\ex\ex1. prt）。

2. 绘制如图 7-144 所示零件的工程图。（素材见随书光盘文件 ch07\ex\ex2. prt）。

3. 创建如图 7-145 所示模型的工程图，如图 7-146 所示。（素材见随书光盘文件 ch07\ex\ex3. prt）。

图 7–143　习题 1 零件模型

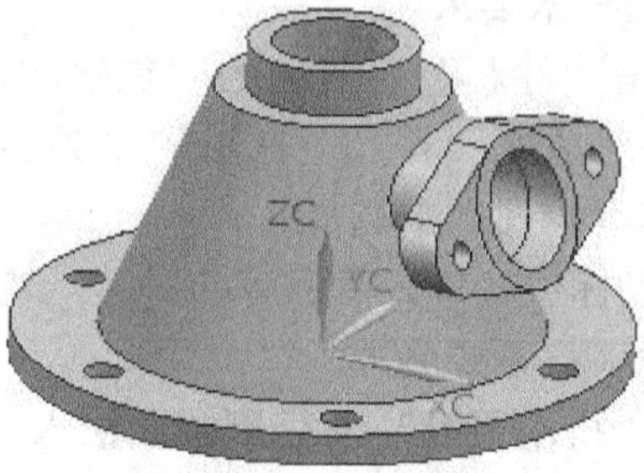

图 7–144　习题 2 零件模型

图 7–145　习题 3 零件模型

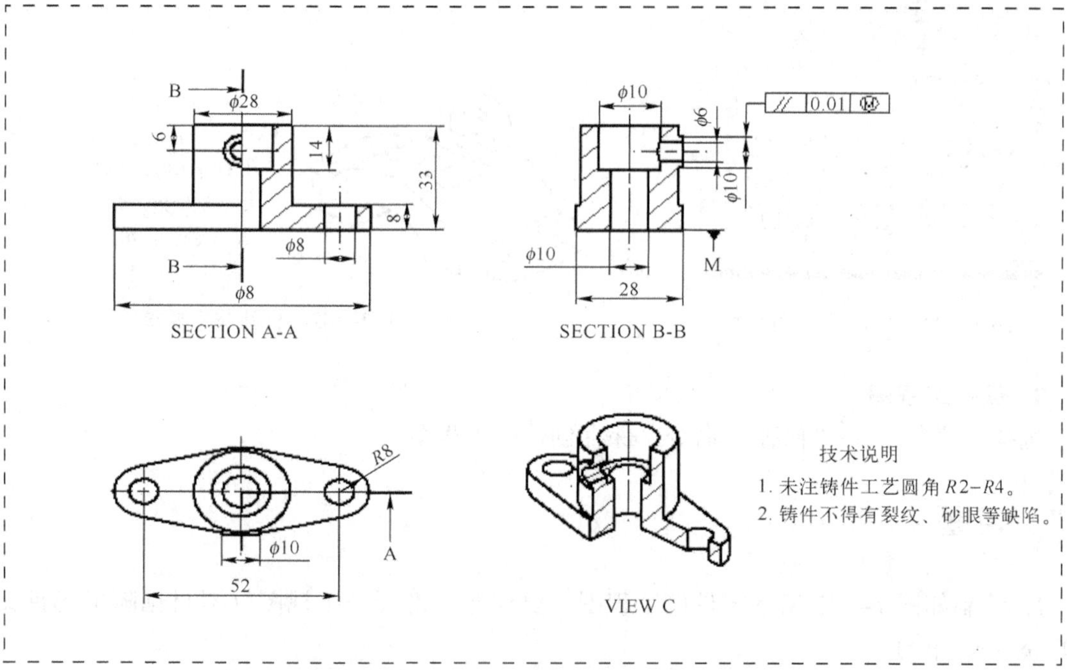

图 7–146　习题 3 零件模型的工程图

第8章　同步建模

UG NX 8.0 同步建模是UG软件提供的一种强大的、方便快捷的、基于已建立特征基础之上的模型修改功能。本章主要介绍UG NX 8.0 同步建模技术的基本应用，包括：移动面、拉出面、偏置区域、调整面的大小等修改命令；复制面、剪切面、粘贴面、镜像面等重用命令；以及尺寸与约束命令。

本章重点

- 掌握移动面、拉出面、偏置区域、调整面的大小等修改命令
- 掌握复制面、剪切面、粘贴面、镜像面等重用命令
- 掌握尺寸及约束面命令

8.1　同步建模概述

UG NX 8.0 同步建模技术是交互式三维实体建模中的一个突破性的飞跃。同步建模功能用于修改模型，而不用考虑模型的原点、关联性或特征历史记录。模型可以是从其他CAD系统导入的、非关联的以及无特征的，也可以是具有特征的原生NX模型。使用同步建模命令可不考虑模型的创建历史而轻松地修改模型。同步建模技术是无历史、基于特征的建模系统，合并了尺寸驱动和约束驱动技术的精华，以实现全面控制和可重复性，以及直接建模的灵活性。

1. 建模模式

使用UG“建模”模块进行建模时，有两种建模模式可以使用：“历史记录模式”和“无历史记录模式”。

（1）历史记录模式

在该模式下，使用“部件导航器”中显示的有序特征序列来创建和编辑模型，这是在UG中进行设计的主模式。

（2）无历史记录模式

在该模式下，可以根据模型的当前状态创建和编辑模型，而无需有序的特征序列，但只能创建不依赖于有序结构的局部特征。在该模式下，并非所有命令创建的特征都在“部件导航器”中显示。

可以通过下列方法切换建模模式。

1）选择“插入”→“同步建模”→“历史记录模式”命令或直接单击“无历史记录模式”按钮。

2）在“部件导航器”中右击“历史记录模式”节点，并选择“历史记录模式”或“无历史记录模式”。

由于切换建模模式后模型会被去参数化，所以建议读者尽量不要随意切换，并且推荐使用“历史记录模式”。

2. 同步建模命令

选择“插入”→“同步建模”命令，然后选择下拉菜单的相关命令；或单击如图 8-1 所示“同步建模”工具栏中的相关命令，可进行同步建模操作。

图 8-1 “同步建模”工具栏

8.2 修改命令

同步建模中的模型修改命令有移动面、拉出面、偏置区域、调整面的大小、替换面、删除面、调整圆角大小、调整倒斜角大小等命令。

8.2.1 移动面

“移动面”命令可以使用线性或角度变换的方法来移动选定的一个或多个面，并自动调整相邻的圆角面。在产品设计过程中，移动面命令可以使得产品更改更加方便、快捷。

【例 8-1】 移动面。

通过“距离”方式移动模型的面，如图 8-2 所示。

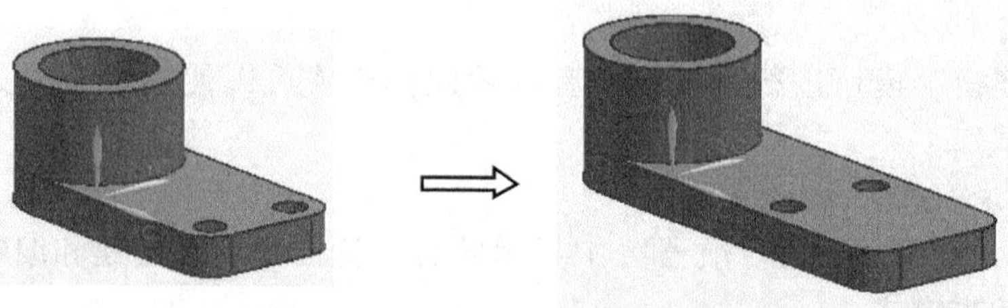

图 8-2 移动面

1）打开随书光盘 ch08\ch08_02\eg1\yidongmian. prt 模型文件。

2）选择“插入”→“同步建模”→“移动面”命令，或单击“同步建模”工具栏中的“移动面”按钮，系统弹出如图 8-3 所示的“移动面”对话框。

3）在对话框的“面”分组中单击 * 选择面 (0) 选项，选择如图 8-4 所示的面。在对话框的“变换”分组的“运动”选项中选择“距离”方式，在“距离”文本框中输入 40，并指定“+XC”方向为矢量方向，如图 8-5 所示。

4）单击“移动面”对话框的“应用”按钮，完成移动面的操作，如图 8-6 所示。

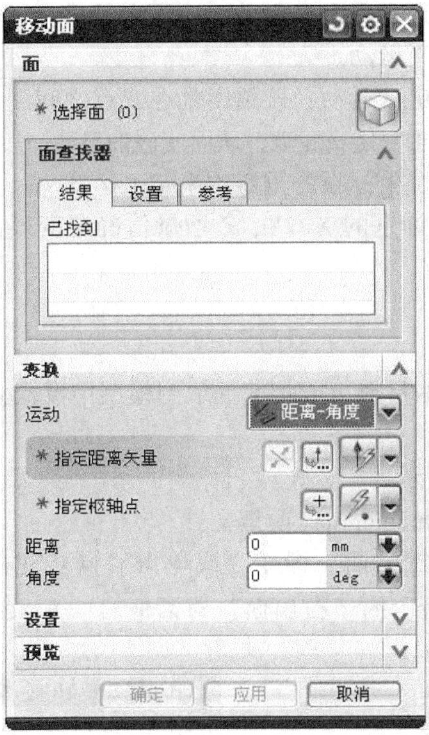

图 8-3 “移动面”对话框

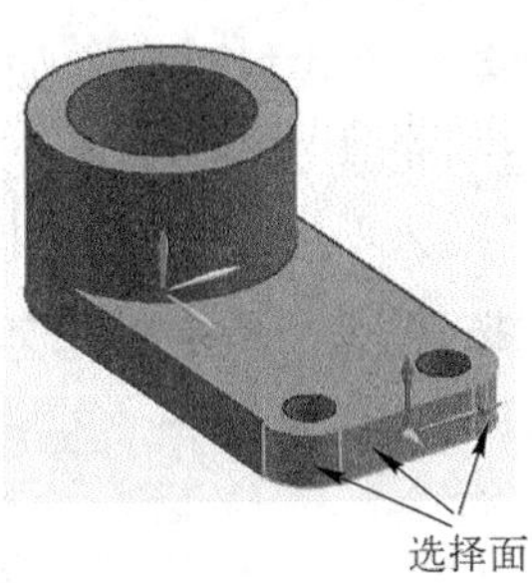

图 8-4 选择面

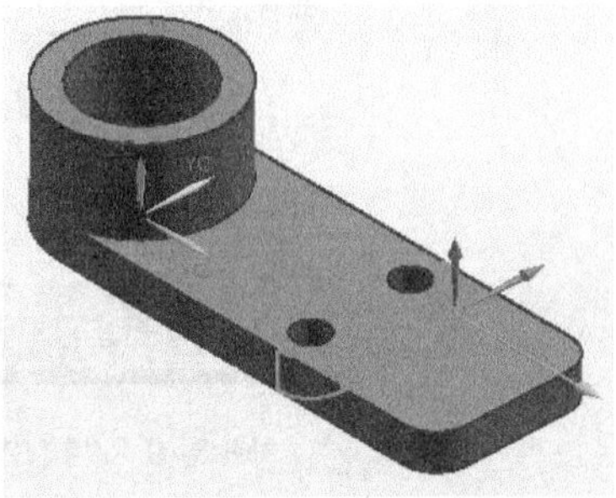

图 8-5 指定矢量

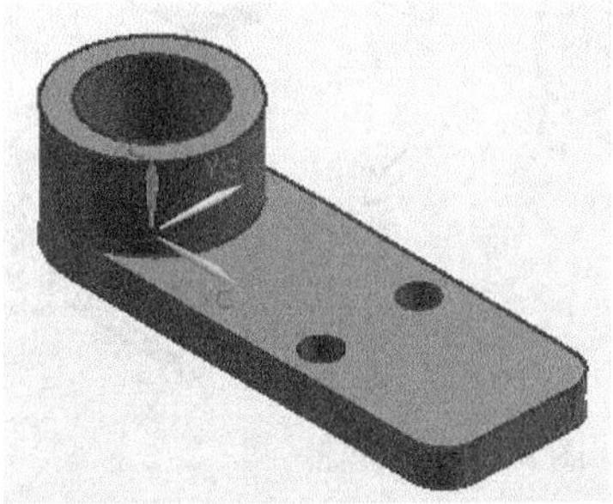

图 8-6 移动面

“移动面”对话框“变换”分组的“运动”选项的功能是为选定要移动的面提供线性或角度变换方法。其下拉列表中有多个子类型，如图 8-7 所示。各个子类型的功能简述如下。

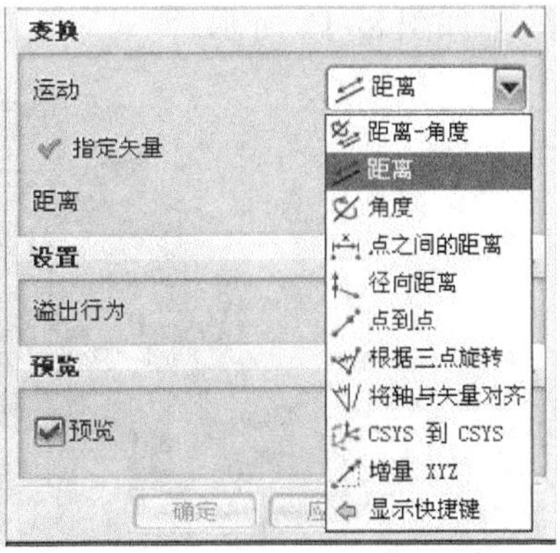

图 8-7 “运动”下拉列表

- 距离 - 角度：通过单一线性变换、单一角度变换或者两者的组合来定义运动。
- 距离：沿某一矢量的距离来定义运动。
- 角度：按绕某一轴的旋转角度来定义运动。
- 点之间的距离：按原点和某一轴的测量点之间的距离来定义运动。

- 径向距离：按测量点与某一轴之间的距离来定义运动，该距离是垂直于轴来测量的。
- 点到点：按一点到另一点的变换来定义运动。
- 根据三点旋转：按绕某一轴的旋转来定义运动，该角度是在三点之间测量的。
- 将轴与矢量对齐：按绕某一枢轴点旋转轴来定义运动，从而使该轴与某一参考矢量平行。
- CSYS 到 CSYS：按一个坐标系到另一个坐标系的重定位来定义运动。
- 增量 XYZ：使用相对于绝对或工作坐标系的 X、Y、Z 增量值确定变换，此变换是不关联的。

8.2.2 拉出面

“拉出面”功能是从模型中抽取面以添加材料，或将面抽取到模型中以减去材料。

【例 8-2】 拉出面。

通过“距离”方式拉出面，如图 8-8 所示。

1）打开随书光盘 ch08\ch08_02\eg2\lachumian. prt 模型文件。

2）选择“插入”→“同步建模”→“拉出面”命令，或单击“同步建模”工具栏中的“拉出面”按钮，系统弹出如图 8-9 所示的“拉出面”对话框。

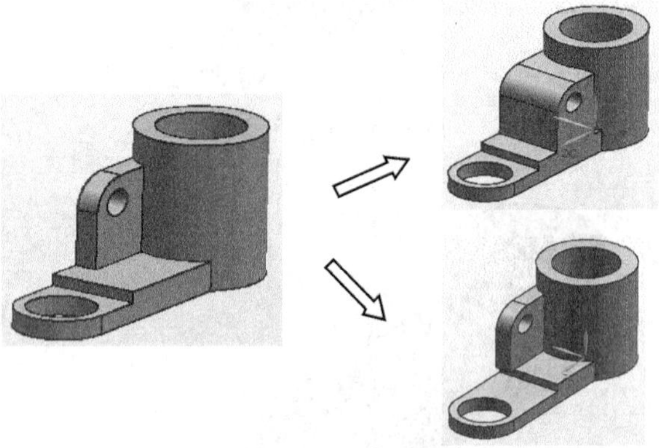

图 8-8 拉出面

图 8-9 “拉出面”对话框

3）选择如图 8-10 中箭头所示的面，在对话框的“运动”选项中选择“距离”方式，在“距离”文本框中输入 15，指定“-YC”轴为运动矢量。单击“应用”按钮，拉出面的效果如图 8-11 所示。

图 8-10 选择面

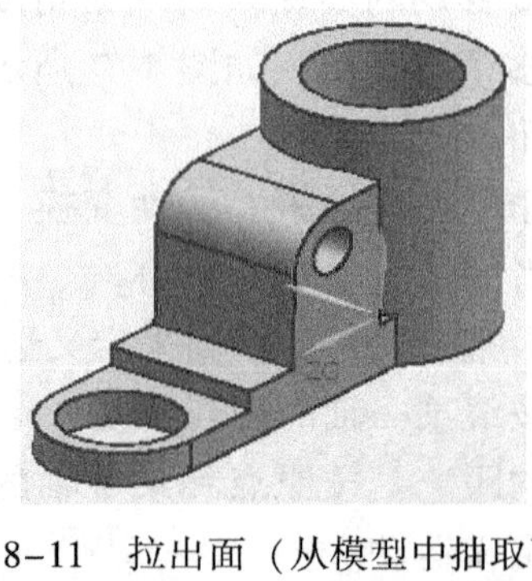

图 8-11 拉出面（从模型中抽取面）

4）选择如图 8-12 中箭头所示的面，在对话框的“运动”选项中选择“距离”方式，在“距离”文本框中输入 10，指定“-ZC”轴为运动矢量。单击“应用”按钮，则拉出面的效果如图 8-13 所示。

图 8-12　选择面

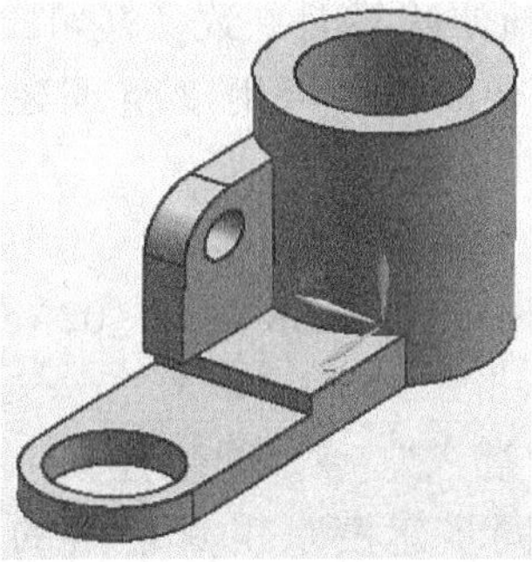
图 8-13　拉出面（将面抽取到模型中）

8.2.3　偏置区域

“偏置区域”命令可以用来偏置所选择的一个或多个面，并自动调整相邻的圆角面，其功能是改变实体的大小。

【例 8-3】　偏置区域。

1）打开随书光盘 ch08\ch08_02\eg3\pianzhiquyu.prt 模型文件。

2）选择“插入”→“同步建模”→“偏置区域”命令，或单击“同步建模”工具栏中的“偏置区域”按钮，系统弹出如图 8-14 所示的“偏置区域”对话框。

3）选择如图 8-15 中箭头所示的面，并确保偏置矢量方向正确，在“偏置”分组的“距离”文本框中输入 10。单击“应用”按钮，偏置区域的效果如图 8-16 所示。

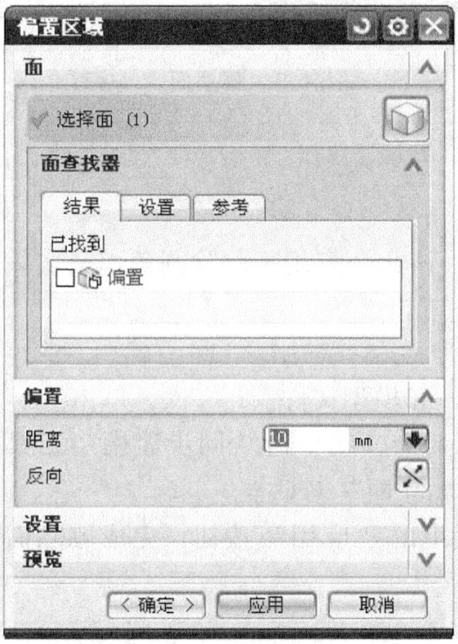

图 8-14　“偏置区域”对话框

图 8-15　选择面

图 8-16　偏置区域

8.2.4 替换面

“替换面”命令可以用一个面来替换另一个或一组面，并能重新生成光滑连接的面。该命令可以方便地使两平面一致，还可以用一个简单的面来替换一组复杂的面，可用于整理建模过程中产生的碎面。

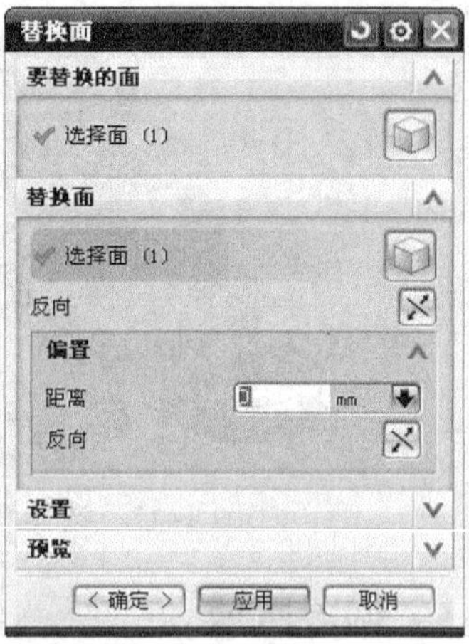

图 8-17 “替换面”对话框

【例 8-4】 替换面。

1）打开随书光盘 ch08\ch08_02\eg4\tihuanmian.prt 模型文件。

2）选择“插入”→“同步建模”→“替换面”命令，或单击“同步建模”工具栏中的“替换面”按钮，系统弹出如图 8-17 所示的“替换面”对话框。

3）选择图 8-18 中的面 1 为“要替换的面”，选择面 2 为“替换面”。其他参数默认，单击对话框的“应用”按钮，完成替换面的操作，结果如图 8-19 所示。

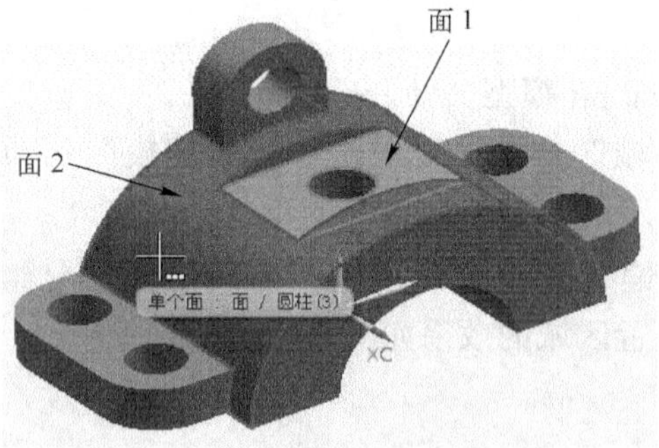

图 8-18 选择面

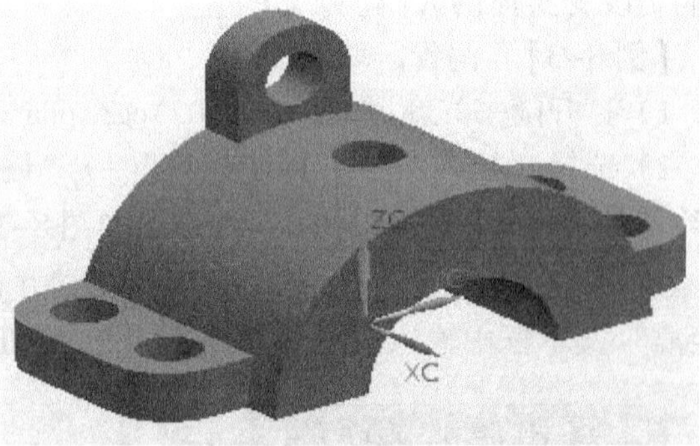

图 8-19 替换面

8.2.5 删除面

“删除面”命令用于移除实体上的一个或多个面，该命令多用于删除圆角面或实体上的一些细节特征。

【例 8-5】 删除面。

1）打开随书光盘 ch08\ch08_02\eg5\shanchumian.prt 模型文件。

2）选择“插入”→“同步建模”→“删除面”命令，或单击“同步建模”工具栏中的“删除面”按钮，系统弹出如图 8-20 所示的“删除面”对话框。

3）选择图 8-21 中箭头所示的圆柱面，单击对话框的“应用”按钮，完成删除面的操作，结果如图 8-22 所示。

图 8-20 “删除面”对话框

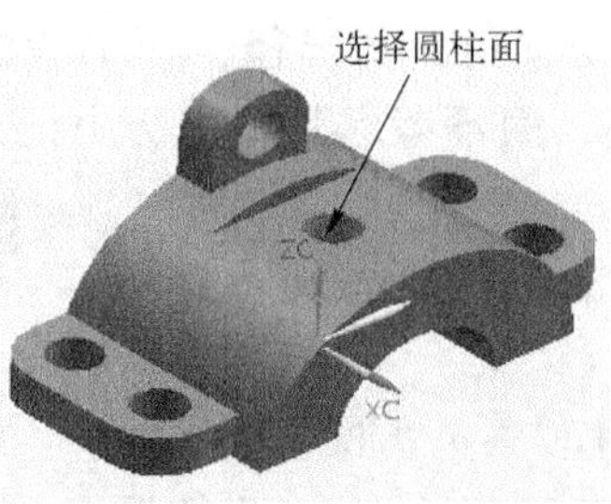

图 8-21 选择面

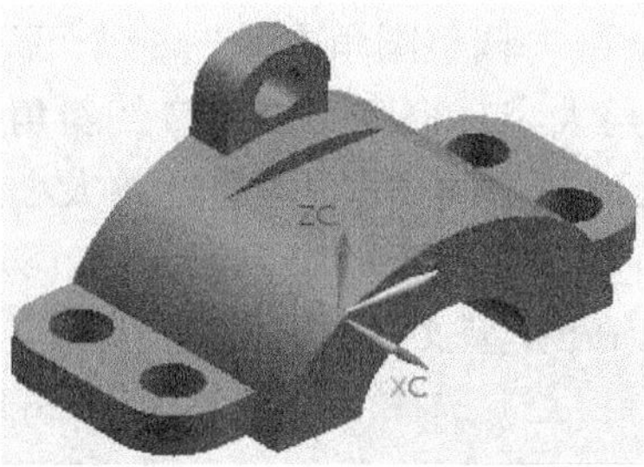

图 8-22 删除面

8.2.6 调整面大小

“调整面大小”命令可以更改圆柱面或球面的直径，以及锥面的半角，还能重新创建相邻圆角面。使用该命令可以方便、快捷地更改孔的直径、调整螺栓的锥角及更改凸台的大小；可方便地更改一组圆柱面或球面，使它们具有相同的直径。

【例 8-6】 调整面大小。

1）打开随书光盘 ch08\ch08_02\eg6\tiaozhengmian. prt 模型文件。

2）选择“插入”→“同步建模”→“调整面大小”命令，或单击“同步建模”工具栏中的“调整面大小”按钮，系统弹出如图 8-23 所示的“调整面大小”对话框。

3）选择图 8-24 中的两个圆柱面，在对话框“直径”文本框中输入 36，单击对话框的“应用”按钮，将 $\phi30$ 的圆柱面调整为 $\phi36$，如图 8-25 所示。

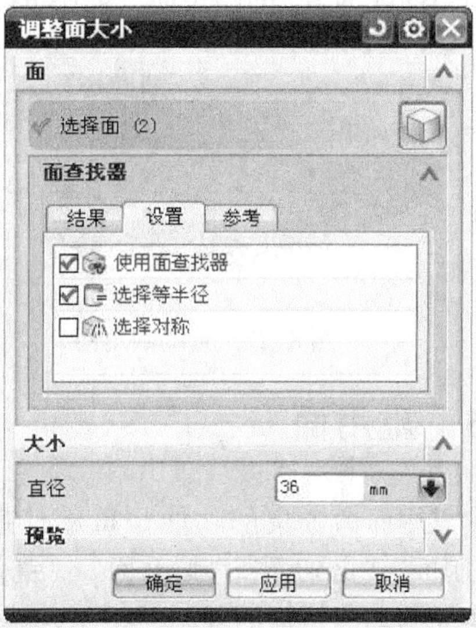

图 8-23 “调整面大小”对话框

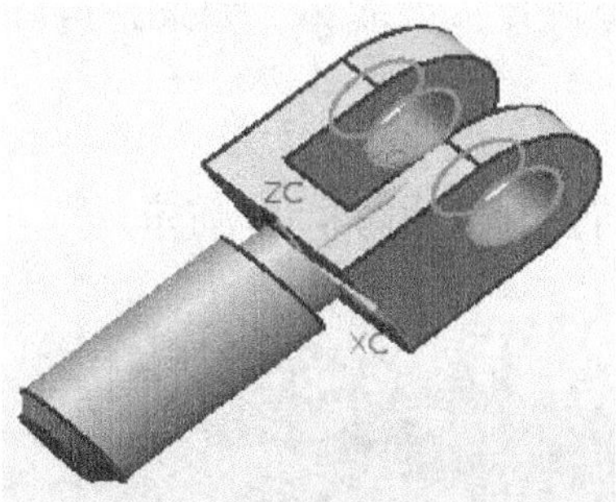

图 8-24 选择圆柱面

图 8-25 调整面大小

8.2.7 调整圆角/倒斜角大小

“调整圆角大小”命令可以改变圆角面的半径，而不考虑其特征历史记录。“调整倒斜角大小”命令可以改变倒斜角大小，而不考虑其特征历史记录。

【例 8-7】 调整圆角大小。

1）打开随书光盘 ch08\ch08_02\eg7\tiaozheng 圆角.prt 模型文件。

2）选择“插入”→“同步建模”→“调整圆角大小”命令，或单击“同步建模”工具栏中的“调整圆角大小”按钮，系统弹出如图 8-26 所示的“调整圆角大小”对话框。

3）选择图 8-27 中的圆角面，在对话框“半径”文本框中输入 5，单击对话框的“应用”按钮，将 *R*7.5 的圆角面改为 *R*5 的圆角面，如图 8-28 所示。

图 8-26 “调整圆角大小”对话框

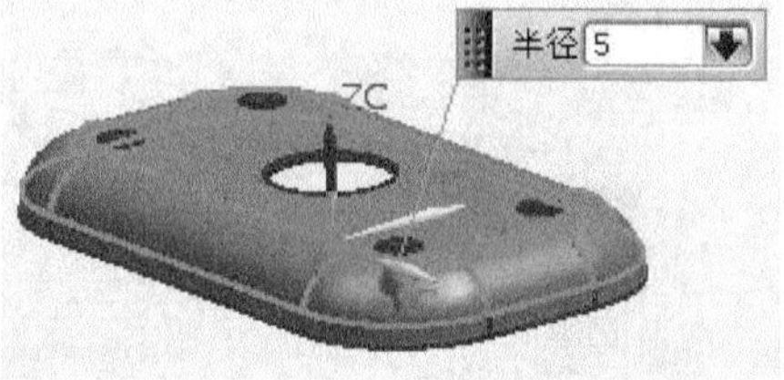

图 8-27 选择圆角面

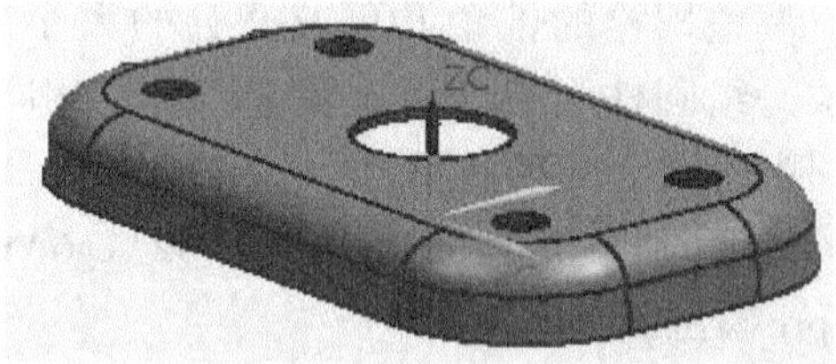

图 8-28 调整圆角大小

8.3 重用面

重用面命令集的功能是重新使用实体中的面，并且视情况更改其功能。重用面包括“复制面”“剪切面”“粘贴面”“镜像面”“阵列面”等操作，可方便、快捷地实现对原有实体局部细节特征的复制、粘贴、镜像等操作。

8.3.1 复制面

“复制面”命令可以从模型中复制一组面而构成片体或实体，如果开启“粘贴复制的面”功能，复制的面将自动融合实体。

【例 8-8】 复制面。

利用“复制面”命令将模型的一根加强筋进行复制，如图 8-29 所示。

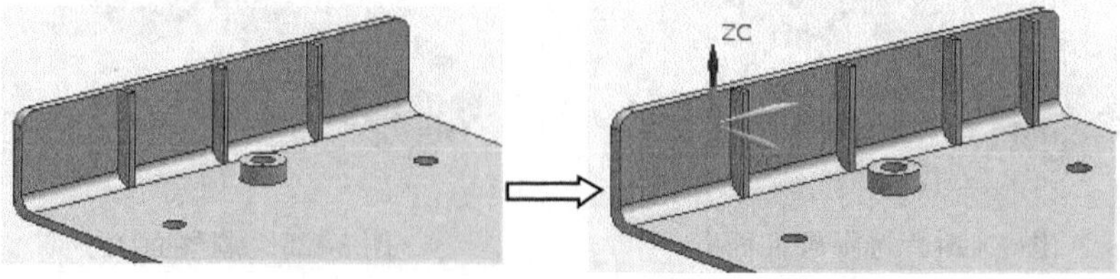

图 8-29 复制面

1）打开随书光盘 ch08\ch08_03\eg1\fuzhimian.prt 模型文件。

2）选择“插入”→“同步建模”→“复制面”命令，或单击“同步建模”工具栏中的“复制面”按钮，系统弹出如图 8-30 所示的“复制面”对话框。

3）在对话框的“面”分组中单击 *选择面 (0) 选项，选择如图 8-31 所示加强筋的 4 个面。在对话框的“变换”分组的“运动”选项中选择“距离”方式，在“距离”文本框中输入 15，并指定“+YC”方向为矢量方向；在对话框的“粘贴”分组中勾选“粘贴复制的面”复选框，参数设置如图 8-32 所示。

4）单击“复制面”对话框的“应用”按钮，完成复制面的操作，结果如图 8-33 所示。

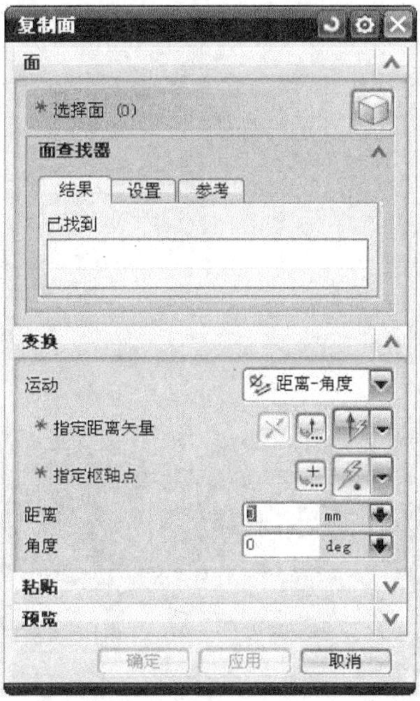

图 8-30 “复制面”对话框

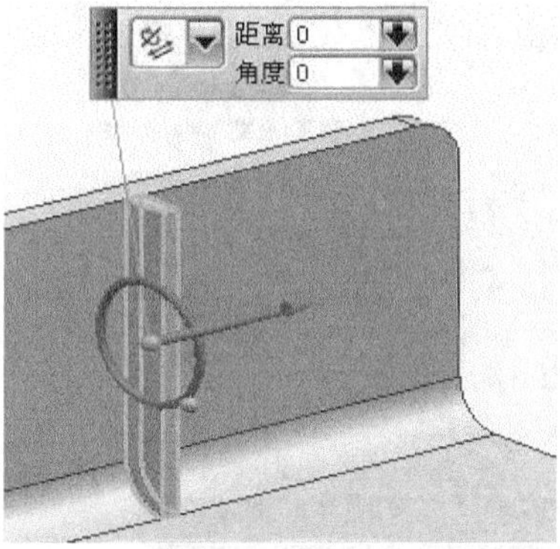

图 8-31 选择面

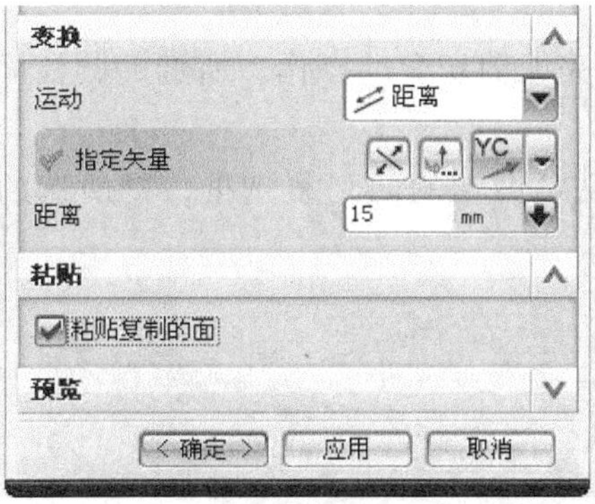

图 8-32 设置参数

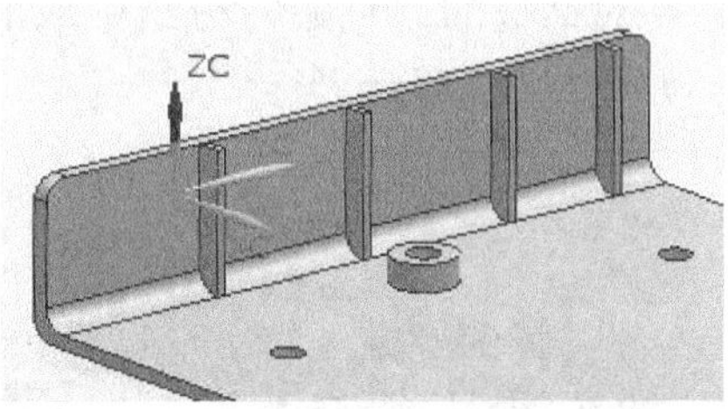

图 8-33 复制面

8.3.2 剪切面

“剪切面”命令可以从实体中复制一组面放置到其他位置，然后从实体中删除原来的面并修复相应的开放区域。

【例 8-9】 剪切面。

1）打开随书光盘 ch08\ch08_03\eg2\jianqiemian. prt 模型文件。

2）选择“插入”→“同步建模”→“剪切面”命令，或单击“同步建模”工具栏中的“剪切面”按钮，系统弹出如图 8-34 所示的“剪切面”对话框。

3）选择如图 8-35 所示的圆柱个面。在对话框的“变换”分组的“运动”选项中选择“距离”方式，在“距离”文本框中输入 20，并指定“+YC”方向为矢量方向；在对话框的“粘贴”分组中勾选“粘贴剪切的面”复选框。

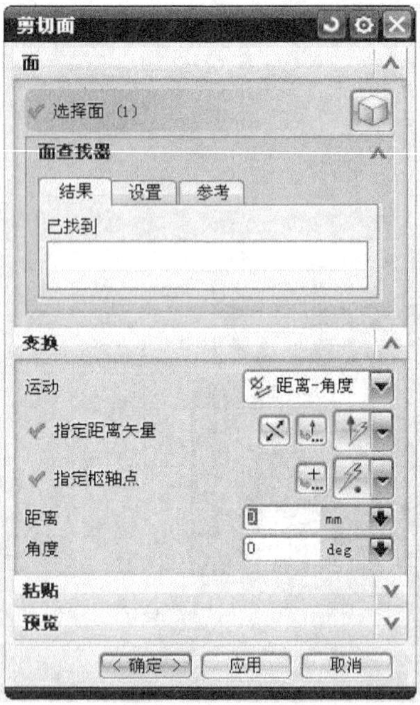

图 8-34 “剪切面”对话框

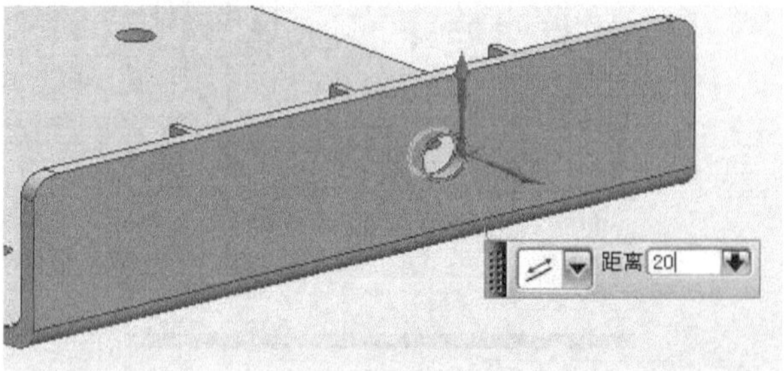

图 8-35 选择面

4）单击“剪切面”对话框的“应用”按钮，完成剪切面的操作，所选的圆柱面被剪切并复制到另外的位置，如图 8-36 所示。

如果在对话框的“粘贴”分组中取消勾选“粘贴剪切的面”复选框，则所选的圆柱面被抑制，如图 8-37 所示。

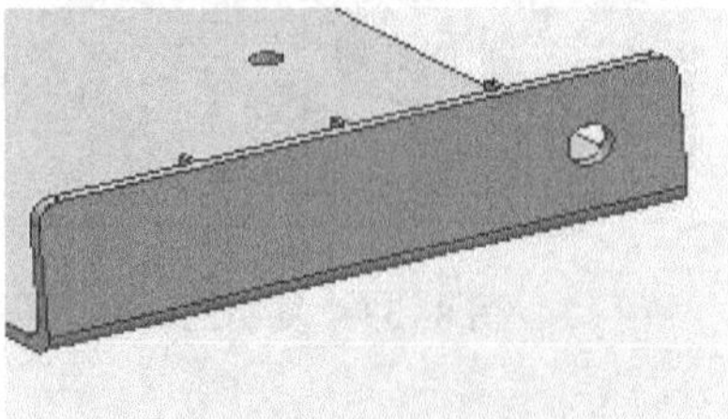

图 8-36 剪切面（勾选“粘贴剪切的面”复选框）

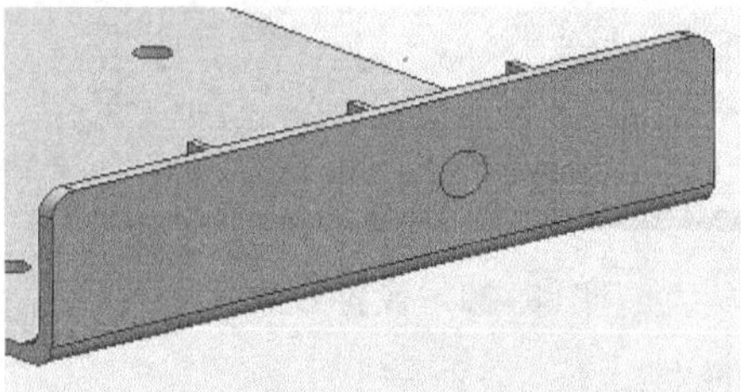

图 8-37 剪切面（取消勾选“粘贴剪切的面”复选框）

8.3.3 粘贴面

“粘贴面”命令可将片体粘贴到实体中，并可以和实体进行布尔运算。该命令可以和“复制面”“剪切面”配合使用。

【例 8-10】 粘贴面。

1）打开随书光盘 ch08\ch08_03\eg3\niantiemian. prt 模型文件。

2）单击“同步建模”工具栏中的“复制面”按钮，系统弹出“复制面”对话框。选择图 8-38 所示的圆柱面，在对话框的“变换”分组中设置“运动”选项为“距离”方式，指定“+XC”方向为运动矢量，在“距离”文本框中输入距离值为 30，在“粘贴”分组中取消勾选“粘贴复制的面”复选框，参数设置如图 8-39 所示。

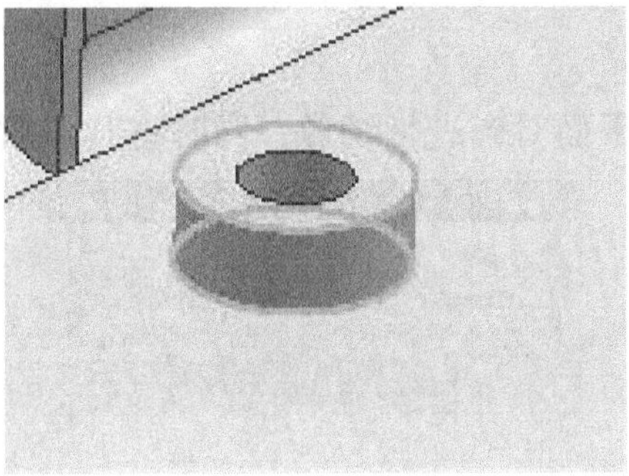

图 8-38 选择面

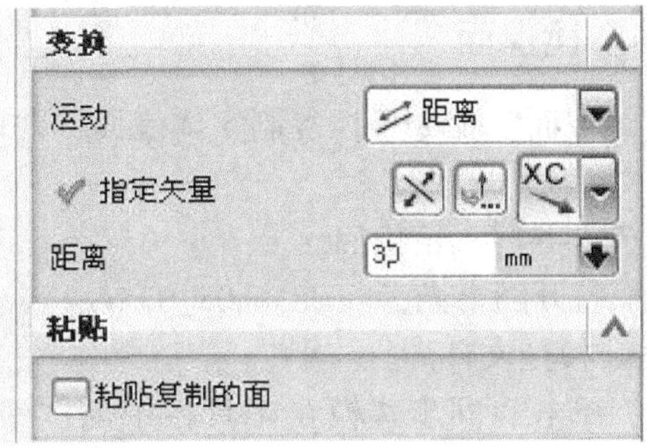

图 8-39 参数设置

3）单击“复制面”对话框的“应用”按钮，完成复制面的操作，如图 8-40 所示。

4）单击“同步建模”工具栏中的“粘贴面”按钮，系统弹出如图 8-41 所示的“粘贴面”对话框。选择图 8-42 所示零件为“目标体”，选择圆柱面为“工具体”；在“粘贴选项”中选择“求差”选项。单击对话框的“应用”按钮，完成粘贴面的操作，结果如图 8-43 所示。

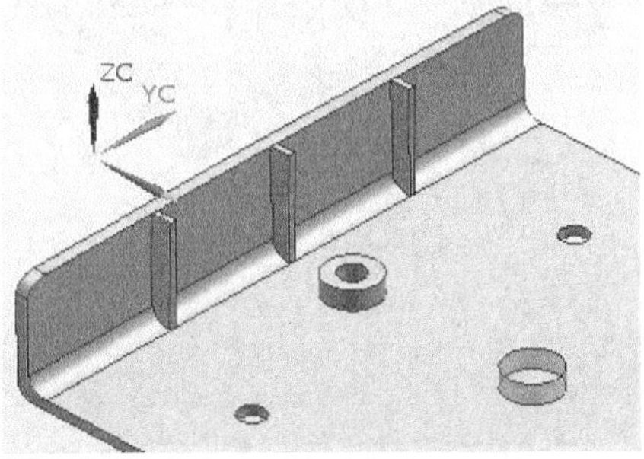

图 8-40 复制面

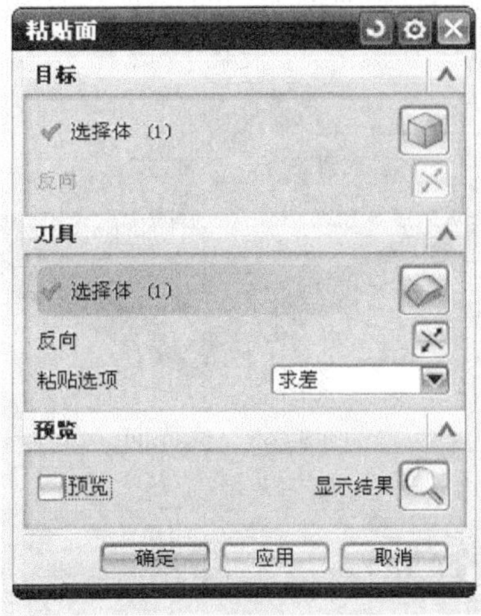

图 8-41 “粘贴面”对话框

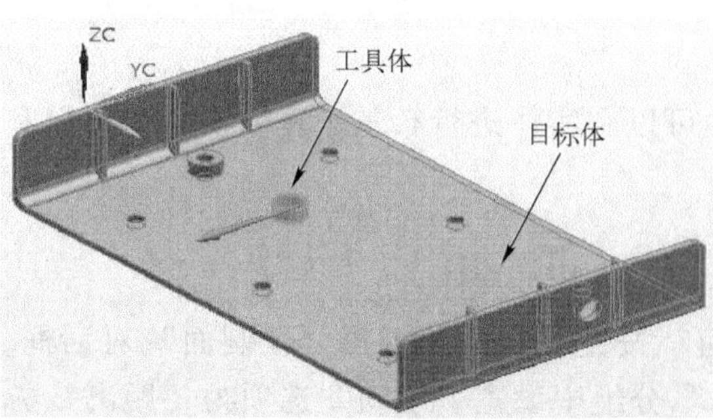

图 8-42　选择目标体和工具体

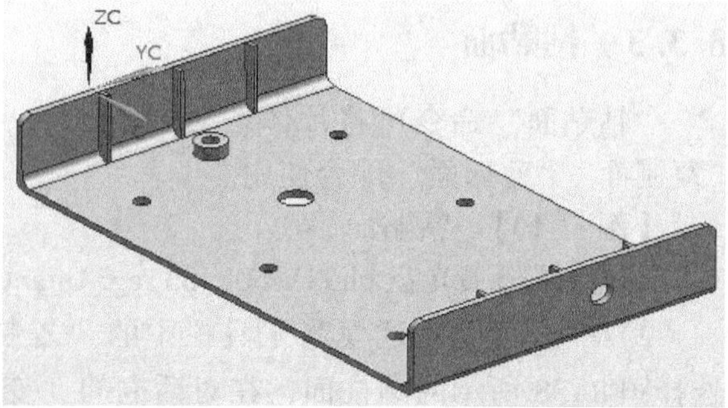

图 8-43　粘贴面

8.3.4　镜像面

“镜像面”命令可以复制实体表面，并以指定的平面对齐进行镜像，同时将其粘贴到同一实体中。

【例 8-11】　镜像面。

1）打开随书光盘 ch08\ch08_03\eg4\jingxiang-mian. prt 模型文件。

2）单击“同步建模”工具栏中的“镜像面”按钮，系统弹出如图 8-44 所示的“镜像面”对话框。选择图 8-45 所示的 6 个面。在对话框的“镜像平面”分组的“平面”选项中选择“新平面”，然后在“指定平面”下拉列表中选择“YZ”平面作为镜像平面。

3）单击“镜像面”对话框的“应用”按钮，完成镜像面的操作，结果如图 8-46 所示。

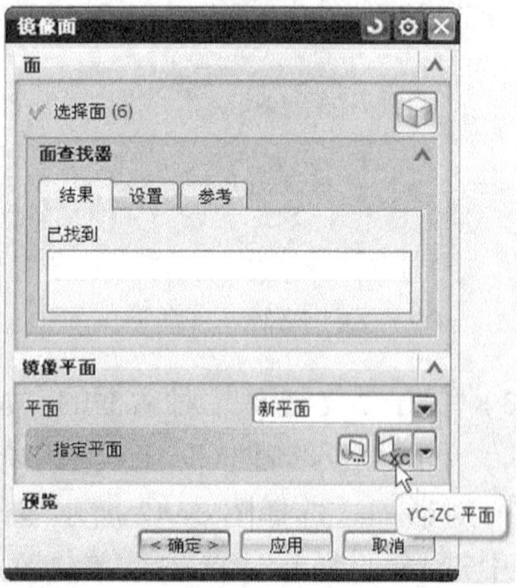

图 8-44　“镜像面”对话框

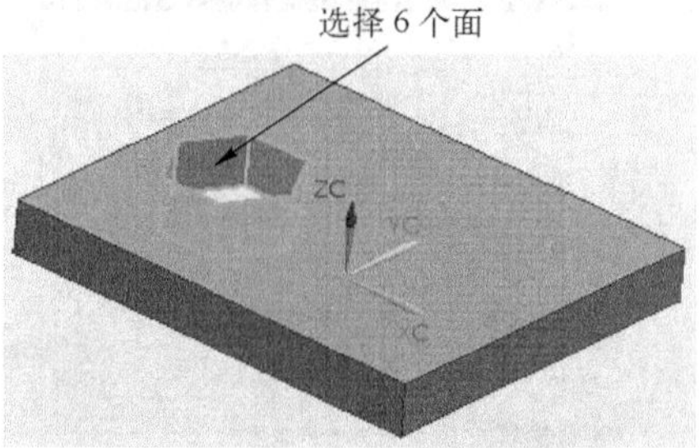

图 8-45　选择面

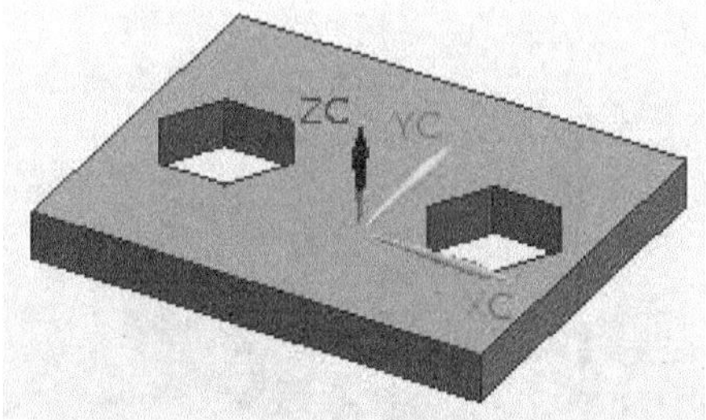

图 8-46　镜像面

8.3.5　阵列面

“阵列面”命令是在矩形或圆形阵列中复制一组面，或将其镜像并添加到体中。该命令有 3 种类型：矩形阵列、圆形阵列和镜像。

【例 8-12】 阵列面。

1）打开随书光盘 ch08 \ ch08 _03 \ eg5 \ zhenliemian. prt 模型文件。

2）单击“同步建模”工具栏中的“阵列面”按钮，系统弹出如图 8-47 所示的“阵列面”对话框，在“类型”中选择“圆形阵列”。

3）选择图 8-48 所示的圆柱面。选择“+ZC”轴为圆形阵列的矢量；系统提示“指定点”，选择图 8-48 中箭头所示的圆，系统自动捕捉圆心。在“阵列属性”分组中设置“角度”为 90°，“圆数量”为 4 个。

4）单击“阵列面”对话框的“应用”按钮，完成阵列面的操作，结果如图 8-49 所示。

图 8-47 “阵列面”对话框

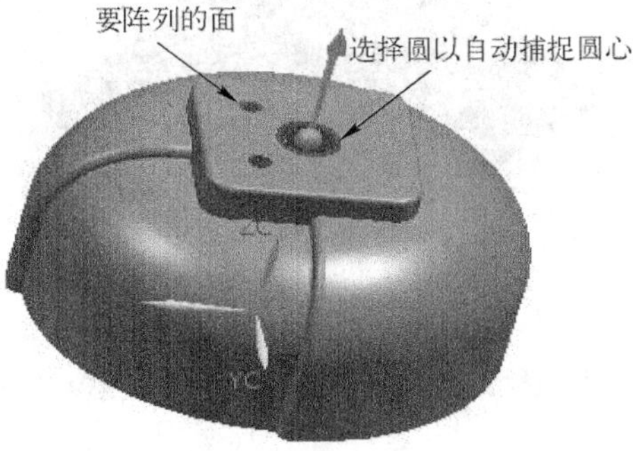

图 8-48 选择圆柱面（要阵列的面）

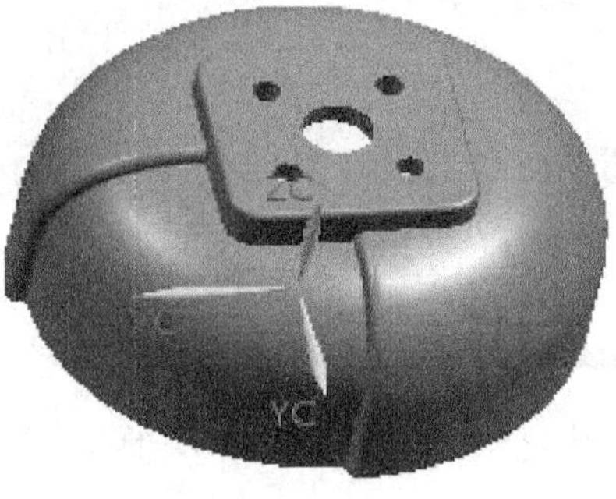

图 8-49 阵列面

8.4 约束面

约束面命令集包括“设为共面”“设为共轴”“设为相切”“设为对称”“设为平行”“设为垂直”等命令。其功能是直接对面进行几何约束，可以编辑有特征历史记录和无特征历史记录的模型。

8.4.1 设为对称

“设为对称”命令可将一个面与另一个面设为对称。

【例 8-13】 设为对称。

1）打开随书光盘 ch08\ch08_04\eg1\duichen. prt 模型文件。

2）选择“插入”→“同步建模”→“相关”→“设为对称”命令，或单击“同步建模”工具栏中的“设为对称”按钮，系统弹出如图 8-50 所示的“设为对称”对话框。选择如图 8-51 所示的面 1 为“运动面”；在对话框的“对称平面”分组中选择“新平面”选项，然后指定“YZ”平面为“对称面”；选择面 2 为固定面。

3）对话框其他参数默认，单击“应用”按钮，将两个圆柱面设为对称，结果如图 8-52 所示。

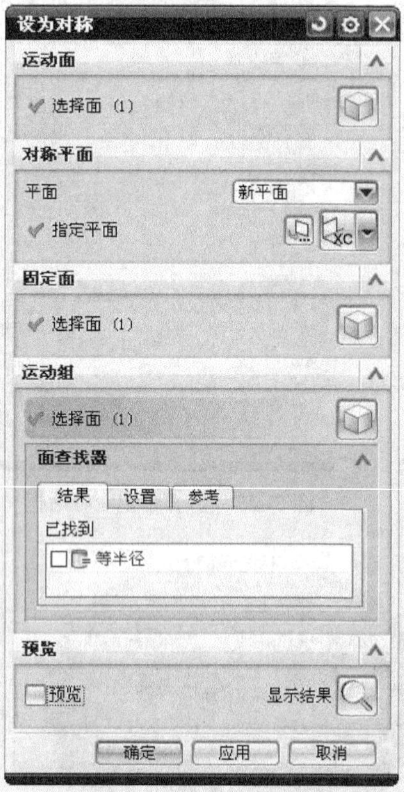

图 8-50 “设为对称”对话框

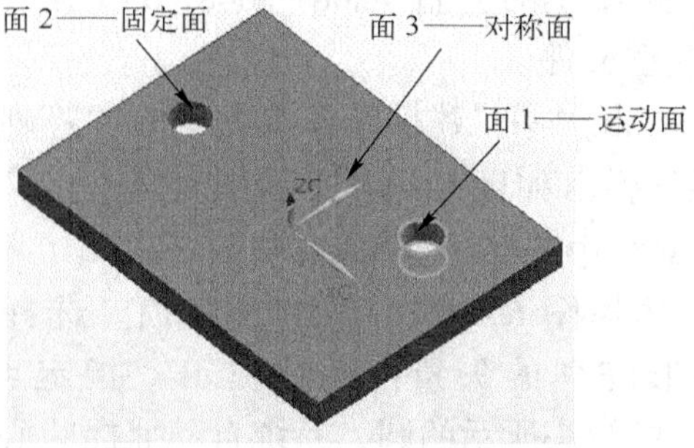

图 8-51 设置运动面、对称平面和固定面

图 8-52 将两圆柱面设为对称

8.4.2 设为共面

“设为共面”命令可用来设置一个或多个面与另一个面或基准平面共面，如图 8-53 所示。模型素材见随书光盘 ch08\ch08_04\eg2\gongmian. prt。

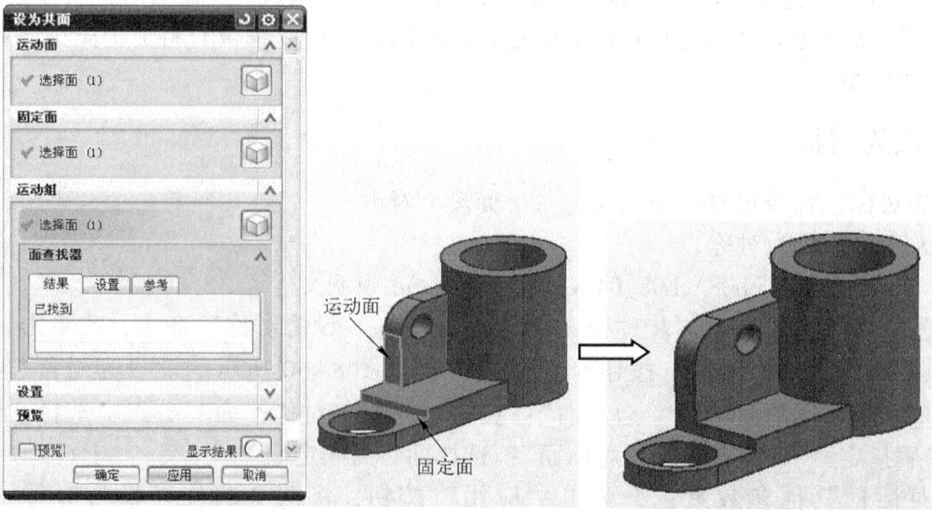

图 8-53 设为共面

8.4.3 设为相切

“设为相切”命令可将一个面与另一面或基准平面设为相切，如图 8-54 所示。模型素材见随书光盘 ch08\ch08_04\eg3\xiangqie. prt。

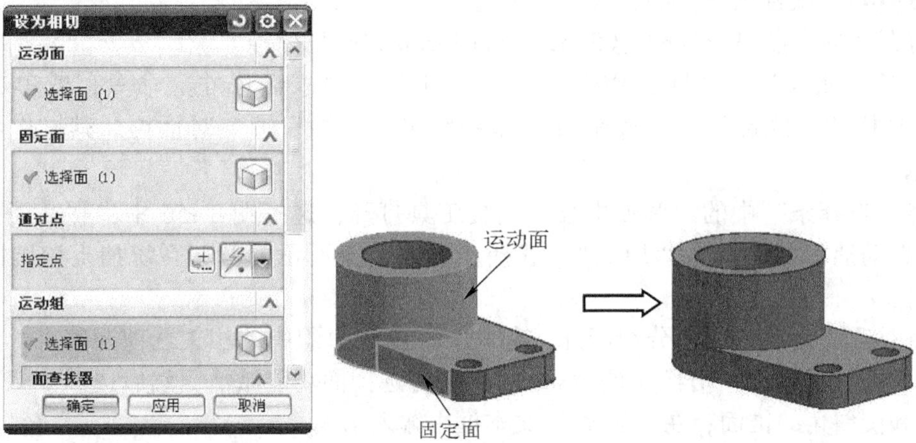

图 8-54 设为相切

8.4.4 设为平行

“设为平行”命令可将一个面与另一面或基准平面设为平行，如图 8-55 所示。模型素材见随书光盘 ch08\ch08_04\eg4\pingxing. prt。

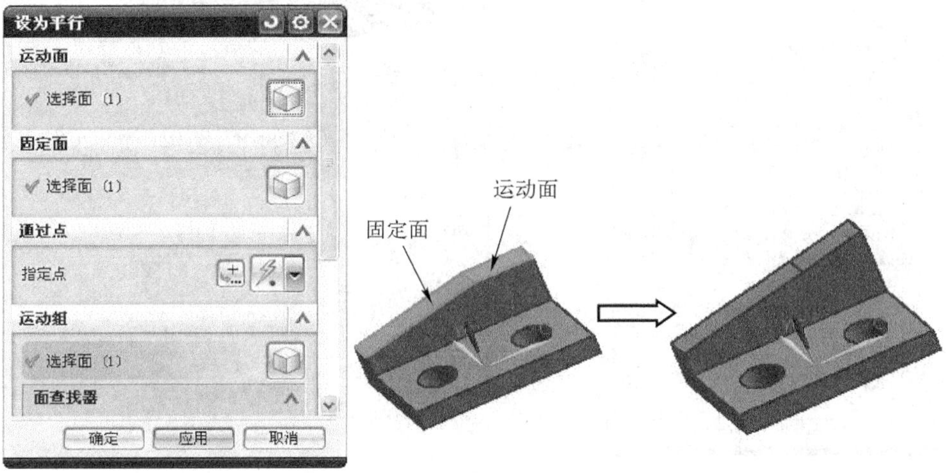

图 8-55 设为平行

8.5 尺寸

“尺寸”命令可直接编辑对象之间的距离、角度及半径。该命令类似于“草图”中的尺寸约束，但“草图”中的尺寸驱动的对象是曲线，而“同步建模”中的尺寸驱动的对象是面，因此，“尺寸”命令会更改模型的体积。

8.5.1 线性尺寸

“线性尺寸”命令可通过将线性尺寸添加至模型并修改其值来移动一组面。

【例 8-14】 线性尺寸。

1）打开随书光盘 ch08\ch08_05\eg1\xianxing. prt 模型文件。

2）选择“插入”→“同步建模”→“尺寸”→“线性尺寸”命令，或单击“同步建模”工具栏的“线性尺寸”按钮，系统弹出“线性尺寸”对话框。其操作步骤如图 8-56 所示。

3）将“选择条”中的“圆弧中心”捕捉工具打开，选择图 8-56 中步骤②箭头所示的圆，系统自动捕捉圆心作为“原点”；选择步骤④箭头所示的圆，系统捕捉该圆圆心作为“测量点”。

4）将对话框的“方位”分组展开，利用“方位”分组中的相关选项调整尺寸放置的方位。单击“要移动的面”分组中的“选择面”，将选择面功能激活，然后选择步骤⑧箭头所示的端面和倒斜角的锥面；在“距离”文本框中输入 134。

5）单击对话框的“应用”按钮，完成线性尺寸标注，将步骤⑨箭头所示的端面和倒斜角的锥面离原点的距离 134 调整为 160，单击“应用”按钮，完成“线性尺寸”的操作。

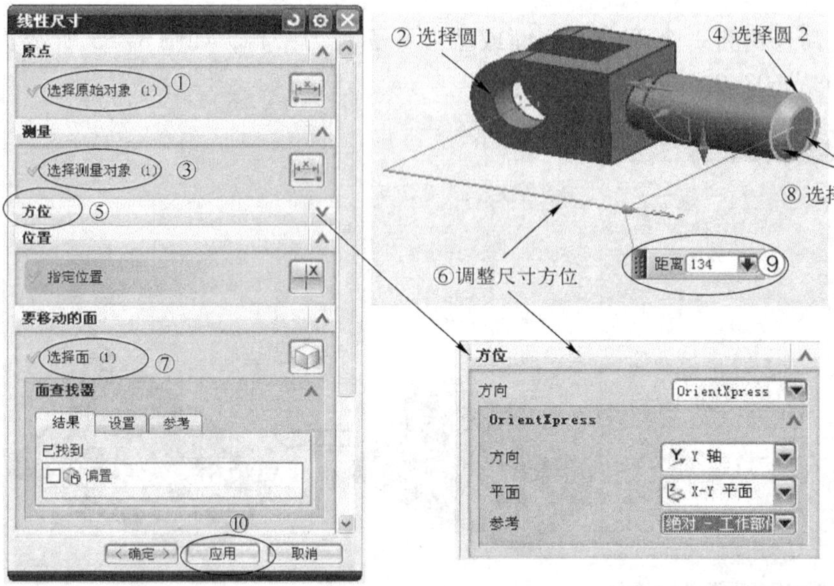

图 8-56　线性尺寸

8.5.2 角度尺寸

“角度尺寸”命令可通过将角度尺寸添加至模型并更改其值来移动一组面，如图 8-57 所示。模型素材见随书光盘 ch08\ch08_05\eg2\jiaodu. prt。

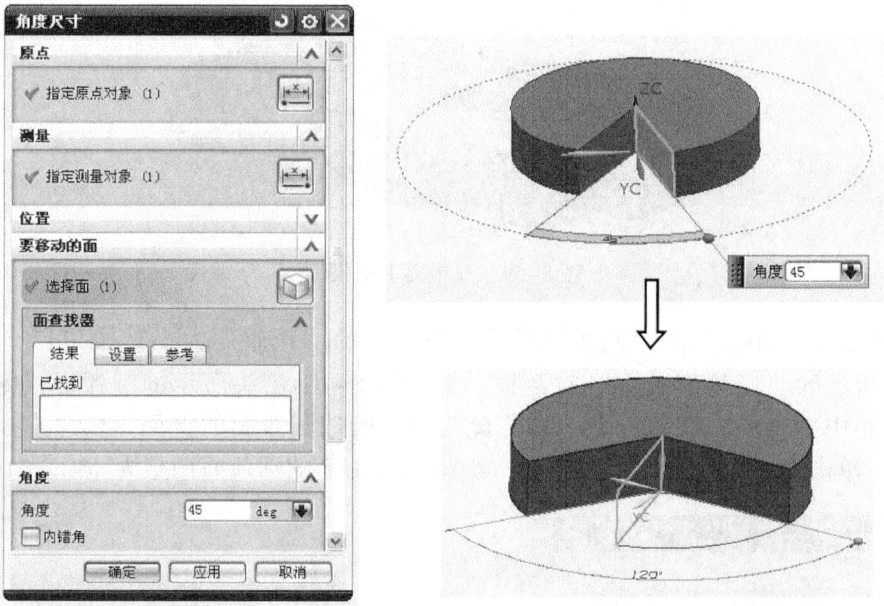

图 8-57　角度尺寸

8.5.3　径向尺寸

“径向尺寸” 命令可通过添加径向尺寸并修改其值来移动一组圆柱面或球面，如图 8-58 所示。模型素材见随书光盘 ch08\ch08_05\eg3\jingxiang. prt。

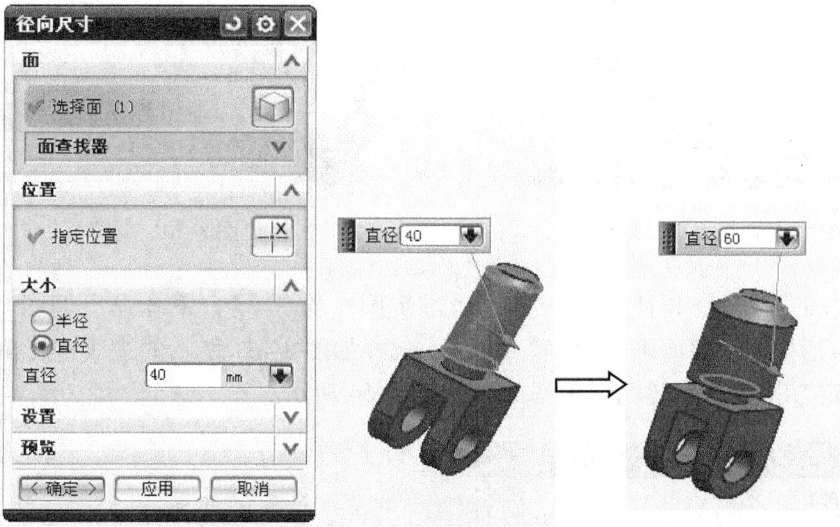

图 8-58　径向尺寸

8.6　综合实例——局部修改充电器上盖

使用同步建模命令对如图 8-59 所示的充电器上盖模型做局部修改。

1）打开随书光盘 ch08\ch08_06\eg1\xiugai. prt 模型文件。

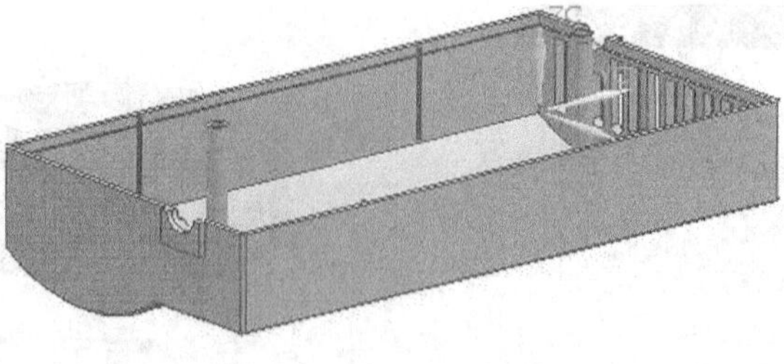

图 8-59　充电器上盖模型

2）调整面的大小。单击“同步建模”工具栏中的“调整面大小”按钮，系统弹出如图 8-60 所示的“调整面大小”对话框。选择图 8-61 箭头所示的圆弧面，则对话框的“大小”分组中“直径”显示为 85.139，此为当前所选圆弧面的直径。在“直径”文本框中输入 82，单击对话框的“应用”按钮，则将 ϕ85.139 的圆弧面调整为 ϕ82。

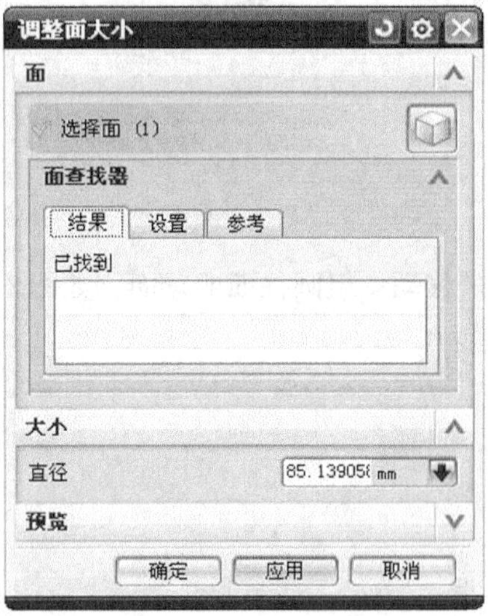

图 8-60　“调整面大小”对话框

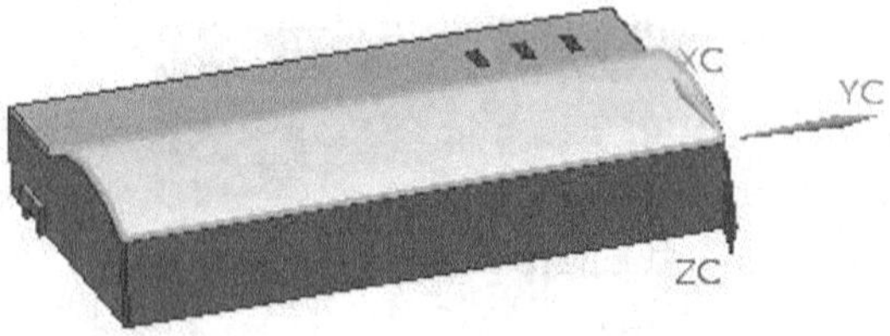

图 8-61　选择面

3）边倒圆。单击“特征”工具栏的“边倒圆”按钮，系统弹出如图 8-62 所示的“边倒圆”对话框，设置倒圆“半径”为 20。选择如图 8-63 所示的边线进行倒圆角，单击对话框“确定”按钮，创建倒圆角特征，如图 8-64 所示。

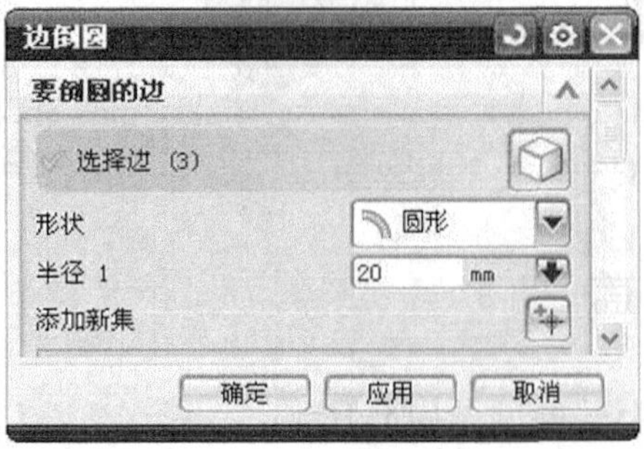

图 8-62　“边倒圆”对话框

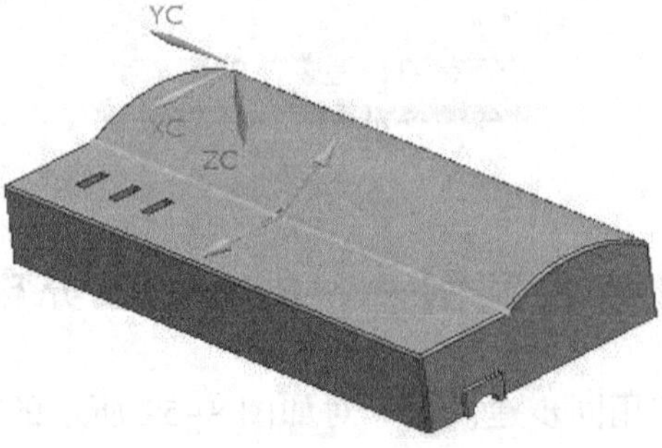

图 8-63　选择边线

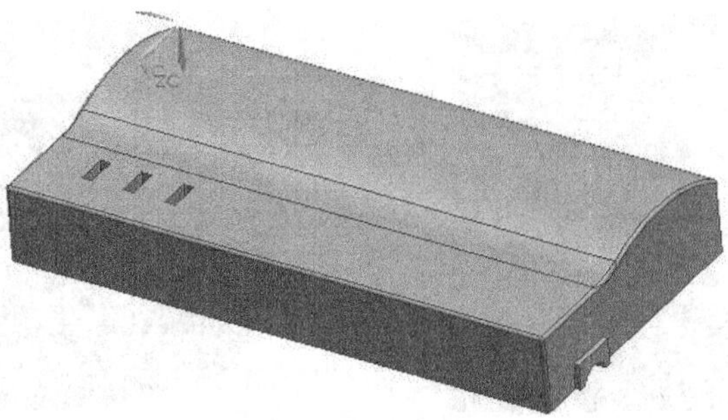

图 8-64　边倒圆

4）调整圆角大小。

- 单击“同步建模”工具栏中的“调整圆角大小”按钮，系统弹出“调整圆角大小”对话框，选取步骤 3）创建的倒圆角，输入“半径”值为 10，将倒圆半径由 20 改为 10，如图 8-65 所示。

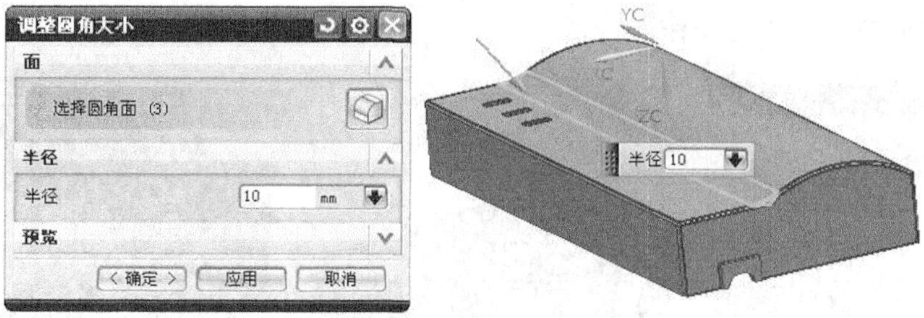

图 8-65　调整圆角大小

- 按上述同样操作，选择如图 8-66 所示的圆角面，将其“半径”由 1 调整为 2。

5）偏置区域。单击“同步建模”工具栏中的“偏置区域”按钮，系统弹出如图 8-67 所示的“偏置区域”对话框。选择图 8-68 中箭头所示的面，并确保偏置矢量方向正确，在“偏置”分组的“距离”文本框中输入 1。单击“应用”按钮，偏置区域的效果如图 8-69 所示。

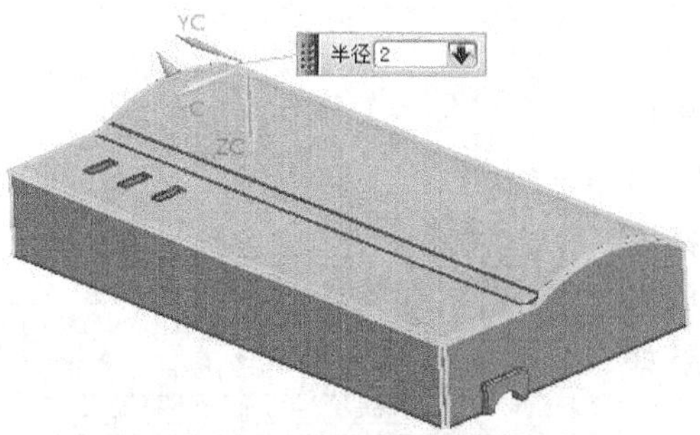

图 8-66　选择圆角面

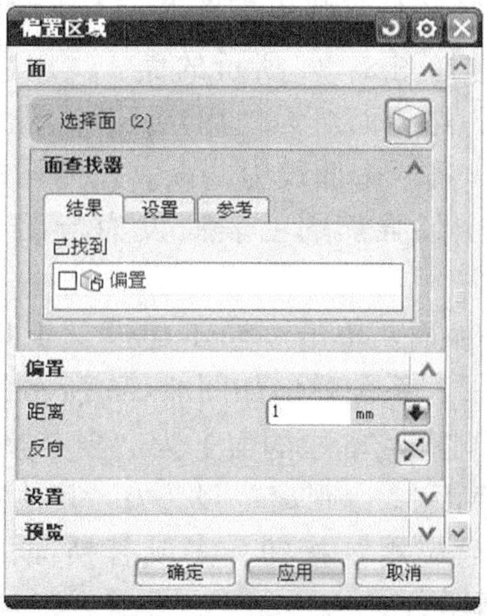

图 8-67　“偏置区域”对话框

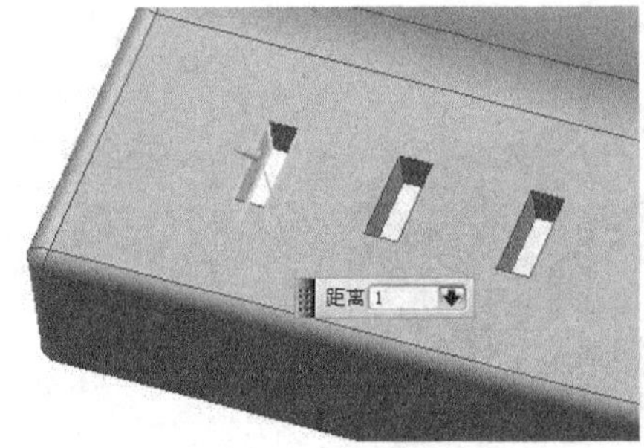

图 8-68　选择面

图 8-69　偏置区域的效果

6）拉出面。单击“同步建模”工具栏中的“拉出面”按钮，系统弹出如图 8-70 所示的“拉出面”对话框。设置“运动”为“距离”方式，设置“距离”为 1；选择图 8-71 所示的面 1，并设置运动矢量为“－YC”轴，单击对话框的“应用”按钮，完成拉出面 1 的操作。选择图 8-72 所示的面 2，设置运动矢量为“＋YC”轴，其他保持不变，单击“应用”按钮，完成拉出面 2 的操作。

图 8-70　“拉出面”对话框

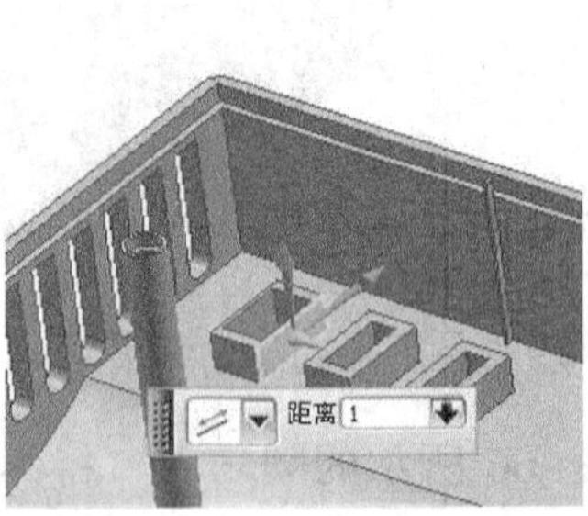

图 8-71　选择面 1

图 8-72　选择面 2

7）设为共面。单击“同步建模”工具栏的“设为共面”按钮，系统弹出如图 8-73 所示的“设为共面”对话框。选择图 8-74 所示的面 1（加强筋上表面）为“运动面”，选择面 2 为“固定面”。单击对话框的“应用”按钮，将两个面设为共面。按照同样操作，将同侧的另外一个加强筋的上表面设为与图 8-74 中的面 2 共面。

8）替换面。单击“同步建模”工具栏中的“替换面”按钮，系统弹出如图 8-75 所示的“替换面”对话框。选择图 8-76 中的面 1 为“要替换的面”，选择面 2 为“替换面”。“距离”设为 0，其他参数默认，单击对话框的“应用”按钮，完成替换面的操作，结果如图 8-77 所示。

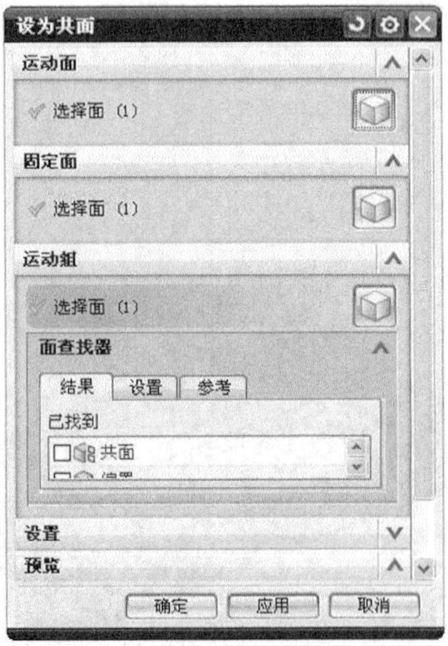

图 8-73　“设为共面”对话框

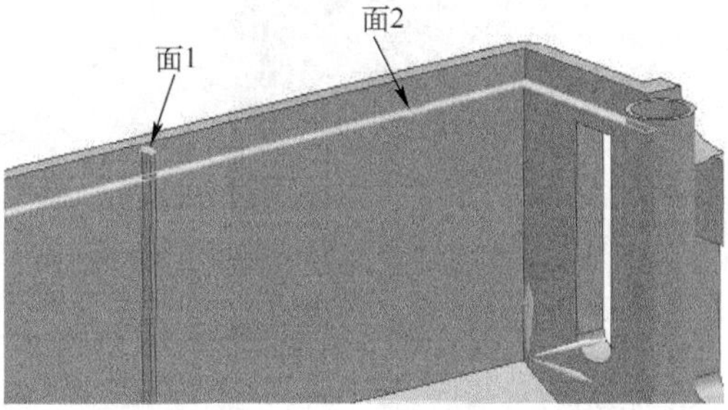

图 8-74　选择面

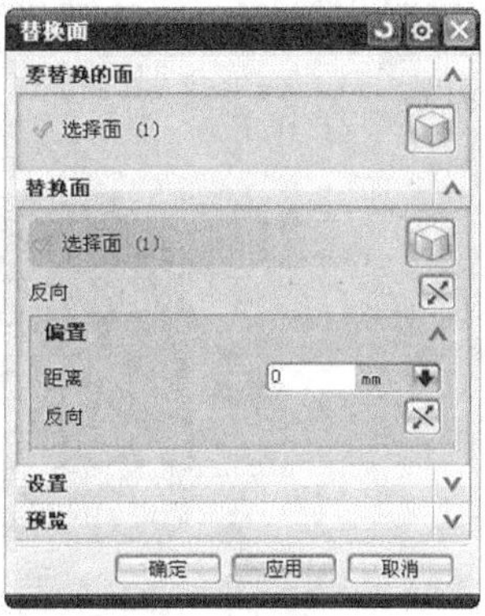

图 8-75　“替换面”对话框

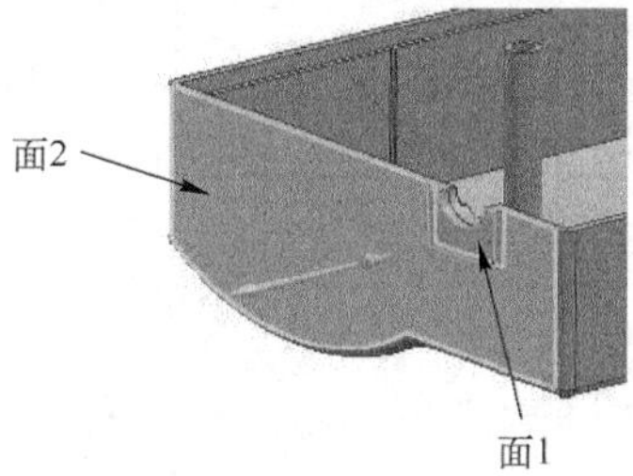

图 8-76　选择面

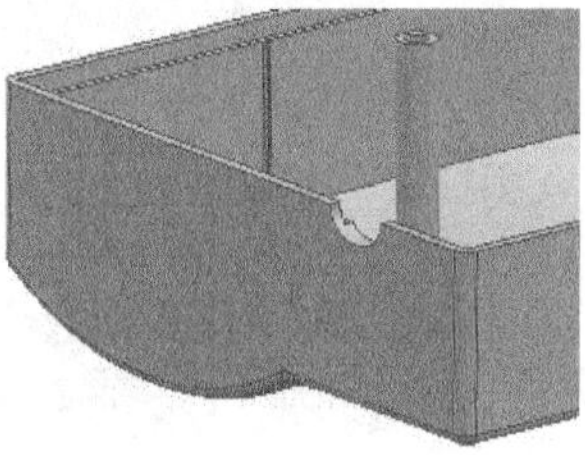

图 8-77　替换面

8.7　习题

1. 使用同步建模命令对如图 8-78 所示的组合体零件的半圆环面进行加长操作（素材见随书光盘文件 ch08\ex\ex1\ex1. prt）。

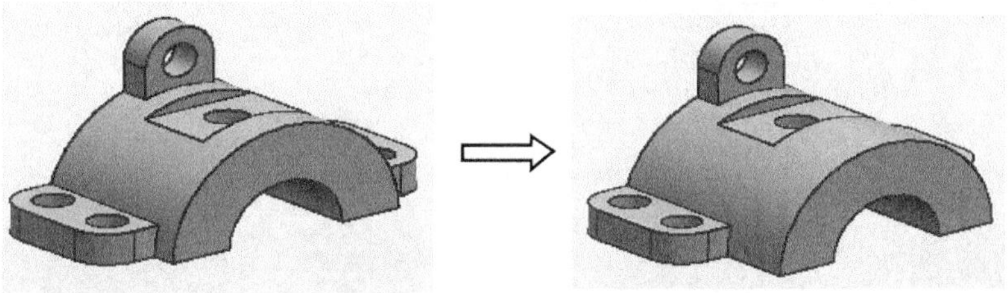

图 8-78　拉长零件

2. 使用同步建模命令对图 8-79 所示的零件的凸台特征进行复制（素材见随书光盘文件 ch08\ex\ex2\ex2. prt）。

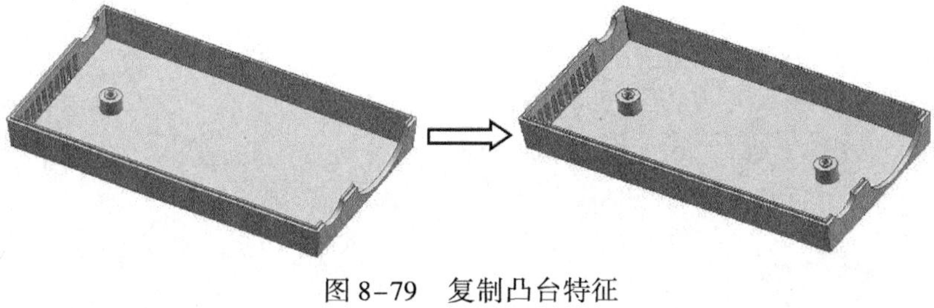

图 8-79　复制凸台特征

3. 使用同步建模命令整理模型的碎面，如图 8-80 所示（素材见随书光盘文件 ch08\ex\ex3\ex3. prt）。

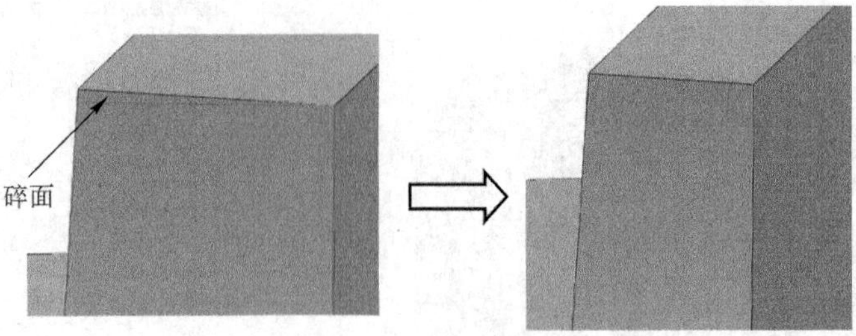

图 8-80　整理碎面

参 考 文 献

[1] 李丽华，郑少梅，李伟．UG NX 6.0 模具设计基础教程［M］．北京：机械工业出版社，2009.
[2] 展迪优．UG NX 8.0 快速入门教程［M］．北京：机械工业出版社，2012.
[3] 李明新，牛勇．UG NX 8 产品设计授课笔记［M］．北京：电子工业出版社，2012.
[4] 铭卓设计．UG NX 6 产品造型设计实例详解［M］．北京：清华大学出版社，2009.
[5] 胡仁喜，刘昌丽．UG NX 8.0 中文版曲面造型从入门到精通［M］．北京：机械工业出版社，2012.

精品教材推荐目录

序号	书号	书名	作者	定价	配套资源
1	978-7-111-43594-5	AutoCAD 2014 实用教程(第 4 版)	邹玉堂	49.00	电子教案
2	978-7-111-40440-8	AutoCAD 2013 工程制图(第 4 版)	江　洪	39.00	电子教案 素材文件
3	978-7-111-48130-0	AutoCAD 2012 中文版应用教程	王　靖	39.90	电子教案 素材文件
4	978-7-111-41294-6	AutoCAD 2010 中文版应用教程	刘瑞新	39.90	电子教案 素材文件
5	978-7-111-47243-8	SolidWorks 2014 三维设计及应用教程	曹　茹	49.00	电子教案 素材文件
6	978-7-111-46127-2	Solidworks 2012 基础与实例教程	段　辉	45.00	电子教案 配光盘
7	978-7-111-37142-7	Solidworks 2011 基础教程(第 4 版)	江　洪	44.00	素材文件 配光盘
8	978-7-111-28269-3	SolidWorks 2009 三维设计及应用教程(第 2 版)	曹　茹	36.00	电子课件
9	978-7-111-32398-3	Pro/ENGINEER 5.0 基础教程	江　洪	39.00	配光盘
10	978-7-111-41989-1	Pro/Engineer 实用教程	徐文胜	39.00	电子课件
11	978-7-111-46643-7	UG NX 9.0 中文版基础与实例教程	李　兵	49.00	电子教案 配光盘
12	978-7-111-47745-7	UG NX 8.0 基础与实例教程	高玉新	45.00	电子教案 配光盘
13	978-7-111-40030-1	UG NX 8.0 模具设计教程	高玉新	45.00	电子教案 配光盘
14	978-7-111-42059-0	UG NX 8.0 数控加工基础教程	褚　忠	45.00	电子教案 配光盘
15	978-7-111-31505-6	UG NX 7.0 基础教程(第 4 版)	江　洪	36.00	配光盘
16	978-7-111-17788-6	CATIA 基础教程	江　洪	28.00	电子教案
17	978-7-111-34379-0	MATLAB 基础与实践教程	刘　超	47.00	配光盘
18	978-7-111-41023-2	MATLAB 基础教程	杨德平	45.00	电子教案
19	978-7-111-44475-6	MATLAB 建模与仿真应用教程（第 2 版)	王中鲜	36.00	电子教案 素材文件
20	978-7-111-41818-4	ANSYS 基础与实例教程	张洪信	49.90	电子教案 配光盘